企业级 DevOps 技术与工具实战

刘淼　张笑梅　编著

U0331943

电子工业出版社·
Publishing House of Electronics Industry
北京·BEIJING

内 容 简 介

本书系统、全面地介绍了企业级 DevOps 的现状、趋势、基础理论和实践方法，对 DevOps 实践中的架构设计、开发、测试、部署等各阶段所需要践行的原则和方法进行了总结，并提出了相关建议。本书同时以实战为中心，对 DevOps 实践中的常用工具进行了分类介绍和特性分析，并结合相关示例进行了使用说明和演示。

在 DevOps 实践中需要打通 DevOps 工具链的读者，负责工具选型或在组织中推行 DevOps 转型的读者，以及希望对 DevOps 有较为全面的理解并掌握实践方法的读者，都可以通过本书有所收获。

图书在版编目（CIP）数据

企业级 DevOps 技术与工具实战 / 刘淼，张笑梅编著. —北京：电子工业出版社，2020.2

ISBN 978-7-121-37246-9

Ⅰ. ①企… Ⅱ. ①刘… ②张… Ⅲ. ①软件工程 Ⅳ. ①TP311.5

中国版本图书馆 CIP 数据核字（2019）第 174570 号

责任编辑：付　睿　　　　特约编辑：田学清
印　　刷：三河市良远印务有限公司
装　　订：三河市良远印务有限公司
出版发行：电子工业出版社
　　　　　北京市海淀区万寿路 173 信箱　　　邮编：100036
开　　本：787×980　　1/16　　印张：29.25　　字数：667 千字
版　　次：2020 年 2 月第 1 版
印　　次：2020 年 2 月第 1 次印刷
定　　价：99.00 元

凡所购买电子工业出版社图书有缺损问题，请向购买书店调换。若书店售缺，请与本社发行部联系，联系及邮购电话：（010）88254888，88258888。

质量投诉请发邮件至 zlts@phei.com.cn，盗版侵权举报请发邮件至 dbqq@phei.com.cn。

本书咨询联系方式：（010）51260888-819，faq@phei.com.cn。

推荐序一

2009年，于比利时根特市举办的第一届DevOpsDays大会标志了DevOps全球运动的开篇，彼时距离我为本书写序之时已经整整10年。这10年间DevOps运动蓬勃发展，星星之火已经蔓延全球各地，其在中国的发展也是如火如荼。从2017年开始，百度上"DevOps"的搜索热度已经开始超越"敏捷开发"。DevOps的诞生本来就是为了解决真实的管理和技术问题，随着DevOps运动的持续发展，其内涵和外延也在与时俱进地快速演化着，连其创始导师Patrick都在说："DevOps beyond Dev and Ops"。

DevOps很好，但是具体怎么实施呢？这却是一个非常复杂的问题。不同行业、不同类型、不同规模的公司在不同的场景下，其实施的策略和落地的方式都各不相同，我们很难直接照搬其他企业的做法、复制其他企业的转型历程。所以DevOps在国际上并没有一定之规，也没有统一标准，因其开放性、动态演进的特质，我们在考虑如何转型时，应该把思考的重心回归到其本质和基本原则上来。正如美国工程与商业理论家、科学管理学科的先驱者Harrington Emerson所讲："对于方法，可能有成千上万种，但原则只有少数几条。把握原则的人，能够成功地选择自己的方法。只尝试方法但忽略原则的人，肯定会碰到麻烦。"

本书的前1/4篇幅重点讲解了DevOps的基础理论、关键原则、实践经验和误区，相信读者阅读后可以对DevOps在软件交付领域从管理到工程、从需求到上线的全生命周期有比较清晰的认识。但更进一步，DevOps又非常关注落地，甚至有人半开玩笑地说，DevOps的首个字母"D"代表了"Do"，即讲太多大道理也没有用，还是得脚踏实地先干起来再说！于是，本书剩余的3/4篇幅都是关于DevOps落地实践的内容，尤其是通过生态体系中数十种不同的工具，逐层分解DevOps实践，通过工具进行固化并分别实现。

面向企业级DevOps的实施和推广，需要在道、法、术、器4个层面立体化推进，自上而下、以终为始地系统化思考，自下而上通过工具提升效率、解决具体问题。本书作者有着非常丰富的大型企业DevOps实施经验，尤其对工具的技术实现细节、如何相互集成和整合颇有心得，书中也包含了大量的相关说明和示例，本书将手把手地帮助你从零搭建DevOps工具链体系。

这是一个数字化的时代，DevOps 越来越流行，理论+实践的组合至关重要，相信这本书能给你带来很大的帮助，最后祝你的 DevOps 之旅一帆风顺！

张乐

京东 DevOps 与研发效能专家

DevOpsDays 中国区核心组织者

2019 年 12 月

推荐序二

多年前，在我初识 DevOps 时便觉得其似曾相识。在那个运维与开发、测试之间"战火纷飞"的年代，我们提出了"面向运维开发"这个理念。我们着眼于如何让开发更好地契合运维，并以运维的角度对开发提出了"灵魂拷问"：编写代码是为了什么？为了上线运行。如果目的是上线运行，那么是不是需要按照运行的方式来编写代码？于是，我们试图在每个项目中增加"可运维性"指标，这是开发、测试、运维紧密协作的开始。正是这些新的视角让我们走进了 DevOps 的世界，并走上了探索如何让开发、测试、运维在应用和服务生命周期进行沟通和协作的道路。

当前越来越多的企业都加入了 DevOps 运动，并寻求落地方案。而且，多数公有云都推出了 DevOps 产品，基于 DevOps 工具链产品的创业企业也层出不穷，但全开源的 DevOps 工具链依然是很多企业的首选。本书不仅包含了 DevOps 的基础理论知识，而且涵盖了从需求管理、设计与开发、版本控制、编译构建、代码质量、测试管理、发布与部署、自动化运维、自动化测试、日志监控、安全监控到容器化的一个完整 DevOps 工具链，让读者可以从 0 到 1 地学习 DevOps 落地实践的知识，并进行全开源 DevOps 工具链的实战。

本书作者之一刘淼是一位资深 DevOps 专家，我更愿意称他为一名不折不扣的骨灰级技术达人，他痴迷于持续学习和持续分享，在他的 CSDN 博客上有近千篇原创技术文章，涉及非常多的技术领域。在收到本书的样刊后，我完成了全书的阅读，收获甚大。现在我将这本书介绍给所有想要学习和进行 DevOps 工具链落地实践的工程师，尤其是运维圈的小伙伴们，我相信本书一定能让你受益匪浅。准备好实验环境，让我们一起玩转 DevOps 工具链吧。

赵舜东
新运维社区发起人
2019 年 12 月

本书背景

研究人员在对全球各大公司的调研中发现，DevOps 几乎在各个行业都已经有了成功的实践案例，同时越来越多的理论体系和实践经验不断地被融入到 DevOps 中，DevOps 因此受到越来越多的关注。在 2018 年的 DevOps 研究中，有 29%的受访者声称正在从事与 DevOps 相关的工作，然而 DevOps 是什么，到目前为止仍然没有统一、标准的定义，但这并不会阻止企业 DevOps 实践的脚步。

自 2015 年起，我一直在从事与 DevOps 相关的咨询、培训、落地实施及其相关的研发工作。由于工作的关系，我认识了付睿编辑，于是产生了将相关内容整理、总结成书的想法。而张笑梅老师在敏捷和精益管理方面有着非常多的实践经验和知识积累，她可以弥补我在这些方面的不足，这也促成了我们共同完成这本书的想法。张笑梅老师将 DevOps 基础理论中的很多知识进行了系统的整理与分析。比如，对传统制造业和 IT 行业中的浪费比较等方面进行了分析，使我受到很大的启发，相信这也会给读者带来启发。

阅读方式

本书从 DevOps 的基础理论、工具种类与集成方式、实践方法与经验、常见理解误区等方面进行组织和展开，对于不同的阶段，建议读者从不同的视角、用不同的方法去阅读本书，从而直入要点、满足所需。希望通过阅读本书，读者可以有以下三个方面的收获。

- 对 DevOps 基础理论的全面理解。

通过对 DevOps 发展现状的介绍，读者可以了解当前 DevOps 的发展状况。书中结合敏捷和精益管理方面的背景和基础知识，阐述了企业在 DevOps 实践中需要注意的事项；还对企业如何构建 DevOps 文化，结合相关实例，进行了说明。

- 选择和构建合适的工具链。

工具及其使用方法介绍是本书的重点，针对软件生命周期的各个阶段，本书列举了常见工具并对其进行了功能特性的分析和介绍，同时选取较为典型的工具进行了更为深入的讲解。虽然与 DevOps 相关的工具众多，本书未能一一列举和介绍，但是通过本书对这些常见工具的介绍，相信读者能够窥一斑而知全豹。

在 DevOps 工具的实际使用过程中，自动化和集成化是其重要的工作方式，同时也是趋势，因为单个工具所能实现的功能毕竟有限，而将多个工具结合使用可以实现的功能将会极大地增强。本书主要使用自动化集成的方式对工具进行介绍，一般会通过 REST API 方式介绍工具的使用方法。在对工具的分析和介绍中也会重点确认此工具是否采用了 CLI 或者 REST API 集成的方式，因为这样的集成方式是 DevOps 实践的重要前提和特征，读者可以根据自己的实际需要组合使用工具，而不必求全求多，建立合适的工具链才是最重要的。打通工具间的衔接，结合组织的实际状况进行流程的优化，这些才是建立工具链需要重点关注的内容。

● 实践的原则与策略。

虽然在 DevOps 中，工具非常重要，但是 DevOps 并不是工具的简单集成，它还包含很多其他内容。比如，工具选型的原则和方法；企业的评估模型，用于对 DevOps 的实践状况进行评估，并以此为基础不断改善；整体的安全机制；从设计到测试的各个阶段需要遵循的原则与方法，等等。本书尝试从多个方面来阐述这些内容。

关于示例

容器化在推动 DevOps 实践中有着先天优势，在条件允许的情况下，最好以容器化方式对工具进行安装和设定。我们强调环境的一致性，而容器本身就可以保证这一点，这也避免了大部分工具在安装和设定时出现环境不一致的情况。对于没有学习过容器基础知识的读者来说，如果希望快速补充这方面的知识和基本技能，可以先从第 19 章开始阅读。第 19 章对 Docker 和 Kubernetes 的使用方法进行了介绍，应该会对一些对此部分知识掌握不足而难以进行 DevOps 相关工具集成的读者朋友有所帮助。第 19 章结合实际的场景，对容器的使用方法进行了介绍，其中大部分相关脚本和容器化会用到的 Dockerfile 都放到了 GitHub 的 easypack 项目上，其目的是为使用者提供各种工具以使他们快速使用已经完成了安装和部署的脚本或镜像，避免在环境安装方面浪费时间，但是我个人精力有限，在此欢迎读者朋友也能够加入这个项目。

关于勘误

DevOps 在理论上和工具使用上非常复杂，因此，本书讨论的内容非常繁杂，仅工具就列出了 13 类，每类工具中至少选择了一种进行重点介绍。因为我个人的精力和知识水平有限，所以书中难免有疏漏、错误的地方，还望发现问题的读者给予指正，大家可发送问题至邮箱 liumiaocn@outlook.com。另外，我会在个人的 CSDN 博客上发布长期置顶的内容勘误帖，欢迎读者朋友指正或参与讨论。

致谢

首先感谢我一生的挚爱——Lynn，她花费了很多时间来对本书中"索然无味"的文字进行校对并查验错别字。本书的大部分内容来源于我的博客，有读书笔记和感悟，也有对项目实践及工具使用技巧的总结，这些内容虽然获得了一定的阅读量，但是有实质性内容的评论不多，这使得我一度认为其中的错别字很少，现在看来完全是读者的"包容"而已。回想起来，对于一个专业的 HRBP，Lynn 能够将晦涩难懂的技术文章读下去的唯一动力大概就是对我无私的爱吧。而像付睿和刘建山等多位专业编辑，他们的专业和认真程度也让我折服，在这里请允许我一并谢过，感谢他们的付出。

我和张笑梅老师因 DevOps 而相识，我们之间的很多合作都与 DevOps 有关，我们曾一起做过相关项目的研发，在 2018 年也一起为《DevOps 最佳实践》中文版做过审读。回到本书，张笑梅老师的加入为本书的理论部分增色不少。从初涉 DevOps 到现在，我也接触了很多领导和同事，在他们的支持下，我的很多想法才能得到验证和实践，感激之情难以言表。最后，虽然自己尚觉不足，但这本书里还是有很多值得学习的理论基础和实践经验，希望能够带给读者一些触动和启发。

参考文献说明

为了保证参考文献相关链接实时更新，特地将"参考文献"文档放于博文视点官方网站，读者可在 http://www.broadview.com.cn/37246 页面下载或通过下面"读者服务"中提供的方式获取。

【读者服务】

扫码回复：37246

- 获取博文视点学院 20 元付费内容抵扣券
- 获取免费增值资源
- 加入读者交流群，与更多读者互动
- 获取本书参考文献文档

目 录 |

第 1 章
DevOps 概述

现代企业面临着诸多挑战：越来越复杂的系统、变幻莫测的市场需求，以及各种模糊性和不确定性因素，这些挑战使得问题更加复杂。现如今，软件正扮演着一个愈加重要的角色，它决定着市场需求能否顺畅地转化为待交付的应用程序，以及应用程序能否快速地转化为对市场需求的响应。对企业来说，软件的开发和维护已经变得越来越重要。

如今，软件已经融入了人们生活的方方面面，衣、食、住、行都与之结合得非常紧密，无论在哪个领域进行商业竞争，对价值的交付最终都将在很大程度上依赖于软件。就像通用电器的前 CEO Jeffrey Immelt 曾经说过的那样，"任何一个领域和公司，如果还未曾将软件引入核心业务，注定会被颠覆"。这不是危言耸听，软件对于任何组织而言，都是用于赢得一席之地或保证生存的极为重要的工具。

在现代社会中，科技在各个行业的渗透程度已经超出了大多数人的想象，转变思维方式势在必行。正如一位资深的软件负责人所言："所有的公司都是科技公司。一家银行也只是有着银行营业许可的 IT 公司而已。"作为美国著名的银行，Capital One 在 2016 年推出了开源工具 Hygieia，同时给出了对 DevOps 的实践答卷，并在相关社区获得了很多追随者。Capital One 不是电商公司，也不是云计算公司，更不是大数据公司，它属于传统行业中的银行业，但它已经开展了对 DevOps 的践行，这是因为速度对现代企业来说越来越重要，在高速交付产品时，实时确认项目状态是需要花很多精力的，通过 Hygieia 可以看到从开发到部署的很多相关实时数据。

随着敏捷和持续交付的践行，一些行业中的优秀企业已经能够在一天之内部署上百次甚至上千次变更。Amazon 在 2011 年就能够完成大约每天 7000 次的部署，到了 2015 年这个数字更是上升到了 13 万。

现如今，软件行业正在发生变革，快速应对市场变化的能力，以及不懈的探索和努力已经成为企业成功的必备要素。无法具备这些必备要素的企业注定要付出失去市场的代价。就像 2016 年 DORA（DevOps Research and Assessment 工作室的简称）的 DevOps 调研报告中提到的那样，人们可以不相信那些看起来似乎不太符合常规逻辑的速度，但这些确确实实正在我们身边发生。

1.1 什么是 DevOps

什么是 DevOps，这是一个简单的问题，但是这个问题却很难回答。从不熟悉到熟悉的过程中，了解定义是非常重要的，但非常遗憾的是，目前关于 DevOps 还没有一个统一的、能够被所有人接受的定义。虽然没有统一和清晰的定义，但是很多提供 DevOps 服务的厂商以及研究机构都早已给出了它们自己对 DevOps 的定义，让我们以这些内容为基础来认识 DevOps 吧。

横看成岭侧成峰，角度不同结论往往也会有所不同。了解不同的定义对理解 DevOps 有很大帮助。下面来看一下百度百科和维基百科中对 DevOps 的定义。

百度百科：DevOps（Development 和 Operations 的组合词）是一组过程、方法与系统的统称，用于促进开发（应用程序和软件工程等）、技术运营和质量保障（QA）部门之间的沟通、协作与整合。它的出现是由于软件行业日益清晰地认识到，为了按时交付软件产品和服务，开发团队和运营团队必须紧密合作。

解读：可以很清晰地看到 DevOps 的构词方式，它是由 Development（开发）和 Operations（运维）组成的。DevOps 强调合作和跨团队的协作，强调将过程和方法进行融合，注重的是方法论和文化。

维基百科：DevOps（Development 和 Operations 的组合词）是一种重视"软件开发人员（Dev）"和"IT 运维技术人员（Ops）"之间沟通合作的文化、运动或惯例。其通过对"软件交付"和"架构变更"的流程进行自动化，使得构建、测试、发布软件更加快捷、频繁和可靠。

解读：维基百科除了对构词及团队沟通合作进行了说明，还提到了自动化和基础架构在构建、测试、发布等软件生命周期中所起到的作用。

除了百度百科和维基百科中的定义，一些商业公司对 DevOps 也有不同的定义。

IBM 这样看待 DevOps：DevOps 是一种软件交付方法，它基于精益和敏捷的软件开发，在需求人员、开发人员、测试人员、运维人员的协同下，保证软件的交付能够基于真实的用户反馈。

解读：DevOps 原则使得软件的交付更加有效，并实现了基于最终用户的真正需求对软件进行改善和功能强化。从这个角度来看，除了满足用户提出的要求，还应该根据用户的反馈进行功能的开发和改善，这一点也是非常重要的。根据项目原则的不断明确和细化，以及实际情况的变化，为客户提供他们真正需要的功能，并在这些基础之上进行改善是非常重要的。

CA 认为：DevOps 是通过文化、流程、工具的转换和改进以加速软件交付的。

Gartner 认为：DevOps 代表一种文化的转变，它通过敏捷和精益实践来进行 IT 服务的快速交付。DevOps 寻求开发团队和运维团队进行合作，同时强调利用技术对软件进行改善，尤其是使用工具对软件的整个生命周期的自动化进行改善。

　　解读：DevOps 的定义虽各有不同，但也有一些共同点，比如，它们都强调自动化在软件交付过程中的作用，都认为自动化能够加速软件的交付。为了加深读者对 DevOps 的理解，下面对"DevOps"一词出现的过程进行简单介绍。

- 2008 年 8 月，在加拿大多伦多举办的敏捷大会上，Andrew Shafer 和 Patrick 对"敏捷基础设施"进行了讨论，其中包含如何打破 Dev 和 Ops 的隔阂。
- 2009 年 6 月，Flickr 分享了他们每天超过 10 次的部署经验，引起了很大反响。
- 2009 年 10 月，在比利时根特举办了第一届 DevOpsDays 的活动，后来由于推特 140 字符的限制，大家在讨论时去掉了"Days"，于是"DevOps"一词正式诞生。

　　总的来说，虽然对 DevOps 的各种定义看似完全不同，但它们实际是从不同角度出发对同一个问题的理解。DevOps 强调人员、流程、工具的协同改善；强调践行敏捷和精益，减少浪费；强调加快服务的交付速度；强调接收反馈，提供给最终用户其真正需要的功能；强调提供更好的、全生命周期的方式以保证企业能够不断地试错和学习，以更好地适应市场。而且随着不断地实践，更多的方法、原则、经验被融入进来，丰富了 DevOps 的内涵。

1.2　DevOps 能带来什么

　　Dev 需要对开发负责，并且需要应对市场快速的变化、实现业务的需求。Ops 的重心则放在提供安全、可靠、稳定的服务上。为了使 Dev 和 Ops 更好地协作，已经有了很多方法和流程被提出，但是几乎在每一个 IT 组织中，Dev 和 Ops 之间都会产生一些不好的因素，使得产品或功能交付的时间增加，质量下降，更糟糕的是出现了与日俱增的技术债务。技术债务描述了所做的决策会引起的问题。随着技术债务的不断增加，解决它所带来的问题也会花费越来越多时间并使得成本不断增加。

　　Dev 和 Ops 之间到底因为什么产生问题？Dev 和 Ops，本来就像左手和右手，但在实际的项目之中并非如此，它们之间仿佛有着一堵无形的墙，正是这堵墙使得 Dev 和 Ops 产生了隔阂。产生隔阂的原因在于 Dev 和 Ops 的分工和目标不同。细化组织目标的过程中产生了在实际推行的时候相互制约的因素，具体来说，企业需要实现快速发展，同时也需要提供稳定服务。Dev 为快速将产品推向市场做出了努力，当然稳定和安全也是必要的，在现实中，非功能性要素不会出现在大多数开发人员的视线范围内，而且在大部分情况下这些也不是交付的要素，Ops 则需要负责稳定这些要素。两个团队、两个目标、两套 KPI（Key Performance Indicator，关键绩效指标），相互冲突，无论在哪个国家，类似的隔阂和问题一直都存在。

　　这不再是一个简单的技术问题，Dev 的目标和 Ops 的目标，以及两者在组织层面上的 KPI

是不同的。在现实工作中问题到底是如何产生的呢？我们可以还原一下场景。

让我们从欠下的"账"（技术债务）说起，每个项目都难免有自己的"账"，Ops 的目标是为最终客户提供稳定服务。但是由于应用程序和基础框架极其复杂，以及复杂系统具有脆弱性，加之缺少文档，运维人员每天都需要面对一些计划外的"救火"任务。而"救火"的时候一般都会留下一些小的问题，"救火"人员总是想之后抽空修复这些问题，但现实是，他们往往因为没有时间或者忘记而导致这些"账"被束之高阁，如果是，他们欠下的"账"不断地增加。

而当这些日渐脆弱的系统所支持的是创造利润的关键业务时，问题就会变得更加复杂，本来能够应对的问题也会因为人们的担心和忧虑，以及没有非功能性要素的保障而使相关人员信心不足。问题越积越多，每一个小小的改动，最终都可能引起多米诺骨牌效应。所以每次只能进行最少量的修改。至于事后分析，结果很有可能是，在进行根本原因分析后发现修改的成本过高，无法实现。

"救火"已经让大家手忙脚乱，但是不收口的需求往往会点起第二把"火"。在 IT 行业中有一个被讲了很多年的冷笑话：需求的变化只有两种类型，第一种是从项目开始到结束一直在变；第二种是只变一次，项目开始的时候把需求打开，项目结束的时候把需求关闭，因为需求一直没有定，之间的变更都算作一次。

理想的项目是，缺钱给钱，缺人给人，项目范围稳定，变更管理有序，在 QCT（Quality、Cost、Time）三角进行管理的经验丰富的人员也游刃有余。而实际的项目是，钱和其他资源往往比预想的要紧缺，变更也很难管控，项目会存在很多压力，在这些压力之下，很多难以兑现的承诺可能就被许下了。

然而最终伴随着这些许诺的任务都会压到 Dev 那里，使得项目进度更加缓慢。这些任务往往兼具难度大、工期紧、经费少、人手不足等诸多不利因素，完成任务已经令人精疲力竭，至于技术债务，自然会进一步地累积。

这样只要每件事情都复杂一点点，每个人都再忙一点点，问题就会发生。一点一点，每个人都变得越来越忙，工作时间越来越长，交流时间越来越少，任务列表越堆越高。每个人的工作都和别人的工作紧密相关，一个小的动作都可能带来很大的失败，自然而然，他们便会对变更更加畏惧和排斥。工作中需要更多的沟通、协调、批准，每个团队必须等待更长的时间以确保所依赖的部分已经完成。

在这种情况下，项目部署的时间也越来越长，更糟糕的是，项目开发将开始出现问题，而对这些问题的"救火"行为耗费了大量的时间和成本，使得原本可以着手对付那高垒的技术债务的最后一丝机会也丧失殆尽。到了这时，能力出众的个人或者小团体的非常规的努力，在保证了系统能够运行的同时继续推高了系统的技术债务，为下一次问题的爆发埋下了隐患。

很多传统的 IT 组织将稳定和快速两个目标（就像油门和刹车）分别给予了 Dev 和 Ops，并为其定下了 KPI。组织所做的事情只是等待冲突的出现，而组织真正的目标和最终客户的需求只好被选择性地无视。那么 DevOps 能解决这个问题吗？我们先对 DevOps 的现状进行简单了解。

1.3　DevOps 的现状

在过去的几年中，DORA 通过对多达几万份的 DevOps 调查反馈进行研究，有了足够的证据去证明 DevOps 实践推动了 IT 更高的效能。而更高的效能带来了生产、利润和市场份额的改善。这些研究采样数据较为均衡，以 2017 年的数据为例（2018 年整体数据采集的比例与 2017 年较为相似），详细信息如下。

- 采样分布：DORA 对 IT 从业人员、开发者、决策者等发放了调查问卷，被调查人群中也包括从事当今最复杂 DevOps 实践的人员。在 2017 年，超过 3200 人参与了这项调查。
- 区域：采样行业的地域多数在北美和欧洲，二者之和超过 80%。
- DevOps 团队：随着 DevOps 理念和实践的不断推广，与 DevOps 相关的工作人员也开始逐年递增，2017 年已经达到 27%，而 2018 年更是达到了 29%，如表 1-1 所示。

表 1-1　DevOps 人员比例信息表

年份	2014	2015	2016	2017	2018
占比	16%	19%	22%	27%	29%

- 行业与规模：科技行业与金融行业撑起半壁江山，而零售、电信、教育、媒体娱乐、政府、健康、保险、制造等主要行业也占到 40% 左右，整体行业均有涉及。2000 人以上的大型公司占 41%，100～2000 人的中等公司占 35%，100 人以下的小型公司占 22%，另有 2% 状况不明。整体来说，各种规模构成均有涉及。2000 台服务器以上的大型系统占 29%，100～2000 台服务器构成的中型系统占 38%，100 台以下的小型系统占 20%，各种系统规模也均有涉及，如图 1-1 所示。
- DevOps 有助于各种组织改善目标：2017 年的研究同样发现，DevOps 所能带来的不仅仅是财务数字上的改善。不管是营利组织还是非营利组织，不管它们的使命是什么，DevOps 实践都能助推这些组织改善目标。

以下对应用架构以及组织结构是如何影响软件开发和交付的进行深入研究。

- 变革型领袖推动转型：在形成高效能企业文化方面，5 个维度的共性要素能够极其有效地帮助企业实现文化转型。这 5 个维度的共性要素分别是愿景、启发性沟通、智能激发、支持性的领导力和相互间的认可。这 5 个维度的共性要素与形成高效能企业文化之间有着紧密的联系。高效能团队在这些共性要素方面的表现都非常好，而这些也是其与低效能团队的显著区别。

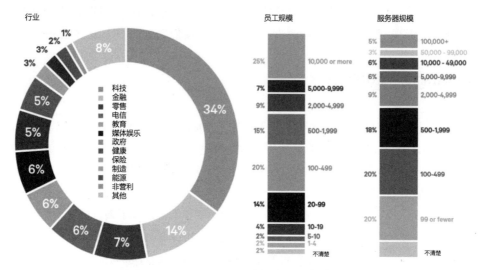

图 1-1　DevOps 企业规模相关数据采样比例

- 高效能团队可以保持更快的速度和更好的稳定性：与 2016 年相比，随着低效能团队成员改善了部署频率及缩短了交付时间，高效能团队成员和低效能团队成员在产出方面的差距在缩小。然而，低效能团队成员在故障的回复时间和失败率上明显偏高。相关研究人员认为这是快速部署的压力更多地造成了低效能团队成员对构建质量的重视不足所导致的。
- 自动化可以给组织带来巨大福利：与其他团队相比，高效能团队通过自动化显著地改善了其配置管理、测试、部署及变更审批流程。这样的结果使更多的时间和创意可以用于反馈回路。
- DevOps 在所有的组织中得到了践行：通过研究组织的财务和非财务的指标，研究人员发现，在实现这些指标的意愿性方面，高效能团队成员比低效能团队成员的热情高得多。
- 松耦合的架构和团队在持续交付方面表现更好：为了走上 IT 高效能之路，在架构上转换为松耦合的服务、在组织上转换为松耦合的团队是一个好的开始。松耦合的服务使服务之间能够独立地进行开发、部署而互不影响。而松耦合的团队则能更加有效地应对变更。对那些从创意到产品需要很多手工处理和审批流程的企业来说，这种转变需要不少投资。而松耦合的服务和松耦合的团队带来的益处也是显而易见的，比如，更多的产出、更好的质量与稳定性。
- 精益产品管理可以驱动更好的组织效能：精益产品管理实践帮助团队可以更加高频地交付客户真正想要的特性。这个快速的交付回路使得团队可以尝试与客户之间创建一个反馈回路，其结果则是使整个组织的收益增加，可以从利润、生产性、市场份额上予以衡量。

- 变革型领导力：变革型领袖所体现出的领导力非常重要。根据 Gartner 的预测，到 2020 年，近半数没有进行团队能力转型的 CIO（Chief Information Officer）都将会被组织中的数字化信息领导团队所取代。这是因为领导力确实发挥着重要的作用。一个好的领导者能够帮助团队更好地交付代码、设计好的系统架构、践行精益原则等。而所有的这些都会直接影响那些肉眼可见的指标，如利润、生产性、市场份额。非营利组织虽不会考虑利润，但是领导力依然会影响客户的满意度、员工的工作效率及实现组织目标的能力。

2017 年有一项令人兴奋的研究，该研究聚焦在那些帮助驱动高效能的领导力的特性上，而这一点是在 DevOps 实践中一直被忽视的。其实，变革型领导力在很多地方都已经体现出其重要性，比如，创建和支持高效、互信的文化规范；实施提高开发者生产效率的技术和流程，缩短交付时间，支持更加可靠的硬件设备；支持团队创新，更快地开发更好的产品；打破组织壁垒以实现策略协同。

通过研究 IT 团队中的高、中、低领导力，我们发现，变革型领导力特质与 IT 高效能之间有密切的关系。高效能团队的这些维度明显比低效能团队要好。

研究中令人触动较大的是，如果将变革型领导力进行分级，那些连合格级别的变革型领导者都缺乏的团队很难成为高效能团队，这些团队甚至缺乏成为高效能团队的意愿。虽然有很多来自底层的 DevOps 实践成功的案例，但是有强有力的变革型领导者支持的话，团队更加容易获得成功。

另外，研究人员还发现变革型领导力与员工忠诚度指标（Net Promoter Score，简称为 NPS）紧密相关。研究发现，团队拥有强有力的变革型领导者，成员能感到更多的快乐，充满使命感，也更忠诚。变革型领导者对团队的技术实践和产品管理能力等都有明显的影响。而这些正面或负面的影响最终都会体现在组织的整体绩效上。

有趣的是，研究同时发现仅仅拥有强有力的变革型领导者是不够的。通过对团队变革型领导者进行评比，在前 10% 的 DevOps 实践中，本以为这些团队整体应该都会表现得非常强劲有力，但是结果并非如此，各种效能的成员都有。因此，拥有变革型领导者虽然很重要，但是这并非全部，仅靠这一点无法取得 DevOps 实践的成功。因为 DevOps 实践的成功还依赖于合适的架构、好的技术实践、精益管理原则的应用，以及其他重要因素。

总的来说，好的领导者通过带领团队对系统进行重构、实施持续交付，并进行精益管理实践，对创建强大的团队和组织及改进技术产品起到了助推作用。变革型领导力有助于推进那些与高效产出相关的必要实践，也能够协调和帮助不同团队的成员在追逐组织目标时进行有效沟通。这样的领导力构成了文化的基础，在这种文化氛围中，持续地尝试和学习几乎成为每个人日常工作的一部分。

研究已然确认变革型领导者对改善价值的重要性，但是变革型领导力不是孤立存在的行为或新的实践方式，它只是放大了近些年来一直在研究的那些组织实践和技术实践的效果而已。

这里简单介绍一下 IT 效能和组织效能：如今，不管是为了增加业务利润还是创造社会效益，几乎每个组织都要依赖信息技术。各种组织纷纷转向 DevOps，因为越来越多的证据表明 DevOps 确实能够实现软件更快、更稳、更好（更少错误）地发布。

我们使用如下两个主要的维度来衡量 IT 效能。

- 吞吐量（throughput）：用于衡量团队能够以怎样的频率实现从代码提交到部署上线，这是衡量多"快"的指标。
- 稳定性（stability）：用于衡量系统服务停止之后多久能够恢复及变更，这是衡量多"稳"的指标。

这样，Dev 要求的"快"与 Ops 要求的"稳"都可以得到衡量。

在 2016 年一些权威组织发布的报告中，可以发现高效团队在吞吐量和稳定性方面都有着非常明显的优势。而在 2017 年，高效能团队的整体优势仍然存在。

- 吞吐量指标：部署频度 46 倍优于低效能团队；代码提交到部署的交付时间 440 倍优于低效能团队。
- 稳定性指标：平均修复时间（mean time to recover from downtime，简称为 MTTR）96 倍优于低效能团队；变更失败率是低效能团队的 1/5。

与 2016 年的研究结果相比，2017 年高效能团队与低效能团队之间在吞吐量指标上的差距缩小了，而稳定性指标的差距进一步拉大。研究人员认为低效能团队偏重于提高速度而对质量、流程的重视和投入不够，而高效能团队在实施中两者兼顾，自然稳定和速度两者兼得。

只有与以前的数据进行对比分析才能真正了解当前 DevOps 实践的现状。相比 2016 年，高效能团队保持着去年的部署频度水平，而低效能团队的部署频度水平明显提高。"代码提交到部署的交付时间"这项指标与部署频度这项指标的变化是一样的。这个变化不是说高效能团队做得没有以前好了，而是低效能团队在过去--年中取得了长足进步。

与之相对的是稳定性指标，高效能团队在过去的一年中，在稳定性方面的优势更加明显。这个优势使得他们更能满足客户需求，能够花更多的时间在创新上，对市场变化的反应能力更强，产品或服务投放市场的速度更快，客户体验更好。

- 部署频度：高效能团队在 2017 年的部署频度与 2016 年持平，而低效能团队的部署频度大幅度提升，两者部署频度的差距收窄到 46 倍。但值得一提的是，像 Etsy 这样的公司平均每日部署 80 次，而诸如 Amazon 和 Netflix 这样的公司每日部署上千次之多（生产环境中提供的服务由数百个微服务结合而成）。
- 代码提交到部署的交付时间：高效能团队 2017 年与 2016 年持平，而低效能团队大幅度提升，交付时间（Lead Time）的差距收窄到 440 倍。

- 平均修复时间（mean time to recover from downtime，简称为 MTTR）：高效能团队的 MTTR 少于 1 小时，而低效能团队则在一天到一周之间。相比 2016 年，低效能团队的 MTTR 表现更差了。

- 变更失败率：高效能团队的变更失败率为 0～15%，而低效能团队则为 31%～45%。取中间值后分别为 7.5% 和 38%，低效能团队变更失败率约是高效能团队的 5 倍，此项指标的差距在进一步拉大。

- 自动化：在 2016 年的报告中对重复作业及计划外作业所花费时间已经进行了分析。2017 年进行了细化，具体确认了在各种实践（如配置管理、测试、部署、变更评审）中有多少是手工作业而多少是自动化的。高效能团队的手工作业明显少于低效能团队，而自动化程度也明显高于后者。自动化是组织的一大利器，通过自动化，高效能团队有更多的时间去完成那些能给组织带来更多价值的工作。一个很好的案例是惠普公司，其通过 DevOps 实践对自动化进行改善，并达到了非常好的结果。

- 无论是在配置管理和测试，还是在部署和变更评审流程上，高效能团队所进行的手工作业都明显少于低效能团队。但是有一项研究数据稍微有点出乎意料：中等效能团队比低效能团队做的手工作业还要多，尤其是变更评审流程环节。而这一点同 2016 年的一项研究数据也非常吻合，中等效能团队比低效能团队在重复作业上花费的时间更多，尽管他们的部署频度更高。这到底是怎么回事呢？

通过分析和研究，研究人员发现，中等效能团队在加速自动化的过程中，可能会出现临时性的重复作业和手工作业都增加的过渡性阶段。中等效能团队对自动化的投入已经很多且能看到效果，但是同时会发现技术债务的积累也达到了很高的程度，这样的结果就是，中等效能团队加入了一些人工评审和手工作业对其进行弥补，这拖慢了他们的速度。过渡阶段的首要任务是消除非自动化环节带来的技术债务。不过一旦这些技术债务得到偿还，中等效能团队就能获得更大程度的自动化。

- 组织绩效的附加衡量指标：很多人都一直认为 DevOps 只适合像 Google、Amazon、Netflix 这样的独角兽公司，其他的公司并不一定适合。通过研究报告的共享，我们已经在很大程度上改变了这种认知，现在主流的企业都认为 DevOps 能给它们带来竞争优势。但是仍然有人认为，DevOps 只能在那些以营利为目标的企业中发挥作用，而在那些非营利机构（诸如政府组织等）的系统中不能发挥作用。

自 2014 年 DORA 第一次发布研究报告以来，收到最多的问题就是如何把这些实践应用到诸如国防或者政府机构，以及大学等非营利组织中去。因此，2017 年 DORA 的调研报告将目光放在了实现更宽泛的组织目标上。每个组织都需要依靠技术来实现组织目标：提供更加快速、更加可靠、更加安全的服务或者产品。研究发现，高效能团队在产品的数量、操作的效率、客户的满意度、产品或服务的质量、组织目标的实现及第三方参与者的衡量指标上均具有明显的优势。

2017 年的调查报告显示，高效精准地开发和交付软件的能力对包含非营利组织的所有组织来说都是非常重要的一项指标。只要你想交付价值，不管你如何衡量它，DevOps 都可以帮助你。

1.4 常见的理解误区

本节将介绍一些常见的理解误区。

1．理解误区：DevOps=工具的自动化

自动化确实在 DevOps 实践中非常重要，Flickr 在每天超过 10 次部署的经验中也提到了自动化的重要性，"如果只有一件事情能做，那就做自动化"的类似经验分享也有提及，所以自动化的重要性不言而喻。

自动化提高了生产效率，降低了手工操作的失误率，消除了多个部门协调和沟通的制约因素，同时可以降低处理时间及等待时间，而且有许多工具的支持，在整个 DevOps 实践中起到了非常重要的作用。

DevOps 包含了人员、流程、工具、文化等诸多因素，作为一种最佳实践方法论的组合，工具的自动化只是其中的一部分，但不是全部。

2．理解误区：DevOps=NoOps

在很多项目的 DevOps 实践中，原本 Ops 在做的事情都由工具化和自动化承担了，所以在很多人看来 DevOps 砸了 Ops 的饭碗。这些人的理解就是，DevOps 通过自动化承担了原本 Ops 做的很多事情。确实，很多时候，在 DevOps 实践中会让 Dev 承担很多代码部署的工作，但这并不意味着不再需要 Ops 了，相反，实施了 DevOps 之后的团队会发现，Dev 和 Ops 的紧密连接是以往从未有过的，准确地说，是解放了 Ops。

所有的这一切，其实都是精益在软件开发全生命周期的实践体现。例如，等待时间是精益实践中重点消除的"浪费"之一，而在实际中这种"等待的浪费"十分常见，在进行了良好的 DevOps 实践后，这种情况将会得到很大的改善，很多运维服务通过自动化变成了自助服务，缩短了等待时间，极大地提高了效率。

3．理解误区：DevOps 只适合开源项目

DevOps 在很多开源项目中推行得很好，而且很多 DevOps 用到的工具本身都是开源的。但

这并不意味着 DevOps 只适合开源项目，就像精益不只可以用于制造业一样，DevOps 作为一种综合的方法论，不仅适合开源项目，同时适合闭源项目。

4．理解误区：DevOps 只适用于初创公司

相比初创公司，进行 DevOps 实践成功了的传统大型公司的比例似乎并没有那么大。但是，并不是每一家公司都能成为"百年老店"，并经久不衰。据统计，缺乏创新能力及改变的魄力，企业的衰败就会像人类的生老病死一样难以避免。

曾经，世界 500 强公司的平均寿命在 60 年左右，而现在基本不超过 20 年。DevOps 只是诸多变革方式中的一种，无论是初创公司还是大型传统公司，使用 DevOps 获得成功的都不在少数。所以，DevOps 是一种能力，放在那里，用或不用，你有选择的自由。

5．理解误区：独角兽公司生来就具有 DevOps 能力

传统公司问题重重，而那些独角兽公司看起来却风光无限，据说 Amazon 能够每天部署上万次，好像 Amazon 生来就具有 DevOps 能力一样。实际上，其他所有公司碰到的问题，那些独角兽公司一样都未曾避免过，其中一些事件如表 1-2 所示。

表 1-2　互联网公司部署之痛

时　　间	公　司	事　件
2001 年	Amazon	在 2001 年之前一直使用 OBIDOS 系统交付，问题重重难以为继
2009 年	Twitter	对其 ROR 系统进行逐步重构并替代原有的旧系统，耗时多年
2011 年	LinkedIn	IPO 后 6 个月，在部署上吃尽苦头，将功能冻结 2 个月，彻底检修环境、部署和架构
2009 年	Facebook	基础框架近乎崩溃，代码部署日益危险，员工不停"救火"，进行改革后才改变状况

好汉打掉牙齿和血吞，曾经的勇气和魄力，换来的是现在的风光无限，自我改变和革新才是一切变好的根本。

第2章
DevOps 基础理论

包括 Gartner 在内的很多组织在提到 DevOps 的时候都提到了敏捷和精益，敏捷和精益不是新的概念，它在很多行业中都已被广泛实践。本章将会从敏捷和精益的背景及基础开始介绍，帮助大家理解基本的概念并结合一些具体的企业实践讲解如何利用敏捷和精益进行企业的 DevOps 落地实施。

2.1 敏捷理论体系解读

敏捷的内容非常丰富，本节对敏捷的理论体系的介绍主要通过如图 2-1 所示的几个方面展开。

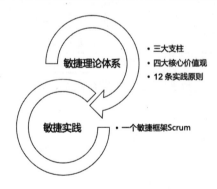

图 2-1　敏捷基础知识总结

2.1.1 敏捷背景介绍

敏捷最初于 20 世纪 50 年代被提出，并被认为是一种奇怪的、甚至无政府主义的观点。随后，在企业实践过程中出现了各具特色的敏捷模型，如 XP、TDD、DSDM、自适应软件开发、水晶系列、Scrum 等。2001 年 2 月 11 日到 13 日，17 位软件开发领域的领军人物聚集在美国犹他州的滑雪胜地雪鸟（Snowbird）雪场。经过两天的讨论，"敏捷"（Agile）一词被全体聚会者所接受，用以概括一种全新的软件开发价值观。这种价值观，通过一份简明扼要的"敏捷软件开发宣言"（以下简称敏捷宣言）被传递给了世界，宣告了敏捷开发运动的开始（见图 2-2）。

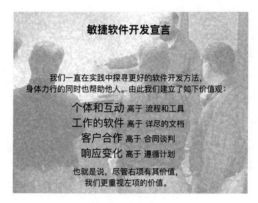

图 2-2　敏捷宣言

敏捷提出的初衷是形成一套更加快速、更加可靠的软件开发方法，让软件使用者尽可能早地看到满意的产品。

2.1.2　三大支柱解读

敏捷框架并非预测性的框架，瀑布源于工程学，瀑布模型是预测性的框架。由于项目立项建设周期长，在开始设计和构建之前，往往要一次性完成半年或一年的计划，预先要进行周密规划和立项调研。层层审批后，会形成一份长长的时间进度表。在项目实施过程中，随着资源的变化、需求的变更，进度会产生严重偏差，进而导致计划失控，陷入混乱的泥潭。敏捷范围管理的主要特征在于，在一部分范围明确需求后（具备前期几次迭代的功能需求后），就开始架构设计具有不完全范围的解决方案。在迭代过程中，不断向产品的需求列表中添加新特性，并从客户那里收集反馈，以便更好地理解客户的想法，不断完善现有产品的功能，这是自适应生命周期的主要特征之一。

敏捷有三大支柱，分别是透明度、可检验、自适应，如图 2-3 所示。

图 2-3　敏捷三大支柱

所谓透明度就是指团队内部不应该有秘密的小团队，不应该有秘密的日程，也不应该有其他什么秘而不宣的事情。在组织或团队里，如果每个人都不知道其他人在忙什么，也不清楚其他人平日的忙碌对于项目有什么贡献，就容易产生隔阂。只要一切透明，团队就能通过自我组织来解决显而易见的问题。透明度高、注重信息分享的团队工作默契程度高，效率会明显提高。

可检验指的是在开发过程中经常性地停下手中的工作，对已经取得的成果进行检查，看看这些成果是否是自己期待的，想想有没有更好的方法来改进。这看似简单，做起来并不容易，这需要从事相关工作的人员有思想，善于自省，具有实事求是的精神和自我约束的意识。

当团队或个体可以进行自我管理，有能力决定如何开展工作，并获得了如何做事的决定权后，若发现最终交付的产品无法达标、无法满足预期，便需要对过程或工作方式进行调整。能够调整自己的行为，意味着我们能适应任何环境，这种调整与检验会形成一个良好的循环，即自适应。

2.1.3 四大核心价值观及解读

四大核心价值观是敏捷宣言所传递出的重要信息，如图 2-4 所示。

四大	个体和互动高于流程和工具
核心	工作的软件高于详尽的文档
价值	客户合作高于合同谈判
观	响应变化高于遵循计划

图 2-4　四大核心价值观

下面分别介绍四大核心价值观。

价值观 1：个体和互动高于流程和工具。

管理层习惯将管控体系想象成超级复杂的机器，并以为拥有完美的流程和工具就会带来完美的结果，而技术人员只不过是机器中的某个配件或某道工序，他们的工作可随时被新人取代。然而 IT 产品的实现过程是无形的，它是由技术人员的智慧、知识和经验创造的，所以人员比生产流水线更重要。敏捷提出，要更关注人的绩效和能力的提升，形成团队成员默契愉快的合作关系。

价值观 2：工作的软件高于详尽的文档。

说不清从什么时候开始，软件项目的文档越写越多。而写文档是在初期设计方案时，与客户沟通产品需求的辅助方式。我们常常发现，当客户看到已完成开发的功能后会产生新的灵感，告诉我们他们真正想要的功能是什么样的。使用文档充分记录这些过程可以还原事情的真相，但也加重了项目的负担。当然，不是说文档没有意义，而是我们现在可以使用更灵活的方式来记录信息，比如交给运维团队的操作手册可以是录制好的视频，这样更生动，信息也更全面。

价值观 3：客户合作高于合同谈判。

要与客户建立长期的合作关系，愿意在项目开发过程中随时按照客户要求进行更改。

价值观 4：响应变化高于遵循计划。

面对市场和环境的变化，我们要接受客户层出不穷的想法，要有适者生存的能力，不基于预测式的项目管理框架，避免前期长时间投入追求完美的设计阶段。应该使用一个自适应的生命周期，因为客户的想法是不断浮现出来的，客户迟来的想法不会带来很多返工的问题，因为我们的规划和设计也是逐步完善的。

2.1.4　12 条原则及解读

四大核心价值观在实践中能够起到引导作用，但是具体实践的时候需要进一步细化，由此引入了 12 条原则，如下所示。

第 1 条，我们最重要的目标是通过持续不断地较早交付有价值的软件使客户满意。

"客户满意"和"有价值的软件"是关键词。要确保我们开发的软件产品能够给客户带来真正的价值，关键在于开发期间与客户密切合作。产品管理是确保客户需求在开发期间能被正确理解的关键。我们应该把精力集中于对客户而言最有价值的工作上。拥有较早交付有价值的软件的能力是满足客户的关键。

第 2 条，欣然面对需求变化，即使在开发后期也一样。为了获取竞争优势，敏捷掌控变化。

敏捷框架基于自适应性的开发生命周期，我们总能接受变化，因为每次我们想改变某些东西时，不需要重新规划前期已定义的设计。除此之外，我们很乐意接受变更请求，因为每一项变更都离客户真正的需求更近了一步。

第 3 条，经常地交付可工作的软件，相隔几星期或一两个月，最好采取较短的周期。

开发周期和发布周期完全不同。尽管有发布周期，但我们的目标是缩短开发周期。发布周期的长度依赖于业务决策，并且和客户的期望紧密关联。短开发周期内的频繁交付缩短了反馈周期并可促进团队沟通。频繁交付还能让团队及早暴露弱点并及时移除障碍，增加了敏捷性和灵活性。

第 4 条，业务人员和开发人员必须相互合作，项目进行中的每一天都不例外。

只要在业务和研发之间建立起桥梁，我们就能从中受益。业务人员和产品经理可以知道市场状况、客户需求和客户价值，开发团队可以知道产品和技术的可行性。

第 5 条，激发个体的斗志，以他们为核心搭建项目，提供所需的环境和支援，并加以信任，从而达成目标。

软件开发是基于技术专家、团队成员的知识储备和经验而开展的工作，开发过程更像是一种创造，在激发个体的斗志和创造力中，个体的自主性是关键因素。人在受到尊重并且有权决定自己的工作方式时通常工作得更好。每次冲刺要设定团队明确的目标和范围，角色职责清晰，形成自组织。

第 6 条，不论团队内外，传递信息效果最好、效率最高的方式是面对面交谈。

团队甚至客户工作在同一个场所是最合理的。当我们看到人们彼此交谈时，信息更多以听说的形式被传递，这种沟通方式称为"渗透式"沟通，而这些交流的信息是文档无法替代的（虽然不能否认文档的重要性）。将每件事都写下来简直是不可能的，我们不应该只依靠写文档来传递重要信息。然而，如果团队无法实现在同一场所工作，我们应该充分利用现代技术，如聊天群，尽量降低因无法面对面沟通而带来的影响，并在日常例会时同步任务进展和问题。

第 7 条，可运行的软件是进度的首要度量标准。

程序文件即使完成 99%，其代码仍是跑不通的，这跟完成 0%是一样的，除非技术人员能跟客户一起找到共同的标准来沟通进展。解决这一问题的方法是，我们要与客户同步需求待办清单进度的完成/未完成状态，并通过完成/未完成状态来跟踪需求的整体进展，以及需求测试通过/未通过的质量信息。

第 8 条，敏捷倡导可持续开发。责任人、开发人员和用户要能够共同维持开发步调稳定可持续。

每天上班打卡不是真正的目标，实现产品交付才是目标。加班似乎会让流程变得更快，但事实上，加班会降低生产率并增加产品缺陷，从而影响产量，人越是疲劳，创造力就越低。我们宁愿保持一种可持续的步伐。

第 9 条，坚持不懈地追求技术卓越和良好设计，敏捷能力由此增强。

敏捷不强调前期设计并不意味着不需要担心设计。敏捷项目里一定是包括设计的，在每次迭代中每个需求都会有设计任务。而且，任何技术负债（代码缺陷、架构缺陷等）都会使开发速度减慢。我们不应该让技术负债积压，所以要持续地进行重构，弥补发现的缺陷，持续关注架构的质量。

第 10 条，以简单为本，极力减少不必要的工作量。

这种原则既适用于产品的功能特性，也适用于流程，多余的功能不要添加。所有流程应该时刻面临挑战。例如，这步真的需要吗？谁会读这个文档？这个功能可以为客户带来什么价值？

第 11 条，最好的架构、需求和设计出自组织团队。

架构、设计和需求会随着项目的进行慢慢浮现，并且团队会从中学到很多东西。一些前置、架构和设计是必要的，但是不能把它们定义在纸面上。架构师和系统工程师是管理研发团队的一部分，不要成为"孤岛"。

第 12 条，团队定期地反思如何能提高成效，并依此调整自身的举止表现。

无论我们工作做得多好，我们相信总有改善的余地。花时间反思和从经验中学习能够持续改进产品。

2.1.5　Scrum 敏捷框架

本小节将就如何实践 Scrum 敏捷框架进行说明。

1．Scrum 敏捷框架简介

敏捷框架有很多种，Scrum 只是其中一种。根据 2018 年 Scrum 联盟的报告，在敏捷实践中，Scrum 敏捷框架占 55%的比例，另外还有 Scrum/XP（Scrum 和 XP 的结合）、Scrumban（Scrum 和看板的结合）等方式也使用到了 Scrum 敏捷框架。Scrum 是目前十分流行的敏捷框架。敏捷框架使用状况如图 2-5 所示。

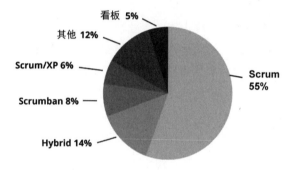

图 2-5　敏捷框架使用状况

从图 2-5 中也可以看出，Scrum 敏捷框架是目前敏捷实践中的主流框架，这也是我们从多种框架中挑选 Scrum 敏捷框架进行介绍的原因。

Scrum 敏捷框架最早由 Jeff Sutherland 在 1993 年提出。Ken Schwaber 于 1995 年在 OOPSLA 会议上标准化了 Scrum 敏捷框架的开发过程，并向业界公布。

"Scrum"一词引自"橄榄球"。球队成员的合作亲密无间，球队成员灵活机动地接球、传球，并作为一个整体迅速突破防线，这个情景可能更能适应今天更具挑战性的市场需求。

在 Scrum 敏捷框架中，Sprint 是一个非常重要的概念，它的本意是指冲刺，一个 Sprint 就是一个迭代。Scrum 项目通过一系列的 Sprint 来推进，Sprint 长度通常为 2～4 周，它是一个时间箱。稳定的周期会带来更好的节奏，在项目进行过程中不允许延长或缩短 Sprint 长度。

Scrum 敏捷框架的内容也非常丰富，这里介绍其主要的组成部分，主要围绕如何展开 Sprint 来进行。

- 三个角色：产品负责人（Product Owner）、Scrum 教练（Scrum Master）、Scrum 团队（Scrum Team）。

- 四个活动：冲刺规划会议（Sprint Planning Meeting）、每日站立会议（Daily Scrum Meeting）、冲刺复审会议（Sprint Review Meeting）、冲刺回顾会议（Sprint Retrospective Meeting）。
- 三个工件：产品待办清单（Product backlog）、冲刺待办清单（Sprint backlog）、燃尽图（Burn-down chart）。

在本节接下来的内容中，我们将会介绍 Scrum 敏捷框架的组成和实践方法。

2．三个角色

Scrum 敏捷框架中包含三个角色：产品负责人、Scrum 教练与 Scrum 团队。

1）产品负责人

产品负责人负责建立和维护产品特性，这需要与客户不断地沟通和协作，决定产品应该做什么，定义产品需求，最重要的是确定需求的优先顺序。总体而言，产品负责人需要具备如下 4 个特点。

- 产品负责人需要在相关领域内掌握丰富的专业知识。一方面，只有对团队内部的工作流程和技术水平足够了解，才能知道哪些事情能做，哪些事情不能做。另一方面，只有了解当前正在采用的流程，才能知道哪些事情是真正有价值的。
- 产品负责人必须获得自主决策权。产品负责人应该被给予决策权，这样才能自行决定产品的前景与具体实现，产品负责人应该为结果负责。
- 产品负责人必须有足够的时间与团队成员接触，向团队成员解释清楚需要做什么，以及为什么要这么做。
- 产品负责人必须对价值负责。在商业语境下，最重要的就是收益。团队通过每个"故事点"可以创造多少收益去评价一位产品负责人的业绩。假如已知一个团队每周完成 40 个"故事点"的工作量，就可以计算出每一个"故事点"可以创造多少收益。

2）Scrum 教练

橄榄球赛场的教练会尽可能地发挥上场球员的优势，让我们感受到每个球员由内而外地散发出一股能量，这些能量可以汇聚成一股更为强大的能量。Scrum 教练与之相比，要做的是确保团队实现快速交付。我们常听到 Scrum 教练与团队成员探讨："我们如何才能做得更好？"这会引导团队整体持续地改善自己的工作。

Scrum 教练需要做到：

- 导入敏捷文化和最佳实践，确保每个团队成员认同和尊重敏捷的价值观；
- 激励团队士气，促进团队合作，确保团队富有效率；
- 帮助团队排除干扰，确保冲刺目标的顺利进行；
- 不是一位事无巨细的管理者，更像是服务于团队的"仆人"；
- 确保团队运作过程透明。

3）Scrum 团队

Scrum 源于经验主义，因此稳定的团队所积累的经验对于规划的判断非常重要。相关研究表明，稳定的团队比新组建的团队的生产力要高。团队成员之间的熟悉度也对产出效率和质量有着积极的影响。除了生产力方面的影响，稳定的团队对于规划也至关重要。每个 Scrum 团队由于组成的人员不同，因此各有特色，工作节奏各不相同。强迫一个团队盲目遵从其他团队的工作方式，未必会有好的效果。

- Scrum 团队一般有 6～9 个人。
- 程序员、测试员、界面设计人员等团队成员应当是跨职能、多样化的，具备所谓的 "T" 型技能。
- 团队成员必须是全职投入的。
- 团队自我组织：在理想情况下，团队成员是平等的，不分头衔的。
- 在一个 Sprint 中应保持成员稳定。
- 负责将 Product Backlog 转化成 Sprint 中的工作项目。
- 所有团队成员协调、合作完成 Sprint 中的每一个规定的交付物。

3. 四个活动

Scrum 敏捷框架中包含四个主要的活动，实际都是项目会议，接下来我们将对每个会议的目的、形式、结果进行说明。

1）冲刺规划会议

每个冲刺都将冲刺规划会议作为开始，这是一个固定时长的会议（不超过 4 小时），在这个会议中，Scrum 团队共同选择和理解本轮冲刺要完成的工作。

会议形式包括如下两项议程。

第一项议程：首先由产品负责人介绍产品，确定该 Sprint 将要完成什么任务。产品负责人向团队明确产品待办清单中优先级最高的产品，与团队一起明确冲刺目标，基于团队的能力和以往冲刺的速率一起决定冲刺中需要完成的产品数量。

第二项议程：Scrum 团队研究本轮冲刺如何完成要交付增量的工作产品或功能。Scrum 团队对冲刺需要完成工作产品的数量和复杂度达成共识，对需求充分理解并进行估算，将产品待办清单中的内容转化成软件开发中的具体工作任务。任务需要被分解，以便在一天之内完成。团队通过自己认领的方式获取任务。

会议结果：每个团队明确本轮冲刺的目标，每个人明确本轮冲刺各自的具体工作任务。

2）每日站立会议

会议目的：Scrum 团队通过每日站立会议来确认他们仍然可以实现 Sprint 的目标。

会议形式：由 Scrum 团队自己组织，条件允许的话，每天都应该在同样的时间和地点组织所有成员站立进行。只有团队成员可以在例会上发言，其他人员有兴趣可以参加，但只能旁听，不能发言。最好是每天早晨进行，会议时长一般为 15 分钟左右，时间比较短，有利于团队成员安排好当天的工作。

Scrum 团队所有成员轮流回答以下 3 个问题。

- 昨天我完成了什么工作？
- 今天我打算做什么？
- 我在工作中遇到了什么困难，是否阻碍了我的工作进展？

3）冲刺复审会议

会议目的：冲刺复审会议用来演示在这轮冲刺中开发的产品功能，由产品负责人进行确认。产品负责人也可以邀请相关的人参加。

会议形式：

- 团队按冲刺计划，逐个介绍并现场演示这次冲刺完成的功能。
- 如果产品负责人想要改变功能，则需要添加到新的需求列表中，出现的缺陷也要加入缺陷列表中。
- 如果项目遇到障碍一时无法解决，把该障碍加入障碍类列表中。
- 不需要太正式，不需要 PPT，会议时长控制在 2 小时以内。

会议结果：对这次冲刺的成果和整个产品的开发状态达成共识。

4）冲刺回顾会议

会议目的：团队的定期自我检视，全体成员讨论有哪些好的做法可以形成团队的规范，哪些不好的做法不能再继续下去，以及哪些好的做法要继续发扬。

会议形式：

- 会议时长一般控制在 15～30 分钟。
- 每个冲刺都要做。
- 全体参加。

不管我们发现了什么问题，我们必须懂得并坚信每个人通过他们当时所知的，以及所拥有的技能和可得到的资源，在限定的环境下，可以做出最好的成果。

会议结果：让每个人都了解开发过程是什么样的，冲刺结束后需求或任务的完成标准是什么。

4．三个工件

除了三个角色与四个活动，Scrum 敏捷框架中还包含三个工件：燃尽图、产品待办清单、冲刺待办清单。

1）燃尽图

使工作透明化的工具之一就是燃尽图，在图 2-6 中，横轴代表本轮冲刺的工作天数，纵轴代表工作量，用于跟踪团队成员冲刺剩余天数可用的工作量和实际剩余任务的工作量。随着剩余天数的减少，剩余任务的工作量也逐渐减少，在理想情况下，最终剩余天数和剩余工作量会延展向下，"燃尽"至零。

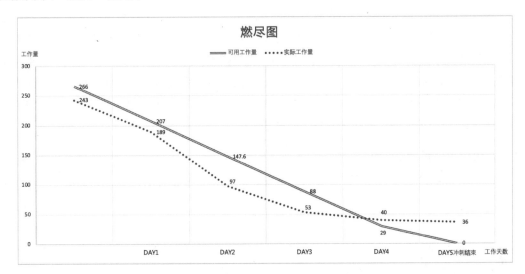

图 2-6　燃尽图示例

接下来通过一个案例来展示项目中燃尽图的使用方式。假设在某个项目中共有 5 天的冲刺时间，在这个冲刺中相关人员所分配的任务信息按照预测和实际进行了每日更新，如图 2-7 所示。

任务ID	任务	完成状态	责任人	冲刺估计工作量	DAY1	DAY2	DAY3	DAY4	DAY5冲刺结束	备注
1	代码审查、提测	未完成	小东	8	4	2	2	2	2	
2	club-admin改造	未开始	小东	16	16	16	16	16	16	
3	content-server接口开发1	完成	优优	16	16	12	4	0	0	
4	content-server接口开发2	完成	阿军	16	8	0	0	0	0	
5	content-server接口开发3	完成	小波	16	16	8	4	4	0	
6	content-server接口开发4	完成	小超	16	16	8	0	0	0	
7	微服务安全模块	未完成	优优	12	12	18	12	8	8	计划工作量不足
8	微服务eureka、config配置参数及优化等	完成	优优	14	8	0	0	0	0	
9	微服务日志改造	完成	阿元	15	15	8	0	0	0	
10	后台-上行短信指令判断	完成	星星	3	3	0	0	0	0	
11	后台-订阅成功/失败的处理	完成	星星	5	5	4	0	0	0	
12	后台-订阅接口改造	完成	小波	6	0	0	0	0	0	
13	前端-已订阅状态显示	完成	兰兰	4	0	0	0	0	0	
14	前端-我的订阅页面引导入会操作（Web）	完成	婉儿	4	4	4	0	0	0	
15	前端个人中心大讲堂活动收藏（Web）	完成	兰兰	4	5	0	0	0	0	
16	前端个人中心大讲堂活动收藏接口	完成	小超	8	0	0	0	0	0	
17	前端-头像上传	未开始	兰兰	4	4	4	4	4	4	前端接口调试不通
18	后台-头像上传接口	完成	小波	5	5	0	5	5	5	前端接口调试不通
19	我的收藏-个人中心大讲堂列表	完成	兰兰	6	6	2	1	0	0	
20	我的收藏-大讲堂详情	完成	兰兰	4	4	1	0	0	0	
21	前端-会员周刊列表页订阅/取消订单	完成	兰兰	4	4	0	0	0	0	
22	前端-个人中心会员周刊（收藏、订阅）	未完成	兰兰	6	6	2	1	1	1	接口需要变更导致延期
23	后台-会员周刊接口	完成	小超	4	4	0	0	0	0	
24	入会	完成	兰兰	4	0	0	0	0	0	
25	退会	完成	兰兰	6	0	0	0	0	0	
26	问卷调查	完成	兰兰	4	4	0	0	0	0	
27	前端-大讲堂详情页Web版	完成	阿元	8	8	0	0	0	0	
28	前端-大讲堂详情页H5版	完成	婉儿	16	16	8	4	0	0	
29	前端-大讲堂列表页H5	完成	婉儿	8	0	0	0	0	0	

图 2-7　燃尽图所用任务完成状态一览表示例

有了这样的信息，团队成员在当前冲刺的可用工作量和实际工作量的关系就能以"燃尽"形式体现出来，如图 2-6 所示。

2）敏捷待办清单

敏捷待办清单分为产品待办清单和冲刺待办清单。产品待办清单就是传统的需求清单，也称为需求池，它是项目最终需要交付的功能蓝图，是预期的最终产品的愿望清单，这个清单列出了所有的功能，是有序列表，而且是动态的，将包括不断完善和细化的需求。这些需求都用简单的、非技术的、商业的语言来描述，我们称之为故事，所有的故事对项目每个干系人都是可见的。项目的每一个要求和每一个变化都将以用户故事的方式进行描述。冲刺范围内的故事，也称为冲刺待办清单，是优先级最高的用户故事。

5．用户故事和产品增量

除了三个角色、四个活动、三个工件，在 Scrum 敏捷框架中还有一些重要的概念，比如用户故事和产品增量。

1）用户故事

相较于传统的需求分解，在敏捷中，故事的写法也非常重要。要想学会写用户故事，要思考客户可以从产品中得到什么价值，为什么要给客户提供这样的价值，或用户为什么会需要这些价值。按照叙事思维来组织用户故事，比如作为 X，我想要 Y，所以做 Z。设计用户故事时可以加入用户使用场景，这是一种融入用户体验的设计思维。

用户故事的编写，可以通过如图 2-8 所示的 INVEST 原则来进行，具体说明如下。

图 2-8 用户故事编写的 INVEST 原则

- 独立的：如果用户故事不是独立的，将无法根据其业务价值对其进行排序。价值排序是可以调整的，在每次冲刺总结后都可以重新定义故事的优先级。如果不能完全独立，就要将相关的解决方案尽量合并在一起，在同一轮冲刺中完成。
- 可协商的：产品故事的定义要便于沟通，与内部团队及客户之间是可以协商的，通过协商可以完善需求的各个细节和解决方案。
- 有价值的：每个故事都应该能体现其对产品整体的商业价值，评判故事价值应尽可能使用可量化的标准，量化的价值是产品故事的排序依据。
- 可估计的：只需对产品待办清单顶部的故事进行估计。未明确和细化的故事因为需求和方案是不确定的，所以没有估计的价值。在每次的冲刺启动会中，要对本轮冲刺的故事重复估计。
- 小的：只有产品待办清单顶部的用户故事是最小的，不清晰的故事是难以估计的，应该排在待办清单的下方。
- 可测试的：故事的定义要包括验收标准，验收标准可以作为用户故事的补充，也可以作为工作完成准则（Definition of Done，简称为 DoD）的一部分。

2）产品增量

产品增量指的是冲刺结束时，开发团队基于冲刺待办清单完成的功能总和。产品负责人可以接受团队完成的功能，也可以拒绝未满足产品经理要求的功能，未完成的功能需要重新整理到产品待办清单中，如图 2-9 所示，随着完成的功能增量的增加，产品待办清单中的故事数量随着冲刺迭代而降低。

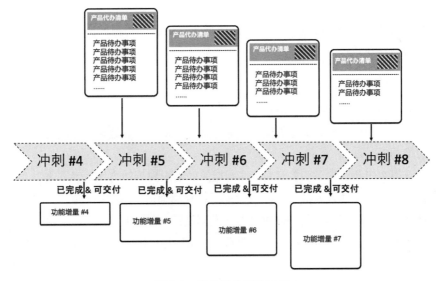

图 2-9　产品增量描述示例

2.2 敏捷与 DevOps

敏捷已经成为 DevOps 非技术实践的标配。

1. 固定型思维与成长型思维

DevOps 文化转型就是要改变人们的思维方式，从而改变组织的文化。成长型思维对理解敏捷和 DevOps 是十分有帮助的。固定型思维与成长型思维比较如表 2-1 所示。

表 2-1 固定型思维与成长型思维比较

固定型思维	成长型思维
避免失败	快速失败
避免挑战	拥抱挑战
抵制变更或改进	持续改进
进行极其细致的规划	基于持续反馈对规划不断调整

2. 以人为本

敏捷团队与 DevOps 团队都要建立一种高度信任的工作框架。在这种工作框架中，人与人的沟通非常顺畅，一起办公，一起开例会，每个人的贡献都是透明的，任何人都可以选择自己承担的工作，任务工时是团队成员一起估计出来的。产品负责人充分信任团队成员估计出的时间，给团队成员足够的信任使他们可以自主地完成工作，鼓励团队成员重承诺并加强自律。

3. 聚焦客户价值

要着手于优先级最高的故事，让团队成员了解每次迭代的目标和范围，消除软件开发过程中的浪费，交付完成的系统，及时收集客户的反馈。

4. 挑战与对策

- 管理人员要有开放的心态，敏捷转型会涉及各角色工作方式的变化，如需求设计的变化、组织结构的变化、绩效引导的变化、组织文化的变化，这是一个系统工程，需要自上而下的推动力。
- 要想获得客户和业务部门的认可，冲刺期间的需求和解决方案尽量不要发生变更，变更的需求也要尽量纳入新的迭代，或者缩短迭代周期适应客户变更。
- 保持团队的专注度，避免外部事物对开发团队的频繁干扰。
- 要控制敏捷会议时间，注意会议不要超时，如将每日例会重点放在同步进度，而不是解决问题上。
- 重承诺，维护与客户之间的承诺和团队成员之间的承诺。

2.3　精益理论体系解读

本节将就精益理论体系进行说明和解读。

2.3.1　精益产生背景

精益的概念诞生于工业时代，此时工厂的大批量生产催生了任务分工，以及遵循标准操作规范和流程的生产协作关系。丰田公司成立于 20 世纪 30 年代，二战后，日本国内资源稀缺，因此丰田必须节约，使用有限的原料来生产汽车。在这个过程中，丰田发现不仅可以让负责生产制造的工程师贡献个人的体力来操作机器，还可以让他们了解生产的整体流程，并通过不断优化生产流程来节约成本，不断地进行产品创新和升级，生产出客户最想要的产品。由于全员参与改善与创新，到 20 世纪 60 年代，丰田的汽车销量已排名世界第一。丰田总结出来两个最根本的原则：尊重人和持续改进。随着全员参与创新和不断优化一线的操作流程，丰田创造出了丰田生产系统（Toyota Production System，简称为 TPS），该生产系统获得了世界不同行业的认可。

TPS 包括两大支柱：即时生产和自动化。即时生产（Just In Time，简称为 JIT）要求每一个上游工序生产的零部件刚好满足下一步骤的生产需求。其原理是，当下游零部件用完时会自动发送信号，协调上一道工序供应商提供所需的零部件。这种方式虽然能解决积压库存而产生的浪费，但同时也带来了风险（当缺少某一个零部件时就会造成全面停工）。经过不懈的努力，丰田摸索出了行之有效的生产协调技术，并取得成功。甚至可以根据客户订单不断变化的需求来生产客户想要的产品。自动化的"动"字指的是人与机器的互动，丰田着眼于改善人与机器的工作方式，减少操作过程中的人与负荷的不均衡、搬运等不必要的浪费，并提出将品质保障前移，融入日常的生产和工作中，如果生产线上出现不合格产品，停下来第一时间修复，从而避免了残次品的产生。这两个方面是互补的，并由此实现了精益转型的最终目标：为企业及其客户创造价值。

2.3.2　精益 IT 及其原则

精益 IT 是精益生产和服务原则在 IT 环境下的延伸，在本质上与其他质量系统相似，兼顾效率和质量，还提供了实用性强的工具和方法。精益 IT 与其他方法的不同是，它同时关注人为因素，团队成员的行为和态度是成功的重要组成因素。鼓励组织中的每个人不断思考，关注如何优化 IT 组织为客户提供更多价值，而不是采用精英管理的思维，由少数人决定他们的工作习惯，这是一种深刻的文化和行为变革。这一变革对团队和组织提出了重大挑战，实施精益 IT 是一个持续和长期的过程，可能需要几年才能使精益思想成为组织内部的文化。

精益 IT 的实施原则如图 2-10 所示。

图 2-10　精益 IT 的实施原则

1. 从客户角度定义产品价值

价值是什么？从客户角度来说，价值就是客户想要某种产品或服务，并且愿意为其付费，可以称之为 VOC（Voice of Customer，客户之声）。

谁是我们的客户呢？是使用 IT 服务的人还是购买 IT 产品的组织？他们都有可能是客户。例如，航空公司为其会员提供网络机票销售的服务平台，那么航空公司的会员是机票销售平台的真正用户（或者称之为终端客户），而航空公司是机票销售平台的客户。在精益中，这两种客户都可以定义产品和服务的价值，因此用户和客户细分是很重要的。要基于不同群体来收集用户和客户的需求和愿望，这对需求人员和产品经理提出了更高的要求：使用用户体验式设计技术（User experience，简称为 UX），基于场景和用户角色的信息定义需求，以类似讲故事的方式描述，不断地关注最终客户的需求，获得他们的价值认可。随着时间的推移，客户的要求和愿望也会随着新的见解和期望的出现而改变。明确价值是什么，是进行价值流分析的第一步。

2. 识别价值流

价值流指的是客户参与的、贯穿从产品或服务请求提出到服务交付全生命周期的所有任务和活动。无论是组织内部还是外部供应商，客户之间的信息沟通形成的信息流都是价值流的一部分，价值流还包括工作流和物料流。价值流改进需要具有跨职能的视角，从个人、工作组和部门局部优化的思维中抽离出来，从客户的角度系统地思考整体过程，分析 IT 开发活动中哪些是增值的，哪些是非增值的，具体说明如表 2-2 所示。

表 2-2 增值、非增值、必要的非增值比较说明

增　值	非　增　值	必要的非增值
从客户的角度定义有价值的活动，满足客户对功能的需求，如功能开发、系统部署上线	对客户而言没有增加价值的活动和客户不愿意支付的任务，如故障处理、缺陷修复	对最终客户没有增加价值但是又必要的活动。例如，内部审计、管控的会议，以及某些活动涉及今后的发展，如团队建设、人员技能培训
需要不断优化	建议彻底消除	建议缩减或最小化影响

我们要计算每个步骤的等待时间和周期，分析哪些是有价值的，哪些是无价值的。

软件开发价值流如图 2-11 所示，IT 项目增值活动包括需求分析、架构设计、代码开发、测试与验收、系统部署/交付。非增值活动包括客户等待、业务审批、过度设计的架构、设计审批、开发人员在其他项目的活动、功能的过度实现、因需求产生的返工、修改 Bug。

软件开发价值流

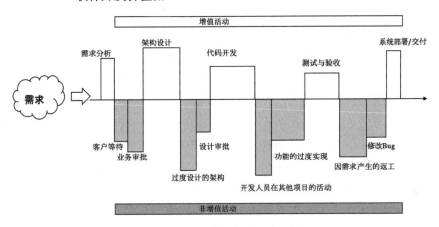

图 2-11　软件开发价值流示例

由图 2-12 可知，软件开发流水线中存在大量浪费，真正对客户产生价值的活动占整体的比例很低。

设计软件开发价值流图的步骤如下。

- 明确改善目标，选择涉及的流程节点。
- 从用户视角梳理当前状态的价值流图。
- 观察并收集流程各个节点的输入、输出，以及执行活动时间和等待的时间。
- 分析价值流中有哪些浪费，如不必要的活动、任务和不必要的等待时间，计算有价值的流程节点所占的百分比。
- 分析收集的数据，找出影响流程价值、产生流程浪费等问题的根本原因。

- 绘制出改进后的流程图，从根本上解决问题。
- 制定一套改善措施。

3. 保证价值流的流动性

为使价值传递，价值流必须具有流动性。这意味着价值流中的活动必须紧密编排，通过最少的中断和数量最少的在制品实现产品和服务的交付。在细化每个工作单元的过程中，一条生产线可以生产不同型号的产品，可以基于客户需求定制开发，从而减少批量生产交付的浪费（批量生产在跨越职能或不同阶段时会出现长时间的等待，批量的需求变更会带来更长时间的评审，形成在制品的积压，而这些都是浪费）。而流动效应能够确保在合适的时间、正确的地点，运用正确的技能，使用正确的输入提供满足客户要求的正确的输出。追求客户价值最大化，各部门之间保持服务或产品横向顺畅地流向消费者，是对组织结构的一种很大的优化。

4. 拉动系统

客户的需求可能因为新的见解和期望而改变，由客户来触发价值流动是至关重要的，这就是拉动系统所要解决的问题。拉动系统基于订单或下游实际需求来决定流水线上游的生产过程，流水线中所有的步骤都是基于下游需求产生的，这就是拉动系统与推动系统（Push System）的区别，而推动系统一般基于计划和预测来减少延迟。比如，拉动系统下的服务，一般都是基于客户请求的，只有在客户下单时才开始产生"价值流动"，即客户驱动了产品或服务的生产。拉动系统实现了即时生产，自然减少了库存，也不会出现瓶颈。在拉动系统中，当接收到客户的订单时，产品流水线中的每一个环节都只完成这个订单的所需工作任务，这就是 DevOps 实践中所提倡的单件流。而传统的推动系统则通过上游进行生产，然后"推"给用户，这时库存很容易成为问题：库存过多造成浪费，库存不足容易导致供应能力不足。而诸如这样的问题在拉动系统中会得到良好地解决，因为在拉动系统中是由客户来触发价值流动的。

5. 持续改进日臻完美

精益生产的目标是追求完美，持续改进直到接近"完美"，但这并不意味着需要实施多重质量控制，造成延误，而是意味着价值流中的每个角色必须知道自身的任务和相关的质量要求。完美的本质是第一次就把事情做对，这就需要不断提高交付价值的能力。保持透明有助于我们实现完美目标，因为透明能确保有用的反馈，这些反馈可以让我们发现不合格产品的问题所在，我们需要创造一个从错误中吸取教训并持续改进的氛围。提供更接近客户真正想要的产品的同时，追求高效，避免时间、空间、成本和缺陷修复的各种浪费。

2.4　精益与 DevOps

本节将就精益和 DevOps 的关联进行介绍。

2.4.1　节拍

节拍就是让价值流动起来的"心跳"节奏，如果节奏太快会产生不必要的在制品和库存积压。每个迭代周期能开发和测试的容量是有限的，完成的需求数量或故事点数也是有限的，团队需要制定一个可持续的节拍，以使每个人的工作节拍大致相同，确保流水线上各节点的分配是均衡的。

2.4.2　交货时间

交货时间指的是从订货至交货的时间，比如，外卖订餐系统会记录下从用户下订单到快递送达的时间。交货时间长短取决于店家和快递人员的工作进度。对于软件项目复杂的开发过程，存在多条路径，要缩短交付时间往往要将串行的任务变成并行可同步的工作任务，减少依赖关系，控制好各任务单元的标准工作时间，从而提高交付的产品数量。

2.4.3　度量指标

本节会介绍 4 种类型的度量指标和价值衡量指标，了解这些度量指标有利于分析价值流，大部分数据都可以通过工具进行收集。时间度量指标信息如表 2-3 所示。

表 2-3　时间度量指标信息

度　量　指　标	说　　明	增值/非增值
周期时间	实际花在创建产品或服务上的时间	增值时间
浪费时间或等待时间	等待下一步骤任务的时间	非增值时间
机器时间	产品在自动化系统运行的时间。就 IT 而言，有重新安装数据库、操作系统升级、从系统导出日志等机器运行时间	非增值时间
切换时间	两个工作单元切换，重新配置流水线设备所需的时间。例如，在 IT 部门中，为测试不同需求的场景，要搭建不同的测试环境，准备不同的测试数据	非增值时间

衡量价值流的一个关键指标就是过程循环效率（Process Cycle Efficiency，简称为 PCE），也称为增值比例，计算的是增值时间占总交货时间的百分比。PCE 越接近 100%，流动特性越好。

$$过程循环效率 = 增值时间 / 交货时间$$

2.4.4　浪费种类

　　与其他业务领域的精益思想一样，精益 IT 不仅为客户提供了尽可能多的价值，还专注于移除隐藏在软件开发中的各种浪费。因此，增加增值活动的比例也会提高客户价值。精益浪费种类说明如表 2-4 所示。

表 2-4　精益浪费种类说明

浪 费 种 类	制造业的浪费	IT 行业的浪费
运输	物料从 A 地运输到 B 地，没有增加产品的附加值	到现场去解决软、硬件的问题，会在路途上浪费时间，可考虑采用远程方式，或用补丁去解决； 跨部门进行工作交接，移交各类信息，准备各类文档所占用的时间
库存	零部件的库存导致的资金占用成本； 没有销售出去的产品占用的库存	未充分使用的软硬件设备； 为进行风险控制而建立冗余的存储； 闲置的开发人员； 无法按期上线而积压的在制品
搬运	生产车间中不断走动搬运零部件，打包/拆包； 工作场所找人、找资源、找工具造成的浪费	项目各类信息多处复制而增加检索时间； 因为优先级的调整，处理版本冲刺，合并分支占用的时间，回退、重新打包文件浪费的时间
等待	在生产过程中，操作员或设备空闲	应用系统响应速度慢； 开发、测试任务不均衡造成的闲置时间； 系统停机造成业务中断等待恢复
过度生产	生产完成时间早于客户需要的时间； 不必要的低价值应用和服务的交付	系统监控配置过量的警告，系统邮件和报告，信息量过大，可读性降低； 项目进行过程中产生的大量文档，对下游和客户没有实际的作用
过度加工	冗余的功能，并不是客户所需要的	邮件直接全部答复，发送给不必要的人员； 设计不必要的软件功能和系统，没有客户来使用
缺陷	需要修复的缺陷和错误； 不良品和废品	需要修复的 Bug、生产故障； 使用未经授权的系统和应用程序引起的问题
人才	人才不是传统制造业的核心竞争力，机器设备才是，人才浪费不是制造业的关注点	技术人员不能参与创新和过程改进，想法被忽视； 人员的知识和经验不能分享和实践； 人才流失，工作满意度低，支持和维护成本增加

2.4.5　安灯拉绳

安灯拉绳是即时生产系统的一项措施，一线员工有权拉动安灯警报的拉绳，暂停整个总装流水线，通过安灯看板及广播信息，提醒所有人注意流水线正在出现的问题，需要立即处理，避免生产线继续生产废品。精益管理的"安灯"指的是迭代中已明确计划的措施，即进入开发过程中如果出现变更，需要停下正在进行的工作，由变更管理委员会决策是否停止新功能的开发。

2.4.6　看板

看板是即时拉动系统的重要工具，利用看板同步各职能部门、各岗位和角色的进展，可以使上下游的信息流变得透明，确保在必需时间制造必需数量的必需产品。

看板对项目有以下几个好处：

- 实现基于订单触发的拉动系统，避免过度生产和库存积压。
- 明确了优先级的排序。
- 协调工作节奏，当出现瓶颈时，可以促进团队协调。
- 透明度高，减少汇报和沟通的成本。
- 控制在制品数量，避免过量生产。
- 实现价值流动。

常见的看板类型如图 2-12 所示。

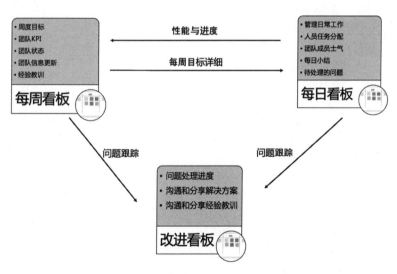

图 2-12　常见的看板类型

- 每日看板：管理每日工作进展，每个人都要说明当前正在处理的任务，并说明是否遇到问题需要解决。

- 每周看板：梳理每周的工作目标，当前团队的指标，过去一周有哪些收获和经验及需要解决的问题。
- 改进看板：当发生问题影响到每周目标和每日进度时，可以在改进看板里面进行记录，请教经验丰富的人提供解决方案。

2.4.7 改善

在日语中，Kaizen 的意思是小的、连续的、渐进的改进，这意味着每个人、每个管理人员和每个工作人员都要不断改进。利用较少的费用来连续不断地改进工作，是一种低风险的方式，因为在改善的过程中，如果发觉有不妥当之处，管理人员可以随时恢复到原来的工作状态。长期而言，这种阶梯式的持续改进足以获得巨大的回报，事实证明，Kaizen 可以使生产力提高 10 倍。

改善可以使用 DMAIC，DMAIC 是一种改善的模型，它将改善分为定义（Define）、测量（Measure）、分析（Analyze）、改进（Improve）、控制（Control）五个步骤来进行。DMAIC 改善步骤说明如表 2-5 所示。

表 2-5 DMAIC 改善步骤说明

步　骤	说　明	工　具
定义（Define）	改善团队发现问题，定义问题是什么，指出问题的严重程度及其影响； 找出可能的原因及解决方案； 以客户为中心，分析有哪些浪费； 输出改善范围、目标、财务和绩效的目标、投资回报	项目章程； SIPOC（suppliers，inputs，process，outputs，customers）； 改进小组
测量（Measure）	改善团队运用采集的数据证明存在问题或改进机会； 当前数据测量出的步骤耗时等状态信息； 在这个阶段有可能会形成速赢方案	软件开发价值流图； 增值、非增值分析
分析（Analysis）	重点是通过采集的数据揭露出现问题的根本原因； 确定关键改进机会； 解决问题的优先级	帕累托； 鱼骨图
改进（Improve）	制订可行的改进方案，试点并收集反馈； 设计改进路线和里程碑； 评估风险； 优化方案	路线图； 决策风险； 风险分析
控制（Control）	运行并维持取得的效果； 形成标准操作程序和制度； 跟踪绩效数据是否出现偏差	统计过程控制图

2.4.8　挑战与对策

精益在具体的实践中还有很多挑战，结合相关的对策总结如下。

- 精益思想引入 IT 行业的时间并不长，很多企业仍处于摸索阶段，还需要长期的学习和积累，以及自上而下地推进和转型。
- 避免对精益思想的误解，如识别项目中的浪费，每个团队所处场景不同，因此，所面对的具体问题和浪费并不会完全一致，需要对精益思想进行更充分的研究，并积累经验。
- 精益的实践要跟工具和流水线相结合。

2.5　实践案例分析

作为流媒体音乐服务商，Spotify 走出了一条适合企业自身发展的敏捷之路。在 Spotify 的文化里，敏捷比 Scrum 更重要，敏捷原则比任何最佳实践都重要，企业不需要流程主管，而需要仆人式的领导者。

1．Spotify 的矩阵组织模式

Spotify 的做法是将公司的业务分成若干个纵向的小块，这些纵向的小块被称为小队（Squad），每一个小队就像一个单独的创业公司，这些小队具备设计、开发、测试和产品发布所必需的全部技能和工具，并完全独立运行。相关的小队会组成部落（Tribe），各个部落之间会尽量保持自主与自治。Spotify 的矩阵组织如图 2-13 所示。

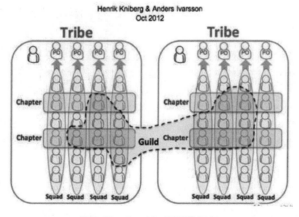

图 2-13　Spotify 的矩阵组织

另外，为了团队间进行更深入的沟通与协作，Spotify 会组成一些更大的群组，将其称为分会和工会（Chapter and Guild），以水平维度分享知识、工具和代码。分会领导的职责就是促进和支持这些工作。

在这种矩阵组织里，可以认为垂直维度是"做什么（What）"，水平维度是"怎么做（How）"，如图 2-14 所示。矩阵结构确保每个小队成员可以领会"下一步做什么"以及"如何做好"。

图 2-14　矩阵维度职责说明

2．Spotify 团队如何面对失败

我们可能会比其他人更快地犯错误，因为失败意味着学习，更快地失败就意味着更快地学习、更快地改进。探索世界虽然可能会受更多的伤害，但可以更快地成长，而伤口总会愈合。在一个对失败友好的环境中，应该鼓励大家积极面对失败，而不是避免失败。一旦出现失误，要开总结会议，对事不对人，总结经验教训，以促进团队成员的持续改进和持续学习，如图 2-15 所示。

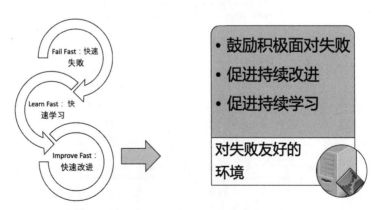

图 2-15　快速失败与改进创建对失败友好的环境

失败是为了学习。在几周一次的回顾会议中，不应过多地关注是谁犯的错，而应关注我们

学到了什么和我们将要做出哪些改变，从而避免将来出现同样的错误。既要针对产品也要针对过程，这样才能做到持续改进。改进需要自底向上的驱动，也需要自顶向下的支持。

　　失败也是有代价的，因此需要想办法控制成本。例如，通过架构解耦，将缺陷控制在有限范围内，不影响其他组件，并快速修复出问题的那一部分；利用灰度发布，一开始只将新功能推给有限的用户，在确认功能稳定后，再快速推给大众用户，这样，即使新功能出了问题，影响的人群和时间也是有限的，也就更有底气去做试验、学习。相反，如果一切尽在掌控，你就落后了。

第 3 章
构建企业的 DevOps 文化

良好的企业文化对 DevOps 的实践有着良性的促进作用，DevOps 提倡免责、高度信任、分享、协作和深度沟通的文化。提倡这种文化最终会带来日常工作的改善，比如在日常的工作中进行故障性测试可以保证不同情况下业务的连续性，并能将各种局部的改善在整个组织中进行扩展。保持这种文化氛围，能使得企业创新和适应快速变更的能力不断增强，对实现业务价值起到快速推动的作用。

关于如何创建适合企业自身特点的 DevOps 文化，本章将从三个方面进行展开。这三个方面分别是对失败友好的架构与环境、以高度信任为基石的企业文化、持续学习与持续试验，如图 3-1 所示。

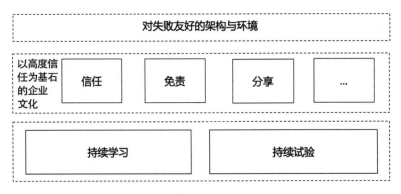

图 3-1　创建适合企业自身特点的 DevOps 文化概要

3.1　对失败友好的架构与环境

我们在讨论"Spotify 团队如何面对失败"时就提到过对失败友好的环境，这既是目标也是基础。在进行敏捷实践的时候，经常会提倡快速失败，但是不是更应认真思考它的前提和基础呢？对失败友好的环境就是提倡快速失败的前提和基础，作为推行 DevOps 企业文化的支撑之一，对失败友好的架构与环境就像汽车安全带一样重要，它是推行高度信任及免责的企业文化的重要支撑，因为它能在很多方面将损失降至最小。

3.1.1　对失败友好的架构与环境的特点

对失败友好的架构与环境在应用出现故障或者超出设计容纳的限度时，依然能够保证弹性并对服务进行优雅地降级，这里我们通过借鉴 Netflix 在这方面的做法来了解对失败友好的架构与环境的特点。

2011 年 4 月 21 日，整个 Amazon 的 AWS 云服务系统发生故障，导致很多运行在其上的客户（诸如 Reddit 和 Quora）的服务中断，但是 Netflix 却基本没有受到影响。AWS 并没有对 Netflix 进行特殊对待，Netflix 能够继续为客户提供服务的原因在于，其在 2009 年对自身的架构进行了优化。

2008 年，Netflix 的在线视频服务还是一个巨大的、运行在数据中心上的 J2EE 应用。而在 2009 年，为了保证该服务在 Amazon AWS 上具有更好的容错性，Netflix 对其进行了重构，类似 Amazon 服务的影响也被考虑在内，具体的举措有 3 条。

- 举措 1：采用松耦合的架构，某个组件出现问题不会使得整个系统无法运行。
- 举措 2：在不同的场合提供不同的服务，如表 3-1 所示。

表 3-1　Netflix 服务场合说明

场　　合	服　　务	说　　明
普通场合	给用户提供个性化的视频信息	由于每个用户需求不同，需要更多的运算和系统资源
系统 CPU 使用率过高时	给用户提供静态的内容	可以使用 cache 等资源，需要较少的运算和系统资源

- 举措 3：为了保证发生故障的时候服务能够自动恢复，最好的方式就是进行测试。而相较于其他测试内容，模拟生产环境服务器故障往往是非常困难的。为了进行改进，可以使用工具来模拟 AWS 出现的故障，比如可以使用工具随机地停止生产环境的服务器，这样做的目的是使开发团队能够习惯云端故障的发生，并能保证在故障发生时，服务不需要任何手工干预即可自动恢复。

弹性容错的系统、故障发生时的降级服务等都是对失败友好的架构与环境所具有的特点。在这样的系统中，进行持续试验的开发团队自然更有自信。

3.1.2　对失败友好的架构与环境的设计原则

通过 Netflix 的实践，我们可以发现对失败友好的架构与环境的特点及在对其进行实现过程中需要注意的一些事项，从而得到一些启发。而构建和设计这样的环境，则是一个长期的过程，需要考虑很多要素，如图 3-2 所示。

图 3-2   设计对失败友好的架构与环境时所需的要素

1. 设计中考虑非功能性需求

在开发和设计中,那些非功能性的需求同样非常重要。在一定程度上,后续的很多问题都是由于对这些非功能性需求的设计不够重视而导致的。例如,架构、性能、稳定性、可侦测性、配置、安全要素等。

在开发中如果考虑到一系列的非功能性需求,则能很容易地对服务进行部署,更快地侦测到问题的发生,更重要的是能保证服务的可用性和可靠性。这些非功能性需求有:

- 弹性服务能力;
- 问题和故障发生时的服务可用性保证;
- 在应用和环境中有足够的监控;
- 能够精确跟踪依赖的能力;
- 前向和后向的版本兼容性;
- 能够检索各个服务的日志信息的能力;
- 在多个服务中跟踪用户请求的能力。

正是因为 Netflix 在系统的设计上保证了弹性服务能力,考虑到了意外情况下的服务降级,才做到了在问题出现的时候从容不迫。

2. 工具上使用诸如猿猴军团(Simian Army)进行辅助

Netflix 使用了猿猴军团工具模拟 AWS 出现的故障,这使得开发团队习惯了云端故障的发生,并将这种故障发生的应对策略融入架构,从而营造出了对失败友好的架构与环境,保证了在故障发生时,服务不需要任何手工干预即可自动恢复。让我们来看一下猿猴军团工具都能模拟哪些故障,如图 3-3 所示。

图 3-3　猿猴军团工具

- 混沌大猩猩：模拟 AWS 可用区的故障。
- 混沌金刚：模拟整个 AWS 区域（例如北美或欧洲）的故障。
- 一致性猴子：查找并关闭不符合最佳实践的 AWS 实例。例如，不属于自动扩展组的实例或没有列出相关工程师电子邮件地址的目录。
- 医生猴子：对每个实例进行健康检查，一旦发现不健康且未被及时修复的实例，就主动将其关闭。
- 看门猴子：确保云环境没有混乱和浪费；搜索未使用的资源并显示它们。
- 延迟猴子：在其 RESTful 客户端/服务器的通信层中引入人为延迟或停机时间，以模拟服务降级的情况，并确保相关服务能适当地做出响应。
- 安全猴子：一致性猴子的延伸，它查找并终止具有安全违规或安全漏洞的实例。例如，未正确配置的 AWS 安全组。

Netflix 引入了猿猴军团工具，使系统对于失败更加友好，当不同级别的问题发生时，都能对服务进行优雅地降级。在这个过程中能够模拟实际故障的猿猴军团工具功不可没，当然还有其他类似的工具。另外通过红蓝对战的方式，或者使用后文（3.3.2 节）会介绍的游戏日（Game Days）都可以辅助发现并修复现行系统中的潜在问题，从而使得环境对失败更加友好。

3．开发中通过自动化和标准化来提高效率并保证输出

要尽可能地引入自动化操作来提升效率，避免手工作业导致的服务不稳定。当运行和维护的工作不能够完全自动化时，目标就变成了使工作尽可能地可重复和标准化。尽可能清楚地定义手工作业以减少交付时间和错误，借助诸如 Rundeck 这样的工具进行自动化操作，同时使用 JIRA 或者 ServiceNow 等工具管理问题和事件，可以达到更好的效果。

当我们清楚需要做什么样的工作，由谁去执行，以及需要什么样的步骤后，我们就可以通过在开发中创建定义清晰的运维用户故事，更好地进行规划以保证输出是稳定可重复的。而只有当这些输出稳定可重复时，整体环境的可靠性才能得到进一步的保障。

3.1.3 当失败遇见复杂系统

复杂系统往往具有高度耦合的功能组件，难以简单解释的各种系统行为，以及与无数外接系统千丝万缕的关联，导致很难对其可能面临的失败进行精确的预测。而一旦发生故障（失败），其影响往往非常大。比如，核电站就是这样复杂的系统，当复杂系统发生故障（失败）时，保证对失败友好显然不是一件容易的事情。核电站故障事件及其影响如表 3-2 所示。

表 3-2 核电站故障事件及其影响

时　间	事　件	影　响
1979/03/28	由于设备故障，美国三里岛核电站 2 号机组反应堆的堆心失水，导致反应堆毁坏	事故现场，3 人受到了略高于半年的容许剂量的照射。核电厂附近半径 80 千米以内，平均每人受到照射的剂量不到一年内天然本底的百分之一，该事故对环境影响不大
1986/04/26	乌克兰切尔诺贝利核电站 4 号反应堆预定关闭以做定期维修。由于操作失误，燃料棒开始熔化并引发爆炸，使反应器顶部移位并遭到破坏，放射性污染物随后进入大气，燃料棒碎片也散落在附近区域	至少 31 名工人及消防员在数月内死亡。大约 4000 名儿童和青少年因喝了被放射性物质污染的牛奶而得了甲状腺癌
2011/03/12	日本 "3·11" 大地震导致福岛县两座核电站反应堆发生故障，其中第一核电站中的一座反应堆震后发生异常导致核蒸汽泄漏，于 3 月 12 日发生小规模爆炸	在核泄漏发生之后，日本当局划设了长达 12.5 英里（1 英里=1.609 千米）的禁区，禁区内 16 万名居民被迫撤离

而在科技领域，工作依赖由多个超级复杂的系统，同样也可能遭遇极高的风险。例如，2015 年纽约证券交易所的系统曾经暂停交易 218 分钟，如表 3-3 所示。

表 3-3 2015 年纽约证券交易所交易系统故障

开　始　时　间	结　束　时　间	持　续　时　长
（美国东部时间）2015/07/08 11:32	2015/07/08 15:10	218 分钟

对于纽约证券交易所的交易系统停止的 218 分钟,损失巨大。其实,类似的情况并不罕见,巨型系统的复杂性已经远远超出了我们的想象,而且一旦发生问题,将会是灾难性的。

像核反应堆这样复杂的系统,其可能出现的故障难道不能被准确预测吗?Charles Perrow 博士通过对三里岛危机进行研究发现,准确预测在各种情况下核反应堆可能的反应,以及何时发生故障近乎不可能。当某一个部分的问题正在发生的时候,很难将其和其他部分分开,快速的变化使得结果变得异常复杂,而预测也近乎不可能。Sidney Dekker 博士通过研究发现,复杂系统的另外一个特性,两次同样的执行并不一定导致相同的结果。这显然是几乎令人绝望的特性和结论。对于复杂系统的安全,需要引入监控来予以保障。

3.1.4 保障复杂系统的安全

在复杂系统中,问题(失败,下同)的发生是不可避免的,同时又是无法准确预测的。在这种情况下,我们所能做的是创建一种安全的机制,使问题能够快速被检测到,从而在出现灾难性后果之前开始着手应对。这样的机制使得我们对失败不再畏惧,同时有可能改变文化的土壤。

而在制造业领域,严重问题刚发生时,很多现象都会被检测到。更早发现,更早应对,成本更低,速度更快,代价更低,这是我们从制造业经验中学到的。我们也会将其应用到 DevOps 的实践当中,发现和反馈问题的回路非常重要,在发现和反馈的实践中,更重要的是将每次问题发生都视作一次学习的机会,而不是责备和惩罚。当然,这是需要前提的,我们需要确保我们的系统运作是安全的,这些问题的发生不会导致灾难性的后果。

在制造业中,缺少有效的反馈经常会导致出现质量和安全问题。在制造业的价值链中,快速、高频度、高质量的信息流动随处可见,每个工序都需要被测量和监控,任何故障或可能引起偏离的问题都会很快地被发现和纠正,正是这些奠定了创建高质量安全系统的基础。

而在软件开发领域,这种在制造业中习以为常的反馈并不易得。例如,在传统的"瀑布型软件开发"中,往往在设计和编码工作基本完成之后,才能从测试阶段得到关于质量的反馈,甚至有一部分只有在发布之后才能得到反馈,而这一切都已经太晚,并且往往已经产生了非常严重的影响。我们所期待的是,在软件开发领域也能创建出制造业中的机制为我们保驾护航。

当然,仅仅通过反馈回路检测到预期外的问题发生还远远不够,我们还需要解决这些问题。让我们再次将目光投向制造业,当问题发生的时候,团队负责人会立即被通知到并开始着手去解决问题。若这个问题在一定的时间内(如 55 秒内)没有得到解决,整条生产线会停下来去协同解决,直到问题得到解决。这就是 2.4.5 小节所提到的安灯拉绳的实践活动。

虽然看起来很简单,但是往往在最初的阶段需要决心和勇气。《凤凰项目》一书中所提到的部署冻结,其实就是学习制造业的做法,不让问题继续扩散,在问题的初期进行应对效果更好。

发现核反应堆已经开始熔化再去应对明显为时已晚。所以只有在整个流动的过程中尽可能早地发现小的问题，并立即解决，我们才有可能创建一种安全的机制，保证在灾难性的后果发生之前有足够时间去应对。

3.2 以高度信任为基石的企业文化

创建对失败友好的架构与环境为企业文化的推行提供了整体保障，在此基础上进行企业文化建设会更加顺畅。

良好的企业文化的最终目标是，能够促进企业盈利和提升交付能力。在创建适应企业自身的 DevOps 文化方面，敏捷和精益管理、持续集成和持续交付都是其重要基石。而精益的实践，我们可以在制造业中获得很多经验。

（1）制造业的变革

让我们把目光投向 20 世纪 80 年代制造业的那场变革上。通过践行精益原则，制造业的生产效率显著提升，交付时间降低，产品质量及客户满意度提高，成功的企业在残酷的市场竞争中赢得了一席之地。

在这场变革开始之前，制造行业的产品平均交付时间为 6 周，而且只有少于 70% 的订单能够按时交付。而到了 2005 年，随着精益实践的广泛推行，制造行业的产品平均交付时间已经少于 3 周，而且 95% 的订单能够按时交付。

（2）软件行业的变革

20 世纪七八十年代，大多数项目需要一到五年才能完成开发和部署，并且经常伴随着极其高昂的成本，而失败则会带来极其严重的影响。

随着敏捷管理思想的践行，新功能的开发周期已经缩短为几个月甚至几周，但是从部署到生产仍然需要数周甚至数月，而且经常还会伴随着灾难性的后果。随着软件和硬件的不断升级，实施永不停息的服务成为可能，云计算更是提供了弹性扩容、缩容的能力，使得业务和资源的投入能够更紧密地结合起来。包括云计算在内的诸如物联网、区块链、人工智能等技术对软件的开发测试部署和交付提出了更高的要求。

DevOps 的引入更是使得这些需要部署到生产的服务变成了以小时甚至以分钟计的常规操作，很多企业在这轮变革中已经先行。借助 DevOps，这些企业甚至能够在实际的环境中先行验证它们的创意，以确认哪些创意能够带来最大的效益，并以此来决定所要开发的功能，而这些功能最终将非常安全地被部署到生产环境之中。

互联网行业的竞争异常激烈，究竟什么样的企业文化更适合 DevOps？以下将结合制造业的经验及一些企业的实际经验进行说明。

3.2.1　传统制造业的惩罚文化

很多企业宣称，信任是企业文化中的重要组成部分，那么高度信任到底应如何贯彻？这是一个非常难以回答的问题。但反过来看，对于完全不信任员工的企业，执行信任的方式则非常简单，因为可以相信的只有规章制度，不遵守即严惩，这似乎并没有太多问题。而制造业同样有很多经验可供我们借鉴，让我们再次把目光转向制造业。

在传统的制造业中，工作内容被严格地定义，作业者必须遵从，他们基本无法从日常工作中学习并成长，更不可能将学到的内容或好的想法集成到现行系统中。对企业来说，个人完全就是工业时代舞动的扳手，个人对企业自然也漠不关心，冷漠是整个文化的主基调。

在这种环境中，除了冷漠，往往还包含另外两个字："罚"与"怕"。前者是企业行为，后者是员工心理，两者共同构成了这种文化的主基调。企业有这种想法也很正常，出了问题的员工被惩罚确实合情合理。抛开容易引起争论的"应该怎样做"的话题，在这种情况下，从同理心的角度出发，一般有两种情形十分常见。

- 第一种情形：因为害怕被惩罚，出了错的员工可能会做两件事情，首先是瞒，能瞒多久就瞒多久；其次是推脱，瞒不住的时候开始找各种理由推脱，各种"背锅侠"纷纷涌现。
- 第二种情形：那些指出问题或者提出好建议的员工容易被孤立，因为他们被视为"麻烦制造者"。能够提出好建议是因为这些员工发现了目前做得不好的地方，做得不好就要被罚。提建议者被孤立，容易造成其他人的困扰，尽管大家都明白"孤立"的做法并非理性。

不可预测性是复杂系统的重要特点之一。成千上万种的可能性使得我们无法应对复杂系统可能出现的问题，即使我们在工作中已经谨小慎微，依然不能精确地判断变更会带来好处还是带来灾难。

一旦问题发生，我们会立即去寻找原因，而通常的原因是"员工的失误"，通常的解决办法也是对员工进行惩罚。做错事的人被惩罚是合乎情理的，为了防止类似的错误继续发生，一般会增加审批的程序。在项目中还可以增加一种叫作 checklist 的列表，修改一行代码可能需要确认 1000 行的 checklist 才能确保代码从设计到编码规范、测试质量、整体性能、科技人文和企业利润等不会受到影响。可惜的是，在大部分项目中这种方法似乎不是很奏效。

而这种惩罚的方式所带来的后果则是，它会使得那些容易出错的员工更加恐惧而不是更加仔细，整个组织也会变得更加官僚化，"自我保护"现象也会变得更加常见。

"惩罚文化"大行其道给员工带来了恐惧情绪，当问题出现或者出现征兆的时候，甚至到灾难发生的那一刻，员工的做法常常是视而不见。而这一点也得到了 2018 年 DORA 调查报告的支持：企业最高管理层比团队成员对 DevOps 进展更加乐观。而这份乐观很大程度上来源于我们讨论的"惩罚"与"害怕"文化所导致的信息无法自下而上完整传递，信息传递过程中可能存在"过滤"和"消毒"，导致阻碍进程的问题及瓶颈都无法被真实地看到。企业最高管理层对现状的认识是不完整的，所以在某些数据上显示出了和团队成员之间的较大不同。例如，在关于安全团队是否介入了设计和部署过程的问题上，管理层中有 64%持肯定看法，而团队成员中则只有 39%持肯定看法，这是需要认真对待的。

科技是第一生产力，而技术的提升需要不断地学习、需要试错。企业文化的作用就是创建一种高度信任的宽松环境，使得员工敢于也甘于通过持续学习来促进自身成长，而这个过程就在日常琐碎的工作之中进行，因为要进行试验，自然会有风险，如果没有高度的信任，是难以做到的。通过试验，会知道哪些流程或者知识能够在实际的生产环境中奏效，哪些没有效果。有想法的员工将自己的想法付诸实施之后，自然也会判断哪些可能有用哪些不正确。而且，经验的分享和全局利用也是文化的重要组成部分，如何将较好的实践经验推广到整个组织，也是企业文化需要考虑的事情。

3.2.2 聚焦改善的免责事后分析

在一个高度信任的组织中，除个别员工自身确实存在诚信问题外，很多管理人员都认为员工所犯错误的真正根源在于所使用的工具。相对比地，传统的企业文化是揪出"害群之马"对其进行惩罚。而更好的处理方法则是将其视作学习的机会。

一旦员工在所犯的错误上感到安全，他们就会有意愿改正错误，甚至还会热情帮助公司的其他成员，以避免他人再犯同类错误。这样可以将免责的事后分析流程作为持续学习探索的开始，从而不再聚焦于"惩罚"，而聚焦于如何进行改善。

这里使用 Netflix 的一个案例来进行说明，一位在 18 个月内使 Netflix 宕机了两次的工程师，未受惩罚并仍被企业重用。因为这个工程师使得系统能够安全地部署，并完成了极大数量的生产环境部署，他为公司带来的价值非常之高。

2014 年 DORA 的 DevOps 研究报告同样给出了数据上的支持。该报告指出，高绩效的 DevOps 组织犯错和失败的次数更多。这是可接受的，也是组织所需要的，比如高绩效组织的效率是低绩效组织效率的 30 倍时，即使失败率只有低绩效组织的一半，他们失败的次数仍然远远大于低绩效组织。

对失败友好的架构与环境，因为具有弹性，因此可以包容一定程度的失败，这就给予了 DevOps 实践在基础架构上的保障。而允许适当风险和失败的企业文化则将失败视作持续学习的机会，不会过度聚焦于对犯错员工的惩罚，这种氛围会使员工更能坦言自己的行为，甚至过失，因为这是一次组织改进的机会。在这样的基础之上进行聚焦并改善问题的事后分析会事半功倍。

为了做好问题的事后分析，在问题解决之后要召开事后"免责分析会议"，最好在大家的相关记忆还没有消失的时候进行。这样的事后免责分析会议一般有以下主要原则。

- 设定时间限制，从不同角度获取相关的详细信息，确保不会因犯错而惩罚员工。
- 鼓励犯错的员工成为相关专家，以帮助和教育组织其他成员不犯同样错误。
- 提出预防同类问题再次发生的应对措施，确保问题有负责人，并将应对措施在目标日期内记录下来。

为了达到更好的效果，参加会议者可以包括如图 3-4 所示的成员。

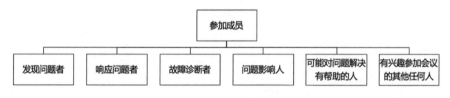

图 3-4　事后免责分析会议参与者

从图 3-4 中可以看到，参加会议的包括发现问题者、响应问题者、故障诊断者、问题影响人、可能对问题解决有帮助的人及有兴趣参加会议的其他任何人，这就保证了问题分析的全面性，进行事后免责分析的要点如下。

（1）做记录，包括问题发生的时间、采取了什么举措（最好能在诸如 IRC 或者 Slack 等工具的聊天记录中进行管理）、观察到了什么样的结果（最好能够在生产环境的监控指标中进行确认）、进行了什么样的调查、考虑到了哪些应对方法。

（2）注意事项：确保成员不会担心被惩罚，要在免责的方式下进行，避免使用"本来可以""本来能够"等表述方式；避免员工过度自责，要将问题聚焦到"当时为什么觉得采取那个举动是自然而然的"上；避免"认真一点""聪明一点"等不具可操作性的应对措施；避免从"明天的我们一如今天一样愚蠢"这样的角度去考虑应对举措。

（3）公开事后分析结论，为了使整个组织都能从中学习获益，在事后免责分析会议结束之后需将结论在组织内部进行公开。

3.2.3　多角度的知识与经验分享

对于企业来说，知识和经验是重要的组织资产。当下，知识和经验的共享已经变得非常重要，而且共享的过程也可以通过各种方式来实现，如图 3-5 所示。

图 3-5　知识和经验共享的多种方式

1. 尽可能地进行内部信息的共享

包括事后免责分析会议的记录与结论在内，尽可能地进行内部信息的共享能够快速地分享知识和经验。例如，Google 的员工对公司内所有的事后分析文档都可以搜索查看，当同类问题发生时，这些文档会最早被研究和比较。

当然，当共享的内容非常多的时候，在整个企业内部一定会积累大量的记录信息，堆积在Wiki 或者相关的知识共享平台上。我们需要意识到共享信息的获取和操作的便捷化也会直接带来良好的效应，使用新的工具或者自行开发相关的、适应自己企业的平台都是值得的。例如，Esty 公司就遇到了进行大量信息共享时效率低下的问题，于是开发了一款名为 Morgue 的工具，用它来记录每一个事件的重要因素，如平均修复时间和严重程度等。使用 Morgue 可以使相关信息更容易被记录，比如：

- 问题发生的原因（定期操作或非定期操作引起的）；
- 事后分析的负责人；
- 相关 IRC（Internet Relay Chat）工具保存的聊天记录；
- 相关 Jira（Atlassian 公司的项目管理工具）的任务单；
- 相关客户的事件报告信息。

Morgue 的开发和使用使得对严重等级稍低的问题（P2、P3、P4）的事后免责分析记录越来越多。这证明了如果有类似 Morgue 这样方便的工具用于管理事后免责分析结果，员工会更多地记录结果，能更好地促进组织的学习。尽可能地进行内部信息的共享，同时使用适合自己企业的工具，在知识和经验的积累方面能起到很好的作用。

2. 结合工具进行进一步的集成（ChatOps）

DevOps 有一个分支被称为 ChatOps，可以通过即时聊天工具（如聊天机器人）集成自动化操作工具，在保证了工作透明性的同时，又能记录实际的文档（聊天记录）。

ChatOps 还能间接起到分享的作用。比如，即使是团队的新成员，也可以通过查看聊天记录来了解一些事情是怎么完成的，就好像一直和聊天记录里的人员进行结对编程一样。通过这种方式，可以获得多种收益，相关收益罗列如下。

- 透明性：每个人都能看到所有发生的事情。
- 培训：第一天上班的工程师能看到日常工作是怎样的，以及是如何实施的。
- 协作：当人们看到其他人在相互帮助时会倾向于同样发出求助，这有助于团队间的协作。
- 文档化：相较于邮件，信息更容易被记录和共享。
- 虚拟团队的知识分享：如果很多工程师都在不同的城市，使用聊天室能更好地推动知识的分享。

- 快速地帮助：通过快速问答和信息全体可见进行知识的分享。

GitHub 曾声称，Hubot 是自己企业最忙碌的员工，而 Hubot 正是这样一个强大的聊天机器人。GitHub 可以利用 Hubot 进行自动化集成和信息分享，如图 3-6 所示。

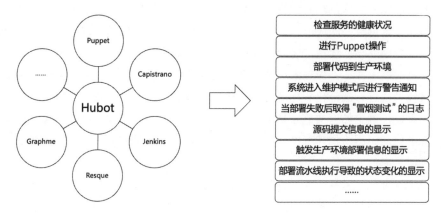

图 3-6　GitHub 利用 Hubot 进行自动化集成和信息分享

Hubot 用于集成自动化操作工具，这些工具包括 Puppet、Capistrano、Jenkins、Resque、Graphme 等。通过集成这些工具，Hubot 不仅可以实现信息的共享和团队的协作，还可以实现更多操作，比如：

- 检查服务的健康状况；
- 进行 Puppet 操作；
- 部署代码到生产环境；
- 系统进入维护模式后进行警告通知；
- 当部署失败后取得"冒烟测试"的日志；
- 源代码提交信息的显示；
- 触发生产环境部署信息的显示；
- 部署流水线执行导致的状态变化的显示。

3. 进行技术栈的标准化

复杂的系统往往使用了很多的技术，对那些被维护了较长时间的大型项目来说，这是十分常见的事情。多种操作系统、多种编程语言、多种框架、多种中间件、多种硬件设备共存的情况使得整体的应用架构非常复杂。而这往往会极大拖慢 DevOps 实践的进度，仅自动化推动方面也会遇到非常大的阻碍，降低整体复杂度对这种系统来说已是当务之急。

在 2018 年的 DORA 的研究报告中也明确指出了构建标准化技术栈的重要性，很多人认为自动化应该是最初的切入点。而实际上如果事前的准备工作没有做好，直接切入自动化，很多时候这种急功近利的期望并不一定能够得到满足。因为在一个技术栈非常复杂的情况下，自动化本身将会变成一个不可控的需求，而如果不对这种复杂技术栈进行控制，后续的投入很有可能会大幅增加。所以规范化整体的技术栈更多的是为了简化系统，降低依赖，正所谓磨刀不误砍柴工。

在很多 DevOps 实践的项目中也是如此，虽然会将自动化作为一个很重要的目标，但还是要对整体的流程、可改善的环节、改善的计划和重点、技术架构进行讨论，明确并降低系统整体的复杂性，以期能够持续稳定地投入并获得持续稳定的回报。

构建规范的技术栈，不应局限于某一个应用或者某种服务，而应着眼全局，从整体角度进行考虑。对技术栈进行规范化和标准化，从长远来看会取得很好的效果。但是对于拥有复杂度很高的老旧系统，确定如何实施才是关键所在。影响太大、改动成本过高往往是对老旧系统技术栈进行标准化的阻碍。构建标准化的技术栈势在必行，但是如何实施，以什么样的规划实施才是首先需要考虑的。

之所以把标准化技术栈作为知识和经验分享的一个重要方式，是因为它不但对构建整体架构具有指导作用，而且由于复杂度的降低可使壁垒大幅度减少，沟通的效果会明显改善。随着技术栈的简化，往往在成本方面诸如各种授权费用或版权费用也会有所降低。例如，对于整体的技术栈来说，Google 提倡使用一种官方编译语言，一种官方脚本语言，一种官方 UI 语言，紧跟这"大三样"，既能保证得到库和工具的支持，也能更容易地找到协作者。

4．单体共享源代码仓库

当企业规模很大的时候，其拥有的系统往往也很多，而这些系统有可能使用了相同的框架，比如 Java 的 Web 开发框架 Spring Boot。如果不同的系统能统一使用相同的版本，同时框架有专人负责，那么一旦出现安全问题，或者需要升级版本，整体使用单一的共享源代码仓库来进行管理可以使知识和经验的积累更加有效。但是在实际的企业中，很难做到统一共享源代码仓库，这些企业往往有多个源代码仓库，以及不同的框架和版本，升级和安全问题也难以统一管理。由组织级别创建单一的共享源代码仓库，能够很好地推动知识的分享。

虽然这看起来很难做到，但以 Google 为例，在 2015 年，Google 用单一的共享源代码仓库管理着超过 10 亿个文件和 20 亿行代码，超过 2.5 万名工程师在使用这一仓库。

Google 的众多核心功能在此仓库中被管理着，包括：

- Google 搜索；
- Google 地图；
- Google 文档；
- Google+；
- Google 日历；
- Gmail；

- YouTube。

共享源代码仓库中不仅保存源代码，同时还管理着其他内容，比如：

- Chef recipe 或者 Puppet manifest 这样的有关基础框架和环境的配置标准；
- 部署工具；
- 包含安全在内的测试标准；
- 部署流水线工具；
- 监控和分析工具；
- 教程文档。

Google 所有的库，诸如 OpenSSL 或者 Java 线程都有专门的负责人，可以保证此库不仅能通过编译，还能通过所有的相关测试。同时，当版本升级也由该负责人负责。Google 正是通过这样的方式，保证了知识和经验分享的顺畅进行。

5．结合自动化测试和社区活动扩展知识

为了将知识和经验扩展至整个组织，还可以采用自动化测试和社区实践的方式。这听起来会有点奇怪：自动化测试为何能够作为知识扩展的方式？在组织级别往往有一些共享的库文件，若想使用这些共享的库文件则需要进行信息的共享。而使用共享的库文件的前提是确保这些库都有大量的自动化测试。如果结合一些工具或者在测试的时候考虑到分享的因素，就可以将这些测试用例直接做成可供用户学习的文档。例如，工程师可以通过确认测试用例去探索如何使用 REST API，这时结合 Swagger 等工具往往更为方便。往往这种情况都伴随着 TDD（Test Driven Development，测试驱动开发）实践的发生，在理想情况下，每个库都有一个负责人或者负责的团队，另外在生产环境中只允许一个版本被使用，这样能确保组织级别中共享知识和经验，基于 TDD 的自动化测试也能在组织内扩展知识。

关于社区实践，可以对每一个库或者服务创建讨论组或者聊天室，在这样的环境下，提问者得到的回答往往来自其他使用者而不是该库的负责人或者开发者，通过社区实践，使用者能够相互帮助，从而更好地在组织内进行知识的扩展。

3.3 持续学习与持续试验

持续学习与持续试验是企业不断成长的动力，通过持续学习，组织能够在知识技能以及经验上保持竞争力，通过持续试验可以保证系统的安全稳定，促进业务的不断创新。依靠持续学习与持续试验，团队具有了快速适应不断变化的环境的能力，市场是不断变化的，唯一没有变化的就是变化自身，这种适应市场快速变化的能力最终会帮助企业赢得一席之地。

3.3.1　通过内部与外部会议促进人员技术成长

举办技术会议或者论坛，既是经验和知识的分享，也是持续学习的重要方式之一。很多企业在这方面都进行了实践。例如，Nationwide Insurance 从 2011 年开始创建学习型组织，其中包含名为"Teaching Thursday"的活动，每周都会举办一次，每次大约两小时，在这段时间内，可以就感兴趣的新技术、流程改善，以及如何更好地管理自己的职业规划等进行学习和分享。

类似通过组织内部的技术会议促进学习和交流的实例还有：

- Capital One 在 2015 年举办了第一届内部的技术大会，超过 1200 名内部员工参加。
- Capital One 内部的一些技术专家可以允许其他人去咨询和确认问题。
- Target 在 2014 年先后举办了 6 次内部的 DevOps Days 的活动，超过 975 名内部社区成员参与了这些活动。
- Google 在 2005 年推动自动化测试时，举办了专门的改善活动，内部的指导者及内部的认证人员可以分享自动化测试的实践经验。

当然也可以在外部的技术会议（诸如 DevOps 大会）上分享经验。在很多以成本为中心的组织中，常常不鼓励技术人员参加外部技术会议。而要想创建学习型的组织，应该鼓励技术者去参加内部或者外部的会议从而进行更好的学习。

DevOps Days 就是当下一个影响比较大的自组织型会议，在这里，很多组织分享了它们的 DevOps 实践经验或者模式。虽然对于组织外部的分享，目前各种成熟度高的企业都比较冷淡，但是成熟度高的企业在整个组织内部分享经验的比例更大，这体现了 DevOps 实践在组织内部不断复制和借鉴的过程。

创建学习型的企业文化使得每个人不仅能够进行学习，同时可以分享自己的知识。在这个时代，每个人都应该是终身学习者，不应该为学习新的技术或者知识而感到恐惧、羞愧，这是学习型的组织文化需要保证的氛围，一个好的方式就是从自己的同伴那里去学习。通过不断学习内部和外部的知识与经验，可以保证在技术上跟上业务系统发展的需求。

3.3.2　向生产环境中引入故障来增强弹性

通过在生产环境中嵌入"故障"来产生恢复能力是持续学习和持续试验常见的手段，在前面我们曾经介绍过，Netflix 通过弹性容错的系统及服务降级的设计方案，保证了在故障发生时业务可以继续进行。就像汽车的安全气囊等技术那样，通过预先设计和思考出现问题时的对策，保证了汽车在出现撞击等问题时乘客的安全。软件系统的设计也是如此，应当考虑到其发生故障时的应对方式，如果不进行故障应对设计，结果完全是不可预期的。除此之外，可以通过模拟的方式，在生产环境中引入模拟的故障，增强系统的弹性，以保证真正出现故障的时候不至于手足无措。

2014 年，因为突发的 Xen 安全补丁问题，Amazon 10%左右的 EC2 服务器重启。在 Netflix 的 2700 个以上的 Cassandra 节点中，218 台重启，22 台没有重启成功。

而由于事前使用猿猴军团工具进行了类似故障的模拟，所以基本没有造成影响，具体的模拟方式是 Game Days。

Game Days 实施的目的是帮助团队模拟故障发生的状况以便提前发现系统存在的问题，实施步骤如下。

步骤 1：规划一个灾难性事件，如模拟整个数据中心的毁坏。

步骤 2：给团队时间用于准备，消除单点故障，创建必需的监控，以及容错、排错操作等。

步骤 3：实施 Game Days 演习，尽可能地像发生真实故障那样进行操作。

步骤 4：确认问题，分析原因并应对，再次测试确认。

实施收益：执行 Game Days 演习可以使服务更具弹性，而且一旦发生问题，能够为服务的恢复提供更高等级的保障。

除了 Game Days，还有很多其他不同的模拟方式，它们大多都是通过直接在生产环境中进行故障插入以增强系统弹性的，比如 Google 的 DiRP（Disaster Recovery Program，灾难恢复系统）会模拟演习硅谷发生地震及数据中心停电等情况来确认服务的连续性。

3.3.3　持续学习与持续试验的建议

本部分将介绍持续学习与持续试验的建议。

建议 1：预留时间用于组织学习和改进。

根据很多公司的实践经验，预留出 20%的时间用于个人与组织的学习和改进能够起到很好的作用，很多互联网公司的创新性主要功能都来源于这段时间的有效利用。

比如 Facebook 的 HiHop 编译器就是在 Hack Day 活动中产生的，而如果没有这预留的用于改进的时间，可能就不会有 HiHop 编译器。2008 年，伴随着活跃用户的快速增长，Facebook 面临着一个严重的性能问题。在一次 Hack day 活动中，Facebook 的高级工程师赵海平尝试将 PHP 代码转化为 C++代码以提高效率，并在接下来的两年内，创建了一个小型的团队用于开发 HiHop 编译器，将 PHP 代码转化为 C++，最终的效率比原生的 PHP 提高了 6 倍。

后来，有几个工程师觉得他们可以设计出比 HiHop 编译器更优秀的工具，而且能够减少对开发者的影响，于是就创建了一个名为 HHVM（HipHop Virtual Machine）的虚拟机项目，之后，HHVM 取代了 HiHop 编译器。

建议 2：鼓励适当的冒险。

在确保试验不会带来灾难性的影响的前提下，应鼓励员工适当冒险，虽然这些操作可能会对生产环境造成一定的影响，但是这会使得系统更好地进化，因此应对其予以鼓励和支持。

建议 3：将偿还"技术债务"的行为定期化。

技术债务（因时间、难度、成本等原因而未完成的技术任务）会对系统造成很大的影响，而技术债务也不是一次清除就可以彻底消失的，随着系统的不断更新，新的技术债务将不断增加。定期偿还技术债务同偿还财务上的债务一样重要，只有定期审视和偿还技术债务，才能保证系统的稳定和可扩展等特性。

建议 4：推动快速改善活动。

为了保证开发团队和运维团队有时间进行诸如非功能性需求或者自动化的实践，可以规划和执行数日或者数周的改善活动,让团队自组织地去解决他们所关心的问题,问题可以是代码、环境、架构、工具等相关的内容。通过这种方式能将开发团队、运维团队、信息安全团队的精力和知识结合起来，对选中的某个特定问题进行改善和演示，从而将积累的改善扩展到整个组织。

将改善集中到日常工作中，其实非常简单。

步骤 1：选择一个时间段（如一周）让开发团队和运维团队一起对所选择的目标进行改善。

步骤 2：演示所改进的内容并进行进一步的讨论。

这种方式会强化跨团队交流沟通的文化，同时可以发现和消除日常工作中的问题以降低产生技术债务的风险。

3.4　常见的理解误区

本节将介绍常见的理解误区，分别如下。

1. DevOps 强调交付时间，天下武功，唯快不破

在软件开发等科技领域,价值流同样存在,而且制造业的原则和经验在这些领域同样适用：同样是由业务部门提供明确的需求定义，将开发、测试、部署交付给运维团队，最终价值流向客户。区别于传统制造业的产品，科技领域的价值流更多是以服务的形式进行交付的。

只有将我们开发、测试完成的软件运行在面向最终客户的生产环境之上时，IT 领域的价值流动才算完成，在那之前都只是"工作制品"（WIP）而已。

在 DevOps 中，交付时间也不是全部。"快"很重要，可靠性、稳定性、扩展性、安全性同样重要。DevOps 追逐的快速价值流动，是建立在不会因此而带来服务中断、安全事件等混乱事件的基础之上的，所以也需要"稳"。

2．DevOps 适合小型团队，大型团队难以开展

当开发人员的数目增加的时候，由规模效应带来的沟通、协作等额外作业不可避免地会对个体开发者产生比较明显的影响。就像《人月神话》一书中所解释的那样，当项目延迟时，增加开发者不但会降低个体开发者的效率，也会降低整体的效率。

而 DevOps 则从另外一个角度告诉我们，当我们有合适的架构、合适的技术实践、合适的文化氛围之时，小的团队也能高效地完成作业。同时，大规模的团队也同样适合 DevOps。Google 等公司已经证明即使对于数千人的团队，架构和实践依然能使得团队像初创公司那样产生很好的效率。

同时，DORA 调查结果也表明，当人数增加时，由践行 DevOps 的高效能人员所组成的团队依然能够保证与小团队同样的线性增长效率。

3．给予开发团队较多权责，容易产生更多问题

在 20 世纪制造业变革的浪潮中，很多高绩效的制造企业的做法让人眼前一亮。这些制造企业不再将工人视作工具，而是给予工人一定的权责，使得工人能够在他们的日常工作中进行试验和改进。区别于传统企业的做法（限定的流程，出现错误进行惩罚），这种企业认为不断地改进才应该是常态，甚至已经将其变成了例行的工作内容。

同样的情况，在企业的 DevOps 实践中也得到了验证，给予开发团队一定权责会给企业带来更好的活力。很多号称敏捷开发的团队在实际作业时遵从其他团队所做的需求，而没有提出自己意见的权利，这个限制可能会带来很多实际的问题，而最终的结果则可能是产品不会取悦客户，也无法交付所期待的业务结果。敏捷开发的一个重要目标是在整个开发过程中都去寻求客户的真正需求，这使得开发团队能够得到重要的信息，但是如果不管开发团队发现了什么，他们都没有任何权利对需求进行改变，创新能力将会被极大地阉割掉。

4．反馈的信息过于繁杂，只重视主要信息即可

复杂系统反馈的信息的确非常多，但这并不意味着只重视主要信息即可。前提是我们能分辨出主要信息和次要信息，但是在现实的世界中，这个往往很难。而微弱的征兆如果得不到足够的重视，灾难性的后果迟早会发生。

2003 年，在完成了 16 天的研究任务后，美国的哥伦比亚航天飞机在返回大气层的时候发生爆炸，原因是起飞时燃料罐隔热泡沫发生脱落。而这个问题在航天飞机返回大气层之前，已被工程师发现并上报，但是没有得到重视，他们被告知泡沫问题不是什么新问题，以前也出现过，从来没有出过事。这个问题一直没有得到重视直到灾难发生。2006 年，有关人员对美国国家航空航天局（NASA）的文化进行了剖析，他们将组织模型分为标准模型和试验模型两种，组织模型分类及说明如表 3-4 所示。

表 3-4　组织模型分类及说明

模型分类	说　　明
标准模型	通过严格的流程对系统进行控制，包括对时间和预算进行控制
试验模型	每次实验的信息都需要评估

NASA 的模型则为标准模型，对模型的错误选择导致本来应该得到重视的新的信息被忽视。这一惨痛的教训告诉我们，应当对每次试验的结果进行认真的审视，通过放大反馈予以重视，以保证微弱的征兆也不会被忽视。

3.5　实践经验研究

在企业文化的构建过程中，在敏捷、ITIL、ITSM 等实践的基础上，如何推行 DevOps 实践及如何看待这几者之间的相互关系等问题也比较常见。首先，ITIL 和 DevOps 没有冲突，ITIL 的融合为 DevOps 实践增添了新的价值，而且 ITIL、敏捷、DevOps 能够协同工作。以企业目标为中心，增强内部沟通和协作，不断改进，才能实现更好的融合。

1．敏捷实践中结合事件管理

ITSM 有着详尽的事件管理功能，在敏捷开发中融入事件管理的实践原则如下。

原则 1：事件解决不应该影响团队的 Sprint 目标。

原则 2：每个 Sprint 都应该为可能出现的事件处理预留时间。

原则 3：预留时间，建议为 20%，最好依据具体的项目历史数据。

原则 4：设定事件优先度，优先度最高的需要立即解决。

原则 5：低优先度的事件按照预留处理时间剩余情况顺序解决。

原则 6：超出预留时间的情况需要批准才能进行处理。

原则 7：事件处理队列状况确认可视化。

原则 8：在满足上述原则的基础上，事件处理本着今日事今日毕的原则。

2．敏捷实践中融入问题管理

在敏捷开发中融入问题管理的实践原则如下。

原则 1：问题管理的任务作为用户故事在产品待办清单中进行管理。

原则 2：问题的管理需要考虑到问题重新分配的情况及可视化状态的确认。

原则 3：尽量最小化技术债务，尽量做到在 2 个迭代周期内解决问题。

3．敏捷实践中融入配置管理

在敏捷开发中融入配置管理的实践原则如下。

原则 1：虽然手工配置很多时候还是无法避免，但还是尽量推动配置自动化。

原则 2：引入基础设施即代码的观点管理配置。

原则 3：配置管理纳入版本管理中。

4．敏捷和 ITIL 的相互借鉴

敏捷和 ITIL 各有所长，敏捷可以从 ITIL 中进行借鉴的内容有：

- 关注客户，注重服务的可靠性；
- 事件管理的反馈回路；
- 规范和标准化的流程；
- 严格的纪律。

ITIL 可以从敏捷中进行借鉴的内容有：

- 注重速度；
- 聚焦于价值增加和流动；
- 限制 WIP 的数量；
- 确认客户真正期望的反馈回路。

DevOps 不是橱窗里面的展品，也不是新瓶装旧酒的噱头。现代企业应该像 20 世纪 80 年代精益实践浪潮中的优秀企业那样，认真思考组织的不足，努力修炼内功，踏踏实实地改进，在新的改革中抓住机会。在降低了生产环境中的实验性的尝试可能带来的风险的前提下，应鼓励勇于尝试和创新、高度信任的企业文化、持续试验结合持续学习，推动整个企业不断前进。

第4章
设计和优化软件全生命周期相关流程

在软件的整个生命周期中，对于软件成熟度（CMM）的评估，以及各个阶段进行优化和改善需要关注的策略和原则，本章进行了总结和整理。评估和改善是一个长期的过程，需要结合组织的具体业务目标进行。

4.1 持续评估与 DevOps 成熟度模型

实践 DevOps 是一个长期过程，需要不断地评估自身的状态来进行改善，在这个过程中可以创建适合项目自身的 DevOps 成熟度模型。结合一些常见的持续交付的模型，本章将从软件开发周期的 7 个维度来讨论如何创建适合自己项目的 DevOps 成熟度模型，即持续规划、持续集成、持续测试、持续部署、持续监控、持续运维、持续反馈，如图 4-1 所示。

图 4-1　创建 DevOps 成熟度模型的 7 个维度

为了对这 7 个维度进行评估，可以将 DevOps 成熟度模型分成 5 个阶段，如图 4-2 所示。

- 初始阶段：初始状态，手工作业较多，交付过程不稳定。
- 基础阶段：流程标准化开始阶段，部分自动化，结合手工能完成可重复的交付。
- 可靠阶段：整体标准有清晰定义，大部分作业可自动化进行，能够较稳定地提供可预期的交付。
- 成熟阶段：整体过程可度量，结果可视，状态可追踪，数据可分析。
- 优化阶段：全生命周期统一平台管理，基本无手工操作，不断优化改善。

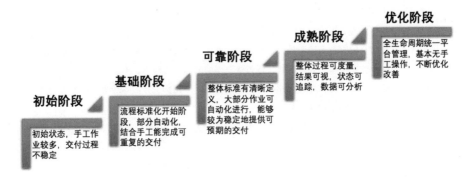

图 4-2 DevOps 成熟度模型的 5 个阶段

4.2 持续规划的评估策略

持续规划是基于 DevOps 进行组织管理和文化管理的一项重要指标，不同阶段的评估策略也不同，如表 4-1 所示。

表 4-1 持续规划的评估策略

阶　　段	详 细 说 明
初始阶段	各个团队彼此独立，有不同的 KPI、不同的规划目标，各自为战
基础阶段	各个团队有一定程度的沟通，聚焦于交付时间与部署频度等指标进行跨团队规划，有统一目标
可靠阶段	在各个团队充分沟通的基础之上，团队合作和分享程度逐渐变好，确定统一目标，开发团队和运维团队能够实现很高的部署频率和成功率
成熟阶段	各个团队规划目标高度统一，有明确规划的各项标准，聚焦于交付时间与响应时间，将用户的满意度也纳入规划度量之中，确保整体规划能够更充分地与客户价值相关联，确保整个团队能充分理解规划目标和度量标准，并对趋势进行跟踪和分析
优化阶段	规划聚焦于更具竞争力的业务服务能力及更好的市场收益，结合持续部署的能力和信心，通过持续规划生产环境来保证服务更具弹性，功能更具竞争力

4.3　持续集成的策略与原则

　　持续集成是衡量 DevOps 的工具自动化和流程自动化等方面实施状况的重要指标，不同阶段的策略与原则不同，如表 4-2 所示。

表 4-2　持续集成的策略与原则

阶　　段	详　细　说　明
初始阶段	用手工方式或者部分自动化方式进行构建，构建环境不能保证稳定性和一致性，各种工具分散管理，对源代码进行了版本控制
基础阶段	通过持续集成服务器进行定期自动构建、按需手工构建，或者在代码提交之后触发自动构建，基本可以保证构建是稳定和可重复的，源代码及构建所需的设定文件和脚本都纳入了版本控制
可靠阶段	结合了版本管理模型和开发方式，提供进一步的持续集成能力，不仅对代码和构建所需要的脚本进行了版本管理，而且能够对进行标准化构建所需要的一切都进行版本管理，保证不会因为持续构建服务器的损坏而丧失稳定构建的能力
成熟阶段	具有每日数次部署或者按需部署所需要的构建能力，使用基于主干的版本管理，构建过程实时可视，结合版本管理、需求管理、缺陷管理、运维监控进行一定程度的集成管理，能实现代码和需求的关联，缺陷和需求、故障和需求等局部关联，并可以进行相关数据的展示和分析
优化阶段	根据持续集成统计反馈信息进行不断改善和优化，形成需求、缺陷、运维、监控统一的管理平台，以促进各个团队之间更好地进行协作和沟通

4.4　持续测试的策略与原则

　　持续测试是在 DevOps 实践中衡量质量与安全性的一项重要指标，不同阶段的策略与原则不同，如表 4-3 所示。

表 4-3　持续测试的策略与原则

阶　　段	详　细　说　明
初始阶段	开发完成之后，进行手工测试
基础阶段	对零散的测试用户和数据进行管理，可以对部分功能进行自动化测试
可靠阶段	采用 TDD 方式，测试与开发同步进行，测试驱动开发，单元测试和验收测试等接入部署在流水线中自动进行
成熟阶段	各个阶段（诸如单元测试和验收测试）的覆盖率进一步提高，测试的质量可视化确认，诸如覆盖率等度量指标进一步清晰，并可进行趋势跟踪
优化阶段	所有部署都会毫无例外地通过自动化测试，测试用例和数据得到实时更新，根据反馈强化测试作用，保证持续测试时间可控

4.5　持续部署的策略与原则

持续部署为组织提供了快速交付的能力，作为一项重要的指标，不同阶段的策略与原则不同，如表 4-4 所示。

表 4-4　持续部署的策略与原则

阶　　段	详　细　说　明
初始阶段	手工配置环境、部署应用，频度受限，过程不可控，容易出现问题
基础阶段	通过简单机制实现环境自动生成，通过脚本等可进行重复部署，并可完成相关脚本的版本管理
可靠阶段	提供统一的部署方式和策略，可一键部署，并能够提供自主部署服务
成熟阶段	支持标准化和自定义部署，支持"蓝绿部署"或者"金丝雀部署"等方式，可完成例行部署和紧急部署，以及实时部署状态的可视化展示
优化阶段	持续部署能够支持业务相关人员进行不断学习和试错，出现问题之后保证风险可控，部署不会导致任何服务的中断或者服务水平的降低

4.6　持续监控的策略与原则

持续监控为组织提供了问题快速定位的能力，作为一项重要指标，不同阶段的策略与原则不同，如表 4-5 所示。

表 4-5　持续监控的策略与原则

阶　　段	详　细　说　明
初始阶段	主要通过运维人员进行监控
基础阶段	监控主要集中于故障发生后的通知等，以保证运维人员能够在第一时间确认问题，并保证服务能尽快恢复
可靠阶段	通过可视化的监控平台对问题进行分析及定位，结合运维人员的知识和经验能够对可能出现故障的征兆有所察觉
成熟阶段	将全生命周期的数据纳入统一监控平台，可监控从代码质量到部署流水线的状况，以及从业务数据到系统资源状况等的整体状况。故障从发生到恢复的过程均可体现，可根据关键指标的临界阈值进行监控
优化阶段	监控平台自身的稳定性和可用性进一步加强，与关键业务相关的监控不断增加和优化，不断调整监控阈值等以提高故障发生前从监控系统中捕获征兆的可能性

4.7 持续运维的策略与原则

持续运维为组织提供了稳定的连续性服务的能力，作为一项重要指标，不同阶段的策略与原则不同，如表 4-6 所示。

表 4-6 持续运维的策略与原则

阶 段	详 细 说 明
初始阶段	运维操作基本通过运维人员手工进行
基础阶段	常用的运维操作通过分散的 Ansible Playbook 工具或者 Shell 脚本等进行自动执行以提高效率和稳定性
可靠阶段	诸如数据库版本或者系统安全补丁升级等常规运维操作也成为常规的持续部署的一种。通过结合部署流水线和自动化运维平台或者工具，保证常规运维操作能像代码部署一样操作
成熟阶段	运维相关的操作纳入规划与监控，所有的运维操作、常规的维护模式或者紧急故障应对均有明确的平均参考数据，同时可以对各项问题（如 MTTR 平均修复时间）进行跟踪和分析
优化阶段	对运维平台自身的稳定性和可用性进一步优化，通过对运维操作的趋势和问题进行跟踪以实现进一步的优化，持续对安全与效率等进行评估和改善

4.8 持续反馈的策略与机制

持续反馈为组织提供了持续学习的支撑，作为一项重要指标，不同阶段的策略与原则不同，如表 4-7 所示。

表 4-7 持续反馈的策略与机制

阶 段	详 细 说 明
初始阶段	各个团队之间很少进行有效沟通、协作，彼此独立，缺少反馈回路
基础阶段	在项目中可进行开发和运维之间的反馈，通过一些工具进行内部知识共享和协作管理
可靠阶段	基于开发团队和运维团队统一的目标进行沟通和协作，在整个过程中建立初步的反馈回路。敏捷方式的开发则在每个冲刺阶段都会贯彻执行相关的反馈、改善
成熟阶段	持续反馈的内容具体化和量化，从服务质量、流程效率、运维能力、客户价值等多个维度进行评估和反馈，持续反馈的结果对全体成员可见，以促进组织级别的整体改善
优化阶段	持续反馈聚焦于能够带来影响市场份额和交付价值的项目，并通过不断对现有系统的整体过程、工具、方法进行评估来改善

4.9 常见的理解误区和实践经验

本节将介绍常见的理解误区和与实践经验相关的内容，分别如下。

1．理解误区：项目的成熟度越高越好

成熟度自然是需要不断提高和改善的，但是盲目地追求高的成熟度而不计其他未必会带来好的效果。项目应该根据自身特点，结合项目目标不断改进，DevOps 最重要的目的不是提高成熟度模型的评分，而是实现组织目标。所以在推行 DevOps 实践的时候，最重要的是先行判断每一项改善能够为组织带来什么样的收益，以此指导 DevOps 实践的推动和发展。

2．实践经验：开发者应承担更多的责任

在架构中考虑非功能性因素，要将软件运维所需要的功能在开发阶段进行考量，运用基础设施即代码等方式保证系统无论何时都可以快速、标准化构建。

3．实践经验：应保证流水线随时可用

创建一条稳定的部署流水线比较简单，但是如果要让这条流水线一直保证稳定，则需要做很多事情。例如，基础设施发生了变化，构建流水线有可能需要进行调整；随着功能的添加，构建时间和测试时间越来越长，已经不能保证最大可能出现的部署需要，同样需要对当前的流水线进行优化以保证其可用性。

4．实践经验：自动化测试应该包括更多内容

自动化测试不应该只是做单元测试和确认覆盖率，集成测试、API 接口测试、功能测试、安全性测试、合规性测试等都应该加以考虑，并且要将它们不断集成部署到统一的流水线中，以提供稳定的、可持续的交付能力。

5．实践经验：应该给部署系上一条安全带

组织文化应通过更好的工具集成和流程机制来改善，而不是单纯地靠检查清单及惩罚条例来保证不再出问题，信心的建立应该结合稳定的保障机制。通过蓝绿部署等方式保证系统始终都会有一个稳定的版本可回溯，通过金丝雀部署来进行小规模试错，充分测试后再进行整体发布，这些都可以为部署系上一条安全带，随着部署频度和成功率的大幅度提高，整个团队的信心也会增强。

## 第 5 章

DevOps 实践中的设计与开发

在进行 DevOps 实践中，不只是要引入一些工具，针对传统方式下的痛点，从组织构成到架构的设计原则，从常用工具到版本管理与制品管理，从代码质量到相关工具，都是需要考虑的。

5.1 传统架构的痛点

传统的软件开发，无论是开发、测试还是运维都在各自为政的孤岛中挣扎，它们面临很多痛点，企业的业务目标和利润驱动的期望也很难得到很好的落实，如图 5-1 所示。

图 5-1　开发、测试和运维面临的痛点

5.2 DevOps 中的架构设计

这里所提到的架构设计，是广义上的概念，在 DevOps 实践中需要关注人员、流程和技术等多个方面。DevOps 实践中的架构设计也需要考虑到组织构成及软件系统本身的架构设计原则，同时需要整体考虑部署方式与应用扩容机制等，这样才能更好地进行 DevOps 实践。

5.2.1　康威定律的影响

早在 1968 年康威发表的一篇文章中就揭示了组织结构对系统架构所产生的影响。

康威定律：设计系统的组织，其产生的设计和架构等价于组织之间的沟通结构。

为了理解康威定律中体现的这种影响，以及组织结构为何会对应用系统架构产生影响，我们先来了解一下组织结构的类型。一般可以把组织结构分为如下 3 种类型。

1. 职能型组织

职能型组织的组织特点、优势、劣势如表 5-1 所示。

表 5-1　职能型组织的组织特点、优势、劣势

组织特点	优势	劣势
职能型组织以工作方法和知识技能作为组织结构划分的依据，一般在企业或者团队发展壮大的过程中，随着专业人才的集中和聚拢，会很自然地形成这种结构。而在软件开发的组织中往往会有前端团队、后端团队、数据库团队、运维团队等专业化很强的团队	有利于专业深化和细化，能在某一特定领域提升效率	非目标导向，沟通、协调较为困难

2. 矩阵型组织

矩阵型组织的组织特点、优势、劣势如表 5-2 所示。

表 5-2　矩阵型组织的组织特点、优势、劣势

组织特点	优势	劣势
矩阵型组织结构是威廉·大内在 1981 年的《Z 理论》一书中提出的，这种组织按照职能和组织横纵交错的矩阵来进行管理。很多传统的大型公司都采取这种方式，项目成员一般会由项目经理和职能经理共同领导	兼具职能型组织和项目型组织的优势，由于具备不同知识和技能的成员可在临时的项目中协同工作，因此沟通相较于职能型组织有较大的优势	增加了沟通成本，随着组织规模的扩大，沟通的成本会成指数形式增长

3. 市场导向型组织

市场导向型组织的组织特点、优势、劣势如表 5-3 所示。

表 5-3　市场导向型组织的组织特点、优势、劣势

组织特点	优势	劣势
以市场为导向建立组织和团队，聚焦于快速响应应用户需求而建立起来的跨职能的扁平化组织结构	团队精干，沟通效率高，能快速响应市场需求	团队精干化的结果是很多时候具备相同技能的人员非常少，缺乏职能型组织对某一专业领域深入提升的能力

一个由前端团队、后端团队、数据库团队所设计出来的系统架构往往就是传统的前端、后端、数据库三层架构。由康威定律可知，组织结构会对架构产成一定的影响，比如，按照业务功能划分往往能形成松耦合的微服务型架构，这也是在进行架构设计时应该考虑的要素。

5.2.2　耦合设计原则

设计保证低耦合高内聚的方式能够使应用在可维护性、可扩展性等方面都有很好的效果。Robert C. Martin 在关于使用 C#来践行敏捷原则的一本书（*Agile Principles，Patterns，and Practices in C#*）中阐述了 SOLID 设计原则（见图 5-2），对于面向对象的开发设计有非常好的指导作用。不管是否使用面向对象编程语言，SOLID 设计原则对于开发结构良好的应用都具有很好的参考价值。

图 5-2　SOLID 设计原则

下面分别解读各项原则。

1．单一职责原则

类的职责是单一的，这是单一职责原则所保证的基本内容。既然职责单一，那么只有与此职责相关的功能变化才会引起类的变更，不会存在多于一个职责引起类的变更。这是在软件设计中应用较多的一个原则，不管是不是面向对象编程，在进行架构设计或者具体实现的时候，功能模块的功能边界如果不进行良好的划分和定义，修改时的影响范围就会扩大到所有耦合的最大部分。所以在设计具体架构时需要考虑，在部署和运行时期出现的问题时，应尽可能使影响范围最小。

2. 开闭原则

根据开闭原则，类、模块、函数应该对扩展开放，对修改关闭。在本书中提到的很多原则、方法或实践，一般都是落脚到如何与 DevOps 更好地结合之上，开闭原则也是一样。如何更好地践行 DevOps，何时开、何时闭的决定因素中运维很重要。之所以需要开，大都是因为生产环境出现了故障或者需要改善，功能特性需要增强。不论哪种，在进行系统重构时，都需要保证代码的修改不会对现有系统造成影响，这是最基本的原则。在具体实践中，不同的编程语言和框架实现起来可能会截然不同，践行此项原则时需要考虑对运维的影响，还要考虑对生产环境中运行服务的一致性的影响。

3. 里氏替换原则

里氏替换原则是对继承（面向对象特征之一）的使用进行规范的一项原则。它是由麻省理工学院的 Liskov 在 1988 年提出的，这项原则聚焦于可置换性，要求所有使用基类的地方都应该能够透明地使用其子类。面向对象的继承机制为程序的可重用性带来了便利，但是同时增加了耦合性。里氏替换原则对架构的参照意义体现在扩展性的设计上，在面向对象的继承方式中子类能够直接使用基类的功能，同时能够通过添加新的方法和特性来增强基类功能。如果基类的行为发生改变，自然而然地，所有的继承及其子类都会受到影响。只改变子类的行为可以限定影响，但是特性的增加也会限制其抽象共通性。我们不希望教条地提出建议，诸如不能在子类中重载基类的方法等，这项原则要和其他原则结合，在一个边界清晰的区域内，确保功能增强或替换时找到较好的共通性与较低的影响度之间的平衡点，这才是每个架构师需要真正考虑的。

4. 接口隔离原则

接口隔离原则要求类之间的依赖应该建立在最小的接口之上，系统设计应该建立在精简的接口之上，同时要保证类之间的耦合度尽量降低。因为抽象的接口需要实现，所以系统之中会出现很多不会被使用到的接口，可以说这是一种浪费。若发生接口形式变化，所有对此接口进行空实现的部分也都会受到影响，而这些原本不存在的依赖会造成应用在部署上的复杂性和影响度增大。

5. 依赖倒置原则

依赖倒置原则是应用非常广泛的一项原则。依赖不会消除，但是可以转化。熟悉 Spring 框架的开发者几乎都对通过构造注入、Setter 方法或 Java 注解的方式进行依赖传递了如指掌，同时也了解采取这种方式给规模化团队的开发和测试带来的好处。采用测试驱动开发的团队更能体验到这种耦合度转移所带来的好处。如果从更深层次理解，依赖倒置原则阐释的是抽象和实现的细节之间的关系，相对于细节的多变，抽象层次更为稳定，在很多语言（诸如 Java）中会使用接口来辅助进行框架的实现，因为抽象接口相较于具体的实现类具有更加稳定的特性，使用抽象接口能够避免实现类的变化对框架的影响，所以在实现框架时往往依赖抽象接口。践行此原则会使系统的框架更加稳定，修改也只限于转移依赖的实现部分，这使得开发人员能够更好地集中于业务实现，控制部署和运行业务的影响范围。

5.2.3　独立部署原则

独立部署原则：应用应该能够保证边界清晰、松耦合度、影响范围明确，并能够进行独立部署。

无论是微服务架构，还是传统的 SOA（Service-Oriented Architecture，面向服务的架构），都对独立部署原则有所提及。这里将其单独列出来是为了引起足够的重视，在开始设计架构的时候就应该考虑到：

- 部署对象以何种形式存在。
- 进行部署的方式是否可以标准化和自动化。
- 部署对象是否能被拆分。
- 部署对象是否能被增量式部署。
- 部署对象是否能够控制仅对当前模块造成影响。
- 部署对象是否有依赖的其他版本必须同时发布。

根据独立部署原则，系统架构中集成的非功能性要素应能够快速、稳定地独立部署，这样才能在部署频率的要求不断增加的情况下轻松应对。

5.2.4　自动部署策略

在部署的过程中引入自动化能够提高效率，以应对可能出现的更高的部署需求。但是需要注意的是，自动部署策略在执行之前一定要做到标准化部署，只有标准化的部署稳定之后，才能保证自动化部署是稳定和安全的。一般在项目中，建议以如下方式进行自动化部署。

步骤 1：列出自动化部署所需要的所有操作。

步骤 2：列出自动化操作中实施比较困难的部分，比如审计流程上需要的批准操作，或者由于自动化测试不足而导致必须引入手工测试的过程。

步骤 3：对操作自动化所需要投入的成本、优先度与可带来的收益进行综合衡量，来决定自动化部署需要改善的部分。

步骤 4：将未能自动化部署的部分先行标准化，保证其所需要的一切内容都在管理和控制之中。

步骤 5：在各类环境都一致的前提下，在准生产环境中先行部署、多次执行，获取部署每个环节所需要的时间等基础信息及部署时服务的中断时间，并将此类数据与监控系统进行结合。

步骤 6：根据基础信息计算出在此标准部署流程下的最大部署能力，需要不断地评估此项指标以确保部署能力能够实现需求（通常大于最大部署需求的 1.5 倍可以保证潜在的风险能够得到应对），服务中断时间也需要不断改进直至降为零。另外，在自动触发的情况下，即使是在准生产环境中进行验证，也建议先在日志中输出执行时机，然后手动确认是否正确，经过一段时间试验，确保此机制能够提供稳定的功能之后再实际使用。

步骤 7：单独确认是否具有回滚能力，以及回滚时是否带来了服务中断，同时将此类数据与监控系统进行结合。

自动化部署需要注重的 3 个因素为速度、稳定性和安全性，如图 5-3 所示。

图 5-3　自动化部署需要注重的因素

自动化部署在提高效率和速度的同时，也带来了更多的挑战。在手动部署时，如果能在出现问题时迅速补救，其实可以挽回一部分损失。但通过自动化一键部署或者自动触发部署则可能出现更大的问题。例如，一键部署之后发现时机不正确，往往就会造成失败；而自动触发如果出错，比如在错误的条件下触发了本不该执行的自动部署，那无疑就是一个影响很大的不安定因素。自动化部署提高了效率的同时也增加了风险，如果缺乏快速回滚等机制的保障，可能会产生"欲速而不达"的效果，所以在实际推行的时候，建议使用严格的流程，保证自动化部署机制的落地。部署机制的不稳定会带来许多风险，版本不稳定也会带来风险，所以这里提出的安全性更多是出于对自动化机制及待部署的版本可能带来的风险的考量。一旦出现版本问题，往往需要回滚到安全的版本，这时如果部署机制中包含如"蓝绿部署"等方式，则可以保证快速、稳定地提供部署服务，即使出现问题，也可以迅速地切换回稳定的版本。

5.2.5　12 要素

12 要素是 Heroku 于 2012 年介绍如何在云平台上开发更稳定和更易于维护的云原生应用时提出的，对于在 DevOps 实践中设定架构有一定的参考意义，具体内容如表 5-4 所示。

表 5-4　12 要素内容具体说明

序　号	内　容	具 体 说 明
1	基准代码	一份基准代码，多份部署
2	依赖	显式声明依赖关系
3	配置	在环境中存储配置
4	后端服务	把后端服务当作附加资源
5	构建、发布、运行	严格分离构建和运行
6	进程	以一个或多个无状态进程运行应用
7	端口绑定	通过端口绑定提供服务
8	并发	通过进程模型进行扩展
9	易处理	快速启动和优雅终止可最大化健壮性
10	开发环境与线上环境等价	尽可能地保持开发、预发布的环境与线上环境相同
11	日志	把日志当作事件流
12	管理进程	把后台管理任务当作一次性进程运行

很多 DevOps 实践中所聚焦的内容在 12 要素中均有包含，比如严格分离构建和运行。使用 Docker 进行 DevOps 落地实践的时候也强调从构建到发布再到运行这一过程的便捷与一致性。DevOps 强调环境一致的重要性，而 12 要素中也提到了开发环境与线上环境的等价性。显式声明依赖关系、在环境中存储配置、把后端服务当作附加资源，这些更是与应用程序开发及运行的环境相关的因素，而能够保证环境稳定和可重用是其中的关键，也是 DevOps 实践中所重视的，所以在应用设计时对这些非功能性要素进行考量，同样具有参考意义。

5.2.6　应用扩容机制

应用的扩容一般有两种方式，即纵向扩容和横向扩容。纵向扩容一般通过扩充机器的内存量或者提升处理器的性能等来实现，但是这种扩容方式往往存在很多问题，很难满足实际的性能需求，另外性能增强到一定程度时，纵向扩容很难实现线性的、应用级别的同步增强。比如 Java 应用往往通过 JVM（Java 虚拟机）来设置相关的资源需求以实现扩容，而良好的应用（如 12 要素应用或云原生应用）可通过如下两点来实现横向扩容。

第一点，应用应尽可能保证无状态。无状态是指信息不保存在进程内部，而通过外部（诸如 Redis）的服务来完成应用实例之间的数据共享，有状态的应用在部署或者扩容的时候都会遇到困难，所以要尽可能地保证无状态是需要参照的原则。

第二点，通过使用一个或多个无状态的应用来实现横向扩容，这是微服务架构中优先推荐使用的方式，相较于纵向扩容方式，横向扩容更容易满足用户的需求。

5.3　环境一致性

环境一致性在软件生命周期中具有非常重要的作用，传统的复杂应用系统中经常会出现的场景是：在生产环境中，运维人员将问题提给开发人员之后，开发人员在自己的环境中验证后得到的结论却是"没有问题，在我的环境里是好的"。之所以会出现这种情况，其中一个重要原因是生产环境和开发环境不一致。

5.3.1　环境一致性的重要性

无论是开发环境、测试环境，还是生产环境，保证环境一致性都非常重要，如表 5-5 所示。

表 5-5　环境一致性的重要性

环境	一致性的重要性
开发环境	保证一致性的开发环境，确保所有成员在一致性的环境中进行开发，能够避免因各种版本不兼容导致的返工，还可以提前引入安全扫描机制
测试环境	一致性的测试环境可以减少因环境问题出现的非缺陷性问题的处理开销（比如，由于测试环境不正确，导致开发人员和测试人员对非缺陷性问题进行反复沟通，浪费时间），还可以降低缺陷延后出现的可能性，提前引入安全扫描机制
生产环境	一致性的生产环境可以避免因硬件损坏或者升级而导致的生产环境无法迅速恢复及服务中断

5.3.2　常用工具介绍

DevOps 关注软件全生命周期，有很多工具可以帮助提高工作效率，这里列出一些常见的，尤其是开源的工具，在后续的章节中也会介绍，如表 5-6 所示。

表 5-6　DevOps 常用工具

序　号	类　型	工　具　名　称	开源/闭源
1	需求管理与缺陷追踪	Jira	闭源
2	需求管理与缺陷追踪	Redmine	开源
3	需求管理与缺陷追踪	Trac	开源
4	需求管理与缺陷追踪	Bugzilla	开源
5	持续集成	Jenkins	开源

续表

序　号	类　型	工　具　名　称	开源/闭源
6	持续集成	Continuum	开源
7	持续集成	CruiseControl	开源
8	版本管理	RCS	开源
9	版本管理	SVN	开源
10	版本管理	Git	开源
11	版本管理	GitLab	开源
12	构建	Make/Rake/...	开源
13	构建	Maven	开源
14	构建	Gradle	开源
15	代码质量分析	SonarQube	开源
16	代码质量分析	Frotify	闭源
17	代码质量分析	Coverity	闭源
18	代码质量分析	Fidnbugs	开源
19	运维自动化	Ansible	开源
20	运维自动化	Chef	开源
21	运维自动化	Puppet	开源
22	运维自动化	Saltstack	开源
23	测试	xUnit	开源
24	测试	Selenium	开源
25	测试	JMeter	开源
26	测试	Robot	开源
27	日志监控	ELK	开源
28	日志监控	Splunk	闭源
29	日志监控	Hygieia	开源
30	运维监控	Zabbix	开源
31	运维监控	Nagios	开源
32	运维监控	Grafana	开源
33	运维监控	InfluxDB	开源
34	安全监控	Clair	开源
35	安全监控	Anchore	开源
36	安全监控	ClamAV	开源
37	安全监控	brakeman	开源
38	容器化管理	Docker	开源
39	容器化管理	docker-compose	开源
40	容器化管理	docker-swarm	开源

续表

序　号	类　　型	工 具 名 称	开源/闭源
41	容器化管理	Kubernetes	开源
42	容器化管理	OpenShift	开源
43	镜像私库	Registry	开源
44	镜像私库	Harbor	开源
45	镜像私库	Nexus	开源
46	二进制制品管理	Archiva	开源
47	二进制制品管理	Artifactory	开源
48	二进制制品管理	Nexus	开源

5.4　版本管理实践

很多具体实践内容都需要经过深入讨论而不是简单地走个过场，比如，版本管理的实践几乎在所有的项目中都有，但是为什么每年还会有那么多问题是和版本管理这么基础的问题相关的呢？下面我们通过一些项目中常见的场景来进行讨论。

5.4.1　版本管理的痛点

在推行 DevOps 的过程中，持续集成和持续部署是使 DevOps 落地的基石，但最终使 DevOps 成功实施的关键是，将更多更加细致的细节落到实处，如版本管理。版本管理似乎并不是一件复杂的事情，但是为什么很多企业在实施的时候会碰到很多问题呢？本节将结合企业版本管理中经常会出现的 7 个场景来解释版本管理的复杂性，这 7 个场景反映出了大多数情况下版本管理的共通性痛点。

需要强调的是，一定要提前考虑到版本管理的复杂性，这样才能真正地确定适合自己的最佳实践。几个人的小团队开发的拥有几万行代码的、功能单一的程序，一般来说问题都不多，但是在同时考虑到多团队协作、多版本并行开发、多特性并行开发、紧急应对频发、例行部署众多、差分部署和回滚控制等诸多因素的时候，看似简单的版本管理也突然变得陌生和复杂起来。

问题场景一：在本地机器上是好用的。

生产环境出了问题但却没能发现问题产生原因。这种情况往往是因为在开发者的本地环境中程序是能正常运行的，而且在公用测试环境中问题也没有出现，于是这类问题被定义为只有在生产环境中才会出现的"奇怪问题"。

确实存在此类问题，尤其是早期拥有百万行甚至千万行代码的大型系统，谁也不敢随意调整或修改。但是很多这样的问题在最后分析原因的时候却发现仅仅是由于版本不一致（或生产环境和测试环境不一致），而这种不一致又没有得到很好的管理。具体举例来说：

- 生产环境为数据库的 RAC（Real Application Clusters）环境，而由于未购买版权的缘故，在测试环境中基本上都使用普通的数据库系统。
- 在生产环境中一般使用特定存储厂商（如 EMC）提供的存储设备，而在测试环境中使用的是本地磁盘。
- 在生产环境中安装数据库和其他软件之后，由于设定的各种参数、条件众多，很难保证所有的设定都一致。
- 大型系统中可能出现几千个文件都需要部署的复杂情况，多人共用的测试环境缺乏相关机制来保证这些文件和版本管理的每条基线都一致，即使是独立的非共享环境，保证此环境中的几千个文件和生产环境完全一致也不是一件容易的事情。

下面总结一下这个场景。在版本管理中需要有这样一条基线，能够随时保持和生产环境中使用的版本一致。

- 随时：DevOps 强调实现企业目标，无论是什么企业，业务连续性的保持都非常重要。如果在版本管理上不能保持一致，则容易出现问题且找出问题缓慢。
- 代码：这里的代码指的是广义上的代码，不特指自行开发的代码。环境文件和设置参数等也需要进行版本管理，一切能够纳入版本管理的都需要纳入版本管理。

问题场景二：这不是正确的发布版本。

对于大部分项目而言，除了最初版本发布是一个从无到有的过程，其余的情况都是"从旧到新"的过程，在进行既有功能维护的同时也可能有新功能增加。

从敏捷到 DevOps，打通的不仅仅是那一堵墙，更是价值流动的"最后一公里"。但是如果没有良好的版本管理，以下场景就会变得非常复杂。

- 一般性缺陷的修复。
- 紧急故障的修复。
- 多团队、多特性并行开发。

这些修复内容只有运行在实际生产环境中才能为客户提供价值，而这些修复之间往往依赖复杂环境，因此我们不得不调整发布的顺序，否则可能会使需要发布的内容无法发布，严重时可能还会使已经修复好的缺陷再次出现。

对上述场景，能够保证最新开发的内容可以随时发布，也是非常重要的。

问题场景三：都是紧急应对惹的祸。

项目管理的一切都在井井有条地进行着，直到连续出现紧急故障。紧急应对之后，突然发现一切都乱了，本来只需要将例行测试完毕的内容合并到主干上，但现在需要把紧急应对时修改的部分也合并进去并进行测试。紧急应对时修改一次，就要合并一次，并追加测试一次，这样增加许多未曾预料的版本合并及版本更新，万一合并时漏掉一个，质量就倒退了，明明已经上线通过的版本，在发布之后反而不好用了，那就是大问题了。

下面总结一下这个场景，临时紧急线上修改后的版本可能会对同时并行开发的团队造成很大的影响，例行发布也需要同步调整，因此必须整体、妥善地考虑开发和发布流程。

问题场景四：都是他们团队影响的。

项目规模小的时候，成员之间相互熟悉，配合良好。当修改可能会影响到模块功能的时候，成员之间都会相互提示一下即可消除潜在问题。即使不提示，通过持续集成的实践也可以保证开发流程不出问题，基本上不会造成太大的影响。这一切在项目规模变大，同时增加了多个团队之后，开始变得混乱。

每个项目都在上述流水线上进行持续集成，却不知道提交的代码会给别人带来很多影响，尤其是共同模块的部分。最终就会出现"谁先修正就得按照谁的思路来"的情况，有的时候出现了冲突，干脆复制一份他人代码，然后再开发和管理，以避免冲突。这样做的后果就是代码重复度提高，但那又有什么办法，并不是每个项目都能有很理想的架构和流程，而这一切都是新加进来的团队造成的，以前只有一个团队的时候，明明没有问题。

下面总结一下这个场景，团队规模对版本复杂度会有一个正向的叠加效应，大规模的开发会让原本很简单的事情变得复杂，从而需要更多的沟通和交流，而这会消耗团队的精力。

问题场景五：例行发布不能正常实施了。

每个月会进行 1～2 次例行发布，将规划好的特性或者缺陷补丁发布到生产环境中。但是项目规模扩大及应用不稳定导致了很多问题的出现，其中有些是非常紧急且需要立即修复的，来不及等到例行发布。而这些紧急的应对跟接下来的例行发布往往有着依赖关系，甚至有的时候就是同一个文件，这可能会导致例行发布重新排序或者合并、追加测试等。

例行发布与紧急发布叠加既增多了发布次数也增大了出错的概率，例如遗漏某个版本或某个局部，而这种情况会导致应对完成的故障重新出现，使得质量倒退。

下面总结一下这个场景，兼顾例行发布和紧急发布并在规模化的开发环境下也能保证质量，这样的规范流程对版本管理非常重要。

问题场景六：都是工具不好用。

现在的版本管理工具多种多样：开源的、闭源的、收费的、免费的。很多企业甚至自行开发了一些专用工具以提高效率。今天用这个，明天用那个，这个还没有熟悉就改换另外一个，很多时间都用来学习这些工具的使用方法，在原本就不太宽松的开发进度中，还会出现由于对工具的使用不够熟练而导致的各种问题：什么没有提交到仓库？"提交更新之后还要推送吗？""不是跟 SVN 提交一样吗？我以前就是这样用 SVN 的，没出现问题，这次怎么出问题了呢？""合并时提示的信息没有看明白，导致覆盖了别人对同一个文件的修改，这主要怪工具，以前用熟悉的工具的时候就没有这种问题。"……诸如此类的问题在刚刚使用一些新的版本管理工具而事前没有足够的时间进行培训的情况下屡屡发生。

下面总结一下这个场景，工具很重要，但工具只是我们实现目标的助手，团队若能熟悉版本管理工具并有效利用会大大降低版本管理出现问题的概率，对整体开发效率的提升很重要。

问题场景七：我没有仔细地看上线之前的版本差分。

在进行到持续部署的最后环节时，企业会把很多原本可以全自动完成的流程却特意改成半自动的流程，还会加入一些检查流程。比如，本着"谁修改谁提交"的原则，为了在上线之前加一道护身符，往往会确认以下信息。

- 发布的文件个数够不够。
- 发布的文件的版本对不对。
- 发布的文件的修改内容是不是自己修改的，有没有别人提交的内容被混进去。

在推行 DevOps 的时候不能教条化，全自动是好的，但全自动是需要有"安全带"的，虽然这个"安全带"往往由于成本过高和执行的信念不够强烈而形同虚设。只要项目紧急一点，就忽略流程检查，而项目多是紧急的，成本多是不够的，这就是现状。所以持续改善实现最终目标之前，这些规范的流程还是必须要严格执行的。不然，把没有经过完全测试的内容发布至生产环境，或者调试模式没有关闭就直接上线等问题都会出现，而这些是通过上线之前的版本差分确认等例行操作就可大大减少甚至避免的简单问题。

下面总结一下这个场景，版本管理需要规范和完善的流程，更需要严格忠实地执行。

5.4.2 常用工具介绍

版本管理常用工具如表 5-7 所示。

表 5-7 版本管理常用工具

工 具 名 称	开源/闭源
RCS	开源
SVN	开源
Git	开源
GitLab	开源

5.4.3　实践经验总结

针对前面介绍的 7 种场景，我们列出了以下 7 个问题，通过不断对这 7 个问题进行自测，企业可以简单了解自己目前的版本管理水平和改进方向，以便进行持续改进，如表 5-8 所示。

表 5-8　版本管理自测的 7 个问题

问　题	内　　容
1	是否有一条基线，能够随时保持和生产环境上使用的代码一致
2	是否有一条基线，能够随时保证最新开发的内容可以随时发布
3	是否考虑到临时紧急线上修正对团队开发的影响
4	多团队并行开发之间能否做到尽可能小地相互影响
5	发布是否能兼顾例行发布和紧急发布并随时确认影响
6	团队是否熟悉版本管理工具并能在项目中有效地使用
7	版本相关操作是否有规范的流程且被忠实地执行

版本管理的 7 个场景并不能包括所有的可能状况，而 7 个问题也没有标准答案。但是这些场景确实是项目实践中非常典型的，通过对这些场景进行反思，综合考虑多团队协作、多特性并行开发、紧急应对、例行发布等诸多因素，保证规模化的开发在复杂的环境下也能顺畅实施，可以找出一条属于企业自己的、完善的版本管理之路。

5.5　制品管理实践

广义的制品管理包括源代码管理和二进制制品管理，因为按照习惯，我们会在版本管理中介绍源代码管理，此处的制品管理特指二进制制品管理。首先思考一个问题，诸如 GitLab 这样的工具可以进行二进制文件的存储，那么使用源代码仓库来存放二进制制品不可以吗？图 5-4 为制品仓库分类。

图 5-4　制品仓库分类

Java 的源代码经过编译可生成 jar 文件或者 war 文件，此类编译型文件从源代码到部署对象的二进制文件需要执行构建的过程，除此之外还有一些相关的二进制制品文件也需要进行管理，如表 5-9 所示。

表 5-9　常见的需要进行管理的二进制制品文件

类　　别	二进制制品文件
OS	RPM 安装包（RHEL、CENTOS……）
OS	DEB 安装包（Ubuntu、Debian……）
Java	jar 文件
Java	war 文件
Java	ear 文件
Ruby	gems 文件
Python	Python 安装包
C/C++	dll 文件（Windows）和 so 文件（UNIX/Linux）
文档	相关文档文件
Docker	镜像文件
……	……

1．制品管理的复杂性

相对于文本文件的管理，二进制制品管理有其自身的复杂性，这里列出了 6 种主要因素，在后续的章节中会进行更加具体的阐述。图 5-5 为二进制制品管理复杂性要素。

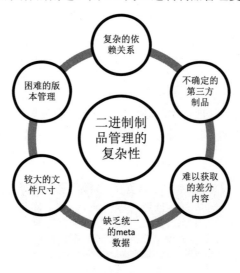

图 5-5　二进制制品管理复杂性要素

2．常用工具介绍

表 5-10 列出了 3 种制品管理工具，详细说明请查看后续章节。

表 5-10　二进制制品管理常用工具

工 具 名 称	开源/闭源
Archiva	开源
Artifactory	开源
Nexus	开源

5.6　代码质量分析

除了版本管理和二进制制品管理，代码质量分析也是非常重要的实践之一。通过使用工具或进行人工代码评审，可以在尽可能早地改善代码的质量，或发现潜在的风险和问题。

1．代码质量常见问题

代码质量是一个永恒的话题，有很多种方式可用于对代码进行静态或者动态的扫描分析。代码质量主要有编码规范性、注释可读性、设计合理性、代码重复度、代码复杂度、测试覆盖度、潜在的缺陷 7 种常见问题。

2．常用工具介绍

表 5-11 列出了 4 种代码质量分析工具，详细说明请查看后续章节。

表 5-11　代码质量分析常用工具

工 具 名 称	开源/闭源
SonarQube	开源
Frotify	闭源
Coverity	闭源
Findbugs	开源

第6章
DevOps 实践中的测试

WQR（World Quality Report）是测试领域较为权威的报告，根据 WQR 于 2018 年的调查结果，接近 99% 的受访者表示他们至少在一部分项目中已经在推进 DevOps。高举着"又好又快"大旗的敏捷与 DevOps 实践使得企业不得不做出一些改变。在本章中将会对传统测试的痛点及测试的分类和方式进行讲解，并讨论如何从各个方面更好地进行测试。

6.1 传统测试及其痛点

传统测试方法以"瀑布型开发模式"并按照软件生命周期（见图 6-1）进行推进。

图 6-1 传统方式中的软件生命周期

在软件的开发过程中，与其他行业一样，分工细化成为一定阶段不可避免的趋势，分工细化使得团队成员对于特定分工高度专业化和集中化成为可能。加之瀑布模型本身非常适合软件外包模式，在上游设计基本完成的情况下，将技术要求相对较低的部分外包给人力资源成本更低的国家和城市一度是非常流行的方式，这种模式至今仍然占据着重要的地位。

在项目规模很大的情况下，分工细化能够提供更高的效率，开发人员专注于业务应用的实现，测试人员专注于功能特性的验证。另外，选择分工细化和外包还有如下一些原因。

- 计算机性能低下：早期的计算机由于性能低，用于开发的机器和服务器的配置差异非常大，个人开发使用的机器在很多方面难以满足编译、测试的需求。
- 集中式版本管理：集中式版本管理一度在软件开发中占据主导地位，大部分开发人员甚至无法对整体项目进行全编译，更不用说在此基础上进行测试了。
- 系统构成非常复杂：系统非常复杂和庞大，仅全编译往往都要花费数小时，等待时间过长。

- 环境过于复杂：传统大型项目，尤其是金融、保险、证券行业的业务系统，往往都具有复杂的技术栈，从存储设备到网络、从操作系统到中间件、从编程语言到架构框架、从数据库到前后端应用，往往都存在多种技术方案，比如，要实现应用可运行于多种操作系统而使用了多种编程语言和框架。这些复杂的技术栈往往会导致环境构建本身成为很多大型项目的课题。

在大型项目中由于分工细化形成了开发团队和测试团队，而在交付中心则形成了开发中心和测试中心。不可否认，这种方式有很多好处，比如：

- 专业化程度较高，效率更高。
- 有利于专业知识的积累和扩展。
- 能够较好地避免重复"造轮子"。

但是这种方式也有很多需要解决的问题和痛点，比如：

- 沟通成本增加，确认业务需求需要横跨开发团队和测试团队两个团队，在实际项目中往往是"扯皮"的根源所在。
- 在测试阶段才发现代码问题。根据软件工程的基本原则，在更早的阶段解决问题会花费更少的成本。编码阶段的问题在测试阶段才能发现本身就是未解决的问题，如果这些问题流向了软件生命周期的下游，解决问题将会需要付出更多的人力和时间成本。
- 难以适应小规模、快速的应用开发。适合传统方式下的开发团队和测试团队的项目往往具有业务复杂且市场状况变化相对较慢、交付周期较长（往往以年为单位）、交付内容较多（往往以百万行代码为单位）等特点。

但是在"互联网+"的背景下，需要快速迭代，使从创意到交付的时间窗口大幅变窄，需求变化非常快，每次迭代交付内容较少，这样的项目需求给传统方式下的组织构成带来了很大的挑战。

6.2　测试驱动开发

传统方式下的测试阶段存在诸多痛点，而测试无法适应快速迭代是突出的问题之一，也是在 DevOps 实践中需要重点考虑的因素。测试驱动开发和行为驱动开发虽然不一定能够解决所有的问题，但它们是当前阶段被广泛接受和采纳的方式。

1. 基础概念

TDD 是测试驱动开发（Test Driven Development）的缩写。

测试驱动开发是一种软件开发过程，以测试代码先行为指导原则，以测试结果推动架构重构为实施方式，将需求转化为特定的测试用例。在这种方式下，开发代码能够通过测试用例的验证成为其能交付的条件。

BDD 是行为驱动开发（Behavior Driven Development）的缩写。

BDD 是对 TDD 的扩展，也是一种软件开发过程，除参与 TDD 的开发人员和测试人员之外，业务人员也作为协作成员参与其中。JBehave 的创建人 Dan North 对首个 BDD 框架做出了如下定义：BDD 是第二代的、由外及内的、基于拉（pull）方式的、拥有多方利益相关者（stakeholder）的、具有多种可扩展方式的、高自动化的敏捷方法。它描述了一个交互循环，具有良好定义的输出（工作中交付的结果），并且是已测试过的软件。从 BDD 的定义可以看出，无论是工作中交付的结果还是已测试过的软件，都是敏捷方法中所重视的"工作的软件"，第 2 章介绍的敏捷的 4 大核心价值观之一，即工作的软件高于详尽的文档，而这也是 BDD 所重视的。

2. 敏捷开发与 TDD

作为敏捷宣言最初的 17 位签署者之一的 Kent Beck，针对极限编程实践的一部分，指出 TDD 应该遵循如图 6-2 所示的流程。

图 6-2　TDD 实践流程

步骤 1：测试代码先行，为要添加的功能编写测试代码。

步骤 2：开发并验证，开发直至通过测试代码的验证。

步骤 3：按需代码重构，对新旧代码进行重构以确保新架构处于良好状态。

测试代码先行，代码能够提交的标准之一就是通过测试代码的验证，在测试代码没有问题的前提下，若没有通过事前预写的测试代码的验证，则说明当前代码不符合通过的标准，然后自然需要对代码进行修改或重构，直至代码能够通过验证为止。

敏捷开发强调"小步快跑"，在 TDD 实施过程中预先写好的测试用例会对开发进行快速的反馈和检验，可重用的测试用例及能够满足条件的执行环境和执行速度对于 TDD 实践的实施都具有重要作用。

3. TDD 与 BDD

无论是 TDD 还是 BDD，其核心目的都是使我们对待交付的代码和应用更加自信，而自信来源于真正的质量保证、TDD 用于验证代码和应用程序的测试用例及执行报告。

如果说 TDD 是开发人员和测试人员参与的、以代码为中心的、由内而外的质量保证方式的话，BDD 则是在此基础上引入业务人员，用业务语言和业务环境，实现"测试先行"的开发方式。表 6-1 为 TDD 与 BDD 的比较。

表 6-1　TDD 与 BDD 的比较

比 较 项 目	TDD	BDD
参与人员	开发人员、测试人员	开发人员、测试人员、业务人员
测试聚焦	对功能进行逐一确认，聚焦于建立良好的代码结构，使用由内而外的确认方式，更多地关注与模块、类、功能相关的特性	在 TDD 的基础上，引入用户或者业务人员，更多地聚焦于业务功能是否得到验证，是一种内外结合的方式
自动化需求	需要	需要
常用工具	xUnit 系列	Cucumber、Robotframework

从表 6-1 中可以看出，无论是 TDD 还是 BDD，对自动化和工具都较为注重。这非常容易理解，因为自动化和工具都能带来效率的提升。另外，在敏捷实践中，传统方式下"可改善"的非功能性需求可能变成"必须满足"的需求，比如下列非功能性需求。

- 可重用。
- 在稳定的测试环境下运行稳定。
- 运行时间在可接受的范围内。
- 需要快速确认结果报告。

以"运行时间在可接受的范围内"为例，在传统方式下，由于交付时间较长，运行时间一般不会成为问题。但在敏捷开发中，如果测试环境准备时间及测试运行时间都非常长，长到无法适应敏捷迭代的速度，这些在传统方式下被视为"可改善"的因素，在 DevOps 实践或者敏捷实践中由于"Quality at Speed"（速度品质）的需求则会变成"必须满足"的因素，这是我们在实践中需要注意的。

6.3　测试分类

测试按照不同的分类方式可以分成很多种类别，按照软件测试的阶段可以大体分为如图 6-3 所示的类别。

图 6-3　按软件测试的阶段进行测试类型划分

（1）单元测试（Unit Testing）

单元测试是软件测试中规模最小的测试。这部分测试往往由熟悉代码结构的开发者使用"白盒测试"方式并结合 xUnit 等测试框架来完成。当然在文档较为详细的情况下，或者在使用测试驱动开发实践的项目中，若测试对象的功能性使用方式有详细的定义，也可以由专门的非开发成员完成这部分测试。

单元测试的主要目的是，确认测试对象的模块功能满足业务定义的需求，能够正常运行。

（2）集成测试（Integration Testing）

集成测试也称结合测试，在单元测试保证模块能够完成预定功能的基础上，相互之间有关联的不同模块能够正确地按照设计运行则是集成测试所需完成的任务。

集成测试更多地聚焦于模块之间的接口，确认相互之间有关联的模块组合起来能够完成功能需求。

（3）系统测试（System Testing）

系统测试是对整个产品进行测试以验证对用户需求的达成状况。一般来说，集成测试仍然偏重从技术角度对功能进行验证，而系统测试则会更多地从业务角度对功能进行描述和验证，以保证软件的质量符合设计需求。

（4）验收测试（Acceptance Testing）

验收测试是为了确保软件符合交付的质量标准而进行的测试。在集成测试之后，单元模块功能的正确性及模块之间接口的正确性都得到了保证。进行系统测试能够保证产品整体功能的正确性，但其往往仍限于开发、测试、业务人员参与，还未能够延伸到生产环境。而验收测试则是整个流程最后一环，根据参与人员的不同、环境的不同等又可以分为不同方式。

按照程序结构和代码的状况，测试可分为如下几类。

（1）白盒测试（White Box Testing）

白盒测试是开发人员角度的测试，测试的模块就像一个透明的白盒一样，内部的构成和逻辑一览无余。使用这种方式，测试人员可以按照程序的内部构造来设计测试用例，以验证代码中是否存有隐藏的问题。

在实施白盒测试的时候往往以"确认覆盖率"为主线，通过代码覆盖、分支覆盖、组合覆盖等方式来确认代码在逻辑和算法等方面的问题。该方式主要的缺点有两点，首先是测试人员需要对程序逻辑非常熟悉；其次就是随着代码的微小变化，一般都会引起白盒测试用例的更新和维护，沟通和维护成本较高。

（2）黑盒测试（Black Box Testing）

黑盒测试是使用人员角度的测试，测试的模块就像一个不可透视的黑色盒子一样，无法知道内部的构成与实现逻辑。使用这种方式，测试人员只能按照提供的外部接口来进行测试，更多地从功能角度来进行验证和测试。

在实施黑盒测试的时候往往以"覆盖功能"为主线，一般从这个角度又会分为功能性因素测试和非功能性因素测试。功能性测试主要通过对外提供的 API 接口来确认功能的正确性，并通过界面操作来确认操作功能的正确性。而非功能性因素测试则结合一些工具或者测试脚本来测试稳定性及较高负载下的系统运行状况。

按照自动、人工的执行方式，测试可分为如下几类。

（1）自动化测试（Automatic Testing）

自动化测试通过工具、脚本或程序编写自动化测试用例，其具有可重用、效率高等优点，自动化测试广泛地应用在各种类型的测试中，尤其是逻辑简单且重复性高的测试用例，使用自动化的方式进行测试有很多优点。

但是自动化测试对编写测试用例和脚本的人员要求相对较高，维护费用较昂贵。另外，测试代码本身的正确性和安全性也需要投入较多精力去跟踪。对于一些复杂的操作，使用自动化测试脚本会需要付出较高成本，目前很多技术手段还需要进一步完善。

（2）人工测试（Manual Testing）

在人工测试中，由测试人员通过手动的方式来实现对软件的验证。在当前阶段，由于种种限制，自动化测试还不能完全取代人工测试，人工测试仍占据非常重要的地位，是否使用自动化测试，以及如何使用，是当前 DevOps 实践中的一个重要课题。

此外，还有一些测试方式也会在实际项目中被广泛地应用。

（1）回归测试（Regression Testing）

回归测试会在相关变更之后再次运行功能性及非功能性测试，以确保之前已经开发和测试完毕的部分不受相关变更的影响而仍然能够正常工作。

无论是添加新的功能特性，还是修改现有应用中的缺陷，以及对配置设定的修改，一般都不可避免地会对代码或者配置进行增加、修改、删除等变更，而这些变更对当前系统的影响需要在测试上有所反应。增加、修改、删除的变更是否会对其他功能和特性造成影响，这就是回归测试需要解决的问题。

（2）静态测试（Static Testing）

不需要运行程序的测试称为静态测试。静态测试使用 Fortify 或者 SonarQube 对代码质量进行检查，只需要源代码而不需要测试运行环境。

6.4　测试策略

测试有很多种类，在持续测试中使用哪种测试，在团队融合的趋势下使用何种团队结构，使用什么样的测试架构，如何更好地推动验证效率，如何才能在知识不断更新的当下进行测试团队的建设，以及不同测试阶段需要使用什么样的策略，这些都是在实践中需要关注的。

6.4.1 测试团队结构重组策略：测试团队去中心化的应对策略

举着"又好又快"大旗的敏捷和 DevOps 实践使得实践者不得不做出一些改变来适应环境的变化。在适应的过程中，测试团队往往被打散到各个项目中以适应"One Team"（单个团队）的 DevOps 文化和组织结构的需要。测试团队的去中心化在给各个项目带来快速适应变化的益处的同时，也引入了新的问题，比如：

- 测试更加依赖于 Scrum 团队成员的能力。
- 测试团队的专业知识及最佳实践经验的积累和利用变得更加困难。
- "重复造轮子"的情况也不断涌现。

在这种情况下，很多组织的应对策略是，在保持整体测试团队去中心化的同时，保持一个非常精简的中心化团队，用于积累知识和最佳实践经验等，在测试之外的其他领域也是如此。

6.4.2 测试促进架构重构策略：根据测试的反馈不断优化系统架构

诸如 TDD 之类的实践，其中最重要的目标是，希望能够通过测试的反馈来促进系统架构的不断优化和重构。系统重构的基本前提和原则就是，在改变内部架构的同时不会对原有的外部关联和操作造成影响。在实际的项目实践中，这当然需要大量的测试来保证，只有通过测试用例验证，才能证明重构不会带来新的问题且原有的功能也都能正常工作，这些需要回归测试来进行保证。而完整的回归测试耗时、耗力，这也是导致开发人员对于修改畏手畏脚的重要原因之一。

在推动自动化测试的早期，出现过以覆盖率提升为导向的现象，在这个时期，比起提升测试率本身，发现代码存在的问题及如何进行改进才是自动化测试所追求的。例如，通过对测试覆盖率的确认，可能会发现一些在逻辑上永远走不通的分支和语句。这种情况往往是无用代码或者潜藏的缺陷引起的，而无论是哪种情况都值得我们对类似代码进行确认和重新检查。

而在推动自动化测试的中后期，自动化回归测试起到了非常重要的作用，稳定、快速并且保持实时更新的自动化回归测试的使用频度非常高，而它也能为开发团队带来信心，可以保证所有的修改会有它"兜底"，即使在复杂的大型项目中也不用再畏惧可能带来的影响。所以，在这种情况下，修改不是在问题出现的地方打"补丁"，而是真正从架构的角度对系统进行重构，这样才能保证系统可持续发展。

6.4.3 测试团队技能提升策略：逐步推动测试团队知识与技能的重建

随着云计算、物联网、区块链、人工智能等的发展，以及敏捷、DevOps 的推进，对测试人员的要求也越来越高。基于这些挑战，WQR 建议组织采取如下 4 个步骤来推动测试团队知识与技能的重建。

步骤 1：保证敏捷团队的测试成员具有相关测试技能及自动化技能，建议所有测试团队成员都具有自动化相关的技能。

步骤 2：测试团队中具有编码基础的成员必须要具备更高级别的自动化技能，如白盒测试能力及开发能力。

步骤 3：确保团队中拥有所需的具有小众测试技能（如安全、非功能性因素、测试环境、数据管理等）的成员。

步骤 4：测试专家具有人工智能相关技能，如深度学习概念、算法、决策树、分类器、神经网络、高级统计知识、数据优化等。

6.4.4　各阶段测试策略：分阶段使用不同方式保证系统功能

按照测试的不同阶段，使用不同方式进行测试。

- 单元测试：聚焦于模块单体功能正确性，是整体测试的基石，只有在每个单独的模块都能够正常运行的前提下，整体质量才能得到保障，建议单元测试比例为 70%。
- 集成测试：在单元测试保证单独模块都能正常运行的基础上，聚焦于模块间的接口测试和部分用户操作的图形界面测试，建议集成测试比例为 20%。对于集成测试中的接口测试和用户操作的图形界面测试，建议接口测试比例为 80%、用户操作的图形界面测试比例为 20%，主要以接口测试为主，这样后续进行自动化测试时在成本和技术上也会体现优势。
- 系统测试及验收测试：系统测试及验收测试应该以用户为中心，一般应该包括对外提供的接口测试和用户操作界面测试，但整体测试功能应该在集成测试和单元测试中予以保障，建议系统测试及验收测试比例为 10%。这部分测试应该以用户为中心，建议用户操作界面测试比例为 80%、对外提供的接口测试比例为 20%。

注：测试比例请根据项目自身状况进行调整。比如，项目本身没有界面操作或者只需非常少的界面操作，这时可降低用户操作界面测试的比例。

6.5　自动化测试

自动化测试能够带来较高的效率，但是自动化脚本和框架的引入也会导致初期成本增加，测试脚本也需要随着功能的变更不断更新，加之在复杂项目中有些部分难以实现自动化或者自动化成本较高，总之推行自动化测试并非易事。

6.5.1　自动化测试现状

测试领域一直在不断地推进自动化测试，当前自动化测试也在不断地进行着扩展。

- 自动化的范围：从测试用例的自动化执行扩展到使用建模工具进行用例的自动生成。
- 自动化的目标：伴随着 DevOps 的"速度品质"口号，自动化也将聚焦于缩短测试时间和更有效地使用测试用例。

虽然业界一直在努力推进自动化测试，但是其整体进展很慢。根据 WQR 的调查，自动化测试活动占测试整体活动的 14%～18%，因此自动化测试也成为目前企业在测试方面的瓶颈，其也是目前 DevOps 实践中的瓶颈。

根据调查结果，这么低的自动化测试水平也是事出有因的。

- 61%的受访者认为，每次发布中应用的变化过大，这导致在推进自动化测试时非常困难。变化过大意味着对自动化测试用例进行的调整也较多。而在理想的状况下，自动化测试的解决方案能够对变化较好且自动适应，但在现有技术下实现这一目标非常困难。
- 48%的受访者受困于如何创建稳定可预期及可重用的测试环境和测试数据。
- 46%的企业指出缺乏自动化测试经验和技能也是其难以推进的原因。

另外，根据 2018 年的 DORA 调查报告显示，在构建应用和服务相关的测试是否能够重用方面，对 DevOps 实践推行好的组织和差的组织之间有高达 44 倍的差距，虽然这个差距跟组织水平的高低有很大关系，但是也反映出了自动化测试发展状况参差不齐。

6.5.2　做还是不做：决策因素

对任何一件事情做出决策都需要进行具体的分析，至少需要了解自动化测试能带来哪些好处、有什么样的缺点、会产生什么样的风险，然后才能得出结论。自动化测试能够带来很多好处，比如：

- 测试用例与测试用例集的重用。
- 提升测试效率。
- 缩短测试时间。
- 结合 DevOps 实践进行持续测试，能辅助尽早发现可能存在的问题并解决。
- 结合回归测试进行自动回归保证产品质量。
- 可不断提升测试覆盖度以优化产品质量。
- 降低重复性测试的成本。

同时，推行自动化测试也存在一些问题和风险，比如：

- 初期自动化转型的费用较高。
- 自动化测试用例和脚本的维护费用较高。
- 少量复杂的测试用例自动化测试在技术上可能非常难以实现完全自动化。
- 自动化测试脚本和可执行的测试代码本身可能也会带来安全等相关风险。
- 对测试人员的要求比传统方式高。
- 技术框架的升级或者更换往往会导致整个自动化测试框架与代码不可用，并需要再次进行较大的投入。
- 自动化测试的维护需要强执行力，缺乏维护的自动化测试无法对质量进行保证。

至于自动化测试还是手动测试，可以从如下几个阶段分别进行考量。

1．初期成本

相较于手动测试，自动化测试在初期引入时会产生较高的费用。引入自动化工具及框架；创建自动化测试框架及编写自动化测试代码都需要提升相关人员技能及熟练程度，这些相对于手动测试来说自然需要更多的时间和人力，甚至增加了购入商业自动化工具等成本。

2．测试前准备

数据和环境的准备也需要更多的自动化。相较于传统方式，测试数据则需要按照规则自动生成并进行管理，对于测试数据是否被正确生成、测试数据的管理，加之自动化测试脚本等，这些都需要付出额外的人力和时间成本。在大规模重复性测试的情况下，自动化测试天然地具备压倒性的优势，但是对于执行频度非常低的测试用例来说，自动化测试很有可能在成本和时间上失去优势。

3．测试执行

在传统方式下，测试执行是较为耗时的工作，因为测试是靠人手动实现的。而在自动化测试中，在初期测试工具和框架搭建完成并且测试前的数据和自动化脚本都准备完毕的情况下，执行本身就变成了非常容易的事情，不同工具或者框架具体的执行方式会有所不同，但是往往一条命令或者一次单击操作就能启动，之后只需要等待测试结束即可。

在本章后面的实例中将会对一个简单的 Spring Boot Web 应用进行单元测试，我们将会看到，只需要mvn test这一条命令即可轻松地执行测试脚本。在后续的章节中，在使用 Robot Framework 时也可以看到，仅用一条命令就可以轻松执行测试脚本，但前提是，测试脚本和 Robot 测试环境都已准备就绪。

4．测试后分析

在传统方式下，测试后对测试报告的整理和分析也是非常耗时的。当使用自动化测试时，这些一般都会集成在测试框架中，测试执行完毕后相关的测试统计信息一般都会自动生成，快速而便捷，同时也为进一步的持续集成和持续部署做好了准备。

从本章后面的案例中可以看到，执行 mvn test 之后，在单元测试结果中直接包括了执行的测试用例总数、成功次数、失败次数。而 Robot Framework 更是包含了执行的内容截图及统计结果，直接生成了可以作为测试结果和报告的 HTML 文件，相较于传统方式有了很大的改善。

5．测试维护

自动化测试在执行测试之前的准备为自动化测试的执行和结果分析提供了良好的基础，而维护方面相较于传统方式来说，自动化测试需要维护的内容显然更多（自动化测试用例、脚本、测试数据、测试环境等），而且随着需求和代码的变更，测试用例需要时时保持一致状态。比如，代码的变更导致测试用例 ASSET 断言的内容发生变化，如果不修改相应的测试代码，测试用例将无法成功执行。很多时候由于应对情况较为紧急，往往没有针对变化修改测试用例，事后又忘记这步操作，新添加的功能也没有经过测试，久而久之，自动化测试用例"年久失修"，会完全起不到应有的作用。所以在自动化测试中，"严格维护，时时更新"是一条铁律，否则自动化测试很容易形同虚设。

6．回归测试

整体来说，自动化测试在回归测试中更有效，这是因为回归测试主要用于确认变更对现有系统的影响情况。从理论上，在自动化测试下只需要再次运行之前的测试用例即可，而人工测试则需要重新执行一遍耗时、耗力的手工工作。但是在一些特殊的场合下，可能人工测试的效率更高，比如：

- 变更内容非常多，工期又非常短，时间短、任务急、作业多、强度大、事前没有计划，使用自动化测试的方式可能无法赶上交付时间。
- 测试用例非常复杂，自动化测试用例在技术上实现难度很大、有障碍，实现成本很高。

6.5.3　自动化测试推行策略

自动化测试可以根据如下 3 种策略推行。

1．整体推行策略：测试自动化分阶段推行

自动化测试成为瓶颈，推动其发展成为当务之急，但要实现自动化测试需要循序渐进、稳步推进。根据 WQR 的建议，一般可按如下方式进行推行。

第一阶段：测试优化。

第二阶段：基本自动化的实现。

第三阶段：实现智能的、自适应的测试自动化。

2．业务需求优先策略：根据业务需求推行自动化测试

自动化测试的实施是一个长期过程，其中推行的优先顺序非常重要。而关于如何确认推行的优先顺序，应该回归到 DevOps 实践的目的上。DevOps 实践的目的是实现企业目标，在大部分情况下，盈利是企业最重要的目标，而关键业务则是企业实现盈利的重要保证。根据业务的重要性及相关需求设立优先顺序，优先保证关键业务的自动化测试，按照重要程度设定出短期、中期、长期对关键业务的应用覆盖，这样才能保证在修改问题时自动回归测试有效，以及增加新特性功能时能够实现敏捷实践所需要的速度，同时又不会在测试上因折中或让步而降低质量。

3．测试覆盖程度提升策略：根据项目状况逐步提升测试覆盖率

对于测试覆盖率的提升，一定要根据项目规模和架构特点，并结合业务变更程度，同时需要确认团队成员关于自动化测试用例及编写脚本的熟练程度等，对这些进行综合考量之后设立项目应用的测试覆盖率。一般按照如下步骤来实现测试覆盖率的提升。

步骤 1：根据优先顺序，首先实现关键业务的良好路径（聚焦于正常操作的功能测试）及糟糕路径（聚焦于异常操作或异常状况下的功能测试）的自动化测试。

步骤 2：对于大量的非关键业务，仍然按照优先顺序，首先实现非关键业务的良好路径（聚焦于正常操作的功能测试）的自动化测试。

步骤 3：对于大量的非关键业务，仍然按照优先顺序，首先实现非关键业务的糟糕路径（聚焦于异常操作或异常状况下的功能测试）的自动化测试。

步骤 4：实现自动回归测试并不断扩大回归测试所能包括的范围，而以上步骤同时也可以使用敏捷方式，小步快跑，最终实现整体的自动化回归测试。

6.5.4　自动化测试工具选型

自动化测试工具选型时应该考虑多个方面，除了自动化本身，测试的生命周期所关注的主要问题也应该纳入工具选型的考虑范围，进行整体上的考虑。图 6-4 列出了自动化测试工具选型时需要考虑的几个主要方面。

图 6-4　自动化测试工具选型时需要考虑的几个主要方面

结合图 6-4，下面列出一些常用的工具，而具体如何进行工具选型，则可参见本书中关于工具如何选型相关的章节（第 8 章），其对于测试也是通用的，如表 6-2 所示。

表 6-2　自动化测试选型常用工具

类　　型	工 具 名 称	开源/闭源
缺陷追踪	Jira	闭源
缺陷追踪	Redmine	开源
缺陷追踪	Trac	开源
缺陷追踪	Bugzilla	开源
测试环境管理	Ansible	开源
测试环境管理	Chef	开源
测试环境管理	Puppet	开源
测试环境管理	Saltstack	开源
自动化测试	xUnit	开源
自动化测试	Selenium	开源
自动化测试	JMeter	开源
自动化测试	Robot	开源

6.6　实践经验研究

本节将介绍常见的实践误区和一个集成了多种工具的 Web 应用实践案例。

6.6.1　常见的实践误区

在实践的过程中，无论是测试驱动开发的实施，还是自动化测试的推行，都会遇到很多问题，下面列出了一些常见的实践误区。

1.　实践误区：TDD 实际推行时经常在事后补测测试用例

TDD 本身在实施的时候主要以开发人员和测试人员为主，而在实际项目中往往用于验证项目单元测试覆盖率，当然路径覆盖和条件覆盖也都是保证质量的主要考虑因素。从关注代码质量变成关注测试覆盖率，很多项目以白盒方式提高测试覆盖率，或者后续补测测试用例，其实这些都偏离了 TDD 的初衷。强制测试先行是希望能够从其他接口和功能的角度来考虑应用的实现，结合 TDD 能够得到快速的反馈，从而保证问题在尽可能早的阶段得到解决。

2．实践误区：一味追求 100%的测试覆盖率

很多项目在测试驱动开发的实践中，强化白盒测试，以测试覆盖率 100%作为量化指标之一。在能力范围之内保证测试覆盖率 100%当然是一件好事情，但是这个指标往往只是白盒测试中语句覆盖的程度，而逻辑覆盖和组合覆盖在一般情况下显然不会这样，因为这意味着需要投入极大的成本。根据 WQR 的不完全统计，测试在整个企业对 IT 的预算中仅占 30%左右，而单纯提升测试覆盖率也会导致开发和修改时负担大幅加重、人员投入大量增加、交付时间延长，这些都不利于企业敏态业务的转型和实践。所以相比测试覆盖率，应该把重心和视角重新投向对现行系统架构的优化和调整上。

3．实践误区：一味追求所有测试活动的自动化

和 100%的测试覆盖率一样，所有测试活动的自动化自然能够带来很好的收益，但是对于复杂的系统，这样做在技术上实现起来会非常困难，投入的人力成本和时间成本可能会大大超出预期，这也是自动化测试推行了那么长时间，整体的自动化程度依然还有待进一步提升的重要原因。

另外，在新技术不断涌现的今天，测试所需要的技术变得更为繁杂，随着云计算的普及，以容器技术为中心的虚拟化相关问题，比如，如何使用 Docker 创建可重用的稳定的测试环境？如何利用 Kubernetes 进行容器的编排？如何在这种状况下对测试数据进行自动生成和管理？这些都成为当前测试环节需要考虑的问题。这么复杂的测试活动全部实现自动化，对人员与技术的要求非常高。而 2018 年的 WQR 的调查显示，46%的企业缺乏具备相关自动化测试经验和技能的人员，48%的企业受困于如何创建稳定、可重用的测试环境和测试数据。随着新技术的涌现，以及对技术不断更新的要求，企业专业技术人员的紧缺状态将会成为常态。

所以将重心重新投向测试如何驱动开发进行架构优化与重构，如何适应敏捷实践，在不降低质量的情况下将速度提升上来，比起一味地实现所有测试活动自动化，在经济上更为划算。测试活动的自动化还是应该根据使用频度逐步推进。当然，对于成本、时间、技术、人员都不存在问题，希望打造稳定的技术团队，将更多新的技术融入进来的企业来说，持续推动测试自动化自然也会带来很好的效果，只是在这个过程中，建议量"成本"（时间和人力）而行，量"ROI"（Return On Investment，收益）而行。

6.6.2　实践案例

下面使用 Spring Boot 搭建了一个 Web 应用的 Demo，结合本章所提到的知识，可以使用 SonarQube 进行静态测试，使用 JUnit 进行单元测试，结合 JaCoCo 对代码覆盖状况进行可视化分析。因为本实践案例主要用于演示工具的集成方式，所以代码都进行了尽可能的简化。实践

案例构成说明如图 6-5 所示。

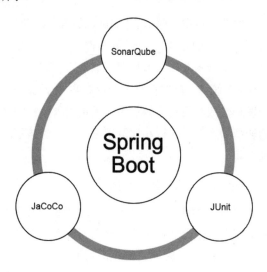

图 6-5 实践案例构成说明

1．Spring Boot 的 Web 应用 Demo

与 Spring Boot 的 Web 应用 Demo 相关的设定和代码如下。

Spring Boot 应用示例如表 6-3 所示。

表 6-3 Spring Boot 应用示例

坐 标 项	设 定 值
groupId	com.liumiaocn
artifactId	springbootdemo
version	0.0.1-SNAPSHOT
packaging	jar

pom.xml 的设定信息如下。

```
<groupId>com.liumiaocn</groupId>
<artifactId>springbootdemo</artifactId>
<version>0.0.1-SNAPSHOT</version>
<packaging>jar</packaging>

<name>springbootdemo</name>
<description>spring boot demo project</description>

<parent>
    <groupId>org.springframework.boot</groupId>
```

```
        <artifactId>spring-boot-starter-parent</artifactId>
        <version>2.0.6.RELEASE</version>
        <relativePath/> <!-- lookup parent from repository -->
    </parent>
```

示例代码如下。

```
package com.liumiaocn.springbootdemo;

import org.springframework.boot.SpringApplication;
import org.springframework.boot.autoconfigure.SpringBootApplication;
import org.springframework.web.bind.annotation.RestController;
import org.springframework.web.bind.annotation.RequestMapping;

@RestController
@SpringBootApplication
public class SpringbootdemoApplication {

    @RequestMapping("/")
    String home() {
    return "Hello, Spring Boot 2";
    }

     public static void main(String[] args) {
            SpringApplication.run(SpringbootdemoApplication.class, args);
     }
}
```

对上述代码中的主要部分进行如下简单说明。

- RestController 注解和 RequestMapping 注解都是 Spring MVC 的注解，用于快速设定路由跳转信息。
- SpringBootApplication 注解用于入口类，它也是保证 JUnit 测试能够进行的条件之一。

由以上说明可以看出，此 Spring Boot 的应用很简单：对于 http://localhost:8080/的访问返回 "Hello,Spring Boot 2"字符串。接下来看一下如何使用 JUnit 进行单元测试。

2. 使用 JUnit 进行单元测试

使用 JUnit 或者 TestNG 都可以进行单元测试。对 Spring Boot 应用使用 JUnit 进行测试，首先要对 POM 进行设定，接下来对相关的设定和示例代码进行说明。

POM 设定：在 pom.xml 中添加 spring-boot-starter-test。

```
    <dependency>
        <groupId>org.springframework.boot</groupId>
        <artifactId>spring-boot-starter-test</artifactId>
        <scope>test</scope>
```

```
        </dependency>
```

示例代码如下。

```
package com.liumiaocn.springbootdemo;

import org.junit.Test;
import org.junit.runner.RunWith;
import org.springframework.boot.test.context.SpringBootTest;
import org.springframework.test.context.junit4.SpringRunner;

@RunWith(SpringRunner.class)
@SpringBootTest
public class SpringbootdemoApplicationTests {

    @Test
    public void contextLoads() {
    }

}
```

对上述代码的主要部分进行如下说明。

- 测试类名：根据惯例定义测试类的名称。
- SpringBootTest 注解：SpringBootTest 是 Spring 1.4 版本之后引入的注解，可以使 Spring Boot 的测试变得更加方便。
- RunWith 注解：在使用此注解的情况下，JUnit 会调用 RunWith 中指定的类。不同的框架提供不同的 Runner 用于测试，比如 JUnit 的 JUnit4.class、Spring 的 SpringJUnit4ClassRunner 或 SpringRunner。
- Test 注解：JUnit 的常用注解之一，用于定义测试方法，此处不再赘述。

执行 mvn test 命令即可完成单元测试，部分执行内容如下。从结果中可以看到，运行的测试用例为 1 个，没有失败、跳过、出错的测试用例。

```
[INFO] Results:
[INFO]
[INFO] Tests run: 1, Failures: 0, Errors: 0, Skipped: 0
```

通过引入 spring-boot-starter-test，在 Spring Boot 中已经做好了所有单元测试的准备，根据惯例设定测试目录和文件名称，结合 SpringBootTest 等注解，可以使用 JUnit 对 Spring Boot 应用进行测试。最后使用 mvn test 命令即可运行相关的测试用例并确认结果。

3. 结合 SonarQube 进行静态测试

作为检查代码质量的流行工具，SonarQube 能够检查代码的质量问题，能够提高代码质量。

下面案例演示使用的 SonarQube 在 32003 端口处提供服务。SonarQube 部署、安装及使用的详细方式，在后续的章节中将会进一步展开。

可以使用 sonar-scanner 命令或 mvn sonar:sonar 命令对代码进行扫描：

```
mvn sonar:sonar -Dsonar.host.url=http://localhost:32003
```

注意： 如果使用默认的 9000 端口，可以不必设定-Dsonar.host.url，后续章节将会对相关的其他可设定参数及使用方式进一步展开。

SonarQube 扫描结果如图 6-6 所示。

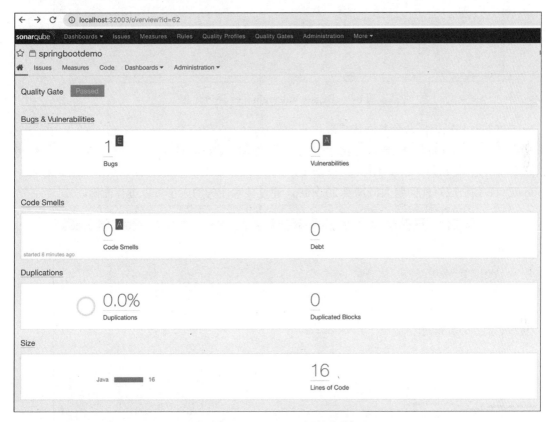

图 6-6 SonarQube 扫描结果

确认扫描结果之后可以发现，有一个 Bugs&Vulnerabilities，接下来确认其详细信息，如图 6-7 所示。

经过确认发现这是一个误报，既然是误报，所以直接在该行添加//NOSONAR。另外，为了验证其效果，我们添加一行 String msg = "Unused Message variable"。

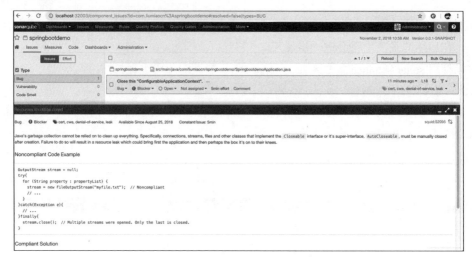

图 6-7　Bugs & Vulnerabilities 详细信息

再次执行代码扫描命令并确认结果。

```
mvn sonar:sonar -Dsonar.host.url=http://localhost:32003
```

Code Smells 相关扫描结果如图 6-8 所示，可以看到扫描出了两个 Code Smells 类型的问题，SonarQube 预估应对此问题大概需要 20 分钟，通过技术债务的大小可以进行衡量。

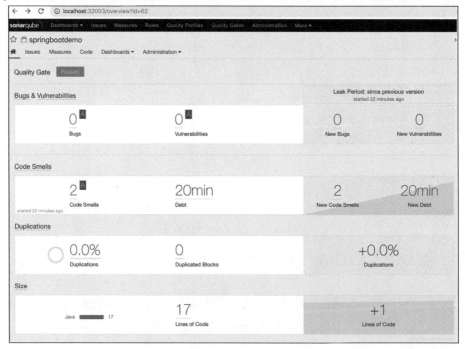

图 6-8　Code Smells 相关扫描结果

由图 6-8 可知，Bugs 已经没有了，但是因为增加了一行代码，出现了两个 Code Smells 问题。接下来确认这两个 Code Smells 问题的详细内容，如图 6-9 所示。

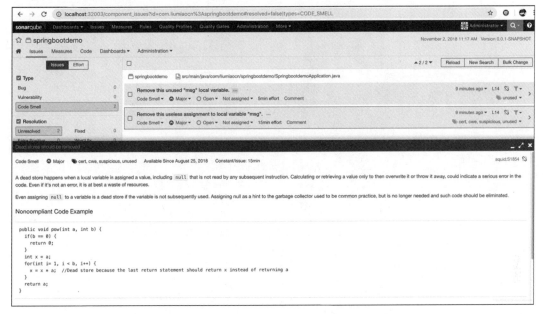

图 6-9　Code Smells 问题的详细内容

由图 6-9 可知，SonarQube 认为此行代码是无用的语句，应该删除，而且下面给出了如何应对的示例，按照提示删除此行无用的代码即可。

注意：即使没有使用 Spring Boot，只要是通过 Maven 进行整合的方式都可以进行静态测试。

4．结合 JaCoCo 可视化测试覆盖率

JaCoCo 是 Java Code Coverage Library 的缩写，使用它时只需在 pom 文件中添加如下内容。

```
<profile>
        <id>sonar-jacoco-coverage</id>
        <activation>
            <activeByDefault>true</activeByDefault>
        </activation>
        <build>
            <pluginManagement>
                    <plugins>
                            <plugin>
                                    <groupId>org.jacoco</groupId>
```

```
                                    <artifactId>jacoco-maven-plugin</artifactId>
                                    <version>0.7.8</version>
                            </plugin>
                    </plugins>
            </pluginManagement>
            <plugins>
                    <plugin>
                            <groupId>org.jacoco</groupId>
                            <artifactId>jacoco-maven-plugin</artifactId>
                            <configuration>
                                    <append>true</append>
                            </configuration>
                            <executions>
                                    <execution>
                                            <id>jacoco-ut</id>
                                            <goals>
                                                    <goal>prepare-agent</goal>
                                            </goals>
                                    </execution>
                                    <execution>
                                            <id>jacoco-it</id>
                                            <goals>
                                                    <goal>prepare-agent-integration
</goal>
                                            </goals>
                                    </execution>
                                    <execution>
                                            <id>jacoco-site</id>
                                            <phase>verify</phase>
                                            <goals>
                                                    <goal>report</goal>
                                            </goals>
                                    </execution>
                            </executions>
                    </plugin>
            </plugins>
    </build>
</profile>
```

1）执行命令

执行如下命令可以完成单元测试。结合 SonarQube 对 JaCoCo 生成的内容进行分析与显示，会下载 jacoco-maven-plugin 进行实际的操作。

步骤 1：mvn test。

步骤 2：mvn sonar:sonar -Dsonar.host.url=http://localhost:32003。

2）结果确认

在这次的执行结果中已经可以看到 Coverage 的内容：20%的测试覆盖率、1 个测试用例，如图 6-10 所示。

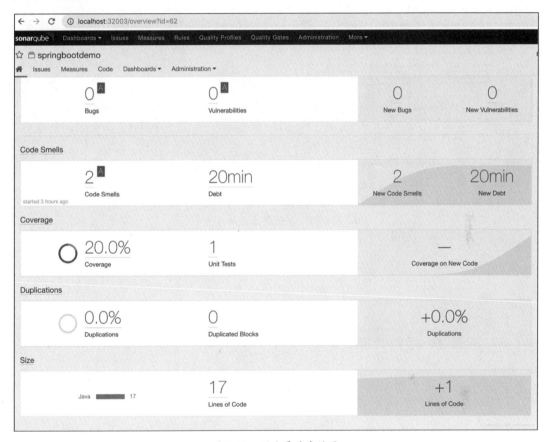

图 6-10　测试覆盖率结果

3）测试覆盖详细信息

测试覆盖详细信息如图 6-11 所示。

通过这个案例，我们可以看到工具在项目中进行集成所起到的作用。当然这只是一个非常简单的 Demo，在实际的使用中，应该持续集成，与项目中的测试环境、数据管理工具，以及测试缺陷追踪的工具进行进一步整合，逐步改进。

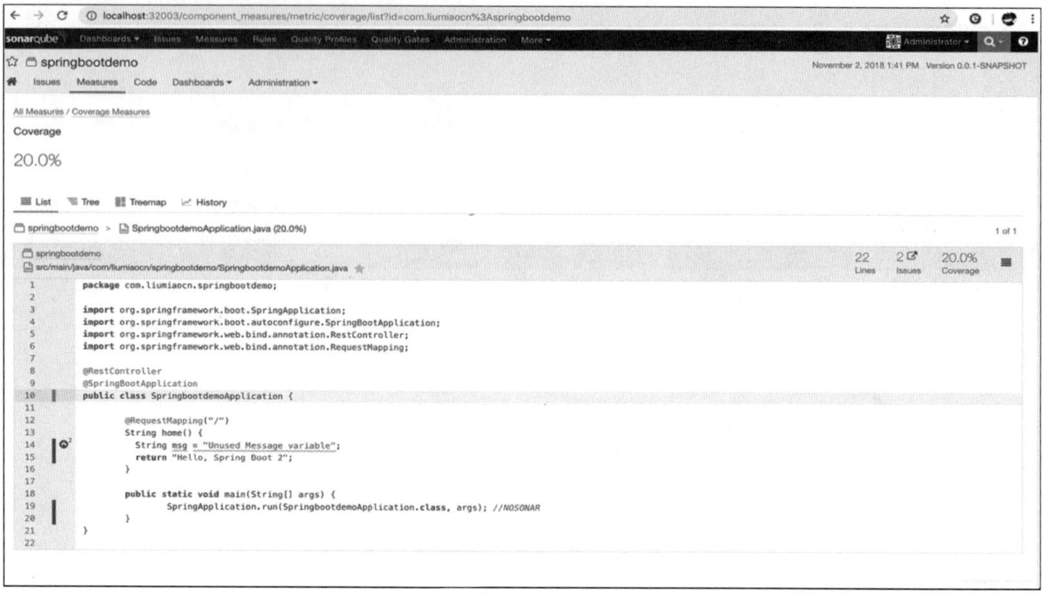

图 6-11　测试覆盖详细信息

第 7 章

DevOps 实践中的部署

部署是整个持续交付环节中非常重要的一环，是否能够平稳而快速地将新的版本发布到环境之中是服务交付成功与否的重要依据。而诸如蓝绿部署、金丝雀部署等方式也为解决传统方式下的部署之痛提供了新的思路，同时，架构和基础设施对部署的影响也应该考虑，合适的架构和基础设施对于部署会起到很大的促进作用。

7.1 部署方式

传统方式下的部署往往使用新的程序版本替代旧的程序版本。传统应用部署方式如图 7-1 所示。

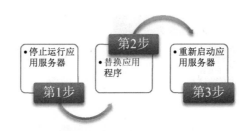

图 7-1 传统应用部署方式

第 1 步：停止运行 Tomcat 或者 WebLogic 等应用服务器。

第 2 步：替换对应的 Web 应用的 war 文件或者部分文件。

第 3 步：重新启动应用服务器。

这是一个非常典型的 Web 应用场景，但是在这种方式下会存在如图 7-2 所示的 3 个问题。

- 问题 1：不管我们的部署速度有多快，单纯地使用这种方式都会导致服务不可用，不可用时长有可能是几秒，也有可能是几分钟。

- 问题 2：在传统方式中，经过漫长的开发形成了巨大且复杂的应用程序，其初始化往往需要时间，这也会拖慢部署节奏。

- 问题 3：一旦出现问题，回滚机制的一般做法就是将旧的版本按照同样的步骤再重复一遍，这也会造成服务不可用的情况。

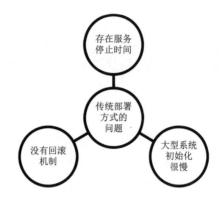

图 7-2　传统部署方式的常见问题

自然，在这种方式下，部署往往会出现非常大的问题。在 2002 年 4 月，日本第一劝业银行、日本兴业银行以及富士银行合并形成了瑞穗银行，其系统首日上线就出现了各种故障，比如钱取不出来、钱存进去余额却不变、出现汇款延迟等，影响非常恶劣，金融厅对瑞穗银行发出了改善业务的命令。这就是非功能性因素部署导致的严重后果，没有办法提供一个稳定的版本进行回滚是传统大型系统首日上线经常会出现的场景，如图 7-3 所示。

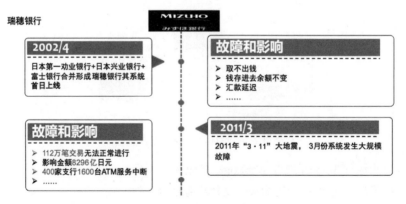

图 7-3　传统部署方式下出问题的案例分析

7.1.1　蓝绿部署

对传统部署进行反思，总结下来，有两个要素：速度和回滚机制。

不管我们对自己的开发和测试如何有信心，实际在生产环境中出现问题和故障的可能性还是非常大的。如果能保证部署和回滚的速度很快，首先能将出现问题的时间窗口大幅度收窄，其次能够立即回滚到稳定的版本，保证止损。这样的机制能降低我们对部署时出现不可控风险的恐惧感，增强我们持续部署实践的信心，因为信心是需要建立在足够的安全机制之上的，而不是单纯地提倡文化。

而使用蓝绿部署则能解决这样的问题，蓝绿部署是一种广泛被采用的开发和发布理念。在这种方式下，生产环境需要两个副本，一个是蓝色副本，另一个是绿色副本。比如当前使用的是蓝色副本，与此同时绿色副本的环境也已经通过了最终测试而准备就绪，我们通过切换到绿色副本的环境来保证所有的系统流量或者用户访问都会与绿色副本连接，而蓝色副本现在则空闲下来，使用的是绿色副本。

蓝绿部署因为同时保证两个副本运行，所以可以实现无宕机部署，能够进行无缝的部署或者回滚，很多需要提供连续性稳定服务的互联网公司，诸如 Netflix、Etsy、Facebook、Twitter、Amazon 等，基本都成功地实践了蓝绿部署。

一般通过增加特性开关（比如环境变量）来控制软件发布时可能出现的风险，这已经得到了广泛的实践。通过特性开关进行切换（到底是绿色副本提供服务还是蓝色副本提供服务），降低了风险并缩短了部署时间，因为与其他方式相比，这种方式会保证两个副本都在运行状态下部署，部署操作自身更像切换操作，一旦发现问题，可以立即切换为另一个更稳定的副本。

蓝绿部署的具体实现方式也有很多种，比如可以通过整体统一切换的方式实现。在这种方式下，系统之外的访问会全部发给其中的一个环境。这样在开发中活用特性开关能够更好地实现蓝绿部署的顺畅执行，所以整体流量的控制是蓝绿部署的重中之重。我们可以通过特性开关，设定一些条件，只有满足这些条件时流量才会部署到新的版本上。

蓝绿部署的挑战点：

对于很多不可逆转或者难以进行回滚的操作，使用蓝绿部署可能会遇到一些挑战。比如数据库结构升级，再加上积累了大量的部署内容后进行一次性部署，可能会导致必需回滚的风险升高，前面所提到的瑞穗银行系统首日上线案例就是这种情况。

蓝绿部署的实施建议：

小步快跑，继续加深持续部署实践，提高部署的频度，减少每次部署包含的内容。如果不是每次都改很多张表之后才部署，而是关联一两个字段的更新情况就进行一次部署，那么自动回滚机制还是可以实现的。

7.1.2　金丝雀部署

在对金丝雀部署进行说明之前，可以先来了解一下金丝雀部署这一名称的由来。这也是从其他行业学习到的经验。早在 17 世纪，矿工发现金丝雀这种美丽的鸟儿对瓦斯非常敏感，而当瓦斯含量超过一定限度时，虽然普通人还很难发现，但是敏感的金丝雀就会停止歌唱甚至死亡。早期在采矿设备还比较落后的时候，矿工们会随身携带一只金丝雀作为瓦斯的检测者，在工作的时候也会时时确认金丝雀的状态，一旦发现金丝雀死亡，所有人会离开矿井。

金丝雀部署也是做类似的事情，我们发布一个新的版本，确保这个版本即使发生问题也只会影响很少的或者可控范围内的用户。这样大部分用户仍然使用旧有功能，只有很少一部分选定用户会受到新版本的影响，这个影响范围可控的发布版本就是金丝雀部署的版本。如果使用此特性的用户在使用中没有遇到什么问题，那么表明这个版本是稳定的，之后可以逐步扩大范围把用户全部迁移至此版本。而一旦发生问题，在使用这种部署之前影响范围已经进行过控制，影响也不会过于严重，可以有效地降低风险。

应用场景：很多产品型的开发会较多地使用金丝雀部署，就像它的名字一样，金丝雀部署的重点在于快速地获取反馈，它更多的时候作为部署之前的检测者存在，在一些关键功能上线之前，选取一部分流量或者用户进行检验，然后根据这只"金丝雀"的状态来确认整体版本是否安全，如果安全，则逐步地扩展到全部用户范围。从这个角度来说，金丝雀部署与灰度发布非常相似。

7.2 部署依赖

选择合适的部署方式非常重要，但是部署方式的选择会受到很多因素的影响，比如架构和基础设施等。

7.2.1 架构的影响

架构会对部署产生直接的影响，如果一个巨大的系统从来没有考虑过边界，从来没有确认过相关联的影响，只能作为一个整体进行打包和部署，那么随着代码量的增大，构建和测试的时间会越来越长，影响会越来越难以控制，部署自然会变得缓慢和充满风险。

相反，若很好地划定了边界和影响的架构，在设计的时候就考虑到了部署环节，比如 12 要素应用、传统方式下的 SOA、近期流行的微服务等，那么在设计良好的情况下，部署一般会更快和更安全。不同的架构对部署会有不同的影响。

7.2.2 基础设施的影响

不同的基础设施也会对部署产生很大的影响，是选择传统物理基础设施，还是选择虚拟化/容器化基础设施，对架构会有影响，对部署的影响更加明显。

1．传统物理基础设施

在传统物理基础设施中，架构需要考虑的因素基本上无所不包，加之在传统方式中，从硬件到软件，从数据库到存储系统，从编译器到执行环境，从 RAID 到 UPS，从集群故障到数据恢复，缺乏统一的标准，搭建基础设施本身往往需要很强大和广泛的技术背景才能实现，而且不具有可重复和直接借鉴的特点。图 7-4 为一个常见的传统银行系统的基础设施示例。

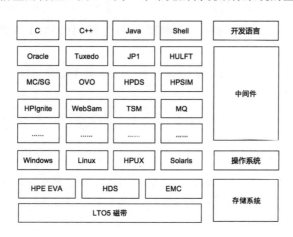

图 7-4　传统银行系统的基础设施示例

在软件生命周期的构建阶段内，至少要对 Java/C/C++的构建有所了解；在环境的准备方面，至少要对硬件的多种存储方式有所了解；在中间件方面，至少要对 Oracle 的 RAC 或者双机热备的构成有所了解；在将应用部署到环境中的时候，至少要对多种操作系统有所了解，在某些方面还需要掌握较多知识，比如 Oracle，虽然不需要拥有像经验丰富的专业数据库管理员那样全面的知识，但是需要能够熟练使用 Oracle 的 RAC 集群，这对于一般的开发者来说还是很有挑战的。在这种架构中，过去很多设想都会变得不现实而直接被弃用。比如完整的蓝绿部署需要两套环境进行直接切换，但是像这样复杂的两套构建运行起来可能会加快崩溃的步伐，而且成本也往往让人无法接受，其中包括硬件成本和中间件的 License 等。仅仅一个环境的搭建都需要多人协作，因为一般人很难会有如此广而深的知识，尤其有些还是非常小众的技术。这更加大了在传统基础框架下部署的难度，其本质在于标准化基本无法实现，所以在此基础上的自动化更加困难。

2．虚拟化/容器化基础设施

随着虚拟技术和云计算的推广，云端系统越来越多地成为主流选择之一。使用 AWS、GCP、Azure、阿里云等基础设施使企业可以更加容易地进行规模扩展，使基础设施即代码的方式更容易被应用。使用云主机进行设置，可能只需要 1 分钟，所需标准化的 100 台 Linux 主机就已经准备就绪了，而需要扩展至 200 台，可能需要的也只是另外 1 分钟，当然前提是你已经支付了所需资源的费用，存储、网络、数据库、计算能力、工具、应用服务等都可以用诸如 API 的方式简单、快速地使用。

容器化技术真正改变了持续集成和持续交付的方式，具体表现在如下几个方面。

- 一致的交付镜像：测试环境、准生产环境、生产环境都可以使用同一个镜像进行交付，保证同一个镜像在不同的环境中通过不同层级的测试，而最终的交付物也是这个通过了测试的镜像。
- 统一的打包方式：使用相同的方式和组件进行打包，保证应用所需依赖的兼容性以及版本不会发生冲突。
- 开箱即用的镜像：可以在 Docker Hub 上找到很多能直接使用的工具，用于开发、测试、进行软件生命周期管理等。
- 聚焦于应用开发：从操作系统到应用服务器，可复用的镜像数之不尽，开发者只需要聚焦于应用开发。

虚拟化/容器化的背后是标准化的推广，是过去架构必须考虑的非业务因素固化和可复用，比如，过去安装一台 CentOS，在此基础上安装一个 Nginx，需要先对操作系统做相关设定，然后对 Nginx 做相关设定，这些现在都以镜像的方式固化在 Nginx 的某个镜像之中，实现标准化和可复用。在设计的时候，应用一旦停止，不需要在架构中加入诸如 MC/SG 这样的集群设定，Docker 或者 Kubernetes 这样的基础平台已经提供了这些能力，对于设计者来说在很大程度上减轻了负担，可以推进应用进行更好的部署实践。

7.3 常用工具

部署常用的工具如表 7-1 所示。

表 7-1 部署常用的工具

类 型	工 具 名 称	开源/闭源
运维自动化	Ansible	开源
运维自动化	Chef	开源
运维自动化	Puppet	开源
运维自动化	Saltstack	开源

除了这些工具，在简单的场景下甚至直接使用一些脚本就可以实现部署，但是最重要的还是整体应用是否考虑了部署方式等非功能性因素。另外，诸如 Kubernetes 的滚动更新和 Nginx 的一些特性，在部署中也被广泛使用。而开源工具 Capstrano 也是被很多用户用来进行实践的工具，ROR 架构使用起来也较方便，这里由于篇幅的限制，就不再展开了。

7.4 实践经验总结

本节将就部署相关的实践经验进行总结，详细内容如下。

1. 实践经验：特性开关的应用

通过特性开关，尤其是通过增强对运行态应用的控制，可以保证部署安全，同时也可以保证快速回滚。但是这些都是需要在应用设计时考虑的因素，而在应用时需要考虑部署的问题，比如通过对某设定文件进行一定间隔的确认，或者通过对数据库信息的实时判断，来决定是否使用，而一旦将开关关闭，则会立即使用之前的版本。虽然没有版本回滚功能，但是由于在设计开发和测试中对开关打开和关闭的状态都进行了确认，所以可以理解为此版本自带回滚功能，这个开关本身就是回滚功能。但需要注意的是，由于有测试不充分的可能性，回滚本身可能会存在问题。不过至少，这种方式将非功能性因素引入了开发和测试的环节，是很简单和有效的实践方式。

2. 实践经验：灰度发布与金丝雀部署的选择

灰度发布和金丝雀部署非常类似，主要不同在于目的不同，就像反向代理和负载均衡那样。灰度发布更加侧重于发布，保证这次发布会是一次平稳的发布。而金丝雀部署则侧重于检测，就像它名字的来源一样，保证这个版本不会是一个"有毒版本"。两者之所以非常类似，是因为它们实现的方式确实可以完全一致，比如通过流量切换的方式，金丝雀部署重点确认选取的 10% 流量的金丝雀版本是否安全，而灰度发布则平滑地从 10% 慢慢向更大的流量进行扩展直至完成。两者关注点不同，但是实现的方式和过程基本类似。很多权威人士也认为灰度发布和金丝雀部署是相同的，我们抛开概念之争，回到问题的本源，回到引入部署的目的，到底是为了平稳过渡，还是为了试错，这才是在部署中需要比较和确认的问题。

3. 实践经验：A/B 测试与灰度发布的选择

A/B 测试与灰度发布也非常相似，灰度发布更强调版本切换的平稳过渡，而 A/B 测试进行部署的目的和作用在于确认 A 版本和 B 版本之间的差异，从而根据此差异进行决策，是发布 A 版本还是发布 B 版本。灰色是非黑非白的过渡状态，但是这种方式的目的不是一直灰下去，而是平稳地进行黑到白的切换；而 A/B 测试则是为了在 A 和 B 中做出一个选择，两种方式的前提和目的都是不同的。对于二者的选择，不应该为了区别而区别，而应回到问题的本源，到底是为了平稳过渡，还是为了决策。

第 8 章
DevOps 工具选型：开源与闭源

工欲善其事，必先利其器。合适的工具对于有效提高生产效率能起到非常重要的作用。就像 2008 年已经进行每日超过 10 次部署的 Flickr 所分享的那样，"如果你只有一件事能做，那就是自动化"，而在自动化的过程中，工具所起到的作用也是不言而喻的，选择一个好工具会起到事半功倍的作用。在选择工具的过程中，摆在实践者面前的第一个需要确定的问题就是选择开源的免费工具还是选择闭源的商业工具。

在本章中将会讨论工具选型需要考虑的因素，列出开源和闭源选型的一些指标，以及一些通用的指标，结合项目自身的特点和要求，对这些指标进行评估，使用加权评估模型或者 AHP（Analytic Hierarchy Process）模型辅助得出最终选型结论。

8.1 通用选型指标

对于工具的选用，不管是开源的还是闭源的，除具体的领域特性之外，总有一些共通的因素是在进行选型时需要考虑的，这就是通用选型指标。在通用选型指标中，主要看 5 类指标，如图 8-1 所示。

图 8-1　通用选型指标

8.1.1　系统限制要素

用于 DevOps 实践的工具非常多，这种情况给选型带来了一定的困难。但是在实际情况下，选型时一般不会出现对所有指标进行评估、评定权重、计算综合得分，而只会评估其中一些指标，因为往往有些指标非常重要，所以其权重也非常高，这时关键的一个或者几个指标即可决定使用哪种工具。系统限制要素往往是其中重要的指标，实际项目中有一些老旧系统是无法对很多工具提供支持的，这时这些系统限制要素指标就显得尤其重要，选型的时候也需要重点对待。常见的系统限制要素指标如表 8-1 所示。

表 8-1　常见的系统限制要素指标

指　　标	详　细　说　明
运行平台支持状况	工具所运行的平台，尤其是操作系统，是否提供了所需的 Windows、Linux、UNIX、Mac 等实际运行平台的工具安装版本，同时工具是否为后续的版本提供了明确的支持或者放弃支持
硬件资源需求	工具运行是否有特定的硬件需求，如果有特定的硬件资源的需求，需要考虑是否具有可置换性，是否会给将来的架构升级带来影响，同时对成本的影响也需要考虑
软件资源需求	为了支持此工具运行，是否要安装新的工具或者软件，而相关的其他软件以及关联依赖的安装是否会对原有系统造成冲击，从而对导入成本、维护成本、安全性等造成影响
浏览器支持状况	主要针对软件的 UI 等相关功能，因为当前一些流行技术并不支持所有浏览器版本，比如 Angular 对 IE 8 之前的版本不能提供完整功能的支持，使用 Angular 开发的功能自然对浏览器也有类似的限制，从而可能影响软件关键功能的使用

8.1.2　可用性

对于待选的工具来说，可用性是非常重要的衡量标准之一，一般可以从如下几个方面衡量工具的可用性状况，从而对工具进行选择，如表 8-2 所示。

表 8-2　可用性指标

指　　标	详　细　说　明
功能完备程度	基础功能是否满足相关需求。比如，版本管理工具是否能够提供文件或者目录的版本管理、是否能够提供分支和标签的相关管理、是否能够提供代码合并等基础功能、是否能够提供统计查询功能、是否具有备份/恢复方法等，这些是确认版本管理工具在基础功能方面是否完备的依据
高负荷下的可用性	在小规模少数团队的间断性使用中没有问题，但是在大规模的数量多的团队连续使用的情况下，是否能够提供根据负载进行调整的部署方式来保证高负荷下仍然提供稳定的服务，这是在需要工具提供实时性重要服务的时候需要考虑的因素
服务连续性	是否需要提供 7×24 的不中断服务，当由于应用或者其他不可预知的问题产生了工具服务中断时，是否提供了进行手动恢复或者自动恢复的机制以保证服务连续不中断

续表

指　标	详　细　说　明
系统安全性	是否包含导致系统不稳定的安全漏洞，相关的安全问题是否曾经发生过多次
数据完整性	工具相关的数据是否提供了备份和恢复机制，单点故障是否会带来数据不可恢复的灾难性后果，备份数据是否会有数据丢失等

8.1.3　交互性

安装是否简单便捷、操作是否简单快捷、错误信息提示是否清晰等，这些都是用户交互性需要考虑的问题，好的用户交互性会使工具的学习成本大幅度降低。交互性指标如表 8-3 所示。

表 8-3　交互性指标

指　标	详　细　说　明
操作简易状况	操作是否简单快捷并且容易理解，是否尽量使用了一些约定俗成的概念而不是自己定义一些需要理解的新概念，与同类产品相比相同功能是否需要更多的操作才能完成，等等
操作提示程度	操作提示信息是否清晰明了，信息提示是否能够明确指示用户进行问题定位
界面友善程度	界面是否美观，是否考虑到用户行为和操作的便捷性，用户交互的效果是否会给视觉带来不好的冲击等
审计日志	在 DevOps 实践中，很多对工具的操作需要保存痕迹，另外项目管理的流程也往往需要这些信息。提供工具的操作日志，或者提供能够显示用户使用此工具所做操作痕迹的审计日志，对项目流程来说很多时候都是很有用的

8.1.4　市场状况

与同类型的工具相比，市场的占有状况等信息也是一个重要的参考。当然并不是推荐直接使用市场占有率最高的产品，工具应该挑选最合适的。但是在因为没有特别合适而需要选择非常小众工具的情况下，使用活跃的工具和技术会大幅度降低风险。DevOps 实践是一个长期行为，如果缺乏社区和市场支持的工具停止了更新，而项目由于操作系统等相关平台更新而不得不更新工具，就会面临自行开发此工具或者替换此工具的两难选择。相关的市场状况也是选择工具的一个依据，因为工具如雨后春笋一般层出不穷，所以要保证选择的工具能使用得尽可能久一点，可以参看如表 8-4 所示的几个方面。

表 8-4　市场状况指标

指　标	详　细　说　明
市场占有率	市场占用率较高至少能够保证简单的问题已经在其他项目中先行确认过了，出现问题进行确认的时候也能查询和搜索到更多可参考的内容

续表

指　　标	详　细　说　明
社区活跃度	社区已经成为当下很多流行工具的一大重要法宝，尤其是开源项目，社区活跃的工具发展的潜力一般很好，占有率只能说明过去和现在的状态，而社区活跃度则可能带来更好的预期
完善的支持	无论是开源软件还是闭源软件，在使用工具遇到问题时能够得到各种渠道的支持是非常重要的事情，是否提供各种层次（从社区问答到邮件或者电话方式）的支持，都是需要考虑的事项，尤其是在将此工具作为关键的服务型功能的场景下
关联生态	工具本身提供了基础功能，但是围绕工具还有很多衍生功能的提供者。比如 Jenkins 有 1000 多个插件，很多流行的工具提供了插件与其进行集成，这些插件不是 Jenkins 所提供的基础功能，大部分是由其他贡献者提供的功能，这些关联的生态能增强工具本身的吸引力
用户评价	用户的口碑，比如 GitHub 上项目的星数或者被 fork 的个数，都能在一定程度上表明其在市场上受欢迎和关注的程度

8.1.5　功能可裁剪度

DevOps 强调工具在使用过程中要更好地考虑人和流程的因素，只有根据需要进行调整和功能的裁剪，才能与实际的流程更加契合，才能更好地在项目中使用，功能可裁剪度指标如表 8-5 所示。

表 8-5　功能可裁剪度指标

指　　标	详　细　说　明
功能裁剪	是否能够对功能进行裁剪，保证不同的项目使用其所需功能
权限调整	用户、组织、角色的权限是否能够自行定义，以满足实际项目中不同的定制化需求
流程调整	流程和状态是否能够进行自定义的设定以符合实际项目需求
样式调整	是否能够进行简单的自定义样式调整等

8.2　开源/闭源选型指标

开源不等同于免费，闭源也可能提供免费使用的版本，在项目中对使用的工具进行开源或者闭源的选择时，除成本因素外，在通用选型指标中还提到过系统安全性等指标。另外，更新频度、改善速度、集成方式以及文档说明也都是需要考虑的因素。开源/闭源工具选择要素如图 8-2 所示。

图 8-2　开源/闭源工具选择要素

8.2.1 成本

成本往往是在引入新的工具时需要考虑的，除购买 License 的费用之外，还需要考虑很多其他有可能对成本带来潜在影响的因素，比如培训费用等，常见成本指标如表 8-6 所示。

表 8-6　常见成本指标

指　　标	详　细　说　明
开发语言及框架	使用小众的开发语言或者开发框架可能会导致后期产品功能迭代周期长、速度慢
License 类别和费用	License 有很多种类别，不同类别的获取费用往往也不同，应该根据项目的不同阶段选择合适的 License。另外，不同工具的收费模式往往也不同，比较常见的模式是根据用户人数的增加，价格随之增加。也有根据功能的裁剪来设定的，往往将全部功能分成几部分，按照使用功能的多少来付费。开源工具也有很多 License，需要根据项目的情况选择。是使用 GPL 还是 MIT，需要根据使用的方式和目的来确认，以免带来不必要的法律责任
维护费用	如果是按年收费的方式，后续一直会有工具投入的费用。另外，将来项目有可能会扩展到什么程度，事前规划和整体计算可以有效降低全生命周期的成本，因为除初期投入的成本外还需要考虑后续成本，如软件升级是否需要额外的费用，这些都是在前期成本核算时需要考虑的因素
其他软硬件成本	为了使用此工具，往往需要一定的服务器、存储设备、网络等资源，有时还需要特定的其他软件的投入，所有这些依赖产生的软硬件成本，都是需要估算的。至于是一次性投入软硬件，还是租赁使用云端设备，需要综合考虑。由于很多工具都提供了 SaaS（Software-as-a-Service）服务，在这种情况下所需要的一次性投入就会少很多，尤其适合初期小型创业团队。选择不同，成本自然也会不同
对现行系统的兼容性	大多数时候导入工具时需要考虑对现有系统会造成什么样的影响。比如，希望在一些老旧的 UNIX 服务器和存储设备上导入一些容器化的工具以进行快速部署，就需要首先考虑原有系统是否支持容器化，甚至存储设备是否支持虚拟化。比如，希望导入 Ansible 以提高大批机器的维护操作的效率，因为 Ansible 是建立在 SSH 基础之上的，如果旧有系统是通过 RSH 等方式建立的，那么改造初期需要设定的内容就会稍多一些。导入工具时如果能够考虑到对现有系统的兼容性，就能大幅降低定制开发成本
培训学习费用	对于工具的使用者来说，结合公司流程更好地使用工具，往往需要一定的培训，而这些也将对整体成本造成影响

8.2.2 更新频度

流行和活跃的工具往往有着快速和稳定的更新频度，整体的功能推进和演化是可预期的。比如 Docker 从 2017 年开始每个月会提供一个 Edge 版本，每个季度则会提供一个 Stable 版本；而 Jenkins 每周都发布新的版本，同时提供长期支持的稳定的 LTS 版本。更新额度能够反映工具是否活跃，以及能否稳定提供功能支持。更新频度指标如表 8-7 所示。

表 8-7　更新频度指标

指　　标	详 细 说 明
代码管理方式（开源）	是否在 GitHub 等工具上进行开源管理，以方便用户随时确认开源工具的最新代码状况
最近一年版本更新频度	掌握最近一年的版本更新状况，以确认是否会发生不再继续提供支持的重大问题，以及是否能够稳定地提供版本
稳定的更新机制	是否具有类似 GNU 或者 Apache 基金会之类的组织提供支持，以保证项目在各个方面的资源上能得到保障；是否提供了稳定的版本规划路线并且能够按照预期稳定地进行版本的更新

8.2.3　改善速度

在引入新工具的时候不可能一帆风顺，总会遇到问题，而问题是否容易解决也是需要考虑的因素。很多开源软件也提供商业版本，即一般都会提供 CE 社区版本和 EE 商业版本，往往社区版本只包含工具的基本功能，满足一般的需求，而商业版本则会提供一些附加的更好的使用功能，比如 Docker 的 EE 版本就提供了对于镜像的安全扫描确认等功能，Ansible 收费版本里的 Tower 则提供了更好的用户 UI 操作等相关功能。使用开源或者闭源软件都可能得到很好的快速支持，尤其是很多项目的开源收费版本，这些都是选型时需要考虑的。改善速度指标如表 8-8 所示。

表 8-8　改善速度指标

指　　标	详 细 说 明
Bug 应对速度	是否存在很多用户提出的数年悬而未决的问题；当发现工具问题的时候，是否能够通过社区或者收费的支持获得期待的应对速度
新特性追加状况	新的特性推出的速度与同类工具相比是否具有优越性，是否能够提供用户期待的新的功能特性
长期分支状况	是否同时支持多个长期维护的分支，比如 Nexus2 和 Nexus3 同时存在，用户可以根据自己的节奏来选择升级的时机，而不是为了应对某个问题（尤其是安全漏洞修补）而被迫升级
支持团队规模	是否具有稳定的团队或者持久不衰的社区提供功能支持，很多个人提供的开源工具往往会由于提供者的兴趣不足或者精力有限而停止提供支持，选择这样的工具往往会带来隐患

8.2.4　集成方式

在 DevOps 的自动化实践中，往往会使用不止一种工具，所以很多时候需要将很多工具集成在一起，比如我们使用 Git 和 GitLab 进行本地和远程仓库的管理，使用 Maven 进行 Java 程序的打包，使用 Nexus 进行二进制制品的管理，使用 Redmine 进行 Ticket 的管理，使用 Docker

进行镜像构建，使用 Harbor 进行镜像私库的管理，使用 Clair 进行镜像的安全扫描（这是一个在容器化开发中越来越常见的场景，实际中可能使用其他同类型的工具）。若要将这些工具集成到一起，这些工具本身能够提供便捷的集成方式（比如 REST API 或者 CLI）就显得尤为重要。本书将会尽可能地使用工具所提供的 REST API，尽量少地使用页面操作，以保证这些操作都是直接自动化集成到一起的。集成方式指标如表 8-9 所示。

表 8-9　集成方式指标

指　　标	详　细　说　明
持续集成支持	工具是否提供 API 等方式用于进行更复杂的自动化集成
容器化方式	随着容器化的不断深入，工具是否支持以诸如容器化的方式进行部署和使用，以及工具本身是否提供相关的容器化服务
结果可视化	是否直接提供给用户更好的可视化结果用于决策分析，比如通过 SonarQube 提供的可视化结果能很直观地了解到某个项目的代码质量，而 Hygieia 的可视化结果则能让用户在软件的全生命流程内对项目状况有一个大体的判断，如果能够提供类似这样的结果作为集成结果的展示，对于工具本身来说也是一个加分选项
功能扩展	当工具无法满足用户需求时，是否能够提供给用户自行增强的方式，比如允许用户通过插件机制进行功能扩展等

8.2.5　文档说明

在工具的交互性中，我们曾提到操作是否简单、快捷、容易理解以及提示信息是否清晰明了等因素，虽然文档很多时候是一个附加选项，但是当碰到问题需要解决的时候，往往会觉得文档再详细都不为过。闭源的商用工具往往在用户使用文档方面做得非常优秀，而开源项目却往往由于版本迭代速度快而很难保证文档详尽，但是也有很多不错的实践案例，比如，Harbor 就使用了 Swagger 作为自己 API 的解释文档，代码即文档，这种方式也为用户使用其 API 进行集成提供了非常好的支持。文档说明指标如表 8-10 所示。

表 8-10　文档说明指标

指　　标	详　细　说　明
详细程度	各种文档是否能够指示用户进行明确的操作，对照安装设定是否能够轻松安装，对照 API 接口文档是否能够快速进行相关操作。文档需要能够为用户提供真正的帮助
维护状况	关键 LTS 版文档是否能够得到持续的维护，因为稳定的、长期支持的 LTS 版本往往是大多数用户的首选，能够得到及时更新，这对于用户来说是非常重要的
社区文档	虽然有时文档不能完全解答用户使用中碰到的问题，但是使用者多的工具往往会催生大量的社区技术文档，它们可以提供帮助。对于活跃的开源工具甚至一些闭源的商业软件，这种情况屡见不鲜，社区文档也是不可忽视的部分

8.3　选型模型介绍

工具的选择需要考虑很多因素，虽然本章前面已经列出了不少因素指标，但是其中大部分只是一些泛泛的共同的注意要点，而且很多工具本身需要考虑的指标并不是这些共通性的指标。选型时，除了不得不满足的因素，一般需要权衡的还有成本、时间、质量等。如果主要看成本，则在开源免费工具中挑选活跃的且尽量不需要进行二次开发的成熟工具。如果有很多因素需要考虑，则可以使用一些简单的方法建立选型模型，辅助工具选型。

加权评估模型使用方式如图 8-3 所示。

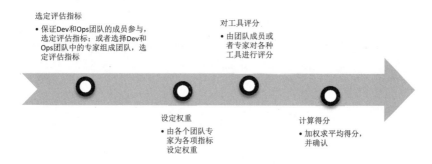

图 8-3　加权评估模型使用方式

根据不同项目选定需要纳入衡量范围的指标，结合项目具体情况对不同指标设置不同权重，然后对工具进行评估、加权求平均值即可，一般可以使用如表 8-11 所示的步骤。

表 8-11　加权评估模型执行步骤

步　　骤	内　　容
1	保证 Dev 和 Ops 团队的成员参与，选定评估指标；或者选择 Dev 和 Ops 团队中的专家组成团队，选定评估指标
2	由各个团队的专家为各项指标设定权重
3	由团队成员或者专家对各种工具进行评分
4	加权求平均得分，并确认

另外，可以使用诸如 AHP 评估模型或者其他评估模型，这里就不再一一展开介绍了。

8.4　实践经验总结

工具的选型在整个 DevOps 实践中非常重要，选择合适的工具往往能起到事半功倍的作用，而这些也要结合项目自身情况综合考虑。工具选型的实践经验介绍如下。

1. 实践经验：工具的选择也是需要持续进行的

需要对工具不断进行评估，曾经合适的不一定一直合适，最佳实践需要与特定场合结合，时过境迁，工具的选择需要持续进行。

2. 实践经验：指标的选择需要结合项目特点

对工具进行选型，应选择哪些指标并非绝对的，根据具体情况，并结合本章中列出的考虑因素，在实际项目中结合项目的特点选择合适的工具。

3. 实践经验：在项目的不同阶段，工具往往需要调整

项目的不同阶段需要的工具或者对同一种工具的使用方法往往会有所不同，DevOps 实践对项目来说是一个长期的过程，需要我们持续地对项目进行评估和改善，并且调整选择和使用的工具。

第 9 章

DevOps 工具：需求管理与缺陷追踪

需求管理和缺陷追踪是几乎每个项目都会做的事情，好的项目往往能够做到将需求和缺陷与部署的版本信息进行结合，可以选择开源或者商用的工具，也可以自行开发。本章将对常见的需求管理和缺陷追踪的工具进行介绍，同时给出使用 RESTful 方式进行操作的示例。

9.1 常用工具介绍

需求管理工具众多，本章选择 JIRA、Redmine、Trac 和 Bugzilla 进行介绍和分析，项目可根据需要进行选择。

9.1.1 JIRA

JIRA 根据功能的不同，有提供企业版 Wiki 功能的 Confluence，也有项目管理和问题跟踪对应的 JIRA Core 和 JIRA Software 等，在本章中主要介绍 JIRA Software。其中，JIRA Core 主要提供了项目管理功能，而 JIRA Software 除了项目管理功能，还提供了敏捷开发相关的特性（比如看板）。JIRA 工具的特性信息如表 9-1 所示。

表 9-1　JIRA 工具的特性信息

开源/闭源	闭源	提供者	Atlassian
License 类别	商业 License	开发语言	Java
运行平台	基于 Java 的跨平台性，本地安装支持 Linux、macOS、Windows、Solaris 等		
硬件资源	根据其用户数量不同以及使用的数据库等不同，所需的硬件资源也不同，与同类产品相比资源需求较大		
软件资源	需要 JDK 的支持	REST API 支持	提供功能齐全的 REST API 的支持

续表

更新频度	平均每年更新数次	更新机制	—
可用性	提供了比较完备的功能用于项目管理、缺陷追踪和敏捷开发，并可根据实际需要进行硬件的升级，以达到高负荷下仍能提供连续的服务		
交互性	操作界面简单直接，容易学习和掌握，提示信息清晰，相关文档较为规范		
市场状况	Gartner 的 2017 年的魔力象限调查结果显示，JIRA 产品的研发公司 Atlassian、Version One 和 CA 成为敏捷项目开发管理的市场领导者，JIRA Software 由于简单和灵活的特性得到了众多开发者的青睐		
功能可裁剪度	提供项目模板并能根据需要自行定制，可根据需要进行工作流程的定制化，以及可视化结果的按需生成等，对不同项目有很好的适应性		

分析总结：Atlassian 提供的 JIRA 作为项目管理/敏捷开发支持的工具，结合提供企业版 Wiki 功能的 Confluence，能够很好地满足企业自定义的需求。同时提供云端服务，用户可根据企业自身特点进行购买使用。

9.1.2　Redmine

Redmine 是一个开源免费软件，用来帮助项目团队在整体上对项目进行管理。Redmine 工具的特性信息如表 9-2 所示。

表 9-2　Redmine 工具的特性信息

开源/闭源	开源	提供者	开源社区
License 类别	GPL v2	开发语言	Ruby（Ruby on Rails 框架）
运行平台	基于 ROR 的框架，本地安装支持 Linux、Windows、UNIX、macOS 等		
硬件资源	根据其用户数量不同以及使用的数据库等不同，所需的硬件资源也不同，硬件资源需求不高		
软件资源	需要 Ruby 的支持	REST API 支持	提供功能较为齐全的 REST API 的支持
更新频度	平均每月更新一次	更新机制	Roadmap 相对较为清晰和公开
可用性	提供了比较完备的功能用于项目管理、缺陷追踪，并提供项目级别的 Wiki 和论谈功能。在高负荷下提供连续性服务对 Redmine 来说还存在一些挑战		
交互性	操作界面简单直接，容易学习和掌握，提示信息较为清晰，安装稍显烦琐，但现在已有镜像版本进行支持		
市场状况	在项目和问题（issue）管理方面，Redmine 作为开源项目的佼佼者有较好的声誉，在 LinkedIn 上比其他同类开源软件明显更受关注。其在 GitHub 上也有 2700 多星数		
功能可裁剪度	可根据需要进行工作流程的定制化，相比商业软件显得较为粗糙，对敏捷项目实践的支持较少，但是 Redmine 周遭的一些商业插件提供了敏捷开发的功能		

对于很多中小型企业来说，Redmine 可以提供所需的项目规划、协作、问题追踪、知识共享、信息通知等大部分功能，并可根据情况进行自定义调整，整体来说 Redmine 有如下特色。

- 提供多项目支持。
- 提供基于角色的访问控制。
- 提供灵活的问题追踪功能。
- 提供甘特图和日历可视化功能。
- 提供消息/文档/文件管理。
- 提供 RSS Feeds 和邮件通知功能。
- 提供项目级别的 Wiki 和论坛。
- 提供时间追踪功能。
- 可对问题、项目、用户、工作流程等进行自定义设定。
- 提供对 SVN、Git、CVS、Mercurial 等的 SCM（Software Configuration Management，软件配置管理）集成。
- 提供 LDAP 用户认证支持。
- 提供多语言支持。
- 提供多种数据库集成支持。

Redmine 的主要功能介绍如表 9-3 所示。

表 9-3　Redmine 的主要功能介绍

功 能 模 块	功 能 介 绍
问题管理	在 Redmine 中，问题默认有三种类型，分别是 Bug、Feature、Support，在项目中它们通常对应 Bug 应对、特性开发、非功能性开发等作业内容。而类型则是通过跟踪标签来定义的，跟踪标签可以在一定程度上理解为问题的分类，项目可以根据自己的情况自定义跟踪标签
文档管理	可以对不同类型的文档进行管理，Redmine 默认有用户类型的文档和技术类型的文档两种
用户注册	Redmine 可以根据需要开发或者关闭用户注册功能，有管理权限的用户对注册用户可以进行审批、锁定、解锁、删除等常见操作
工作台	Redmine 提供了 My Page 功能，类似于个人工作台，在这里可以根据项目具体情况列出跨不同项目的个人的汇总信息。在个人工作台，可以看到分配给自己的问题列表，而这些问题可能是在不同项目中分配的，这些问题的当前状态以及所属项目等都会被展示出来。另外还提供了一个跨项目的日历视图以方便确认整体信息。跨项目的文档也是工作台上可选择的组件。此外工作台还给用户提供了一个组件用于显示当前用户最近七天花费在不同项目中的时间。最新新闻组件提供了不同项目的最新消息。除了分配给当前用户的问题，还可以显示当前用户跟踪的问题，也可以设定自定义的问题检索的信息。Redmine 默认只会显示分配给当前用户的问题，以及由当前用户所报告的问题，其余组件（比如日历）都可以由用户自行设定是否显示。Redmine 还提供了简单的显示样式，只需进行简单的拖曳即可实现
项目概览	对所选择的项目在其可见权限范围内显示整体信息。在左侧的问题追踪区域可以确认不同的追踪标签类别下的问题的总数，以及多少是 open 的状态，多少已经是 close 状态了。而此项目的成员信息也能够在项目概览中得到确认。项目所花费的时间以及最近的 News 也能在项目概览中进行确认

分析总结：Redmine 是基于 Ruby on Rails 框架进行开发的一个开源项目，可用于项目管理和缺陷跟踪，结合项目提供 Wiki 以及甘特图的项目进度可视化管理，支持对多个项目的管理，支持对项目文档的管理，以问题作为项目管理的核心内容之一，支持自定义角色和用户的管理。同时可以自定义工作流程，使得以问题为中心的项目任务管理在各种项目自定义的工作流程中得到控制。同时 Redmine 还支持多种插件，以便与其他工具进行更好的集成，在持续集成的实践中，Redmine 还提供了 Jenkins 的插件。除此之外，Redmine 还提供了相对较为完善的 API，用户可以在 DevOps 实践中进行较深度的集成。

9.1.3　Trac

Trac 为项目管理者提供了一个问题追踪和 Wiki 强化方面的管理软件，同时使用 Trac 能够很简单地与 Subversion 或者 Git 进行集成。通过时间线展示给用户所有的项目事件，使之更好地对项目进行整体管理，同时可以清晰地确认项目里程碑，Trac 在 2006 年曾获得过最佳 Linux/OSS 开发工具的奖项。整体来说 Trac 有如下特色。

- 提供多项目支持。
- 提供 Wiki 功能。
- 基于时间线显示最近活动。
- 提供消息、文档、文件管理。
- 提供 RSS Feeds 和邮件通知功能。
- 可对问题、项目、用户、工作流程等进行自定义设定。
- 可对 SVN、Git、CVS、Mercurial 等以插件方式进行集成。

Trac 工具的特性信息如表 9-4 所示。

表 9-4　Trac 工具的特性信息

开源/闭源	开源	提供者	Edgewall Software
License 类别	Modified BSD License	开发语言	Python
运行平台	本地安装支持 FreeBSD、Linux、NetBSD、macOS、Windows 等		
硬件资源	硬件资源需求不高		
软件资源	需要 Python 和 Genshi 的支持	REST API 支持	提供了 REST API 的支持
更新频度	平均每年更新数次	更新机制	Roadmap 相对较为清晰和公开
可用性	特点在于 Wiki 功能和问题追踪等方面比较优秀，在高负荷下提供连续性服务方面存在挑战		
交互性	操作界面简单直接，容易学习和掌握，提示信息较为清晰，安装较为简单		
市场状况	在项目和问题管理方面，其在 LinkedIn 上的关注度明显低于 Redmine。GitHub 上的星数也仅有 200 多，另外版本的更新速度明显较慢		
功能可裁剪度	可根据需要进行工作流程的定制，另外可与常见的版本管理工具以插件方式进行集成		

9.1.4　Bugzilla

Bugzilla 是一个开源的 Bug 追踪软件，Bugzilla 使得整体的 Bug 追踪和管理变得更加方便，整体来说 Bugzilla 有如下特色。

- 方便的搜索功能。
- 可定制的邮件通知功能。
- 重复 Bug 自动发现功能。
- 自定义工作流程。
- 支持多种数据库。
- 提供 REST API 接口。
- 提供多种认证方式，比如 LDAP。

Bugzilla 工具的特性信息如表 9-5 所示。

表 9-5　Bugzilla 工具的特性信息

开源/闭源	开源	提供者	Mozilla
License 类别	Mozilla Public License	开发语言	Perl
运行平台	本地安装支持 Linux、macOS、Windows 等		
硬件资源	根据用户的规模和其使用的数据库等不同，所需的硬件资源也不同，Bugzilla 自身所需的硬件资源不多。数十人的小型团队，Bug 大概有数千个，基本 4GB 内存+3GB CPU+50GB 存储即可满足需求。在用户的规模更大以及对服务的稳定性要求更高的情况下，则要按照具体需求进行调整		
软件资源	需要 Perl 支持	REST API 支持	提供了 REST API 的支持
更新频度	平均每年更新数次	更新机制	Roadmap 相对较为清晰和公开
可用性	Bugzilla 的功能主要集中在 Bug 的追踪和管理上，并可根据实际需要进行硬件的升级，以实现高负荷下仍能提供连续的服务		
交互性	操作界面简单直接，容易学习和掌握，提示信息较为清晰，虽然 Bugzilla 能够支持 Windows，但是安装略显麻烦		
市场状况	在问题管理方面，其在 LinkedIn 上的关注度明显低于 Redmine。GitHub 上的星数接近 200		
功能可裁剪度	可根据需要进行工作流程的定制，另外可与常见的版本管理工具以插件方式进行集成		

9.2　详细介绍：Redmine

9.2.1　安装 Redmine

本章使用 Redmine 3.4.4 版本进行安装。

Redmine 可以使用 MySQL 或者 PostgreSQL 作为数据库，这里以常见的 MySQL 作为 Redmine 的数据库来保存相关信息。

1. 事前准备：下载镜像

基于 Docker 方式启动 Redmine 需要 MySQL 和 Redmine 的镜像，在如表 9-6 所示的镜像中已经以官方镜像为基础进行了整理，直接使用即可。

表 9-6　Redmine 使用的镜像列表

镜　　像	版　　本	说　　明
liumiaocn/redmine:3.4.4	3.4.4	Redmine 3.4.4 版本的镜像
liumiaocn/mysql:5.7.18	5.7.18	MySQL 的镜像

使用如下命令拉取镜像。

```
docker pull liumiaocn/mysql:5.7.18
docker pull liumiaocn/redmine:3.4.4
```

2. 启动 Redmine

使用普通方式启动 Redmine，一般事前先行启动 MySQL 容器，即在启动 Redmine 的时候通过 Link 参数指定要启动的 MySQL 容器。镜像方式 Redmine 启动步骤见表 9-7。

表 9-7　镜像方式 Redmine 启动步骤

步　　骤	说　　明	命　　令
1	启动 MySQL 容器	docker run -d – name mysql -e MYSQL_ROOT_PASSWORD=secret -e MYSQL_DATABASE=redmine liumiaocn/mysql
2	启动 Redmine 容器	docker run -p 3000:3000 -d – name redmine – link mysql:mysql liumiaocn/redmine

3. 以 docker-compose 方式使用 Redmine

也可以使用 docker-compose 方式对 Redmine 和其使用的 MySQL 数据库进行统一管理，docker-compose.yml 的内容如下。

```
version: '2'

services:
  # database service: mysql
  mysql:
    image: liumiaocn/mysql:5.7.18
    ports:
      - "3306:3306"
    volumes:
      - /home/local/mysql/data/:/var/lib/mysql
```

```
    - /home/local/mysql/conf.d/:/etc/mysql/conf.d
  environment:
    - MYSQL_ROOT_PASSWORD=hello123
    - MYSQL_DATABASE=redmine
  restart: "no"


# service: redmine
redmine:
  image: liumiaocn/redmine:3.4.4
  ports:
    - "32006:3000"
  volumes:
    - /home/local/redmine/:/usr/src/redmine/files
  environment:
    - REDMINE_DB_MYSQL=mysql
    - REDMINE_DB_DATABASE=redmine
    - REDMINE_DB_USERNAME=root
    - REDMINE_DB_PASSWORD=hello123
    - REDMINE_DB_PORT=3306
  links:
    - mysql:mysql
  depends_on:
    - mysql
  restart: "no"
```

MySQL 或者 Redmine 都有自己的卷可以进行挂载，Redmine 各个卷的作用如表 9-8 所示。

表 9-8　Redmine 各个卷的作用

容　器	卷 作 用	宿主机路径	镜像内路径
MySQL	数据信息	/home/local/mysql/data/	/var/lib/mysql
MySQL	配置信息	/home/local/mysql/conf.d/	/etc/mysql/conf.d
Redmine	数据信息	/home/local/redmine/	/usr/src/redmine/files

环境变量的设定和说明如表 9-9 所示。

表 9-9　环境变量的设定和说明

容器	环 境 变 量	作　　用	注 意 事 项
MySQL	MYSQL_ROOT_PASSWORD	设定 MySQL 的 root 用户的密码	此密码需要和 Redmine 使用 JDBC 连接 MySQL 时使用的密码（环境变量：REDMINE_DB_PASSWORD）一致，同时使用 root 用户，建议实际使用的时候用 MySQL 另外的环境变量设定具体的用户和密码，尽量少使用 root

续表

容 器	环境变量	作　　用	注 意 事 项
MySQL	MYSQL_DATABASE	设定 MySQL 创建的数据库名称	此为 MySQL 启动后自行创建的数据库实例名称，相当于执行 create database if not exist redmine 命令，此为 Redmine 存储数据的数据库实例，所以需要与 Redmine 使用的数据库名称（环境变量 REDMINE_DB_DATABASE 的值）一致
Redmine	REDMINE_DB_DATABASE	设定 MySQL 的数据库用户名称。如果 MySQL 官方镜像中使用了 MYSQL_ROOT_PASSWORD，说明默认为 root 用户，这种情况下 Redmine 的 REDMINE_DB_USERNAME 也应当被设定为 root	注意需要与数据库用户和用户密码的设定结合使用
Redmine	REDMINE_DB_PASSWORD	设定用户密码。需要与 MySQL 数据库实例中的用户密码一致，这里使用了 MYSQL_ROOT_PASSWORD	如果使用 root 用户，需要注意 root 用户的特殊性
Redmine	REDMINE_DB_MYSQL	设定数据库服务名称，此例中使用服务名 MySQL 进行设定	用以指定 Redmine 所使用的 MySQL 服务
Redmine	REDMINE_DB_PORT	使用数据库所暴露的端口，此处为 3306	需要注意提供的端口是否对外提供服务以及是否有端口地址的转换

1）启动 Redmine

使用 docker-compose 就是为了简化对 Redmine 的操作，但是第一次启动时需要稍微做一些控制，虽然在 Redmine 的 docker-compose.yml 文件中已经设定了 depends_on，但是这只能确定 Redmine 容器与 MySQL 容器的启动顺序，而 Redmine 需要在 MySQL 镜像"真正就绪"之后才能正常动作。所谓的"真正就绪"，指的是 MySQL 容器启动后，用户名和密码按照设定进行设定，同时名字为 redmine 的数据库也被正常创建，但是这需要一定的时间，由于机器的配置和性能不同，时间的长短也会不同，所以第一次启动 Redmine，使用如表 9-10 所示的步骤较为稳妥。

表 9-10　以 docker-compose 方式启动 Redmine 的步骤

步　　骤	说　　明	命　　令
1	启动 MySQL	docker-compose up -p redmine -d mysql
2	进入启动的 MySQL 镜像中	docker exec -it redmine_mysql_1 sh
3	确认 MySQL 的 root 初始化密码已经生效	mysql -uroot -phello123
4	确认为 Redmine 准备的数据库 redmine 已经生成	show databases
5	启动 Redmine	docker-compose up -p redmine up -d

2）URL 和初始用户信息

根据 docker-compose.yml 中设定的 port 所组成的 URL 来进行访问，初始化的用户名和密码信息如表 9-11 所示。

表 9-11　初始化的用户名和密码信息

项　　目	信　　息
登录 URL	http://127.0.0.1:32006（本机访问方式）或者 http://IP:32006
用户名	admin
用户密码	admin

9.2.2　设定 Redmine

为了更好地使用 Redmine，还需要对其进行设定，本节整理了常见的与 Redmine 相关的设定内容和方式。

1．备份还原

为了防止数据丢失，建议定期对挂出来的数据卷和数据等进行备份。Redmine 需要备份的对象文件如表 9-12 所示。

表 9-12　Redmine 需要备份的对象文件

项 目 编 号	用　　途	详 细 内 容
No.1	数据库	以 MySQL 为例，使用 mysqldump 导出数据即可
No.2	附件等信息	各种版本的 Redmine 可能略有不同，通常相对路径 htdocs\files 下的所有文件都需要备份
No.3	设定文件	如果有 Redmine 设定（比如邮件通知等设定操作），则根据具体情况，设定文件需要进行备份，比如 htdocs\config\database.yml 或者 htdocs\config\configuration.yml

2．Jenkins 插件

Jenkins 与 Redmine 的集成也是通过插件来实现的，需要安装 Redmine Plugin，目前其版本是 0.20，使用这个插件能够使 Redmine 更容易被集成进来。

安装方式有两种：

- 在 Jenkins 的插件安装页面找到 Redmine Plugin，然后下载安装。
- 在 Jenkins 的容器中执行 install-plugins.sh redmine 命令。

两者都可以将 Redmine Plugin 安装到 Jenkins 中。

3．Jenkins 设定

在 Jenkins 中安装了 Redmine Plugin 之后还需要进行如下设定，选择功能菜单：系统管理→

系统设置，然后按照表 9-13 设置 Redmine 相关内容。

表 9-13　设置 Redmine 相关内容

设 置 项 目	设 置 方 法	设 置 内 容
Redmine 连接名称	Redmine→Name	Redmine 连接的名称
Redmine 的 URL	Redmine→Base url	可以访问的 Redmine 的 URL
版本	Redmine→Version number	版本号

4．邮件设定

Redmine 的邮件配置支持 smtp 和 async_smtp 两种方式，配置之后，相关状态一旦变化，用户就会根据相关的设定收到通知了。

5．设定文件及目录

不同版本 Redmine 的文件目录虽然略有不同，但是相对目录大体一致，如表 9-14 所示。

表 9-14　设定文件及目录

设定文件名称	设定文件目录
configuration.yml	config

如果没有 configuration.yml 文件的话，一般会有一个 configuration.yml.example 文件，复制后者并在其基础上修改即可。没有此文件时，Redmine 的配置/邮件通知设定 tab 页面中会显示没有邮件设定文件相关信息，需要设定之后重启 Redmine。

6．支持方式

除了 smtp 方式，Redmine 所支持的邮件方式如表 9-15 所示。

表 9-15　Redmine 所支持的邮件方式

项 目 编 号	方　　式	说　　明
No.1	smtp	普通 smtp 方式
No.2	sendmail	普通 sendmail 方式
No.3	async_smtp	异步 smtp 方式
No.4	async_sendmail	异步 sendmail 方式

在 yml 文件中的设定项目为 delivery_method。

7．具体设定

表 9-15 中的 4 种方式如何具体设定？以 smtp 为例，其设定详细说明如表 9-16 所示。

表 9-16　Redmine 的 smtp 设定详细说明

项目编号	项　　目	详　细　说　明
No.1	address	邮箱服务器地址，比如 163 邮箱为 smtp.163.com，139 邮箱为 smtp.139.com
No.2	port	服务器端口，默认为 25，163 邮箱和 139 邮箱均使用此端口，其他邮箱需要自行确认
No.3	domain	在指定 HELO Domain 的时候需要设定，一般情况下可设定也可不设定
No.4	user_name	邮件服务器认证时需要，一般必填，此邮箱也成为 Redmine 发信时所使用的邮箱，此处一般使用邮箱名称即可
No.5	password	邮箱密码
No.6	authentication	认证方式，支持 plain、login、cram_md5 等方式。plain：明文密码；login：base64 编码；cram_md5：md5 方式
No.7	enable_starttls_auto	检测 STMP 服务器是否使用 STARTTLS，默认为 true
No.8	openssl_verify_mode	使用 TLS 时，以 OpenSSL 方式设定

至于详细的设定项目，如果使用 smtp，则 yml 文件中的设定项目为 smtp_settings；如果使用异步 smtp，则为 aysnc_smtp_settings。

邮件设定选项较多，但一般来说，只要在 configuration.yml 文件中通过 delivery_method 设定支持方式，通过 smtp_settings 设定基本配置即可。

8. 设定实例参考

使用 smtp 方式时还可以使用两种方式（普通方式或者异步方式）进行设定，以 163 邮箱为例，两种方式的配置代码示例如下。

smtp 普通方式的配置代码如下。

```
email_delivery:
 delivery_method: :smtp
 smtp_settings:
  address: "smtp.163.com"
  port: 25
  authentication: :login
  domain: 'smtp.163.com'
  user_name: '邮箱ID@163.com'
  password: '你的密码'
```

smtp 异步方式的配置代码如下。

```
email_delivery:
 delivery_method: :async_smtp
 async_smtp_settings:
  address: "smtp.163.com"
  port: 25
  authentication: :login
  domain: 'smtp.163.com'
```

```
user_name: '邮箱 ID@163.com'
password: '你的密码'
```

9. 设定生效

修改 configuration.yml 文件之后，一般要重新启动 Redmine 才能使设定生效。

10. 连接确认

在设定 Redmine 之前，最好确认一下是否在 Redmine 所在的环境之中，邮件收发是否能正常运行，可以自己写程序，也可以使用 telnet，下面以 163 邮箱为例进行确认。

连接 163 邮箱的 SMTP 服务器，若返回 220 则表示 OK。

```
/usr/src/redmine # telnet SMTP.163.com 25
220 163.com Anti-spam GT for Coremail System (163com[20141201])
```

发送 HELO，确认连接状况，若返回 250 则表示 OK。

```
HELO SMTP.163.com
250 OK
```

在 Redmine 中设定邮件通知，会有很多原因导致无法正常进行邮件发送。通过连接确认，确认了很多基础设施问题，比如防火墙穿透不过去或者干脆根本连不上网等，解决了这些问题之后再确认 Redmine 设定不当的因素（比如设定代码错误）则会效率更高。

11. 邮件测试

从 Redmine 的配置页面进入邮件通知页面，设定之后单击"发送测试邮件"即可进行确认。

如果失败，此处会提示具体错误，邮件发件人地址如果和 configuration.yml 中设定的不同，则也会提示出错。

成功之后，会收到从设置的邮箱发来的如下内容的邮件。

```
This is a test email sent by Redmine.
Redmine URL: http://localhost:3000/
_____
You have received this notification because you have either subscribed to it, or
are involved in it.
To change your notification preferences, please click here: http://hostname/my/account
```

12. 注意事项

Redmine 邮件通知设定常见问题如表 9-17 所示。

表 9-17　Redmine 邮件通知设定常见问题

序　号	问　题
1	格式问题：yml 文件自身格式、空格缩进等要求严格，建议在理解的基础上复制，因为复制时经常造成空格移位等问题。另外，引号和特殊字符等也有可能出现问题

续表

序　号	问　　题
2	邮件是否能够发送，建议自己写程序验证一下，或直接使用本文提示的 telnet 方式，然后确认是不是 Redmine 设定的问题

13. Redmine 的 REST API

需要在 Redmine 中打开 REST 的 Web 服务才能使用 Redmine 的 REST API，需要选择的选项依次为 Administration→Settings→API→Enable REST web service。

14. REST API

本书中使用的 Redmine 的版本为 3.4.4，MySQL 的版本为 5.7，Redmine 相关的 REST API 信息如表 9-18 所示。

表 9-18　Redmine 相关的 REST API 信息

API 操作对象	API 状态	可 用 版 本
Issues	Stable	1
Projects	Stable	1
Project Memberships	Alpha	1.4
Users	Stable	1.1
Time Entries	Stable	1.1
News	Prototype	1.1
Issue Relations	Alpha	1.3
Versions	Alpha	1.3
Wiki Pages	Alpha	2.2
Queries	Alpha	1.3
Attachments	Beta	1.3
Issue Statuses	Alpha	1.3
Trackers	Alpha	1.3
Enumerations	Alpha	2.2
Issue Categories	Alpha	1.3
Roles	Alpha	1.4
Groups	Alpha	2.1
Custom Fields	Alpha	2.4
Search	Alpha	3.3
Files	Alpha	3.4

9.2.3　REST API 操作

虽然 Redmine 也提供了插件，但是使用工具自身所提供的 REST API 进行操作更为灵活。

1. 使用 REST API 对用户进行增删改查

1）Http Get：查询用户信息

首先使用 Get 命令进行查询。

```
curl -X GET -u admin:admin123 http://192.168.163.151:3000/users.json
```

.json 用于设定返回结果的格式。

-u 用于设定登录的用户名和密码。

```
[root@mail ~]# curl -X GET -u admin:admin123 http://192.168.163.151:3000/users.json
{"users":[{"id":1,"login":"admin","firstname":"Redmine","lastname":"Admin",
"mail":"admin@example.net","created_on":"2017-12-05T12:31:21Z","last_login_on":
"2017-12-05T13:02:36Z"}],"total_count":1,"offset":0,"limit":25}[root@mail ~]#
[root@mail ~]#
```

如果需要确认详细信息，可以使用如下命令，类似的信息后面不再一一验证。

```
curl -v -H "Content-Type: application/json" -X GET -u admin:admin123
http://192.168.163.151:3000/users.json
```

使用这种方式可以获取更加详细的信息以辅助确认问题。

```
[root@mail ~]# curl -v -H "Content-Type: application/json" -X GET -u admin:admin123
http://192.168.163.151:3000/users.json
* About to connect() to 192.168.163.151 port 3000 (#0)
*   Trying 192.168.163.151...
* Connected to 192.168.163.151 (192.168.163.151) port 3000 (#0)
* Server auth using Basic with user 'admin'
> GET /users.json HTTP/1.1
> Authorization: Basic YWRtaW46YWRtaW4xMjM=
> User-Agent: curl/7.29.0
> Host: 192.168.163.151:3000
> Accept: */*
> Content-Type: application/json
>
< HTTP/1.1 200 OK
< X-Frame-Options: SAMEORIGIN
< X-Xss-Protection: 1; mode=block
< X-Content-Type-Options: nosniff
< Content-Type: application/json; charset=utf-8
< Content-Length: 217
< Etag: W/"1e49c564bd63f382cd5b6c3697d786a3"
< Cache-Control: max-age=0, private, must-revalidate
```

```
< X-Request-Id: b3f10c08-37bd-48dd-a455-24c5944bea3d
< X-Runtime: 0.187073
< Server: WEBrick/1.3.1 (Ruby/2.3.3/2016-11-21)
< Date: Tue, 05 Dec 2017 13:06:08 GMT
< Connection: Keep-Alive
< Set-Cookie:
_redmine_session=WHY1UGNwdHI4VE8wYXk5SjlRTk15YkYyU2RSZXUrZDRPMllnVFBReExoTGxBN0l
hRnF6ZVI2WDR4YkI2Z0Y4M3N2Uk1OOURBYVJTNmQ0YVhLV2F1aGdxdjdTcE5MQUhRNFdQRXpLMTdmVU1
UK2RaTkY0L0F4WEk0WldaRjAxVW5WWTHNOQ2FQNElYeURkNlA0bTYzaGNRPT0tLUVSQ3RNMmtHYXhhdE4
4TzdxbmM0VWc9PQ%3D%3D--cbb59aa7ef006f47dbefe320b6121e2605e43f66; path=/; HttpOnly
<
* Connection #0 to host 192.168.163.151 left intact
{"users":[{"id":1,"login":"admin","firstname":"Redmine","lastname":"Admin",
"mail":"admin@example.net","created_on":"2017-12-05T12:31:21Z","last_login_on":
"2017-12-05T13:06:08Z"}],"total_count":1,"offset":0,"limit":25}[root@mail ~]#
```

2）Http Post：新增用户

使用 POST 命令，以 json 文件的方式新增用户。

```
curl -v -H "Content-Type: application/json" -X POST --data-binary "@liumiaocn.json"
-u admin:admin123 http://192.168.163.151:3000/users.json
```

用户的 json 文件信息如下。

```
[root@mail ~]# cat liumiaocn.json
{
    "user": {
        "login": "liumiaocn",
        "firstname": "miao",
        "lastname": "liu",
        "mail": "liumiaocn@outlook.com",
        "password": "hello123"
    }
}
[root@mail ~]#
```

执行结果如下，建议打开-v 选项，这样能看到更多信息，以进行排错。

```
[root@mail ~]# curl -v -H "Content-Type: application/json" -X POST --data-binary
"@liumiaocn.json" -u admin:admin123 http://192.168.163.151:3000/users.json
* About to connect() to 192.168.163.151 port 3000 (#0)
*   Trying 192.168.163.151...
* Connected to 192.168.163.151 (192.168.163.151) port 3000 (#0)
* Server auth using Basic with user 'admin'
> POST /users.json HTTP/1.1
> Authorization: Basic YWRtaW46YWRtaW4xMjM=
> User-Agent: curl/7.29.0
> Host: 192.168.163.151:3000
> Accept: */*
```

```
> Content-Type: application/json
> Content-Length: 183
>
* upload completely sent off: 183 out of 183 bytes
< HTTP/1.1 201 Created
< X-Frame-Options: SAMEORIGIN
< X-Xss-Protection: 1; mode=block
< X-Content-Type-Options: nosniff
< Location: http://192.168.163.151:3000/users/5
< Content-Type: application/json; charset=utf-8
< Content-Length: 204
< Etag: W/"7cbd19185b3fd02c67cc3e22ec9ab1d7"
< Cache-Control: max-age=0, private, must-revalidate
< X-Request-Id: 458e9f6e-e9c3-41ff-95a6-fefeb262ab9d
< X-Runtime: 0.736546
< Server: WEBrick/1.3.1 (Ruby/2.3.3/2016-11-21)
< Date: Tue, 05 Dec 2017 13:28:53 GMT
< Connection: Keep-Alive
<
* Connection #0 to host 192.168.163.151 left intact
{"user":{"id":5,"login":"liumiaocn","firstname":"miao","lastname":"liu","mail":
"liumiaocn@outlook.com","created_on":"2017-12-05T13:28:53Z","api_key":"4a075c2
2d3a89bd9ca7c2c0999538a86768ecae3","status":1}}[root@mail ~]#
```

再次确认信息已经得到保存。

```
[root@mail ~]# curl -X GET -u admin:admin123 http://192.168.163.151:3000/users.json
{"users":[{"id":1,"login":"admin","firstname":"Redmine","lastname":"Admin",
"mail":"admin@example.net","created_on":"2017-12-05T12:31:21Z","last_login_on":
"2017-12-05T13:31:47Z"},{"id":5,"login":"liumiaocn","firstname":"miao","lastname":
"liu","mail":"liumiaocn@outlook.com","created_on":"2017-12-05T13:28:53Z"}],
"total_count":2,"offset":0,"limit":25}[root@mail ~]#
```

另外使用刚刚创建的 liumiaocn 用户也可以登录了。

3）Http Put：修改用户

使用 Put 命令可以对新增的用户信息进行修改，具体命令如下。

```
curl -v -H "Content-Type: application/json" -X PUT --data-binary "@liumiaocn.json"
-u admin:admin123 http://192.168.163.151:3000/users/5.json
```

其中，5 为用户 ID，我们接下来会使用 Put 方法将 firstname 从 miao 改成 miaocn。

事前确认。先使用 Get 命令确认一下修改之前的 firstname，这里仍然为 miao。

```
[root@mail ~]# curl -X GET -u admin:admin123 http://192.168.163.151:3000/users.
json 2>/dev/null |grep liumiaocn
{"users":[{"id":1,"login":"admin","firstname":"Redmine","lastname":"Admin",
"mail":"admin@example.net","created_on":"2017-12-05T12:31:21Z","last_login_on":
"2017-12-05T13:39:16Z"},{"id":5,"login":"liumiaocn","firstname":"miao","lastname":
```

```
"liu","mail":"liumiaocn@outlook.com","created_on":"2017-12-05T13:28:53Z",
"last_login_on":"2017-12-05T13:33:47Z"}],"total_count":2,"offset":0,"limit":25}
[root@mail ~]#
```

修改 firstname。修改内容为 firstname，改为 miaocn。

```
[root@mail ~]# cat liumiaocn.json
{
  "user": {
    "login": "liumiaocn",
    "firstname": "miaocn"
  }
}
[root@mail ~]#
```

执行更新。使用 Put 命令对 firstname 进行修改，执行信息如下。

```
[root@mail ~]# curl -v -H "Content-Type: application/json" -X PUT --data-binary
"@liumiaocn.json" -u admin:admin123 http://192.168.163.151:3000/users/5.json
* About to connect() to 192.168.163.151 port 3000 (#0)
*   Trying 192.168.163.151...
* Connected to 192.168.163.151 (192.168.163.151) port 3000 (#0)
* Server auth using Basic with user 'admin'
> PUT /users/5.json HTTP/1.1
> Authorization: Basic YWRtaW46YWRtaW4xMjM=
> User-Agent: curl/7.29.0
> Host: 192.168.163.151:3000
> Accept: */*
> Content-Type: application/json
> Content-Length: 84
>
* upload completely sent off: 84 out of 84 bytes
< HTTP/1.1 200 OK
< X-Frame-Options: SAMEORIGIN
< X-Xss-Protection: 1; mode=block
< X-Content-Type-Options: nosniff
< Content-Type: application/json; charset=utf-8
< Content-Length: 0
< Cache-Control: no-cache
< X-Request-Id: 690f8890-5651-4c11-bad3-d854a10c926e
< X-Runtime: 0.175155
< Server: WEBrick/1.3.1 (Ruby/2.3.3/2016-11-21)
< Date: Tue, 05 Dec 2017 13:39:43 GMT
< Connection: Keep-Alive
<
* Connection #0 to host 192.168.163.151 left intact
[root@mail ~]#
```

结果确认。使用 Get 命令进行确认，可以看到 firstname 已经被修改为 miaocn 了。

```
[root@mail ~]# curl -X GET -u admin:admin123 http://192.168.163.151:3000/users.
json 2>/dev/null |grep liumiaocn
{"users":[{"id":1,"login":"admin","firstname":"Redmine","lastname":"Admin",
"mail":"admin@example.net","created_on":"2017-12-05T12:31:21Z","last_login_on":
"2017-12-05T13:39:56Z"},{"id":5,"login":"liumiaocn","firstname":"miaocn","lastname":
"liu","mail":"liumiaocn@outlook.com","created_on":"2017-12-05T13:28:53Z","last_
login_on":"2017-12-05T13:33:47Z"}],"total_count":2,"offset":0,"limit":25}
[root@mail ~]#
```

4）Http Delete：删除用户

使用 Delete 命令可以删除用户信息，具体命令如下。

```
curl -v -H "Content-Type: application/json" -X DELETE --data-binary "@liumiaocn.
json" -u admin:admin123 http://192.168.163.151:3000/users/5.json
```

其中，5 为用户 ID，我们接下来会删除此用户。

事前确认。删除之前，使用 Get 命令确认删除对象的用户信息是存在的。

```
[root@mail ~]# curl -X GET -u admin:admin123 http://192.168.163.151:3000/users.
json 2>/dev/null |grep liumiaocn
{"users":[{"id":1,"login":"admin","firstname":"Redmine","lastname":"Admin",
"mail":"admin@example.net","created_on":"2017-12-05T12:31:21Z","last_login_on":
"2017-12-05T13:43:29Z"},{"id":5,"login":"liumiaocn","firstname":"miaocn","lastname":
"liu","mail":"liumiaocn@outlook.com","created_on":"2017-12-05T13:28:53Z","last_
login_on":"2017-12-05T13:33:47Z"}],"total_count":2,"offset":0,"limit":25}
[root@mail ~]#
```

json 文件确认。使用如下 json 文件可以指定要删除的对象用户。

```
[root@mail ~]# cat liumiaocn.json
{
    "user": {
      "login": "liumiaocn",
      "firstname": "miaocn"
    }
}
[root@mail ~]#
```

执行删除。使用 Delete 命令可将 json 文件指定的用户予以删除。

```
[root@mail ~]# curl -v -H "Content-Type: application/json" -X DELETE --data-binary
"@liumiaocn.json" -u admin:admin123 http://192.168.163.151:3000/users/5.json
* About to connect() to 192.168.163.151 port 3000 (#0)
*   Trying 192.168.163.151...
* Connected to 192.168.163.151 (192.168.163.151) port 3000 (#0)
* Server auth using Basic with user 'admin'
> DELETE /users/5.json HTTP/1.1
> Authorization: Basic YWRtaW46YWRtaW4xMjM=
```

```
> User-Agent: curl/7.29.0
> Host: 192.168.163.151:3000
> Accept: */*
> Content-Type: application/json
> Content-Length: 84
>
* upload completely sent off: 84 out of 84 bytes
< HTTP/1.1 200 OK
< X-Frame-Options: SAMEORIGIN
< X-Xss-Protection: 1; mode=block
< X-Content-Type-Options: nosniff
< Content-Type: application/json; charset=utf-8
< Content-Length: 0
< Cache-Control: no-cache
< X-Request-Id: 016ec5d3-eef4-4db9-8813-28a21d0aa8c2
< X-Runtime: 0.453139
< Server: WEBrick/1.3.1 (Ruby/2.3.3/2016-11-21)
< Date: Tue, 05 Dec 2017 13:43:49 GMT
< Connection: Keep-Alive
<
* Connection #0 to host 192.168.163.151 left intact
[root@mail ~]#
```

结果确认。可以确认已经删除完毕，使用查询的 API 已经没有数据了。

```
[root@mail ~]# curl -X GET -u admin:admin123 http://192.168.163.151:3000/users.
json 2>/dev/null |grep liumiaocn
[root@mail ~]#
```

2. 使用 REST API 对问题进行操作

由于集成时对项目和问题的操作往往也很多，这里再列出一些简单的相关使用方法。

查看 projects。使用 Get 命令可以查询与 projects 相关的信息。

```
[root@devops devops-platform]# curl -X GET -u admin:abcd1234 http://127.0.0.1:
32006/projects.json 2>/dev/null |jq
{
  "projects": [
    {
      "id": 1,
      "name": "demoprj",
      "identifier": "demoprj",
      "description": "",
      "status": 1,
      "is_public": true,
      "created_on": "2018-02-11T09:03:28Z",
      "updated_on": "2018-02-11T09:03:28Z"
```

```
    }
  ],
  "total_count": 1,
  "offset": 0,
  "limit": 25
}
[root@devops devops-platform]#
```

在 Redmine 中，几乎问题的所有操作都会被当作活动进行记录，从而使得以问题为中心的 Redmine 项目管理变得有迹可循。接下来我们看一下如何对 Redmine 的问题进行操作。

查看问题。同样，使用 Get 命令也可以查询问题的相关信息。

```
[root@devops devops-platform]# curl  -X GET -u admin:abcd1234 http://127.0.0.1:
32006/issues.json 2>/dev/null |jq
{
  "issues": [],
  "total_count": 0,
  "offset": 0,
  "limit": 25
}
[root@devops devops-platform]#
```

创建问题。问题的 json 文件用于保存要创建的问题的基本信息。

```
[root@devops devops-platform]# cat issue1.json
{
    "issue": {
    "project_id": 1,
    "subject": "TEST5",
    "notes": "foobar",
    "priority_id": 2
    }
}
[root@devops devops-platform]#
```

通过 REST API 进行问题的创建。

```
[root@devops devops-platform]# curl -v -H "Content-Type: application/json" -X POST
--data-binary "@issue1.json" -u admin:abcd1234 http://127.0.0.1:32006/issues.json
* About to connect() to 127.0.0.1 port 32006 (#0)
*   Trying 127.0.0.1...
* Connected to 127.0.0.1 (127.0.0.1) port 32006 (#0)
* Server auth using Basic with user 'admin'
> POST /issues.json HTTP/1.1
> Authorization: Basic YWRtaW46YWJjZDEyMzQ=
> User-Agent: curl/7.29.0
> Host: 127.0.0.1:32006
> Accept: */*
```

```
> Content-Type: application/json
> Content-Length: 114
>
* upload completely sent off: 114 out of 114 bytes
< HTTP/1.1 201 Created
< X-Frame-Options: SAMEORIGIN
< X-Xss-Protection: 1; mode=block
< X-Content-Type-Options: nosniff
< Location: http://127.0.0.1:32006/issues/2
< Content-Type: application/json; charset=utf-8
< Etag: W/"5ccbbe8a02edd3b4b4869b4a17829e8a"
< Cache-Control: max-age=0, private, must-revalidate
< X-Request-Id: 884b8923-df2b-4adc-aa36-f86264341179
< X-Runtime: 0.087487
< Server: WEBrick/1.3.1 (Ruby/2.4.3/2017-12-14)
< Date: Sun, 11 Feb 2018 11:17:34 GMT
< Content-Length: 325
< Connection: Keep-Alive
<
* Connection #0 to host 127.0.0.1 left intact
{"issue":{"id":2,"project":{"id":1,"name":"demoprj"},"tracker":{"id":1,"name":
"Bug"},"status":{"id":1,"name":"New"},"priority":{"id":2,"name":"Normal"},
"author":{"id":1,"name":"Redmine Admin"},"subject":"TEST5","start_date":"2018-
02-11","done_ratio":0,"created_on":"2018-02-11T11:17:34Z","updated_on":"2018-
02-11T11:17:34Z"}}[root@devops devops-platform]#
[root@devops devops-platform]#
```

9.3　需求管理工具选型比较

选择适合自己的工具非常重要，表 9-9 列出了需求管理工具的一些选项对比，大家可以参考。

表 9-9　需求管理工具对比分析

比 较 内 容	Bugzilla	JIRA	Redmine	Trac
开源/闭源	开源	闭源	开源	开源
License	Mozilla Public License	商业 License	GPL v2	Modified BSD License
开发语言	Perl	Java	Ruby	Python
移动应用	Android/iOS	Android/iOS	Android/iOS	Android/iOS
REST API	支持	支持	支持	支持
LDAP	支持	支持	支持	支持
邮件通知	支持	支持	支持	支持

续表

比 较 内 容	Bugzilla	JIRA	Redmine	Trac
甘特图	—	支持	支持	支持
子任务拆分	—	支持	支持	—
任务依赖设定	—	通过 issue link 实现		有可用插件
任务耗时预估与追踪	—	有可用插件	支持	有可用插件
项目风险管理	—	有可用插件	有可用插件	—
传统看板	—	支持	有可用插件	—
Scrum	—	支持	有可用插件	有可用插件
自定义字段	支持	支持	支持	支持
自定义工作流程	支持	支持	支持	支持
项目 Wiki	—	Confluence 提供支持	支持	支持
讨论区/论坛	—	可对问题进行讨论	支持	支持
文档管理	—	Confluence 提供支持	支持	—

第 10 章
DevOps 工具：持续集成

在本章中主要以 Jenkins 为重点介绍常见的持续集成工具，并结合案例介绍在 Jenkins 中如何集成 Docker 和 GitLab，同时就 Jenkinsfile 的使用方式进行说明。

10.1 常用工具介绍

本章将介绍如下几种工具。

- Jenkins
- Apache Continuum
- CruiseControl

10.1.1 Jenkins

Jenkins 是一款基于 Java 开发的自动化软件，广泛地应用于持续集成和持续部署实践中，结合众多的工具能够实现编译、测试、部署的自动化。

Jenkins 的前身是 Hudson，在 Hudson 被 Oracle 公司收购之后，由于版权问题，开源的持续集成服务器更名为 Jenkins。时至今日，Jenkins 已经在持续集成相关的工具中占据了绝对的统治地位。在持续集成工具的选择上，相较于其他工具来说，Jenkins 有压倒性的优势，越来越多的客户会选择 Jenkins，除非项目自身有特殊原因，比如旧的系统还在使用，或者无法使用开源的软件等。Jenkins 的特性信息如表 10-1 所示。

表 10-1　Jenkins 的特性信息

开源/闭源	开源	提供者	开源社区 （发起人：Kohsuke Kawaguchi）
License 类别	MIT License	开发语言	Java
运行平台	基于 Java 的 Web 应用，本地安装支持 Java 所支持的操作系统，如 Linux、Windows、macOS 等		

硬件资源	硬件资源要求不高。在 Jenkins 提供稳定服务的场合下，依据 Master/Slave 构成的不同，所需硬件资源有所不同		
软件资源	需要 Java 的支持	REST API 支持	提供功能齐全的 REST API 的支持
更新频度	平均每周发布一次新版	更新机制	更新速度非常快，发布频度稳定，保证每周都有版本提供，LTS 版本稳定发布与更新，支持时间为 12 周，Cloudbee 提供的企业版的 Jenkins 将对 LTS 的支持延长到了 1 年
可用性	其提供了完备的功能，并在不断更新，本身所提供的 Master/Slave 模式可以使得 Jenkins 较为容易地应对高负荷的状况，其提供了非常完备的用于持续集成和发布的功能特性以及机制，从 Jenkins 2 开始提供了 pipeline 的 DSL，使得 Jenkins 有了更好的适应性		
交互性	操作界面简单直接，容易学习和掌握，提示信息较为清晰，提供了多种安装方式，部署非常方便，也有镜像版本		
市场状况	Jenkins 目前几乎是持续集成工具的代名词，有很好的声誉，在 GitHub 上也有接近 10 000 的星数，周围的生态较好，围绕 Jenkins 已经有 1300 多个的插件提供各种附加功能的服务，同时 Cloudbee 也提供了企业级的 Jenkins 服务		
功能可裁剪度	可根据需要进行相关工具的集成，本身提供基于角色的访问控制，可结合插件做到项目级别，其他功能大部分也可以根据已有的插件来实现。除此之外，需要定制化集成的工具可以通过结合 Jenkins 2 提供的 pipeline 的 DSL 来实现		

Jenkins 支持流行的 SCM 工具（如 Git、SVN、CVS 等），同时也可以构建 Maven 或者 Gradle 的 Java 项目，并且 Jenkins 以非常快的速度不断推出新的功能特性，支持越来越多的工具，目前 Jenkins 的可用插件已经达到 1300 多个，几乎市面上流行的软件（尤其是开源软件）都支持 Jenkins。

Jenkins 的可用插件使得 Jenkins 非常流行和容易使用，这 1300 多个可用插件覆盖了软件开发的许多领域和几乎全部过程，比如代码管理、构建触发、构建通知、构建报表、认证和用户管理、iOS 与 Android 开发、Java 或者.NET 开发等。

10.1.2　Apache Continuum

Apache Continuum 是一款基于 Java 开发的持续集成软件，能够提供自动构建、发布管理、基于角色的权限管理等功能。由于 Continuum 在 2016 年停止提供服务，所以本节不会对其进行详细介绍。作为曾经的持续集成工具相关的选择之一，Continuum 是 Apache 公司旗下的项目，与 Ant 和 Maven 等能够更好地契合是选择它的原因之一，其特性信息如表 10-2 所示。

表 10-2　Continuum 的特性信息

开源/闭源	开源	提供者	Apache Software Foundation
License 类别	Apache License 2.0	开发语言	Java
更新频度	自 2014 年 1.4.2 版本后基本不再更新	更新机制	2016 年 5 月 18 日 Apache Continuum 停止服务
市场状况	开源软件中持续集成相关的工具，作为 Apache 公司的项目之一，从 2005 年 4 月 26 日开始推出 continuum-1.0-alpha-1 版本，2014 年 6 月 13 日发布最后稳定版本 1.4.2，最终停止提供服务		

10.1.3　CruiseControl

CruiseControl 简称 CC，是最早提供持续集成功能的流行开源软件。CruiseControl 的特性信息如表 10-3 所示。

表 10-3　CruiseControl 的特性信息

开源/闭源	开源	提供者	开源社区
License 类别	BSD-style License	开发语言	Java
更新频度	自 2010 年 2.8.4 版本后不再更新	更新机制	2010 年 9 月 15 日之后不再更新
市场状况	开源软件中最早的持续集成工具，一度成为持续集成的代名词，至今仍然有运行在 CC 上的软件，其最终还是停止了功能的更新		

另外还有一些不错的可进行持续集成的工具，如表 10-4 所示，有兴趣和时间的读者可以研究一下。

表 10-4　其他持续集成工具

集 成 工 具	提 供 者
Bamboo	Atlassian
CodeBuild	AWS
CloudBees Jenkins	Coudbees
GitLab CI	GitLab Inc
UrbanCode Build	IBM
TeamCity	JetBrains
VSTS	Microsoft
Travis CI	Travis CI
……	……

10.2　详细介绍：Jenkins

本节主要介绍 Jenkins 的安装方法，以及常见的配置和设定方法。

10.2.1　安装 Jenkins

安装 Jenkins 有如下几种方式。

1．应用服务器方式

下载 Jenkins 所提供的二进制版本文件，需要注意的是，Jenkins 提供了最新的版本和 LTS 版本，建议在生产环境中使用比较新的 LTS 版本。

因为 Jenkins 是基于 Java 开发的软件，所以具有跨平台的特性，只要运行 Jenkins 的应用服务器（比如 Tomcat）能够正常运行，把对应的 war 文件放到应用服务器的指定目录或者进行简单设定，Jenkins 即可工作。

以 Tomcat 应用服务器为例，使用最简单的方法进行安装，如表 10-5 所示。

表 10-5　应用服务器方式安装 Jenkins 的步骤

步　　骤	说　　明
1	安装 Tomcat 应用服务器
2	将 Jenkins 的 war 文件放到 Tomcat 默认的 webapps 目录下
3	重启 Tomcat

Tomcat 会将 jenkins.tar 进行解压缩，然后通过 http://IP:PORT/jenkins 进行访问，因为放在 Tomcat 应用服务器的根目录下，所以只需要应用服务器可用，Jenkins 就可以使用。

当然，对 Tomcat 熟悉的人员若想修改一下其设定，也是非常简单的，可根据需要自行设定。

2．Java 方式

安装 JDK 或者 JRE，只要 Java 命令能正常执行，执行 java -jar jenkins.war 即可运行 Jenkins，首先获取 jenkins.war 文件。

```
[root@devops ~]# JENKINS_VERSION=${JENKINS_VERSION:-2.89.3}
# ...设定 JENKINS_URL 为二进制文件的下载地址
[root@devops ~]# wget $JENKINS_URL
...
HTTP request sent, awaiting response... 200
Length: 74292096 (71M) [application/java-archive]
Saving to: 'jenkins-war-2.89.3.war'
...

[root@devops ~]#
```

在保证有 JDK 或者 JRE 的情况下，直接运行即可。

```
[root@devops ~]# java --version
java 9.0.4
```

```
Java(TM) SE Runtime Environment (build 9.0.4+11)
Java HotSpot(TM) 64-Bit Server VM (build 9.0.4+11, mixed mode)
[root@devops ~]#
[root@devops ~]# java -jar jenkins-war-2.89.3.war
...
Running from: /root/jenkins-war-2.89.3.war
webroot: $user.home/.jenkins
```

在默认情况下，Jenkins 的服务端口为 8080，使用此端口进行访问即可开始使用 Jenkins。

3. 容器方式

使用 Jenkins 官方提供的 LTS 版本的镜像，也可以非常容易地将 Jenkins 启动起来。下面以容器方式为例，说明如何启动和使用 Jenkins。

从 Jenkins 2 开始，为了保证 Jenkins 是在管理员的控制下进行安装的，Jenkins 在初期启动时添加了一个确认密码和填入确认的交互过程，默认这个操作是必要的。对于那些希望能够对外提供 Jenkins 服务的平台或者希望能够略过这个操作的用户来说，可以将如下的 Groovy 代码复制到/usr/share/jenkins/ref/init.groovy.d/目录中，这个目录下的 groovy 文件在 Jenkins 进行初始化操作时自动执行。

```
[root@mail jenkins]# cat init_login.groovy
import hudson.security.*
import jenkins.model.*

def instance = Jenkins.getInstance()

def adminID = System.getenv("JENKINS_ADMIN_ID")
def adminPW = System.getenv("JENKINS_ADMIN_PW")

println "--> Checking user information"

if (!instance.isUseSecurity()) {
    println "--> Creating jenkins user"

    def hudsonRealm = new HudsonPrivateSecurityRealm(false)
    hudsonRealm.createAccount(adminID, adminPW)
    instance.setSecurityRealm(hudsonRealm)

    def strategy = new FullControlOnceLoggedInAuthorizationStrategy()
    instance.setAuthorizationStrategy(strategy)
    instance.save()
}
[root@mail jenkins]#
```

这时所需要的是对环境变量的设定，可以在 Docker 所在的宿主机上进行设定，如果直接在 /etc/profile 中设定，会对全部用户起作用；如果需要对当前用户起作用，则修改当前用户的.bash_profile 文件；如果仅仅希望对本次操作起作用，则直接在终端执行如下命令，将初始用户设定为 jenkins，密码设定为 hello123。

```
export JENKINS_ADMIN_ID=jenkins;
export JENKINS_ADMIN_PW=hello123;
```

环境变量的设定还有一种方式就是启动 Jenkins 的 Docker 容器的时候设定。如果使用 docker-compose 方式，将类似下面的代码加入 Jenkins 的 docker-compose.yml 文件中即可。

```
environment:
  - JENKINS_ADMIN_ID=jenkins
  - JENKINS_ADMIN_PW=hello123
```

当然，以明文的方式直接将密码写到 docker-compose.yml 中不是推荐的方式，建议将密码文件以加密的方式进行存放，启动前通过程序进行解码获得密码，然后将密码传递给 Jenkins 执行的 groovy 文件。

10.2.2 设定 Jenkins

在完成 Jenkins 的安装之后，要发挥 Jenkins 的强大功能，还需要插件的支持，接下来介绍插件的安装方式和一些常用的配置。

1．安装插件

Jenkins 2 之后会在初始阶段通过选择来进行插件的自定义安装。由于安装插件时需要联网，所以这种方式的前提在于 Jenkins 所在机器能够访问插件更新的网络地址。如果插件比较多，那么一个一个地选择就比较麻烦。如果希望以非交互方式进行 Jenkins 插件的安装的话，Jenkins 提供了一个 plugins.sh 文件，只需要提供一个填写插件列表的 txt 文件即可安装全部插件，但是这种方式不太支持插件的依赖关系，所以已经不再推荐使用。使用 install-plugins.sh，只需要传入插件的名称（此名称在插件的介绍页可查到），就可以将此插件连同依赖的其他所有插件一同安装，比如 GitLab 插件的安装。

```
[root@liumiaocn ~]# docker exec -it jenkins sh
/ $ install-plugins.sh gitlab-plugin
Creating initial locks...
Analyzing war...
Downloading plugins...


Installed plugins:
credentials:2.1.14
```

```
display-url-api:2.0
git-client:2.4.6
git:3.3.1
gitlab-plugin:1.4.6
...
workflow-step-api:2.12
Cleaning up locks
/ $ exit
[root@liumiaocn ~]# docker restart jenkins
jenkins
[root@liumiaocn ~]#
```

GitLab 的 Jenkins 插件名称为 gitlab-plugin，安装时除了 gitlab-plugin，还下载和安装了其他 13 个插件，这些插件都是为了支持 gitlab-plugin 正常运行的有依赖关系的插件。当然，通过 Jenkins 的插件管理页面进行搜索、选择、安装，也会连同依赖关系插件一起安装，但是若希望不用交互操作而直接安装的话，则需要注意上述问题。

2. Jenkins 配置

依次选择 Jenkins→Manage Jenkins→Config System 选项，可以对 Jenkins 进行全局的系统设定。在 Jenkins 初始化时，会有一个非常重要的环境变量目录 JENKINS_HOME，在默认方式下，Jenkins 会把所有的数据都保存在这个目录下，包括 Jenkins 的工作目录。但是工作目录可以更改存放位置，按照需要存放在其他目录下。在 Jenkins 的 UI 页面是无法修改 JENKINS_HOME 的，一般来说根据各种情况修改环境变量的值并使之生效即可改变此目录信息。如果采用容器方式，则可通过环境变量传入，还可以通过修改 Jenkins 的 war 文件中的 web.xml 达到目的，但不推荐这种方法，一般通过环境变量进行修改即可。此目录保存着 Jenkins 的所有数据信息，如果采用容器方式，建议对此目录进行持久化保存，这样 Jenkins 的升级等操作就会非常方便。

另外，其他插件的设定一般也都需要在 Jenkins 的插件管理页面进行，比如对 GitLab、SonarQube、Redmine、Maven、JDK、Git、Docker 等的设定。同时如果希望打开邮件通知的功能，也需要在 Jenkins 的插件管理页面进行配置，下面以 163 邮箱为例说明邮件通知的配置方法。

1）邮件通知设定

邮件通知设定可使用 mailer 插件。

安装：可以在 Jenkins 的插件管理页面进行安装，也可以使用其 ID（mailer）在镜像中进行安装并重启镜像。如果使用命令方式，则具体命令如下。

```
进入容器: docker exec -it jekins 容器名称 sh
执行插件安装: install-plugins.sh mailer
退出容器: exit
重启容器: docker restart jenkins 容器名称
```

设定内容：Jenkins 邮件通知设定如表 10-6 所示。

表 10-6　Jenkins 邮件通知设定

设 定 项 目	设 定 路 径	设 定 内 容
系统管理员账户	系统管理→系统设置→Jenkins Location→系统管理员邮件地址	邮件发送地址
SMTP 服务器	邮件通知→SMTP 服务器	系统管理员邮件的 SMTP 服务器
SMTP 认证	邮件通知→使用 SMTP 认证	需要选中此复选框
用户名	邮件通知→用户名	系统管理员邮件地址
密码	邮件通知→密码	认证 Token（163 邮箱非登录密码）
发送测试	邮件通知→通过发送测试邮件测试配置	选中此复选框可进行邮件发送测试
测试用户邮箱地址	邮件通知→Test e-mail recipient	测试用户邮箱地址

设定完毕之后，单击系统配置页面的 Test configuration 按钮进行测试，若结果显示 Email was successfully sent 则表示成功发送。

注意事项：因为各种邮箱的设定不同，邮件有可能会被误认为是垃圾邮件，所以如果没有收到邮件，而且 smtp 等没有问题、运行也正常，则建议查看一下垃圾邮件，因为自动发出的邮件被误认的概率很高。

2）安全设定

依次选择 Jenkins→Manage Jenkins→Config Global Security 选项，可以看到 Jenkins 提供了关于访问控制的各种设定，通过基于角色的权限设定，来保证设定使用者对系统的使用在组织自定义访问控制规范之内。

3）工具设定

依次选择 Jenkins→Manage Jenkins→Global Tool Configuration 选项，可以看到 Jenkins 提供了所关联到的所有工具的设定信息。设定内容会根据项目 plugin 安装情况的不同而有所不同，另一个非常值得注意的点是，同一工具因版本的不同可能会在此处配置多次，这也符合项目中的实际情况，比如 JDK 的版本或者 Maven 的版本，不同项目使用了不同的工具版本，但是都需要在工具设定中进行设置。

10.3　持续集成实践

Jenkins 强大的集成能力使得其和市面上大多数的主流工具都可以进行交互，在本节中选取了版本管理工具 GitLab 和容器化工具 Docker，并结合案例介绍在 Jenkins 中集成的方法。Jenkins 强大的 DSL 也非常适合进行项目实践，本节也会对 Jenkinsfile 的使用方法进行说明。

10.3.1　Jenkins+GitLab

Jenkins 能够做很多事情，但是需要和其他工具配合才能发挥强大的功能，这里使用一个案例对 Jenkins 的使用方式进行说明。

场景：具体的场景是与 GitLab 进行结合，当我们使用 GitHub Flow 做了一次 merge request 的时候，我们认为此时合并到 Master 分支的代码已经是生产环境中可用的了，除去复杂项目中所需要的层层审批和确认，假定项目的 DevOps 实践做得非常好——小步快跑的持续发布保证每次发布的影响不至于非常大，完善的自动化测试使重要功能的测试得到保证，自动监控和回滚机制保证即使出现问题也会及时止损，那么，merge request 之后持续集成、持续测试、持续部署的流水线应该可以运行起来。

1. 试验目的

GitLab 和 Jenkins 进行结合，通过 API 动态设定 GitLab 的 webhook，这样实现每次向 GitLab 的 master 进行 merge 或者 push 操作的时候，Jenkins 的 job 都会自动被执行。

2. 试验版本

本节示例所使用的 Jenkins 和 GitLab-CE 的版本信息如表 10-7 所示。

表 10-7　Jenkins 和 GitLab-CE 的版本信息

工　　具	版　　本
GitLab-CE	10.4.2
Jenkins	2.73.3

3. Jenkins 设定

首先需要在 Jenkins 中创建一个 pipeline：创建一个 Jenkins pipeline 的 job，将 job 名称设定为 devops-pipeline-webhook。另外，为了简单演示，具体的 Jenkinsfile 设定如下，详细的说明会在 Jenkins pipeline 的介绍中进行，此处不再赘述。

```
node {
 stage('build'){
  echo 'build';
 }

 stage('test'){
  echo 'test';
 }

 stage('deploy'){
```

```
  echo 'deploy';
  }
}
```

4．GitLab hook plugin

GitLab 的 hook 是此项实践中最重要的功能，因为这个场景是由 GitLab 向 Jenkins 发出驱动的，需要在 Jenkin 上设定 GitLab hook plugin，此 plugin 支持 GitLab 8 及以后的版本。

5．job 设定

为了建立 Jenkins 的 job 和 GitLab 的 webhook 之间的关联，需要对创建的 Jenkins 的 job 做如下设定。

- 选中远程触发构建。
- 设定 GitLab 调用的令牌为 liumiao。
- 具体在 GitLab 上设定的 Jenkins 的 URL 为 http://192.168.163.154:32002/job/devops-pipeline-webhook/build?token=liumiao。

注意事项：如果此 job 是需要传入参数的类型，那么具体的调用方式不是/build，而是/buildWithParameters。

6．GitLab 的 webhook

GitLab 下有 system hook 和 webhook，webhook 的增、删、改、查在项目的 setting/Integrations 目录下进行，当然也可以通过 REST API 来实现，详细的操作可参看版本管理的相关内容。使用如下命令则可以在 GitLab 上创建一个 webhook。

```
[root@devops ~]# curl --request POST --header "PRIVATE-TOKEN: sqiSUhn3tHYXe8nSGRDi"
--data "id=1&url=http://192.168.163.154:32002/job/devops-pipeline-webhook/
build?token=liumiao&enable_ssl_verification=false" "http://127.0.0.1:32001/api/
v4/projects/1/hooks" |jq .
 % Total    % Received % Xferd  Average Speed   Time    Time     Time  Current
                                Dload  Upload   Total   Spent    Left  Speed
100   511  100   396  100   115  12807   3719 --:--:-- --:--:-- --:--:-- 13200
{
 "id": 4,
 "url": "http://192.168.163.154:32002/job/devops-pipeline-webhook/build?token=
liumiao",
 "created_at": "2018-02-04T04:24:50.499Z",
 "push_events": true,
 "tag_push_events": false,
 "repository_update_events": false,
 "enable_ssl_verification": false,
 "project_id": 1,
```

```
"issues_events": false,
"merge_requests_events": false,
"note_events": false,
"pipeline_events": false,
"wiki_page_events": false,
"job_events": false
}
[root@devops ~]#
```

之后可以通过 GitLab 进行结果确认，图 10-1 是使用 REST API 方式创建的 GitLab 的 webhook。

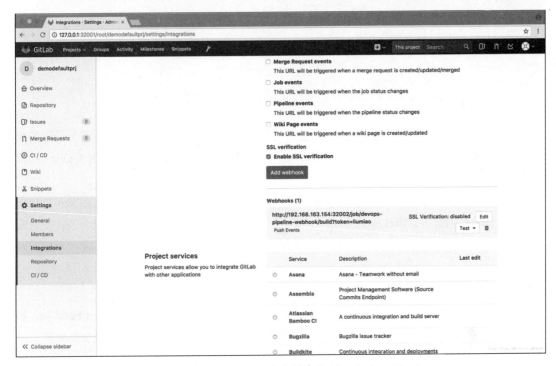

图 10-1　使用 REST API 方式创建的 GitLab 的 webhook

7．Git push

做完以上设定，只要对此 GitLab 的 project 进行 push，就会执行 Jenkins 的 job，让我们来向此 project 添加一个 hello 文件并进行 push。

```
[root@devops ~]# git clone http://127.0.0.1:32001/root/demodefaultprj.git
Cloning into 'demodefaultprj'...
remote: Counting objects: 5, done.
remote: Compressing objects: 100% (2/2), done.
remote: Total 5 (delta 0), reused 0 (delta 0)
Unpacking objects: 100% (5/5), done.
```

```
[root@devops ~]# cd demodefaultprj/
[root@devops demodefaultprj]# touch hello
[root@devops demodefaultprj]# git add hello
[root@devops demodefaultprj]# git commit -m "for push test"
[master f8af63b] for push test
1 file changed, 0 insertions(+), 0 deletions(-)
create mode 100644 hello
[root@devops demodefaultprj]# git push -u origin master
Username for 'http://127.0.0.1:32001': root
Password for 'http://root@127.0.0.1:32001':
Counting objects: 4, done.
Writing objects: 100% (3/3), 237 bytes | 0 bytes/s, done.
Total 3 (delta 0), reused 0 (delta 0)
To http://127.0.0.1:32001/root/demodefaultprj.git
  e07b882..f8af63b  master -> master
Branch master set up to track remote branch master from origin.
[root@devops demodefaultprj]#
```

在 Jenkins 上已经能够确认相关的 job 被自动触发执行了，这样就模拟了一种常见场景的操作：当用户的操作完成之后进行最后的提交时，所有的可以自动化的流程都经由 Jenkins 开始运转。

当然与 Redmine 等项目管理和 Bug 追踪工具结合起来，流程会更加有效，比如发布之后自动获取 Release Note 并在 Redmine 的项目中发布一条消息，如果失败则自动创建一条需要对应的 issue 等，持续集成和改进是一件需要长期执行的事情。

10.3.2　Jenkins+Docker

Jenkins 与 Docker 的集成也是通过 docker-build-step 插件来实现的。使用 docker-build-step 插件进行集成能够使得很多 Docker 的操作在 Jenkins 中被执行，Docker 插件的常见功能如表 10-8 所示。

表 10-8　Docker 插件的常见功能

项　目　编　号	详　细　功　能
No.1	对特定的容器提交变更
No.2	从镜像创建一个新的容器
No.3	从 Dockerfile 创建一个镜像
No.4	生成可执行的命令
No.5	强制停止容器
No.6	从仓库拉取镜像
No.7	向仓库推送镜像

项 目 编 号	详 细 功 能
No.8	删除容器
No.9	删除所有容器
No.10	重启容器
No.11	启动容器
No.12	停止容器
No.13	停止所有容器
……	……

1．安装

可以使用 Jenkins 的插件管理页面进行安装，也可以使用其 ID（docker-build-step）在镜像中进行安装并重启镜像。执行如下方式即可完成。

```
进入容器: docker exec -it jekins 容器名称 sh
执行插件安装: install-plugins.sh docker-build-step
退出容器: exit
重启容器: docker restart jenkins 容器名称
```

2．插件安装确认

重新启动后确认此插件已经安装完毕。

3．设定内容

选择系统管理→系统设置选项，此处的 Docker 相关内容为所需设定的内容，如表 10-9 所示。

表 10-9　Docker 插件设定

设 定 项 目	设 定 方 法	设 定 内 容
Docker 的 URL	Docker Builder→Docker URL	可以访问的 Docker 的 URL

设定完毕之后，单击 Test Connection 按钮便可以确认 Jenkins 和 Docker 之间是否通过此插件进行了集成，页面显示 Connected to tcp://xxxx:port 说明已经完成。

场景细化：Jenkins 通过使用 Docker 插件可以进行镜像的构建等操作，在实际使用时一般有两种方式。第一种方式是 Jenkins 与使用的 Docker 不在同一台机器上，只要保证可以直接访问 Docker，通过 Docker 插件的设定就完成了 Jenkins 对 Docker 的集成。第二种情况是 Jenkins 和 Docker 在同一台机器上，Jenkins 本身就是使用 Docker 启动起来的容器，又希望通过 Jenkins 进行镜像的构建，这时则可以利用 Docker 的 socket 文件进行操作。

4. 准备

使用 Docker 插件的方式对目前常见的版本影响不大，本书使用 Docker 1.13.1 版本进行验证。宿主机的 Docker 版本如下。

```
[root@host154 tools]# docker version
Client:
 Version:      1.13.1
 API version:  1.26
 Go version:   go1.7.5
 Git commit:   092cba3
 Built:    Wed Feb  8 08:47:51 2017
 OS/Arch:  linux/amd64

Server:
 Version: 1.13.1
 API version:1.26 (minimum version 1.12)
 Go version: go1.7.5
 Git commit: 092cba3
 Built:   Wed Feb  8 08:47:51 2017
 OS/Arch:  linux/amd64
 Experimental: false
[root@host154 tools]#
```

5. 在容器之中启动 Jenkins

直接使用 docker run、docker-compose 或者其他方式，使 Jenkins 在容器中启动，比如：

```
[root@host154 tools]# docker ps
CONTAINER ID       IMAGE                               COMMAND             CREATED
STATUS                     PORTS                       NAMES
46cc37b371cb       liumiaocn/jenkins:2.73.3       "run.sh"            About a minute ago
Up About a minute   0.0.0.0:38080->8080/tcp   tools_jenkins_1
[root@host154 tools]#
```

6. 宿主机 Docker 设定

宿主机 Docker 的 daemon 进程需要设定如下两个选项。

- -H tcp://0.0.0.0:4243
- -H unix:///var/run/docker.sock

其实这是用于保证远程和本地都可以使用的方式。docker.sock 文件则是用于进程间通信的，从其类型上的 s 可以清楚地看到这一点。

```
[root@host154 tools]# ls -l /var/run/docker.sock
srw-rw----. 1 root root 0 Jan 12 06:26 /var/run/docker.sock
[root@host154 tools]#
```

7. 宿主机的 docker build 确认

由于镜像中的 docker build 最终还是要借用宿主机的 docker build 能力，所以在容器中成功构建镜像之前，最好先确认宿主机是否可以进行正常的 docker build，比如我们在 alpine 镜像中加上时区设定的 tzdata。

```
[root@host154 tools]# cat Dockerfile
FROM alpine

RUN apk update && apk add tzdata
[root@host154 tools]#
```

然后在宿主机上进行镜像构建。

```
[root@host154 tools]# docker build -t alpine-tz:latest .
Sending build context to Docker daemon 3.072 kB
Step 1/2 : FROM alpine
---> 3fd9065eaf02
Step 2/2 : RUN apk update && apk add tzdata
---> Running in 917d72bd3737
fetch http://dl-cdn.alpinelinux.org/alpine/v3.7/main/x86_64/APKINDEX.tar.gz
fetch http://dl-cdn.alpinelinux.org/alpine/v3.7/community/x86_64/APKINDEX.tar.gz
v3.7.0-50-gc8da5122a4 [http://dl-cdn.alpinelinux.org/alpine/v3.7/main]
v3.7.0-49-g06d6ae04c3 [http://dl-cdn.alpinelinux.org/alpine/v3.7/community]
OK: 9044 distinct packages available
(1/1) Installing tzdata (2017c-r0)
Executing busybox-1.27.2-r7.trigger
OK: 7 MiB in 12 packages
---> 42cd12f65952
Removing intermediate container 917d72bd3737
Successfully built 42cd12f65952
[root@host154 tools]#
```

构建之后进行构建镜像的确认。

```
[root@host154 tools]# docker images |grep alpine
alpine-tz          latest        42cd12f65952     4 minutes ago 6.69 MB
alpine             latest        3fd9065eaf02     2 days ago    4.14 MB
[root@host154 tools]#
```

至此说明宿主机的 docker build 是正常的，如果受困于内网、外网、代理等问题，可以将以 RUN 开头的那行从 Dockerfile 中去掉，因为其主要用于验证能否正常进行 docker build 等操作。

8. 将 Docker 文件复制到镜像中

为了使得在 Jenkins 容器中能够正常地构建镜像，需要将 Docker 文件先复制到镜像中，使之作为客户端，并将指令传递给宿主机的 Docker 守护进程，这可能是较为方便的方法之一。

```
[root@host154 ~]# which docker
/usr/bin/docker
[root@host154 ~]# docker cp /usr/bin/docker tools_jenkins_1:/usr/bin/docker
[root@host154 ~]#
```

结果确认如下所示（注意确认版本最后提示的信息为无法连接 Docker 的 Server 端信息，使用多种方法可以解决此问题，在构建中将进一步说明）。

```
[root@host154 ~]# docker exec -it tools_jenkins_1 .sh
/ # which docker
/usr/bin/docker
/ # docker version
Client:
 Version:      1.13.1
 API version:  1.26
 Go version:   go1.7.5
 Git commit:   092cba3
 Built:    Wed Feb  8 08:47:51 2017
 OS/Arch:  linux/amd64
Cannot connect to the Docker daemon at unix:///var/run/docker.sock. Is the docker
daemon running?
/ #
```

9. 镜像构建的事前准备

将确认成功的 Dockerfile 复制到镜像之中。

```
[root@host154 tools]# docker cp Dockerfile tools_jenkins_1:/tmp
[root@host154 tools]#
```

检查复制是否成功。

```
[root@host154 tools]# docker exec -it tools_jenkins_1 sh
/ # cd /tmp
/tmp # ls Dockerfile
Dockerfile
/tmp #
```

有很多种方法都可以构建成功，下面列举两种比较常用的构建方法。

构建方法 1：通过-H 指定。

在本例中做如下指定即可。

```
/tmp # docker -H tcp://192.168.163.154:4243 build -t alpine-tz-docker:latest .
Sending build context to Docker daemon 2.136 MB
Step 1/2 : FROM alpine
---> 3fd9065eaf02
```

```
Step 2/2 : RUN apk update && apk add tzdata
---> Using cache
---> 42cd12f65952
Successfully built 42cd12f65952
/tmp #
```

构建方法 2：使用 DOCKER_HOST 环境变量。

如果因为各种原因，比如同一份代码在不同地方出现而又不希望修改，总之不希望-H 出现在命令之中，那么可以使用 DOCKER_HOST 环境变量解决这个问题。

```
/tmp # export DOCKER_HOST=tcp://192.168.163.154:4243
/tmp # docker build -t alpine-tz-docker:latest .
Sending build context to Docker daemon 2.136 MB
Step 1/2 : FROM alpine
---> 3fd9065eaf02
Step 2/2 : RUN apk update && apk add tzdata
---> Using cache
---> 42cd12f65952
Successfully built 42cd12f65952
/tmp #
```

至此，我们已经在容器中成功构建了镜像，接下来就比较简单了，只要保证 Jenkins 能够使用这个镜像即可。若还有问题，基本就是 Jenkins 的设定和使用方式的问题了。

10. Jenkins 镜像构建方式

在 Jenkins 上需要安装 Docker 的镜像相关插件，在前面已经进行了详细说明，此处不再赘述。

最直接的构建方式是使用 pipeline 创建一个 stage，在其中直接使用 sh 来执行上述的 docker build 命令，这样即可完成镜像的构建，比如使用如下 Jenkinsfile。

```
node {
   stage('镜像构建'){
   sh "cd /tmp/; docker -H tcp://192.168.163.154:4243 build -t alpine-tz-docker:
latest ."
   }
}
```

从 Jenkins 的执行结果中也可以清晰地看到构建成功的信息，如图 10-2 所示。

另外，从 Jenkins 的构建日志中可以清楚地看到 docker build 的详细输出结果。

```
Started by user root
[Pipeline] node
Running on Jenkins in /data/jenkins/workspace/docker-imagebuild
[Pipeline] {
[Pipeline] stage
[Pipeline] { (????)
[Pipeline] sh
```

```
[docker-imagebuild] Running shell script
+ cd /tmp/
+ docker -H tcp://192.168.163.154:4243 build -t alpine-tz-docker-1:latest .
Sending build context to Docker daemon 2.136 MB

Step 1/2 : FROM alpine
---> 3fd9065eaf02
Step 2/2 : RUN apk update && apk add tzdata
---> Using cache
---> 42cd12f65952
Successfully built 42cd12f65952
[Pipeline] }
[Pipeline] // stage
[Pipeline] }
[Pipeline] // node
[Pipeline] End of Pipeline
Finished: SUCCESS
```

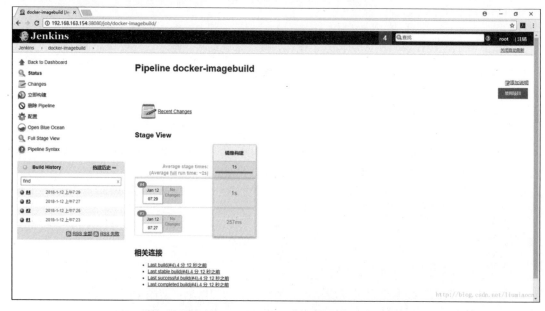

图 10-2　在 Jenkins 容器中执行镜像构建的结果截图

　　另外，使用 docker image 也可以看到刚刚构建成功的镜像，日志中显示????是因为 stage 名称是中文，将 Jenkins 的语言设定为 UTF8 后即可正常显示日志，但还是建议使用英文。

　　除了使用 DOCKER_HOST，还可以使用 Jenkins 提供的 docker-workflow，原理都是一样的，设定方法不同而已，比如上述写法可以改成：

```
node {
```

```
stage('镜像构建'){
    withDockerServer([uri: 'tcp://192.168.163.154:4243']) {
    docker.build "alpine-tz-docker:latest","/tmp"
        }
    }
}
```

10.3.3　Jenkins pipeline

Jenkins 2 是很重要的 Jenkins 版本，Jenkins 2 中引入了 DSL 的 pipeline，其得到了广泛关注和好评。在 Jenkins 2 中，以代码方式存在的 pipeline 使软件的开发流程变得更加可控，软件和硬件的改变不再只落到代码上，所有的变化（包括软件开发流程的变化）都可以在 pipeline 中以一定的形式进行展现，而自动化和流程的不断融合则不断地推进软件开发的持续进步。虽然 Jenkins 是一个持续集成的工具，但随着工具不断完善，同时关联的其他各种工具的生态也不断成熟，Jenkins 已经在持续部署方面做得越来越好，已经有很多以 Jenkins 为中心的项目在不断探索如何推动持续集成、持续测试、持续交付更好地落地。

可以将 Jenkins pipeline 理解为一系列的 Jenkins 插件的组合，而这些插件在 Jenkins 中集成起来实现了持续交付流水线。通过持续交付流水线，从版本控制到终端用户的软件开发流程都可以通过自动化的方式进行。软件需求的变化所带来的代码从提交到发布的环节则通过持续交付流水线来进行，Jenkins pipeline 的优点如表 10-10 所示。

表 10-10　Jenkins pipeline 的优点

优　　点	详　细　说　明
流程可重用	代码从提交到发布的流程，一旦通过 Jenkins pipeline 来实现，就能形成一个自动化的流程，作为一个可以被各种情况触发的程序而存在，每次代码的提交都可以重复使用相同的 Jenkins pipeline
流程可靠性	手动流程容易出现各种问题，与之相对通过验证的自动化流程则能更加稳定地遵循流程，从而降低出错的可能性。而且随着流水线不断地完善和测试（每次发布都是对流水线自身的一次测试），出错的概率会越来越低
知识积累和固化	项目管理中对流程的改善本身也会作为一种组织资产积累下来，在 Jenkins pipeline 中，交付流水线以代码的形式体现，每一次流程的改善都能反映在 Jenkins pipeline 中。例如，添加了使用 SonarQube 进行质量扫描的过程改善，在 Jenkins pipeline 中则会体现为添加一段代码。流程改善的积累得到了体现，自动融入日常的操作之中
流水线代码化	代码化的流水线可以在版本管理仓库中进行存储，每一次组织流程的改善都会在流水线的代码上有所体现，都可以在版本管理工具中进行存储，最终实现了将关联的一切进行版本管理，而在进行 Audit 的时候也非常容易做到踪迹追寻

在 Jenkins 中，流水线代码化是通过 Pipeline Domain-specific Language（DSL）语法来实现

的。而按照这种语法格式来定义的 Jenkins pipeline 会以文本文件的形式存在，这个文件也被称为 Jenkinsfile，这个体现了流水线代码化的文件会和其他源代码一样进行代码的版本管理以及审查和测试。

在 Jenkins 中，有两种语法格式都可以定义 Jenkinsfile，分别是 Declarative pipeline 语法和 Scripted pipeline 语法。

这两种语法格式和写法有所不同，Declarative pipeline 包含了一些更新的功能，而且用来设计流水线似乎更为简便。但是无论哪种语法格式，实际的基本构成部分都是一样的，都需要通过如下三个部分来实现流水线。

第一部分：Node/Agent。

Node 是 Scripted pipeline 方式下的使用指令，而 Agent 则为 Declarative pipeline 方式下的使用方法，两者都为 pipeline 的执行指定 Jenkins 环境，而 Declarative pipeline 语法支持的 Agent 则可以进行更加详细的设定。

第二部分：Stage。

在逻辑上将一组任务进行组合作为一个 Stage，比如将整体分为 Build、Test、Deploy 等几个 Stage。这些 Stage 则是由很多 plugin 组合起来实现的，通过这些 Stage，我们可以在 Jenkins 的执行过程中看到当前执行到了哪个阶段，而且 Jenkins 会根据以往的数据来预测这次执行还需要多长时间才能完成，用于使整个 Jenkins pipeline 的执行状态进行更清晰的可视化展示。

第三部分：Step。

如果说 Stage 是整个开发过程的逻辑阶段（Stage）的展示，那么 Step 就是每个逻辑阶段（Stage）的具体步骤。每个 Step 都是一个具体的任务，而 Stage 就是由若干个这样的具体任务组成的。例如，在一个 Java Web 项目中，Deploy 这个 stage 需要完成的就是将一个已经打包完毕而且通过测试的 war 文件放到应用服务器中并使之生效，不考虑其他复杂因素，假如最简单的方式分为停止当前应用服务器、替换应用服务器中的 war 文件、重新启动应用服务器这 3 个步骤，则每一个步骤都是一个 Step，可以通过执行脚本来实现，也可以通过引入更加简单的插件来实现。总之，Step 就是组成 Jenkins pipeline 最基础的部分。

在 Scripted pipeline 方式下，所有的内容组成了一个逻辑意义上的 pipeline。而在 Declarative pipeline 方式下，则需要写成 pipeline { ... } 块，相关的 Stage 和 Step 则需要在此 pipeline 块中进行填充。

1. Scripted pipeline 实例

在 Jenkins+GitLab 实现 webhook 自动调用 Jenkins 的 job 的案例中，我们创建的就是一个 Jenkins pipeline，这个 pipeline 由 3 个逻辑阶段（Stage）组成，分别是 build、test、deploy。

```
node {
```

```
  stage('build'){
   echo 'build';
   }

  stage('test'){
   echo 'test';
   }

  stage('deploy'){
   echo 'deploy';
   }
}
```

Scripted pipeline 代码说明见表 10-11。

表 10-11　Scripted pipeline 代码说明

代　　码	详 细 说 明
node {	与此条流水线相关的任务会在任意可执行任务的节点上执行
stage('build'){	定义了一个名为 build 的 Stage，是此流水线的一个逻辑阶段
echo 'build';	名为 build 的 Stage 中的一个步骤，用于显示 build
stage('test'){	定义了一个名为 test 的 Stage，是此流水线的一个逻辑阶段
echo 'test';	名为 test 的 Stage 中的一个步骤，用于显示 test
stage('deploy'){	定义了一个名为 deploy 的 Stage，是此流水线的一个逻辑阶段
echo 'deploy';	名为 deploy 的 Stage 中的一个步骤，用于显示 deploy

使用 Jenkins 创建一个 pipeline 的 job，名称为 Scripted-Pipeline-Job，在 pipeline 块的 Definition 中选中 Pipeline script，然后将上述 Jenkins pipeline 的内容复制到 Script 中，保存即可生成一个使用 Scripted pipeline 方式编写的 Jenkins pipeline，执行一下，可以确认 Jenkins 的执行日志为：

```
Started by user root
Running in Durability level: MAX_SURVIVABILITY
[Pipeline] node
Running on Jenkins in /data/jenkins/workspace//data/jenkins/workspace
[Pipeline] {
[Pipeline] stage
[Pipeline] { (build)
[Pipeline] echo
build
[Pipeline] }
[Pipeline] // stage
[Pipeline] stage
[Pipeline] { (test)
[Pipeline] echo
```

```
test
[Pipeline] }
[Pipeline] // stage
[Pipeline] stage
[Pipeline] { (deploy)
[Pipeline] echo
deploy
[Pipeline] }
[Pipeline] // stage
[Pipeline] }
[Pipeline] // node
[Pipeline] End of Pipeline
Finished: SUCCESS
```

通过执行日志可以看到，每个 Jenkins 的 job 在执行的时候都会在工作目录 workspace 中临时生成相关信息，而持久的信息默认保存在 JENKINS_HOME/job 目录下，比如此镜像的 JENKINS_HOME 为/data/jenkins，具体的 job 信息如下：

```
/data/jenkins/jobs/Scripted-Pipeline-Job # ls
builds  config.xml lastStable  lastSuccessful  nextBuildNumber
/data/jenkins/jobs/Scripted-Pipeline-Job #
```

2. Declarative pipeline 实例

Declarative pipeline 是在 pipeline 2.5 中引进的一种新的支持方式。使用这种方式来写一个一样的 Jenkins pipeline，这个 pipeline 由 3 个逻辑阶段（Stage）组成，分别是 build、test、deploy，其写法如下：

```
pipeline {
  agent any
  stages {
    stage('build') {
      steps {
        echo 'build';
      }
    }
    stage('test'){
      steps {
        echo 'test';
      }
    }
    stage('deploy') {
      steps {
        echo 'deploy';
      }
    }
```

```
    }
}
```

Declarative pipeline 流水线代码说明如表 10-12 所示。

表 10-12　Declarative pipeline 流水线代码说明

代　　码	详　细　说　明
pipeline {	相关的 Stage 和 Step 需要在此 pipeline 块中实现
agent any	此条流水线相关的任务会在任意可执行任务的节点上执行
stages {	将后面定义的若干 Stage 在 stages 块中进行统一管理
stage('build'){	定义了一个名为 build 的 Stage，是此流水线的一个逻辑阶段
steps {	将此阶段中定义的步骤进行统一管理
echo 'build';	build 的 Stage 中的一个步骤，用于显示 build
stage('test'){	定义了一个名为 test 的 Stage，是此流水线的一个逻辑阶段
steps {	将此阶段中定义的步骤进行统一管理
echo 'test';	test 的 Stage 中的一个步骤，用于显示 test
stage('deploy'){	定义了一个名为 deploy 的 Stage，是此流水线的一个逻辑阶段
steps {	将此阶段中定义的步骤进行统一管理
echo 'deploy';	deploy 的 Stage 中的一个步骤，用于显示 deploy

从内容和大体的格式来说，Declarative pipeline 与 Scripted pipeline 方式相差无几，在格式和表现上略有区别。简单来说，抽象和细化的层次更深了一步。后续在对此方式的详细使用中，我们会理解到这样做的好处。

使用 Jenkins 创建一个 pipeline 的 job，名称为 Declarative-Pipeline-Job，在 pipeline 块的 Definition 中选中 Pipeline script，然后将上述 Jenkins pipeline 的内容复制到 Script 中，保存即可生成一个使用 Declarative pipeline 方式编写的 Jenkins pipeline，执行一下，可以确认 Jenkins 的执行日志如下。

```
Started by user root
Running in Durability level: MAX_SURVIVABILITY
[Pipeline] node
Running on Jenkins in /data/jenkins/workspace/Declarative-Pipeline-Job
[Pipeline] {
[Pipeline] stage
[Pipeline] { (build)
[Pipeline] echo
build
[Pipeline] }
[Pipeline] // stage
[Pipeline] stage
```

```
[Pipeline] { (test)
[Pipeline] echo
test
[Pipeline] }
[Pipeline] // stage
[Pipeline] stage
[Pipeline] { (deploy)
[Pipeline] echo
deploy
[Pipeline] }
[Pipeline] // stage
[Pipeline] }
[Pipeline] // node
[Pipeline] End of Pipeline
Finished: SUCCESS
```

通过执行日志可以看到，此方式和 Scripted pipeline 方式下的 Jenkins pipeline 的执行几乎完全一样。同样，每个 Jenkins 的 job 在执行的时候都会在工作目录 workspace 中临时生成相关信息，而持久的信息默认保存在 JENKINS_HOME/job 目录下，比如，此镜像的 JENKINS_HOME 为/data/jenkins，具体的 job 信息如下。

```
/data/jenkins/jobs/Declarative-Pipeline-Job # ls
builds   config.xml  lastStable   lastSuccessful   nextBuildNumber
/data/jenkins/jobs/Declarative-Pipeline-Job #
```

3. Jenkins Master/Slave 实践

Jenkins 支持 Master/Slave 方式，Jenkins 服务器作为 Master 节点运行，而具体任务的执行则由 Master 分发给各个 Slave（Agent）节点进行。这种方法在高负荷下有两个好处：首先，Master 不执行具体 job，保证了 job 数量的增大对 Master 整体的影响局限于 Slave 的处理能力能否跟上，如果不能，则增加 Slave 的个数或者 Slave 上处理 job 的 exector 的个数来进行调整；其次，使用这种方式可以更好地利用资源，可以使用不同资源类型的 Slave 与 Jenkins 的 Master 相连，进行统一管理。

1）节点管理

依次选择 Jenkins→Manage Jenkins→Manage Nodes 选项可以进行 Jenkins 节点的管理。Jenkins 的节点分为 Master 节点和 Slave 节点。

默认安装 Jenkins 所在的节点为 Master 节点，详细的节点信息可以通过依次选择 Jenkins→Manage Jenkins→Manage Nodes 选项看到。

依次选择 Jenkins→Manage Jenkins→Manage Nodes→New Node 选项可以创建 Slave 节点，表 10-13 是创建 Slave 节点时需要设定的常用项目。

表 10-13　创建 Slave 节点时需要设定的常用项目

项　　目	详　细　说　明
of executors	此值用于设定 Jenkins 能在节点上并行处理的 job 的最大个数。Slave 至少需要设定为 1 才能保证为 Master 提供 job 的处理能力，如果我们不希望节点进行 job 的实际处理，则可将此值设定为 0。在 Jenkins 的 Master 上通过将此值设定为 0，可以防止有 job 在 Master 节点上执行。一般建议将此值与 CPU 的核数进行关联，此值设定过大可能会导致大规模 job 并行实施的时候等待时间大幅度延长
Remote root directory	在 Jenkins 上运行的 job 的配置信息和执行日志等都会保存在 Master 上，一般来说 Slave 不会保存重要信息。此目录是 Slave 节点上的一个用于保存 job 在此机器上执行临时数据的根目录，最好将此目录设定为绝对路径，而且此目录尽可能不要受所在服务器重启的影响（比如，服务器是 Linux 的情况下，如果此目录为临时挂载的目录，并且未在/etc/fstab 中进行设定，重启后会无法使用此目录），虽然这是一个临时目录，但是有时一些缓存数据也可能会保存于此
lable	lable 有很多用途，一般可以利用 lable 对 Slave 进行分类，比如将所有 CentOS 的 Slave 的 lable 都设定为 CentOS，将所有 Windows 的 Slave 的 lable 都设定为 Windows，在指定 job 的时候根据 lable 可以进行选择，而这个也是 Declarative pipeline 语法可以进行设定的，所以可以看出抽象和细化加深的 Declarative pipeline 方式更适合流水线的自定义创建。更复杂但也更有用的功能则是对同一个 Slave 设定不同的 lable，设定的时候只需要用空格隔开不同的 lable 就行，这也体现了实际情况下的某一个 Slave 的不同分类，比如，某台机器为 CentOS 7.4 的操作系统、x84-64bit 的 CPU 架构、安装了 Docker、可以执行 docker run 等操作，这时可对这台机器设定不同的 lable。 另外，虽然 lable 可以包含除空格外的其他字符，但是用诸如"！"或者"&"之类的字符来定义 lable 的名字不是一个好的创意，尽量不要这么做
usage	此选项用于设定 Jenkins 如何使用节点，主要有两种方式可以选择。 ● 第一种方式为 Use this node as much as possible，这也是默认的选项。在这种方式下，Jenkins 会随意使用某个节点，只要这个节点有可用的资源分配给 Jenkins 待处理的 job，Jenkins 就会使用这个节点，这种方式是尽可能地使用这个节点 ● 第二种方式为 Only build jobs with label expressions matching this node，在这种方式下，只有严格地在 lable 中指定了与某个节点匹配的 lable，才会允许 job 在这个节点上运行
Launch method	此选项用于设定 Jenkins 用什么方式启动 Slave。Jenkins 启动 Slave 有如下两种方式。 ● Java Web Start ● SSH
Launch method	在 Java Web Start 方式下，Master 和 Slave 之间通过 JNLP 来创建 TCP 连接以进行通信，所以使用这种方式，Master 和 Slave 之间只需要通过 ping 命令确认能够连通即可，并不需要直接将 SSH 设定完毕，这种方式尤其适合使用安全检查对 SSH 连接做严格控制的项目。而 SSH 的方式则很简单，Master 和 Slave 之间通过 SSH 进行连接，Master 将需要执行的命令通过 SSH 直接发送到 Slave 节点进行处理，这种方式需要的则是账户，需要在 Slave 上添加一个用户或者使用既有的用户，然后利用 Master 上创建的 ssh-key 的公钥与 Master 实现互通

项　目	详　细　说　明
Availability	此选项用于控制 Jenkins 启动或关闭某个节点，设定的方式主要有如下三种。 ● 第一种为 Keep this agent online as much as possible。如果设定为这种方式，Jenkins 将会尽可能地使某个节点可用，一旦这个节点因各种原因不可用，Jenkins 会不断地尝试重启这个节点使之再次可用。一般这种设定专门用于进行 DevOps 实践的资源，所以一旦发现不可用，可以随时重启节点 ● 第二种为 Take this agent online and offline at specific times。如果设定为这种方式，Jenkins 将会在特定的时间段使用某个节点，会按照类似 cron 时间的格式定义开始的时间和持续的时长（单位为分钟），在这个时间段内，如果 Slave 为不可用状态，Jenkins 会阶段性地尝试使其启动。一旦使用的时长够了，这个节点则会被关闭。为了防止在 job 正在执行的时候进行关闭操作，可以通过选中 Keep online while jobs are running 复选框，保证在运行的时候不会进行关闭操作。在这种设定方式下，Jenkins 会等待操作执行完毕之后再将节点关闭 ● 第三种为 Take this agent online when in demand, and offline when idle，这种方式为按需启动或关闭，启动的时机需要设定阈值（In demand delay），这个阈值的设定单位为分钟，假如设定为 10，则代表当 Jenkins 中的 job 必须在队列中等待 10 分钟才能执行时，会启动节点来弥补计算能力的不足。按需分配，自然最好按需释放，而释放的时机则为另一个阈值（Idle delay），此阈值代表的意义为，如果节点在设定时长的空闲时间后还没有任务需要实施，则会被认为已经不再需要此资源，在实际使用的时候需要根据具体情况进行设定，设定不好可能会导致反复释放

2）SSH 方式设定内容

SSH 设定项目如表 10-14 所示。

表 10-14　SSH 设定项目

项　目	详　细　说　明
Host	机器名称或者 IP
Credentials	需要 SSH 方式的 Credentials
Host Key Verification Strategy	ssh-key 有多种验证策略可供选择，常见的是使用 known host 方式，但是需要注意的是，这种方式不会对 Slave 节点的 known_hosts 文件进行修改，需要手动设定

3）新建节点

新建节点有很多选项，通过 Master/Slave 的设定可以解决很多种特定情况下的问题，接下来我们创建一个节点，并为之提供一个 lable，然后修改一下 Declarative pipeline 的内容，使之能够确认 job 确实在 Jenkins 的新建节点上被执行了。

Master 和 Slave 进行关联最重要的设定就是 SSH 关联，只要能够保证 Master 节点和新建的 Slave 节点之间 SSH 畅通，设定就非常简单。首先创建一个 SSH 的 Credentials。

步骤 1：在 Jenkins 所在的操作系统上通过 ssh-keygen 创建 RSA 的公钥和私钥对。

步骤 2：在 Slave 机器上创建用户 slaveuser（useradd slaveuser）。

步骤 3：在 Jenkins 上创建此用户的 SSH 的 Credentials。

依次选择 Jenkins→Credentials→Global→Add Credentials 选项，对 Credentials 的创建使用如下设定，如表 10-15 所示。

表 10-15　Credentials 的设定

设 定 选 项	设 定 内 容
Kind	设定为用户名和私钥的 SSH 方式
Scope	将范围设定为全局可见
Username	slaveuser，注意此用户名对应 Slave 节点所在机器需要添加的用户
Private Key	使用 Enter directly 方式，直接将 Jenkins 所使用的私钥（cat /root/.ssh/id_rsa 的全部内容）复制到 Key 的副文本框中
Passphrase	不做设定（如果在创建 ssh-key 时有相应设定，此处应同样设定）
ID	slaveuser
Description	slaveuser 信息

步骤 4：设定 SSH 通路。

在 Jenkins 的容器或者所在的操作系统上，使用 ssh-key 创建 RSA 的公钥和私钥对（id_rsa.pub 和 id_rsa）。

```
/ # cd /root/.ssh
~/.ssh # ls
id_rsa   id_rsa.pub
~/.ssh #
~/.ssh # cat id_rsa.pub
ssh-rsa AAAAB3NzaC1yc2EAAAADAQABAAABAQDLLZr1ciLCXwNcay6WaUJee2HFQtWxyIwGEkQ056C
4gdnSWifyIeZ+GyoseLQvmGTstDD/yHwgE337dnBXydoSteXFGCwwihfGP+/vZQK1cmhUInIRgC0/l
b3fQJEMPUFcw0SORie9wZYZRInt4e7VZ4rAI+LtIEEY5zaTB8eA2fITogRtr6H+u3EShlf01GxPcXR
1Zqk78Yx3ZiK1nU7oh1kaYBLrcsCdhwCbsmz1jro0YZL9T7r66AkzHg99SQnWE4MFk3+eYZFF1Eq9f
KQUaVWQ8GjgLHP705lryrvxmXlNI2OHWJleX1xvumKhi8wWdM8/v1Ixi0ZJ4DCTktRt root@5226a
88a46f1
~/.ssh #
```

在 Slave 对象节点（此例中机器名称为 liumiaocn）上，将刚刚创建的公钥信息（id_rsa.pub）添加到 Slave 节点的 slaveuser 的 home 用户的 ssh 文件夹下的 authorized_keys 中。需要注意的是，文件 authorized_keys 的权限需要设定为 600，否则 SSH 的安全性无法得到保证，SSH 也无法连通。

```
[slaveuser@liumiaocn ~]$ cd /home/slaveuser/.ssh
[slaveuser@liumiaocn .ssh]$ ls
authorized_keys
[slaveuser@liumiaocn .ssh]$ cat authorized_keys
ssh-rsa AAAAB3NzaC1yc2EAAAADAQABAAABAQDLLZr1ciLCXwNcay6WaUJee2HFQtWxyIwGEkQ056C
```

```
4gdnSWifyIeZ+GyoseLQvmGTstDD/yHwgE337dnBXydoSteXFGCwwihfGP+/vZQK1cmhUInIRgC0/1
b3fQJEMPUFcw0SORie9wZYZRInt4e7VZ4rAI+LtIEEY5zaTB8eA2fITogRtr6H+u3EShlf01GxPcXR
1Zqk78Yx3ZiK1nU7oh1kaYBLrcsCdhwCbsmz1jro0YZL9T7r66AkzHg99SQnWE4MFk3+eYZFF1Eq9f
KQUaVWQ8GjgLHP705lryrvxmXlNI2OHWJleX1xvumKhi8wWdM8/v1Ixi0ZJ4DCTktRt root@5226a
88a46f1
[slaveuser@liumiaocn .ssh]$
```

如果设定没有问题，此时已经可以在 Master 节点上通过 SSH 对对象节点进行访问了。在前面对 Jenkins 的节点管理中，关于 Host Key 的验证策略中提及 known_hosts，使用这种方式需要先行保证 Slave 对象节点 liumiaocn 在 known_hosts 中，为了保证连通性没有问题，需要从 Jenkins 的 Master 所在节点对 Slave 节点指定的用户 slaveuser 进行访问，由于这里的对象节点名称为 liumiaocn，所以使用命令 ssh -l slaveuser liumiaocn 即可进行连接确认。首次验证需要将 yes 加入对象节点的签名信息 known_hosts 中，然后后面的验证就没有问题了。

步骤 5：创建一个节点。

依次选择 Jenkins→Manage Jenkins→Manage Nodes→New Node 选项，进行如表 10-16 所示的设定。

表 10-16　创建节点的设定

设 定 选 项	设 定 内 容
Master 节点的 of executors	设定为 2
新建节点的 of executors	设定为 1
新建节点的 name	agent1
新建节点的 label	hostnametest
新建节点的 Remote root directory	/tmp
新建节点的 usage	尽可能多地使用此节点
新建节点的 Launch method	使用 SSH
新建节点的 Host	IP 地址或者机器名称
新建节点的 Credentials	选中上面创建的名为 slaveuser 的 SSH Credentials
Host Key Verification Strategy	设定验证策略为已知主机文件方式
新建节点的 Availability	设定此代理为尽可能在线方式

新建成功后名为 agent1 的 Salve 节点已经是可用状态了，选中此节点，通过左侧的 Log 菜单选项即可确认类似如下的连接成功或者失败的信息。

```
[SSH] Opening SSH connection to 192.168.163.151:22.
[SSH] SSH host key matches key in Known Hosts file. Connection will be allowed.
[SSH] Authentication successful.
[SSH] The remote user's environment is:
BASH=/usr/bin/bash
...
```

这样已经成功创建了一个处于可用状态的节点了。接下来稍微改一下，在 agent 指令中通过 lable，将此 job 与新建的节点进行关联，同时在 build 的 Stage 中添加两条命令用于确认此 Jenkins pipeline 的执行用户（whoami 命令：用于显示用户名称）和所在机器（hostname 命令：用于显示机器名称）。

```
pipeline {
  agent { label 'hostnametest' }
  stages {
    stage('build') {
      steps {
        echo 'build';
        sh 'hostname';
        sh 'whoami';
      }
    }
    stage('test'){
      steps {
        echo 'test';
      }
    }
    stage('deploy') {
      steps {
        echo 'deploy';
      }
    }
  }
}
```

执行代码后，我们获得了日志。从日志中可以看到 hostname 和 whoami 命令返回的结果，这说明此流水线 job 按照期待执行，在所关联的节点（liumiaocn）上使用设定用户执行了代码。

```
Started by user root
Running in Durability level: MAX_SURVIVABILITY
[Pipeline] node
Running on agent1 in /tmp/workspace/Declarative-Pipeline-Job
[Pipeline] {
[Pipeline] stage
[Pipeline] { (build)
[Pipeline] echo
build
[Pipeline] sh
[Declarative-Pipeline-Job] Running shell script
+ hostname
liumiaocn
[Pipeline] sh
```

```
[Declarative-Pipeline-Job] Running shell script
+ whoami
slaveuser
[Pipeline] }
[Pipeline] // stage
[Pipeline] stage
[Pipeline] { (test)
[Pipeline] echo
test
[Pipeline] }
[Pipeline] // stage
[Pipeline] stage
[Pipeline] { (deploy)
[Pipeline] echo
deploy
[Pipeline] }
[Pipeline] // stage
[Pipeline] }
[Pipeline] // node
[Pipeline] End of Pipeline
Finished: SUCCESS
```

第 11 章
DevOps 工具：版本管理

版本管理是常见的项目实践之一，而且软件版本管理的工具五花八门，从早期的集中式版本管理工具 RCS 到目前的分布式版本管理工具 Git，可供选择的工具非常多。选择合适的项目管理工具会对版本的控制起到很好的作用，但更重要的是如何结合工具来实践版本管理模型。在本章中，将会介绍常见的版本管理工具以及流行的版本管理模型 Git Flow 和 GitHub Flow。

11.1 常用工具介绍

本节将对常见的版本管理工具 RCS、SVN 和 Git 进行介绍。

11.1.1 RCS

RCS 作为早期的版本管理工具，其出现时间远在 SVN 和已经退役的 CVS 之前，最早的 RCS 是由普渡大学（Purdue University）的 Walter F. Tichy 在 20 世纪 80 年代开发的，它比 Web 开发的 ASP 前代 CGI 的历史还要久远。如果想对版本管理实现方式进行深入研究的话，RCS 提供了一种十分简单的方式，版本管理结果均以文本形式存放，功能简单，代码开源易读，对于想深入了解版本管理或者想开发类似工具的开发者来说，是不可多得的参考资料。

1. 安装

RCS 在很多 Linux 的发行版上都可以进行简单的安装。例如，在 CentOS 7 之前其都是被默认安装的，如果没有安装的话，在 CentOS 等 Linux 发行版上直接执行 yum install rcs 命令即可进行安装。从如下的安装日志中可以看到 5.9.0-5.el7 版本的 rcs 仅有 230KB。

```
================================================================
================================================================
 Package          Arch          Version              Repository          Size
================================================================
================================================================
```

```
Installing:
rcs           x86_64              5.9.0-5.el7            base            230 kB

Transaction Summary
================================================================================
================================================================================
```

2. 安装之后进行版本确认

使用如下命令可以进行 RCS 版本的确认，需要注意，除了 GNU 版本的 RCS 外，还有其他版本的 RCS，它们在使用细节上有所区别，在一些老旧的系统中可能还会碰到。

```
[root@host31 ~]# rcs --version
rcs (GNU RCS) 5.9.0
Copyright (C) 2010-2013 Thien-Thi Nguyen
Copyright (C) 1990-1995 Paul Eggert
Copyright (C) 1982,1988,1989 Walter F. Tichy, Purdue CS
...
[root@host31 ~]#
```

3. 常见操作：checkin 操作

事先创建一个空目录，在此目录下生成一个 hello.h 文件进行 RCS 版本管理。

```
[root@host31 ~]# mkdir -p /local/testrcs
[root@host31 ~]# cd /local/testrcs
[root@host31 testrcs]# mkdir RCS
[root@host31 testrcs]# echo "#include <stdio.h>" >hello.h
```

使用 ci 命令将此文件 checkin。

```
[root@host31 testrcs]# ci hello.h
RCS/hello.h,v  <--  hello.h
enter description, terminated with single '.' or end of file:
NOTE: This is NOT the log message!
>> initial version
>> .
initial revision: 1.1
done
[root@host31 testrcs]#
```

checkin 后进行确认，发现文件不见了，只有 RCS 下生成的 hello.h,v 文件了，此文件中包含了 hello.h 的内容和用于版本管理的元数据信息。

```
[root@host31 testrcs]# ll
total 0
drwxr-xr-x. 2 root root 22 Aug 15 21:48 RCS
[root@host31 testrcs]# ll RCS
total 4
```

```
-r--r--r--. 1 root root 213 Aug 15 21:48 hello.h,v
[root@host31 testrcs]# cat RCS/hello.h,v
head    1.1;
access;
symbols;
locks; strict;
comment @ * @;


1.1
date    2016.08.15.17.47.54;    author root;    state Exp;
branches;
next    ;


desc
@initial version
@


1.1
log
@Initial revision
@
text
@#include <stdio.h>
@
[root@host31 testrcs]#
```

　　再看 hello.h,v 文件，你会清晰地发现版本管理中需要考虑的内容，如 branch、lock、log、tag 等操作。在 SVN 中能做到的事情，在 RCS 中同样可以做到，只不过有时需要进行封装。

　　在没有 SVN 和 Git，甚至没有 CVS 的时代，很多项目就曾经通过自己封装 RCS 做到多项目同时开发，完成 branch、tag、自动合并等各种操作。工具本身没有所谓的哪个更好，对使用者来说方便和合适最重要。

4．常见操作：checkout 操作

　　通过 co 命令可以进行文件的 checkout 操作。

```
[root@host31 testrcs]# ll
total 0
drwxr-xr-x. 2 root root 22 Aug 15 21:48 RCS
[root@host31 testrcs]# co hello.h
RCS/hello.h,v --> hello.h
revision 1.1
```

```
done
[root@host31 testrcs]#
```

5. 常见操作：修正内容确认

通过 rcsdiff 命令可以对文件的修正内容进行确认，事先锁住要修正的文件。

```
[root@host31 testrcs]# co -l hello.h
RCS/hello.h,v --> hello.h
revision 1.1 (locked)
done
[root@host31 testrcs]#
```

此时，在 hello.h 中增加了一行 include 语句。

```
[root@host31 testrcs]# cat hello.h
#include <stdio.h>
#include <string.h>
[root@host31 testrcs]#
```

由于还没有 checkin，所以此时 hello.h 与库文件之间已经存在区别，rcsdiff 作为提交之前的确认命令，是在开发时被广泛使用的语句，其他版本管理工具 SVN 或者 Git 也都有类似的命令。如下语句可以通过 rcsdiff 确认新添加的信息。

```
[root@host31 testrcs]# rcsdiff hello.h
===================================================================
RCS file: RCS/hello.h,v
retrieving revision 1.1
diff -r1.1 hello.h
1a2
> #include <string.h>
[root@host31 testrcs]#
```

接下来执行 ci 操作，在 1.1 版本之上生成 1.2 版本，ci -u 即可保证本地文件在 checkin 之后不被删除。

```
[root@host31 testrcs]# ci -u hello.h
RCS/hello.h,v <-- hello.h
new revision: 1.2; previous revision: 1.1
enter log message, terminated with single '.' or end of file:
>> add string.h
>> .
done
[root@host31 testrcs]# ll
total 4
-r--r--r--. 1 root root 39 Aug 15 22:00 hello.h
drwxr-xr-x. 2 root root 22 Aug 15 22:03 RCS
[root@host31 testrcs]#
```

也可以使用指定版本号的方式进行修正内容的确认。

```
[root@host31 testrcs]# rcsdiff -r1.1 -r1.2 hello.h
===================================================================
RCS file: RCS/hello.h,v
retrieving revision 1.1
retrieving revision 1.2
diff -r1.1 -r1.2
1a2
> #include <string.h>
[root@host31 testrcs]#
```

6. 常见操作：创建分支

介绍 RCS 的重要原因之一是，可以看到一种比较传统的版本管理方式的所有细节，包括分支的创建。诸如 Git 或者 SVN 这些后期版本管理工具使分支的创建变得越来越方便，而在 RCS 下进行分支的创建看似有些烦琐，但是它却用了非常简单的方式和非常少的元数据对整个过程进行了管理。

我们现在已经有了一个 1.2 版本的 hello.h，RCS 通常会持续地进行版本的升级。接下来，看一下如何得到一个 2.0 的版本：

```
[root@host31 testrcs]# ci -r2.0 -f -m "initial" hello.h
RCS/initial,v <-- initial
ci: initial: No such file or directory
RCS/hello.h,v <-- hello.h
new revision: 2.0; previous revision: 1.2
done
[root@host31 testrcs]#
```

可以看到只需要在执行 ci 操作的时候使用-r 选项即可，现在已经有了 1.2 版本和 2.0 版本。如果继续对此文件进行操作，会得到 1.3 版本还是 2.1 版本呢？

```
[root@host31 testrcs]# co -l hello.h
RCS/hello.h,v --> hello.h
revision 2.0 (locked)
done
[root@host31 testrcs]#
[root@host31 testrcs]# rcsdiff hello.h
===================================================================
RCS file: RCS/hello.h,v
retrieving revision 2.0
diff -r2.0 hello.h
2a3
> #include "test.h"
[root@host31 testrcs]#
[root@host31 testrcs]# ci -u hello.h
RCS/hello.h,v <-- hello.h
```

```
new revision: 2.1; previous revision: 2.0
enter log message, terminated with single '.' or end of file:
>> modify for 2.0
>> .
done
[root@host31 testrcs]#
```

可以看到得到的是 2.1 版本，而且对此文件继续修改和提交会得到 2.2 版本。

```
[root@host31 testrcs]# co -l -r2.1 hello.h
RCS/hello.h,v  -->  hello.h
revision 2.1 (locked)
done
[root@host31 testrcs]# vi hello.h
[root@host31 testrcs]# rcsdiff hello.h
===================================================================
RCS file: RCS/hello.h,v
retrieving revision 2.1
diff -r2.1 hello.h
3a4
> #include "test2.1.h"
[root@host31 testrcs]# ci -u -m "add test2.1.h" hello.h
RCS/add test2.1.h,v  <--  add test2.1.h
ci: add test2.1.h: No such file or directory
RCS/hello.h,v  <--  hello.h
new revision: 2.2; previous revision: 2.1
done
[root@host31 testrcs]#
```

但是在这种情况下，如果我们现在对旧版本 1.1 进行锁定，然后修正、checkin，会发生什么呢？

```
[root@host31 testrcs]# co -l -r1.1 hello.h
RCS/hello.h,v  -->  hello.h
revision 1.1 (locked)
done
[root@host31 testrcs]# vi hello.h
[root@host31 testrcs]# rcsdiff hello.h
===================================================================
RCS file: RCS/hello.h,v
retrieving revision 2.2
diff -r2.2 hello.h
2,4c2
< #include <string.h>
< #include "test.h"
< #include "test2.1.h"
---
> #include "test1.1.h"
[root@host31 testrcs]# ci -u -m "add test1.1.h" hello.h
```

```
RCS/add test1.1.h,v <-- add test1.1.h
ci: add test1.1.h: No such file or directory
RCS/hello.h,v <-- hello.h
new revision: 1.1.1.1; previous revision: 1.1
done
[root@host31 testrcs]#
```

可以看到从 1.1 版本生成了一个版本号为 1.1.1.1 的奇怪版本。

其实这一点都不奇怪，在 RCS 的那个年代，会对 1.0、2.0 版本进行大的主干管理，对其下生成的 1.1、2.1 等版本进行锁定，进一步生成第一层的分支，这是一个 4 位的版本号 1.1.1.1，第四位是文件自身的版本号，第三位是第一层分支号，第一位和第二位结合起来为产生分支的位置。能不能生成两层的分支呢？答案是肯定的，如果项目需要有更深的分支，可以继续往下生成分支，两层分支的版本号是 1.1.1.1.1.1，如果不够长的话，还可以生成更长的版本号。回到 1.1.1.1 版本，可以看到早期版本管理分支的一种处理方法，看着很麻烦，但是体现了一种朴实的美感。可以在 1.1.1.1 版本上继续修改和提交，自然会在版本号的第四位上体现版本的信息，现在可以得到 1.1.1.2 版本了。

```
[root@host31 testrcs]# co -l -r1.1.1.1 hello.h
RCS/hello.h,v --> hello.h
revision 1.1.1.1 (locked)
done
[root@host31 testrcs]# vi hello.h
[root@host31 testrcs]# rcsdiff hello.h
===================================================================
RCS file: RCS/hello.h,v
retrieving revision 2.2
diff -r2.2 hello.h
2,4c2,3
< #include <string.h>
< #include "test.h"
< #include "test2.1.h"
---
> #include "test1.1.h"
> #include "test1.1.1.1.h"
[root@host31 testrcs]#
[root@host31 testrcs]# ci -u -m "add test1.1.1.1.h" hello.h
RCS/add test1.1.1.1.h,v <-- add test1.1.1.1.h
ci: add test1.1.1.1.h: No such file or directory
RCS/hello.h,v <-- hello.h
new revision: 1.1.1.2; previous revision: 1.1.1.1
done
[root@host31 testrcs]#
```

7. 常见操作：确认版本提交的详细信息

可以通过 rlog 命令确认某一文件的所有提交的相关详细信息，比如何时何人因为何事（comment）生成了什么版本的文件。

```
[root@host31 testrcs]# rlog hello.h

RCS file: RCS/hello.h,v
Working file: hello.h
head: 2.2
branch:
locks: strict
access list:
symbolic names:
keyword substitution: kv
total revisions: 8;      selected revisions: 8
description:
initial version
----------------------------
revision 2.2
date: 2016/08/15 22:13:25;  author: root;  state: Exp;  lines: +1 -0
*** empty log message ***
----------------------------
revision 2.1
date: 2016/08/15 22:10:19;  author: root;  state: Exp;  lines: +1 -0
modify for 2.0
----------------------------
revision 2.0
date: 2016/08/15 22:07:41;  author: root;  state: Exp;  lines: +0 -0
*** empty log message ***
----------------------------
revision 1.2
date: 2016/08/15 22:03:45;  author: root;  state: Exp;  lines: +1 -0
add string.h
----------------------------
revision 1.1
date: 2016/08/15 21:47:54;  author: root;  state: Exp;
branches: 1.1.1;
Initial revision
----------------------------
revision 1.1.1.2
date: 2016/08/15 22:31:13;  author: root;  state: Exp;  lines: +1 -0
*** empty log message ***
----------------------------
revision 1.1.1.1
```

```
date: 2016/08/15 22:15:10;  author: root;  state: Exp;  lines: +1 -0
branches: 1.1.1.1.1;
*** empty log message ***
----------------------------
revision 1.1.1.1.1.1
date: 2016/08/15 22:32:27;  author: root;  state: Exp;  lines: +1 -0
*** empty log message ***
=============================================================================
[root@host31 testrcs]#
```

8. 常见操作：tag 管理

RCS 虽然没有单独的 tag 管理功能，但是提供了可以进行 tag 管理的方法。在使用方便的管理工具的时候，开发者可能不会意识到版本管理工具替我们做了什么。但是使用 RCS，需要一个文件一个文件地设定 tag 信息，这就是通过 symbolic names 来实现的。

版本管理工具在这个方面大都是类似的，都会提供一种特定的方法对某一时间断面的所有文件进行整体设定。现代的版本管理工具不会让你如此麻烦，但同时也使你失去了了解其实际运作细节的机会。在 RCS 中通过 symbolic names 可以实现 tag 的管理功能。

rlog -h：单独列出 symbolic names 等信息。

rlog -h 可用于确认当前 symbolic names 的信息，具体使用方法可参看如下示例。

```
[root@host31 testrcs]# rlog -h hello.h

RCS file: RCS/hello.h,v
Working file: hello.h
head: 2.2
branch:
locks: strict
access list:
symbolic names:
keyword substitution: kv
total revisions: 8
=============================================================================
[root@host31 testrcs]#
```

rlog -n：设定/删除 symbolic names 信息。

使用 rlog -n 命令便可进行 symbolic names 信息的设定或者删除，具体使用方法可参看如下示例。

设定 symbolic names。

```
[root@host31 testrcs]# rcs -nNewBranch:1.1.1.1.1.1 hello.h
RCS file: RCS/hello.h,v
done
[root@host31 testrcs]# rlog -h hello.h
```

```
RCS file: RCS/hello.h,v
Working file: hello.h
head: 2.2
branch:
locks: strict
access list:
symbolic names:
NewBranch: 1.1.1.1.1.1
keyword substitution: kv
total revisions: 8
=======================================================================
[root@host31 testrcs]#
```

删除 symbolic names。

```
[root@host31 testrcs]# rcs -nNewBranch hello.h
RCS file: RCS/hello.h,v
done
[root@host31 testrcs]# rlog -h hello.h

RCS file: RCS/hello.h,v
Working file: hello.h
head: 2.2
branch:
locks: strict
access list:
symbolic names:
keyword substitution: kv
total revisions: 8
=======================================================================
[root@host31 testrcs]#
```

注意事项：-nname:rev 的版本如果不存在就会出错，需要注意空格。

9. 常见操作：修改注释信息

首先确认 hello.h 文件 1.1 版本的 rlog 信息。

```
revision 1.1
date: 2016/08/15 21:47:54;  author: root;  state: Exp;
branches: 1.1.1;
Initial revision
```

将 comment 中的 Initial 改为 initial。

```
[root@host31 testrcs]# rcs -m1.1:"initial version" hello.h
RCS file: RCS/hello.h,v
done
[root@host31 testrcs]#
```

修正后，rlog 信息的信息确认如下。

```
revision 1.1
date: 2016/08/15 21:47:54;  author: root;  state: Exp;
branches: 1.1.1;
initial version
```

10．常见操作：删除版本

使用 rcs-o 可以进行版本的删除，比如删除 1.1.1.1.1.1 这个版本。

```
[root@host31 testrcs]# rcs -o1.1.1.1.1.1 hello.h
RCS file: RCS/hello.h,v
deleting revision 1.1.1.1.1.1
done
[root@host31 testrcs]#
```

除了删除指定版本，还有可以指定 from 和 to 的一定范围的删除方式，如表 11-1 所示。此操作较为危险，执行之前务必保存好,v 文件，以便恢复。

表 11-1　rcs 版本删除方式

删 除 方 式	详 细 说 明
rev1:rev2	从 rev1 删到 rev2
rev1:	删除从 rev1 开始的所有分支版本
:rev2	删除到 rev2 结束的所有版本

11.1.2　SVN

SVN 作为传统的集中式版本管理开源工具的优秀代表，从 2004 年提供首版到现在已经发展了不短的时间。尤其在相当长一段时间内，SVN 一直是版本管理工具的首选，到现在仍然是项目管理、版本管理的重要选项之一 。SVN 的特性信息如表 11-2 所示。

表 11-2　SVN 的特性信息

开源/闭源	开源	提供者	Apache Software Foundation
License 类别	Apache License v2	开发语言	C
运行平台	广泛适用于 AIX、Linux、FreeBSD、HP-UX、macOS、Solaris、Windows 等多种操作系统		
硬件资源	对硬件资源的要求相对不高，但是根据需求不同，比如用户的数量、提交的频度、仓库的大小等实际需求的不同，对硬件资源的要求需要自行调整		
软件资源	一般需要和 Apache 结合使用	REST API支持	提供 CLI 命令行的集成支持
更新频度	平均每年更新数次	更新机制	有清晰的 Roadmap 和长期版本支持机制。例如，在 2017 年 1.9.x 被作为建议的稳定版本推荐用户使用

续表

可用性	与同类产品相比，其提供了完备的功能，并在不断更新，尤其为传统方式下的大型团队的大规模项目群的开发提供了很好的支持，在这方面也有很多做得非常不错的经验可以借鉴，比如 Apache Sotfware Foundation 的项目自身也在使用 SVN 进行版本管理，这为 SVN 的可用性提供了很好的证明
交互性	多数操作仍通过命令行进行，但是内容相对比较容易学习和掌握，安装和部署方式越来越简单
市场状况	开源社区也在很广泛地使用 SVN，比如 GCC、SourceForge、FreeBSD 和 Apache Software Foundation 都在使用 SVN 作为版本管理工具。随着 Git 和 GitHub 的快速发展，SVN 受到了很大的冲击，但是其依然拥有为数不少的用户，尤其是过去 CVS 甚至 RCS 版本管理工具的使用者，工作习惯和使用方式使得他们对 SVN 更容易接受，而 SVN 对旧版本用户的支持做得也比较不错，比如主线版本在 2018 年 3 月推出 1.10 时，对旧版本 1.8.x 相关的安全性问题也进行了同步更新，以保证用户不会因为一些突发问题打乱节奏而被迫升级到更大的主线版本，因为更大的主线版本往往会对整体造成更大的影响，而这些影响对于用户尤其是企业用户来说很可能是致命的

11.1.3　Git

Git 是分布式版本管理工具，目前受到了越来越多开发者的青睐，是当前主流的版本管理工具之一。Git 的特性信息如表 11-3 所示。

表 11-3　Git 的特性信息

开源/闭源	开源	提供者	开源社区（发起人 Linus Torvalds）
License 类别	GPL v2	开发语言	C、Shell 及少量的 Perl 等
运行平台	Git 的初衷是为开源的 Linux 系统提供版本管理，现在也支持 Windows 和 macOS 系统		
硬件资源	对硬件资源的要求相对不高，但是根据需求不同，比如用户的数量、提交的频度、仓库的大小等实际需求的不同，对硬件资源的要求需要自行调整		
软件资源	如使用 GitWeb 则需 Apache	REST API 支持	提供 CLI 命令行的集成支持
更新频度	平均每月更新数次	更新机制	保持着稳定、快速的更新，并提供对以往版本的长期版本支持机制
可用性	提供了分布式版本管理工具所需的完备功能，并在不断更新，分支操作方便快捷，分布式版本管理有效解决了传统中心式版本管理服务器宕机或者性能恶化的问题，同时可以结合 GitHub 或者 GitLab 作为远程仓库管理中心等。随着 Git 的广泛使用，很多可供参照的版本管理模型也随之产生，比如 Git Flow，项目可以根据自身情况进行参考，以获得更好的适应性		
交互性	多数操作仍通过命令行进行，习惯于 RCS 或者 CVS 等集中式版本管理工具的使用者可能需要重新适应，整体来说其较为容易学习和掌握，安装和部署方式非常简单，不同发行版本的仓库中基本都有稳定版本的 Git 可以进行快速安装		
市场状况	开源社区也在非常广泛地使用 Git，其市场接受程度越来越好，也得到了开发者的喜爱和推崇，Git 在 GitHub 上的星数超过 20 000，Fork 数超过 10 000，Contributor 数超过 1000，在一般的项目中极难看到这样高的数值。其版本在稳定、快速地更新着，同时对旧版的支持做得也不错，另外，使用 Git 进行二次开发的工具也逐渐出现		

11.1.4　GitLab

本书中提到的 GitLab，在没有特定说明的情况下，指的都是 GitLab-CE。最初的时候，GitLab 是一个基于 MIT License 的完全免费的软件。而在 2013 年，GitLab 被拆分成了 GitLab-CE（社区版本）和 GitLab EE（商业版）。GitLab-CE 提供了 Git 仓库管理、代码审查、问题跟踪、Wiki 等功能，而 GitLab EE 在此基础上更深层次地集成了 LDAP/AD、JIRA 与 Jenkins 等。GitLab 的特性信息如表 11-4 所示。

表 11-4　GitLab 的特性信息

开源/闭源	开源	提供者	GitLab Inc.
License 类别	MIT License	开发语言	Ruby、Go
运行平台	建议使用 Omnibus 安装包进行 GitLab 的安装，这样比较容易安装与升级。一般其支持 Ubuntu、Debian、CentOS 与 Windows 等操作系统，也可以使用官方镜像在 Docker 中运行 Gitlab		
硬件资源	对硬件资源的要求相对较高，当然随着用户的增多对资源的需求自然也会变化，结合官方建议，100 个左右的用户的最小型配置尽量不要低于 2 核 CPU + 4GB 内存。数据库建议使用 PostgreSQL，而存储设备则根据需要进行选定，在一般情况下，高速的硬盘或者 SSD 对提升 GitLab 的性能有很好的帮助		
软件资源	从 GitLab 12.1 开始不再支持 MySQL 数据库	REST API 支持	提供功能齐全的 REST API 的集成支持
更新频率	平均每周进行版本更新	更新机制	有清晰的 Roadmap 和长期版本支持机制，从中能较为清晰地判断中间状态
可用性	GitLab 提供了完善的用户和组的管理功能，使用不同的权限对项目进行控制，提供 webhook 和完善的 REST API 同其他工具进行集成，提供了 issue 和 Milestone 对项目进行管理，使用 Merge Request 方式进行有效的分支管理等。整体来说，如果希望找一个开源免费的工具，且它可以运行在自己的硬件上，还能够通过 UI 界面进行大部分操作，可以根据自己的需求进行 10 000 多个用户扩展，并能保证一定的可用性，那么 GitLab 不失为一个前期选型时的考虑对象		
交互性	操作非常方便，统计信息也能够较好地对项目整体状况进行把控，但是安装仍然较为烦琐，资源的耗费相对较多		
市场状况	2017 年，GitLab 曾发生过因数据误删导致服务中断的安全事故，但由于 GitLab 官方的回应公开、透明、真诚，并且问题本身来自运维人员的误操作，因此并未造成太不好的市场影响。对于需要在自己的资源上运行服务的企业来说，GitLab 已经成为一个重要的选项		

GitLab-CE 提供了官方镜像，可以非常简单和安全地使用，以下为设定启动 GitLab 的最简方式。

步骤 1：拉取 GitLab-CE 的镜像。

使用 docker pull 命令下载 GitLab-CE 的镜像。

```
docker pull docker.io/gitlab/gitlab-ce
```

步骤 2：创建本地目录用于卷的挂载。

创建目录用于 GitLab 镜像中卷的挂载。

```
mkdir -p /srv/gitlab/config /srv/gitlab/logs /srv/gitlab/data
```

步骤 3：启动 GitLab。

使用 docker run 命令启动 GitLab 服务。

```
docker run --detach \
  --hostname host32 \
  --publish 443:443 --publish 80:80 \
  --name gitlab \
  --restart always \
  --volume /srv/gitlab/config:/etc/gitlab \
  --volume /srv/gitlab/logs:/var/log/gitlab \
  --volume /srv/gitlab/data:/var/opt/gitlab \
  gitlab/gitlab-ce:latest
```

GitLab 的卷设定说明如表 11-5 所示。

表 11-5　GitLab 的卷设定说明

本 地 路 径	容器内路径	说　　　明
/srv/gitlab/data	/var/opt/gitlab	GitLab 仓库数据
/srv/gitlab/logs	/var/log/gitlab	Log 信息
/srv/gitlab/config	/etc/gitlab	GitLab 设定文件

11.2　详细介绍：GitLab 与开发模型

在前面的章节中我们阐述过版本管理会遇到的种种问题，而关于使用什么版本管理模型能够更好地适应项目的需要，当下实践较多的当属 Git Flow 和 GitHub Flow，很多项目在这两种模型的基础上进行了适应性的调整。在本节中会将 GitLab 与 Git 结合，用来模拟 Git Flow 和 GitHub Flow 的使用方式。

11.2.1　Git Flow 分支模型

结合 Git Flow，使用 GitLab 进行远端仓库管理，这在实际的项目中是一种常见的方式，而且这种方式对于复杂的大型项目有较好的适应性。Git Flow 源于 Vincent Driessen 在 2010 年提出的一个分支模型，如图 11-1 所示。

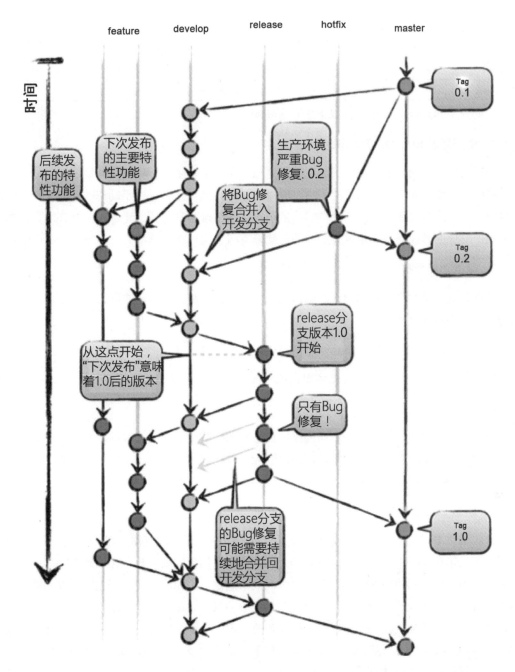

图 11-1　Git Flow 分支模型

Git Flow 的主要特点是有两个长期分支和三个临时分支。Git Flow 中有两个长期分支，一直存在，这两个分支是 develop 分支和 master 分支，如表 11-6 所示。

表 11-6　Git Flow 长期分支列表

分　　支	生　命　期	详　细　说　明
master	长期	用于保持与生产环境一致或者半步先于生产环境，保证生产环境的实时可用状态
develop	长期	开发的集成分支，主要用于显示最新的开发状况

长期分支 master 分支主要在以下场景中使用。

1．生产环境 Bug 的再现与调查

当代码规模和团队规模达到了一定程度之后，尤其是多团队合作开发的情况下，如果缺乏有效的管理，那么尚未发布的功能、临时应对的 Bug，甚至还有一些手动修改暂时未归入版本管理的文件，这些混杂在一起会变得非常复杂。所以在问题发生时，清楚地知道 Bug 发生的生产环境所对应的源代码基线是很有必要的，此分支与上线功能息息相关，必须进行严格管理。

2．新的功能发布

特性分支开发完毕，完成测试，确认此分支内容可以发布之后，便可与 master 分支合并，发布时一般会附加版本号。

3．紧急 Bug 修正发布与 master 分支更新

修正紧急 Bug 之后，需要立即体现在 master 分支上，不然下次发布依然会有很多问题。

4．特性开发合并

根据项目的模块进行拆分，不同的模块由不同的团队负责；或者根据特性进行拆分，不同的特性由不同的团队负责。在这些分支开发完毕后，需要合并到 develop 分支上，以保证 develop 分支具有最新的功能。

5．紧急 Bug 修正发布与 develop 分支更新

修正紧急 Bug 之后，需要立即体现在 master 分支上，但是同时需要在 develop 分支上进行体现，不直接在 develop 分支上进行管理是因为有很多因素需要考虑，比如新的功能虽然开发完毕了，但是由于其他制约因素，发布的时间尚未确定，不能将这些已经完成开发和测试的内容发布到 master 分支上。简单来说，此模型的出发点在于，master 分支用于与生产环境直接关联，之所以多一条分支就是为了管理各种复杂的、难以掌控的项目实际需求。修正紧急 Bug 之后，master 和 develop 分支都需要进行更新，前者保证下次发布时不会将这次紧急修正的内容覆盖，后者保证将下次通过测试的内容合并到 master 分支上时不会覆盖此内容或者尽可能地减少 merge 操作。

相比于长期分支，Git Flow 的模型中还有三种临时分支，如表 11-7 所示。

表 11-7　Git Flow 临时分支列表

分 支 类 型	说　明	是否可为多条
feature 分支	特性分支	可为多条
hotfix 分支	Bug 对应分支	可为多条
release 分支	发布实施分支	可为多条

6. 特性分支

特性分支有时也被称为 Topic 分支，一般用于开发新的特性，而与其关联的发布可能近在眼前，也可能需要很长一段时间，特性分支最终会被合并到 develop 分支或者被丢弃。丢弃特性分支开发的内容在敏捷开发中并不罕见，尤其是在项目需要不断试验的阶段。

根据 DevOps 的调查，基于主干的开发方式是主流推动的开发方式，在这种方式下会尽可能少地使用临时分支，但是由于项目的复杂性和实际推行时各种制约因素的存在，多条分支长时间并行还是很难避免的，开发特性分支的时候在 Git Flow 模型中一般遵循如表 11-8 所示的步骤。

表 11-8　Git Flow 特性分支开发步骤

步　骤	内　容	Git 命令
1	以 develop 分支为基础创建特性分支	git checkout -b 特性分支名称 develop
2	进行特性内容开发直至可以提交	git add 文件名称 git commit -m "开发内容注释信息"
3	特性分支开发完成后切换至 develop 分支	git checkout develop
4	合并特性分支开发内容到 develop 分支	git merge --no-ff 特性分支名称
5	删除特性分支	git branch -d 特性分支名称
6	将修改内容推送到远端仓库保存	git push origin develop

Git Flow 特性分支规范如表 11-9 所示。

表 11-9　Git Flow 特性分支规范

注 意 事 项	详 细 说 明
源分支	特性分支需要以 develop 分支为源分支
目标分支	特性分支的合并目标分支为 develop 分支，此模型中只能合并至 develop 分支
分支命名	除去 master/develop/hotfix-*/release-* 命名的所有分支

11.2.2　GitLab+Git Flow

在项目中，使用 Git 作为开发端的管理工具，而 GitLab 主要用于远端仓库管理及权限控制。本章介绍过 GitLab 的丰富的 API 和功能，使用 REST API 可以很方便地与其他工具（诸如 Jenkins）进行更深的集成实践。这里我们主要使用 Git 的常用命令及 GitLab 的 REST API 来模拟使用 Git Flow 开发的流程。实例中使用的 Git 和 GitLab 版本均为目前较新的稳定版本，Git 的版本为 1.8.3.1，GitLab 的版本为 10.4.2。

1. 创建一个项目

首先我们使用 GitLab 的 REST API 创建一个项目，当然也可以直接在 GitLab 上进行图形界面操作。

这里我们使用 Linux 的 curl，通过 POST 方式调用 GitLab 的 API 创建一个 project，project 的名称为 gitflowmodel，GitLab 的 token 信息为 sqiSUhn3tHYXe8nSGRDi，而 GitLab 服务的 URL 为 http://127.0.0.1:32001。可以根据自己的 GitLab 的 URL 和 token 进行修改，如果没有 jq 命令，可以不使用，对结果不产生影响，仅仅对结果的显示格式进行调整。API 调用如下所示。

```
curl --request POST --header "PRIVATE-TOKEN: sqiSUhn3tHYXe8nSGRDi" --data "name=gitflowmodel" "http://127.0.0.1:32001/api/v4/projects" |jq .
```

使用 curl 命令调用的结果信息如下。

```
[root@devops ~]# curl --request POST --header "PRIVATE-TOKEN: sqiSUhn3tHYXe8nSGRDi" --data "name=gitflowmodel" "http://127.0.0.1:32001/api/v4/projects" |jq .
{
  "id": 2,
  "description": null,
  "name": "gitflowmodel",
  "name_with_namespace": "Administrator / gitflowmodel",
  "path": "gitflowmodel",
  "path_with_namespace": "root/gitflowmodel",
  ...
  "printing_merge_request_link_enabled": true
}
[root@devops ~]#
```

至此，我们创建了一个名为 gitflowmodel 的 GitLab 项目。

2. 初始化项目

1）初始化 master 分支

git clone 远程仓库内容，进行结果确认。

```
[root@devops ~]# git clone http://192.168.163.154:32001/root/gitflowmodel.git
Cloning into 'gitflowmodel'...
Username for 'http://192.168.163.154:32001': root
Password for 'http://root@192.168.163.154:32001':
warning: You appear to have cloned an empty repository.
[root@devops ~]# cd gitflowmodel/
[root@devops gitflowmodel]# git branch
```

```
[root@devops gitflowmodel]# git remote -v
origin  http://192.168.163.154:32001/root/gitflowmodel.git (fetch)
origin  http://192.168.163.154:32001/root/gitflowmodel.git (push)
[root@devops gitflowmodel]#
```

对项目进行初始化，创建 master 分支，在 master 分支上添加一个文件 C1，并将此文件推送到远端仓库。

```
[root@devops gitflowmodel]# touch C1
[root@devops gitflowmodel]# git add C1; git commit -m"add C1"
[master (root-commit) 858d807] add C1
 1 file changed, 0 insertions(+), 0 deletions(-)
 create mode 100644 C1
[root@devops gitflowmodel]# git push origin master
Username for 'http://192.168.163.154:32001': root
Password for 'http://root@192.168.163.154:32001':
Counting objects: 3, done.
Writing objects: 100% (3/3), 199 bytes | 0 bytes/s, done.
Total 3 (delta 0), reused 0 (delta 0)
To http://192.168.163.154:32001/root/gitflowmodel.git
 * [new branch]      master -> master
[root@devops gitflowmodel]#
```

2）初始化 develop 分支

在 master 分支已经存在的状态下创建 develop 分支，在 develop 分支上添加一个 C2 文件，并将此文件推送到远端仓库。

```
[root@devops gitflowmodel]# git checkout -b develop master
 Switched to a new branch 'develop'
[root@devops gitflowmodel]# ls
C1
[root@devops gitflowmodel]# touch C2; git add C2; git commit -m "add C2";
[develop e9aff8a] add C2
 1 file changed, 0 insertions(+), 0 deletions(-)
 create mode 100644 C2
[root@devops gitflowmodel]# git push origin develop
Username for 'http://192.168.163.154:32001': root
Password for 'http://root@192.168.163.154:32001':
Counting objects: 3, done.
Delta compression using up to 2 threads.
Compressing objects: 100% (2/2), done.
Writing objects: 100% (2/2), 225 bytes | 0 bytes/s, done.
Total 2 (delta 0), reused 0 (delta 0)
remote:
remote: To create a merge request for develop, visit:
remote:
http://3ff5a6afdc80/root/gitflowmodel/merge_requests/new?merge_request%5Bsource_
```

```
branch%5D=develop
remote:
To http://192.168.163.154:32001/root/gitflowmodel.git
 * [new branch]      develop -> develop
[root@devops gitflowmodel]#
```

至此，两条长期分支（master 分支和 develop 分支）已经就绪，接下来我们开始模拟实际的分支开发、Bug 应对、release 等临时分支操作。

3．特性分支使用过程

现在，master 分支上只有一个 C1 文件，而开发主分支（develop 分支）上则有一个 C2 文件，它已经被开发完毕但尚未被发布，我们要做的事情是在特性分支开发的过程中增加一个 C3 文件，然后将 C3 文件合并到开发主分支（develop 分支）上，为了便于读者理解模型的使用情况，下面简化了操作，象征性地新建一个空文件用于模拟实际的特性开发。

步骤 1：以 develop 分支为基础创建特性分支。

使用命令：git checkout -b 特性分支名称 develop。

```
[root@devops gitflowmodel]# git branch
* develop
  master
[root@devops gitflowmodel]#
[root@devops gitflowmodel]#
[root@devops gitflowmodel]# git checkout -b feature_F1001 develop
Switched to a new branch 'feature_F1001'
[root@devops gitflowmodel]#
```

步骤 2：进行特性内容开发直至可以提交。

这里使用 touch 命令模拟生成一个 C3 文件，然后将该文件提交。

```
[root@devops gitflowmodel]# touch C3; git add C3; git commit -m "add C3";
[feature_F1001 fa40dce] add C3
 1 file changed, 0 insertions(+), 0 deletions(-)
 create mode 100644 C3
[root@devops gitflowmodel]#
```

步骤 3：特性分支开发完成后切换至 develop 分支。

使用命令：git checkout develop。

```
[root@devops gitflowmodel]# git checkout develop
Switched to branch 'develop'
[root@devops gitflowmodel]# ls
C1  C2
[root@devops gitflowmodel]#
```

步骤 4：合并特性分支开发内容到 develop 分支。

使用命令：git merge --no-ff 特性分支名称。

```
[root@devops gitflowmodel]# git merge --no-ff feature_F1001
Merge made by the 'recursive' strategy.
 C3 | 0
 1 file changed, 0 insertions(+), 0 deletions(-)
 create mode 100644 C3
[root@devops gitflowmodel]#
```

步骤 5：删除特性分支。

使用命令：git branch -d 特性分支名称。

```
[root@devops gitflowmodel]# git branch
* develop
 feature_F1001
 master
[root@devops gitflowmodel]#
[root@devops gitflowmodel]# git branch -d feature_F1001
Deleted branch feature_F1001 (was fa40dce).
[root@devops gitflowmodel]#
[root@devops gitflowmodel]# git branch
* develop
 master
[root@devops gitflowmodel]#
```

步骤 6：将修改内容推送到远端仓库保存。

使用命令：git push origin develop。

```
[root@devops gitflowmodel]# git branch
* develop
 master
[root@devops gitflowmodel]# ls
C1  C2  C3
[root@devops gitflowmodel]# git push origin develop
Username for 'http://192.168.163.154:32001': root
Password for 'http://root@192.168.163.154:32001':
Counting objects: 4, done.
Delta compression using up to 2 threads.
Compressing objects: 100% (3/3), done.
Writing objects: 100% (3/3), 331 bytes | 0 bytes/s, done.
Total 3 (delta 1), reused 0 (delta 0)
remote:
remote: To create a merge request for develop, visit:
remote:   http://3ff5a6afdc80/root/gitflowmodel/merge_requests/new?merge_
request%5Bsource_branch%5D=develop
remote:
To http://192.168.163.154:32001/root/gitflowmodel.git
  e9aff8a..eb06c4a  develop -> develop
[root@devops gitflowmodel]#
```

此时，git 仓库的状态如下。

```
[root@devops gitflowmodel]# git log --graph --pretty=oneline
*   eb06c4ad2a9bd1f70d1ec3135f7b8bdc8703f41f Merge branch 'feature_F1001' into develop
|\
| * fa40dce00a8878824641c281bd91e10749e8cc86 add C3
|/
* e9aff8adf4b6344c5d7f59155134ef2e579f1e32 add C2
* 858d8070c8176c42e35f453a3394e4ff1bdc7e94 add C1
[root@devops gitflowmodel]#
```

从以上步骤中也可以理解为什么在使用原则中会推荐使用--no-ff 选项，虽然特性分支被删除了，但是从历史信息中我们能够看到特性分支开发的信息，整体合并有多少文件修改、添加、删除都有迹可查。

4. release 分支

release 分支基于 develop 分支进行创建，主要用于版本的发布，保证最后一步的安全和顺畅，为发布所做的各种准备及手工操作甚至小规模的 Bug 应对，都可以在此分支上完成。release 分支上的一切准备就绪标志着 develop 分支的最新功能已经发布到了 master 分支，同时，下一次发布的功能特性的接收已经开始。

release 分支在使用时一般遵循如表 11-10 所示的步骤。

表 11-10 release 分支开发步骤

步 骤	内 容	Git 命令
1	以 develop 分支为基础创建 release 分支	git checkout -b release-版本号 develop
2	进行发布准备或者小的 Bug 应对，然后进行提交	git commit -a -m "release 相关信息"
3	切换至 master 分支	git checkout master
4	将 release 分支内容合并到 master 分支	git merge --no-ff release-版本号
5	设定 tag	git tag -a 版本号 -m "release 的 tag 信息"
6	切换至 develop 分支	git checkout develop
7	将 release 分支内容合并到 develop 分支	git merge --no-ff release-版本号
8	删除 release 分支	git branch -d release-版本号
9	将 develop 分支推送到远程仓库	git push origin develop
10	切换至 master 分支并将 master 分支推送到远程仓库	git checkout master; git push origin master
11	将 tag 信息推送到远程分支	git push origin 版本号

release 分支规范如表 11-11 所示。

表 11-11 release 分支规范

注 意 事 项	详 细 说 明
源分支	release 分支需要以 develop 分支为源分支

注 意 事 项	详 细 说 明
目标分支	特性分支的合并目标分支为 develop 分支和 master 分支，在此分支上小的 Bug 修正必须同时反映到 develop 分支和 master 分支，不然就会留下隐患
分支命名	release-*

在特性分支的开发流程中，特性开发完成的内容全部合并到了开发主分支 develop 分支上，而将 develop 分支的内容发布到 master 分支的过程就是发布的动作，接下来继续在这个案例之上进行模拟项目发布过程。以 develop 分支为源分支创建一条 release 分支，在发布的过程中发现了一个很小的问题，修改之后进行提交，同时将修改的内容合并回 master 分支和 develop 分支，所有的操作完成之后删除 release 分支，这就是一个发布动作的基本过程，具体执行如下。

步骤 1：以 develop 分支为基础创建 release 分支。

使用命令：git checkout -b release-版本号 develop。

```
root@devops gitflowmodel]# git branch
* develop
  master
[root@devops gitflowmodel]# ls
C1  C2  C3
[root@devops gitflowmodel]# git checkout -b release-0.1 develop
Switched to a new branch 'release-0.1'
[root@devops gitflowmodel]#
```

步骤 2：进行发布准备或者小的 Bug 应对，然后进行提交。

使用命令：git commit -a -m "release 相关信息"。

```
[root@devops gitflowmodel]# touch C4; git add C4; git commit -m "add C4";
[release-0.1 fcca679] add C4
 1 file changed, 0 insertions(+), 0 deletions(-)
 create mode 100644 C4
[root@devops gitflowmodel]#
```

步骤 3：切换至 master 分支。

使用命令：git checkout master。

```
[root@devops gitflowmodel]# git checkout master
Switched to branch 'master'
[root@devops gitflowmodel]#
```

步骤 4：将 release 分支内容合并到 master 分支。

使用命令：git merge --no-ff release-版本号。

```
[root@devops gitflowmodel]# git merge --no-ff release-0.1
Merge made by the 'recursive' strategy.
 C2 | 0
 C3 | 0
```

```
C4 | 0
3 files changed, 0 insertions(+), 0 deletions(-)
 create mode 100644 C2
 create mode 100644 C3
 create mode 100644 C4
[root@devops gitflowmodel]# ls
C1  C2  C3  C4
[root@devops gitflowmodel]#
```

步骤 5：设定 tag。

使用命令：git tag -a 版本号 -m "release 的 tag 信息"。

```
[root@devops gitflowmodel]# git tag -a 0.1
[root@devops gitflowmodel]#
```

步骤 6：切换至 develop 分支。

使用命令：git checkout develop。

```
[root@devops gitflowmodel]# git checkout develop
Switched to branch 'develop'
[root@devops gitflowmodel]#
```

步骤 7：将 release 分支内容合并到 develop 分支。

使用命令：git merge --no-ff release-版本号。

```
[root@devops gitflowmodel]# git merge --no-ff release-0.1
Merge made by the 'recursive' strategy.
 C4 | 0
 1 file changed, 0 insertions(+), 0 deletions(-)
 create mode 100644 C4
[root@devops gitflowmodel]#
```

步骤 8：删除 release 分支。

使用命令：git branch -d release-版本号。

```
[root@devops gitflowmodel]# git branch -d release-0.1
Deleted branch release-0.1 (was fcca679).
[root@devops gitflowmodel]#
```

步骤 9：将 develop 分支推送到远程仓库。

使用命令：git push origin develop。

```
[root@devops gitflowmodel]# git branch
* develop
  master
[root@devops gitflowmodel]# git push origin develop
Username for 'http://192.168.163.154:32001': root
Password for 'http://root@192.168.163.154:32001':
Counting objects: 4, done.
Delta compression using up to 2 threads.
```

```
Compressing objects: 100% (3/3), done.
Writing objects: 100% (3/3), 339 bytes | 0 bytes/s, done.
Total 3 (delta 2), reused 0 (delta 0)
remote:
remote: To create a merge request for develop, visit:
remote:   http://3ff5a6afdc80/root/gitflowmodel/merge_requests/new?merge_
request%5Bsource_branch%5D=develop
remote:
To http://192.168.163.154:32001/root/gitflowmodel.git
   eb06c4a..ff52200  develop -> develop
[root@devops gitflowmodel]#
```

步骤 10：切换至 master 分支并将 master 分支推送到远程仓库。

使用命令：git checkout master; git push origin master。

```
[root@devops gitflowmodel]# git checkout master
Switched to branch 'master'
Your branch is ahead of 'origin/master' by 5 commits.
  (use "git push" to publish your local commits)
[root@devops gitflowmodel]# git push origin master
Username for 'http://192.168.163.154:32001': root
Password for 'http://root@192.168.163.154:32001':
fatal: Authentication failed for 'http://192.168.163.154:32001/root/gitflowmodel.git/'
[root@devops gitflowmodel]#
[root@devops gitflowmodel]# git push origin master
Username for 'http://192.168.163.154:32001': root
Password for 'http://root@192.168.163.154:32001':
Counting objects: 1, done.
Writing objects: 100% (1/1), 223 bytes | 0 bytes/s, done.
Total 1 (delta 0), reused 0 (delta 0)
To http://192.168.163.154:32001/root/gitflowmodel.git
   858d807..1ad3d55  master -> master
[root@devops gitflowmodel]#
```

步骤 11：将 tag 信息推送到远程分支。

使用命令：git push origin 版本号。

```
[root@devops gitflowmodel]# git push origin 0.1
Username for 'http://192.168.163.154:32001': root
Password for 'http://root@192.168.163.154:32001':
Counting objects: 1, done.
Writing objects: 100% (1/1), 152 bytes | 0 bytes/s, done.
Total 1 (delta 0), reused 0 (delta 0)
To http://192.168.163.154:32001/root/gitflowmodel.git
 * [new tag]         0.1 -> 0.1
[root@devops gitflowmodel]#
```

确认分支状态。

```
[root@devops gitflowmodel]# git log --graph --pretty=oneline
*   1ad3d55b2b35220d30f00be7da0c82d385aeb48d Merge branch 'release-0.1'
|\
| * fcca679ee89ad9e2ed90e7b319ba78d10cd22dac add C4
| *   eb06c4ad2a9bd1f70d1ec3135f7b8bdc8703f41f Merge branch 'feature_F1001' into develop
| |\
| | * fa40dce00a8878824641c281bd91e10749e8cc86 add C3
| |/
| * e9aff8adf4b6344c5d7f59155134ef2e579f1e32 add C2
|/
* 858d8070c8176c42e35f453a3394e4ff1bdc7e94 add C1
[root@devops gitflowmodel]#
[root@devops gitflowmodel]# git branch
  develop
* master
[root@devops gitflowmodel]#
[root@devops gitflowmodel]# git checkout develop
Switched to branch 'develop'
[root@devops gitflowmodel]# git log --graph --pretty=oneline
*   ff52200742dc3515c85d41e206b4b7c5208881c2 Merge branch 'release-0.1' into develop
|\
| * fcca679ee89ad9e2ed90e7b319ba78d10cd22dac add C4
|/
*   eb06c4ad2a9bd1f70d1ec3135f7b8bdc8703f41f Merge branch 'feature_F1001' into develop
|\
| * fa40dce00a8878824641c281bd91e10749e8cc86 add C3
|/
* e9aff8adf4b6344c5d7f59155134ef2e579f1e32 add C2
* 858d8070c8176c42e35f453a3394e4ff1bdc7e94 add C1
[root@devops gitflowmodel]#
```

这样就通过临时分支（release 分支）进行了发布，而开发主分支（develop 分支）也可以开始为下次发布做准备了。

5．hotfix 分支

hotfix 分支与 release 分支非常相像，都涉及对生产环境的 master 分支进行版本的更新。但不同的是 hotfix 分支往往是因为生产环境上出现了非常紧急的问题需要立即应对，而项目的特性开发等又不能受到影响而中断，这时就可以基于 master 分支生成一个新的 hotfix 分支，在此分支上进行 Bug 应对，既不影响 develop 分支，又能保证生产环境紧急问题的及时应对，而应对完毕之后向 develop 分支进行同步更新即可。

hotfix 分支在使用时一般遵循如表 11-12 所示的步骤。

表 11-12　hotfix 分支开发步骤

步　骤	内　容	Git 命令
1	以 master 分支为基础创建 hotfix 分支	git checkout -b hotfix-版本号 master
2	进行 Bug 应对，然后进行提交	git commit -a -m "hotfix 相关信息"
3	切换至 master 分支	git checkout master
4	将 hotfix 分支内容合并到 master 分支	git merge --no-ff hotfix-版本号
5	设定 tag	git tag -a 版本号 -m "hotfix 的 tag 信息"
6	切换至 develop 分支	git checkout develop
7	将 hotfix 分支内容合并到 develop 分支	git merge --no-ff hotfix-版本号
8	删除 hotfix 分支	git branch -d hotfix-版本号
9	将 develop 分支推送到远程仓库	git push origin develop
10	切换至 master 分支并将 master 分支推送到远程仓库	git checkout master; git push origin master
11	将 tag 信息推送到远程分支	git push origin 版本号

hotfix 分支规范如表 11-13 所示。

表 11-13　hotfix 分支规范

注 意 事 项	详 细 说 明
源分支	hotfix 分支需要以 master 分支为源分支
目标分支	特性分支的合并目标分支为 develop 分支和 master 分支，修正必须同时反映到 develop 分支和 master 分支，不然就会给下次发布留下隐患
分支命名	hotfix-*

6．hotfix 分支的使用过程

除了使用 release 分支进行例行的发布，临时性的 Bug 应对也可能会发生，这时候使用 hotfix 分支就非常适合。

步骤 1：以 master 分支为基础创建 hotfix 分支。

使用命令：git checkout -b hotfix-版本号 master。

```
[root@devops gitflowmodel]# git checkout -b hotfix-0.1.1 master
Switched to a new branch 'hotfix-0.1.1'
[root@devops gitflowmodel]#
[root@devops gitflowmodel]# git branch
  develop
* hotfix-0.1.1
  master
[root@devops gitflowmodel]#
```

步骤 2：进行 Bug 应对，然后进行提交。

使用命令：git commit -a -m "hotfix 相关信息"。

```
[root@devops gitflowmodel]# touch C5; git add C5; git commit -m "add C5";
[hotfix-0.1.1 7190442] add C5
 1 file changed, 0 insertions(+), 0 deletions(-)
 create mode 100644 C5
[root@devops gitflowmodel]#
```

步骤 3：切换至 master 分支。

使用命令：git checkout master。

```
[root@devops gitflowmodel]# git checkout master
Switched to branch 'master'
[root@devops gitflowmodel]#
```

步骤 4：将 hotfix 分支内容合并到 master 分支。

使用命令：git merge --no-ff hotfix-版本号。

```
[root@devops gitflowmodel]# git merge --no-ff hotfix-0.1.1
Merge made by the 'recursive' strategy.
 C5 | 0
 1 file changed, 0 insertions(+), 0 deletions(-)
 create mode 100644 C5
[root@devops gitflowmodel]#
```

步骤 5：设定 tag。

使用命令：git tag -a 版本号 -m "hotfix 的 tag 信息"。

```
[root@devops gitflowmodel]# git tag -a 0.1.1 -m "hotfix for 0.1.1"
[root@devops gitflowmodel]#
```

步骤 6：切换至 develop 分支。

使用命令：git checkout develop。

```
root@devops gitflowmodel]# git checkout develop
Switched to branch 'develop'
[root@devops gitflowmodel]#
[root@devops gitflowmodel]# git branch
* develop
  hotfix-0.1.1
  master
[root@devops gitflowmodel]#
```

步骤 7：将 hotfix 分支内容合并到 develop 分支。

使用命令：git merge --no-ff hotfix-版本号。

```
[root@devops gitflowmodel]# git merge --no-ff hotfix-0.1.1
Merge made by the 'recursive' strategy.
 C5 | 0
 1 file changed, 0 insertions(+), 0 deletions(-)
 create mode 100644 C5
[root@devops gitflowmodel]#
```

步骤 8：删除 hotfix 分支。

使用命令：git branch -d hotfix-版本号。

```
[root@devops gitflowmodel]# git branch -d hotfix-0.1.1
Deleted branch hotfix-0.1.1 (was 7190442).
[root@devops gitflowmodel]#
```

步骤 9：将 develop 分支推送到远程仓库。

使用命令：git push origin develop。

```
[root@devops gitflowmodel]# git push origin develop
Username for 'http://192.168.163.154:32001': root
Password for 'http://root@192.168.163.154:32001':
Counting objects: 4, done.
Delta compression using up to 2 threads.
Compressing objects: 100% (3/3), done.
Writing objects: 100% (3/3), 382 bytes | 0 bytes/s, done.
Total 3 (delta 2), reused 0 (delta 0)
remote:
remote: To create a merge request for develop, visit:
remote:   http://3ff5a6afdc80/root/gitflowmodel/merge_requests/new?merge_
request%5Bsource_branch%5D=develop
remote:
To http://192.168.163.154:32001/root/gitflowmodel.git
   ff52200..e4b3be8  develop -> develop
[root@devops gitflowmodel]#
```

步骤 10：切换至 master 分支并将 master 分支推送到远程仓库。

使用命令：git checkout master; git push origin master。

```
[root@devops gitflowmodel]# git checkout master
Switched to branch 'master'
Your branch is ahead of 'origin/master' by 2 commits.
  (use "git push" to publish your local commits)
[root@devops gitflowmodel]# git push origin master
Username for 'http://192.168.163.154:32001': root
Password for 'http://root@192.168.163.154:32001':
Counting objects: 1, done.
Writing objects: 100% (1/1), 223 bytes | 0 bytes/s, done.
Total 1 (delta 0), reused 0 (delta 0)
To http://192.168.163.154:32001/root/gitflowmodel.git
   1ad3d55..b843ef1  master -> master
[root@devops gitflowmodel]#
```

步骤 11：将 tag 信息推送到远程分支。

使用命令：git push origin 版本号。

```
[root@devops gitflowmodel]# git tag
```

```
0.1
0.1.1
[root@devops gitflowmodel]#
[root@devops gitflowmodel]# git push origin 0.1.1
Username for 'http://192.168.163.154:32001': root
Password for 'http://root@192.168.163.154:32001':
Counting objects: 1, done.
Writing objects: 100% (1/1), 160 bytes | 0 bytes/s, done.
Total 1 (delta 0), reused 0 (delta 0)
To http://192.168.163.154:32001/root/gitflowmodel.git
 * [new tag]         0.1.1 -> 0.1.1
[root@devops gitflowmodel]#
```

确认分支状态。

```
[root@devops gitflowmodel]# git branch
  develop
* master
[root@devops gitflowmodel]# git log --graph --pretty=oneline
*   b843ef1d58bca6afdf8d3ecd9b363e4725c6ce24 Merge branch 'hotfix-0.1.1'
|\
| * 7190442a53e054bc0a4715f135f5f3fae347e839 add C5
|/
*   1ad3d55b2b35220d30f00be7da0c82d385aeb48d Merge branch 'release-0.1'
|\
| * fcca679ee89ad9e2ed90e7b319ba78d10cd22dac add C4
| *   eb06c4ad2a9bd1f70d1ec3135f7b8bdc8703f41f Merge branch 'feature_F1001' into develop
| |\
| | * fa40dce00a8878824641c281bd91e10749e8cc86 add C3
| |/
| * e9aff8adf4b6344c5d7f59155134ef2e579f1e32 add C2
|/
* 858d8070c8176c42e35f453a3394e4ff1bdc7e94 add C1
[root@devops gitflowmodel]#
[root@devops gitflowmodel]# git checkout develop
Switched to branch 'develop'
[root@devops gitflowmodel]# git log --graph --pretty=oneline
*   e4b3be8a572f3d3efcbaf94c12211dd622b66779 Merge branch 'hotfix-0.1.1' into develop
|\
| * 7190442a53e054bc0a4715f135f5f3fae347e839 add C5
| *   1ad3d55b2b35220d30f00be7da0c82d385aeb48d Merge branch 'release-0.1'
| |\
* | \   ff52200742dc3515c85d41e206b4b7c5208881c2 Merge branch 'release-0.1' into develop
|\ \ \
| | | |/
| | |/|
```

```
| * | fcca679ee89ad9e2ed90e7b319ba78d10cd22dac add C4
|/ /
* |   eb06c4ad2a9bd1f70d1ec3135f7b8bdc8703f41f Merge branch 'feature_F1001' into develop
|\ \
| * | fa40dce00a8878824641c281bd91e10749e8cc86 add C3
|/ /
* | e9aff8adf4b6344c5d7f59155134ef2e579f1e32 add C2
|/
* 858d8070c8176c42e35f453a3394e4ff1bdc7e94 add C1
[root@devops gitflowmodel]#
```

除了 Git 的基础命令，还有一些工具可以辅助使用 Git Flow，使之更加简单，有命令行的操作也有图形化的工具，由于 Git 命令本身已经较为简单，这里就不再对其他的方式进行介绍了。

7．模型的扩展或者变种

除了 Git Flow 还有 GitHub Flow 及 GitLab Flow，在后续的章节会进一步展开，相较于 Git Flow，后面两种模型更为简单，推行起来也更加容易。但是大型复杂项目，尤其是从传统方式向 trunk-based 的构成演进的项目，在这些项目的中间状态使用 Git Flow 还是会有很明显效果的。

Git Flow 的主要思路是两条长期存在的主分支，一条对应主开发分支，另一条对应主生产分支。根据项目的复杂程度可以进行调节，以达到适合当前项目的结构，甚至使用的不是 Git 这种版本管理工具。

这种思路的延伸和扩展还是值得讨论的，比如在某个实际更为复杂的项目中，借助传统的 RCS 分支管理技术，使用 3 条长期存在的主分支在这个超大型的项目中稳定地管理了整个软件的生命周期。

- master 分支：用于保存和生产环境一模一样的分支。
- premaster 分支：用于保存通过内部部署流程即将发布到生产环境的分支。
- develop 分支：开发分支的主分支。

使用 premaster 分支作为两条主分支之间的过渡分支，一旦出现意外情况，可以保证任何时候都能知道生产环境的最新状况，而不必通过一些版本工具的额外操作来实现，一旦生产环境的软、硬件出现问题，能够以最快速度进行重构，以保证服务的可用性。

其实对照 Git Flow 进行思考就会发现，这是 Git Flow 的一种变形。如果将 release 分支长期化，从临时性的分支变成一条长期存在的分支，就是在实践这种方式。所以 Git Flow 的精华之处在于版本管理模型的抽象，其实远在 Git Flow 产生之前，实际模型已经在很多大型的项目中实践过，只是没有上升到共用的版本模型的高度而已。

11.2.3　GitHub Flow 分支模型

Git Flow 非常强大，但是过于复杂，学习和使用时也需要一定的时间，而 GitHub Flow 相比而言则较为清晰和简单。

1．Git Flow 的问题

Git Flow 虽然是一个较早的版本管理模型，但它也有一些实际使用上的问题。第一个常见的问题就是因为 Git Flow 的模型设计是围绕着发布进行的，master 分支用于和生产环境保持一致性，而最新代码的修改则在 develop 分支上进行，所以真正的意义上的主分支是 develop 分支而不是 master 分支。而一般意义上来说，master 分支就是主分支，所以就经常需要解释：这种分支模型下的 develop 分支就是通常意义上的 master 主分支，在沟通上容易造成不必要的障碍。另一个问题则是 Git Flow 模型较为复杂，对于缺乏版本管理知识的使用者来说，较难掌握，容易出错。

随着持续集成和持续部署在很多项目中的推进，越来越多的项目采用了持续发布的方式，同时多功能合并在一个大型版本中一起发布的情形越来越少，取而代之的是"小步快跑"。持续集成结合持续部署，使得传统模式下复杂分支管理的需求变得越来越少，很多时候只需要一条 master 分支即可，基于这种情况，GitHub Flow 被提出了。

2．GitHub Flow 产生的契机

正如 Scott Chacon 在他的文章中提到的那样：既然已经有 Git Flow 了，为什么 GitHub 不直接用 Git Flow 呢？主要是由于 Git Flow 模型过于复杂，项目实际需要的似乎比其简单得多。

于是他们没有在 GitHub 中使用 Git Flow，而是使用了一种更加简单的 Git 工作流程，这个简化的模型就是 GitHub Flow。

围绕着发布设计的 Git Flow 对 GitHub 来说是缺乏吸引力的，原因是发布对 GitHub 来说从来都不是问题，GitHub 每天都可以发布多次，甚至可以通过机器人自动实现这些，整个部署的流程对每个开发者来说都不是什么问题，持续集成的基础已经非常完善，所以更为简单的模型就能够解决这个问题。

3．GitHub Flow 的主要特点

- 长期分支：GitHub Flow 只有一条 master 分支用于管理随时可以进行发布的分支，在 master 分支上的一切都被认为是随时可以部署到生产环境中的内容。
- 临时分支：与 Git Flow 存在 release 分支、hotfix 分支、feature 分支三类分支不同，GitHub Flow 只有一种分支——特性分支。无论是 Bug 修正还是特性开发，在 GitHub Flow 中，都集中在特性分支上。

● Pull Request 分支：GitHub 的 Pull Request 分支提供了一种评审和合并的机制，在 Git Flow 中，这种机制也被使用得淋漓尽致。GitHub Flow 使用拉曳请求来取得反馈及合并。

11.2.4　GitLab+GitHub Flow

使用 GitLab 10.4.2 版本及 Git 1.8.3.1 版本也可以模拟 GitHub Flow 开发的流程。

1．创建一个项目

首先我们使用 GitLab 的 REST API 创建一个项目，当然也可以直接在 GitLab 上进行图形界面操作，具体命令如下，请根据自己的 GitLab 的 URL 和 token 进行修改，另外如果没有 jq 命令可以不使用，对结果没有影响，仅仅对结果的显示格式进行调整。

```
curl --request POST --header "PRIVATE-TOKEN: sqiSUhn3tHYXe8nSGRDi" --data
"name=githubflowmodel" "http://127.0.0.1:32001/api/v4/projects" |jq .
```

通过 POST 方式传递 name 的值，创建名为 githubflowmodel 的项目。

```
[root@devops ~]# curl --request POST --header "PRIVATE-TOKEN: sqiSUhn3tHYXe8nSGRDi"
--data "name=githubflowmodel" "http://127.0.0.1:32001/api/v4/projects" 2>/dev/null |jq .
{
  "id": 3,
  "description": null,
  "name": "githubflowmodel",
  "name_with_namespace": "Administrator / githubflowmodel",
  "path": "githubflowmodel",
  "path_with_namespace": "root/githubflowmodel",
  ...
  "printing_merge_request_link_enabled": true
}
[root@devops ~]#
```

这样我们就创建了一个名为 githubflowmodel 的 GitLab 项目。

2．初始化项目

同样，我们来进行初始化分支，因为 GitHub Flow 只有一条 master 分支，所以只需要进行 master 分支的初始化即可。git clone 远程调用仓库内容，进行结果确认。

```
[root@devops ~]# git clone http://192.168.163.154:32001/root/githubflowmodel.git
Cloning into 'githubflowmodel'...
Username for 'http://192.168.163.154:32001': root
Password for 'http://root@192.168.163.154:32001':
warning: You appear to have cloned an empty repository.
[root@devops ~]# cd githubflowmodel/
[root@devops githubflowmodel]# git branch
[root@devops githubflowmodel]# git remote -v
```

```
origin  http://192.168.163.154:32001/root/githubflowmodel.git (fetch)
origin  http://192.168.163.154:32001/root/githubflowmodel.git (push)
[root@devops githubflowmodel]#
```

对项目进行初始化，创建 master 分支，在 master 分支上添加一个文件 C1，并将此文件推送到远端仓库。

```
[root@devops githubflowmodel]# touch C1; git add C1; git commit -m "add C1";
[master (root-commit) d432a66] add C1
 1 file changed, 0 insertions(+), 0 deletions(-)
 create mode 100644 C1
[root@devops githubflowmodel]# git push origin master
Username for 'http://192.168.163.154:32001': root
Password for 'http://root@192.168.163.154:32001':
Counting objects: 3, done.
Writing objects: 100% (3/3), 199 bytes | 0 bytes/s, done.
Total 3 (delta 0), reused 0 (delta 0)
To http://192.168.163.154:32001/root/githubflowmodel.git
 * [new branch]      master -> master
[root@devops githubflowmodel]#
```

这样就创建了基础的状态，在此基础上创建一条特性分支，可以提交内容之后创建 Merge Request（如果使用 GitHub 则是 Pull Request），Merge Request 创建完毕，评审并接受此 Merge Request 流程就结束了，与 Git Flow 相比，要简单很多。

以 master 分支为基础创建特性分支 add-navigation。

```
[root@devops githubflowmodel]# git checkout -b add-navigation master
Switched to a new branch 'add-navigation'
[root@devops githubflowmodel]#
```

向新分支内添加文件 C2。

```
[root@devops githubflowmodel]# touch C2; git add C2; git commit -m "add C2";
[add-navigation c910267] add C2
 1 file changed, 0 insertions(+), 0 deletions(-)
 create mode 100644 C2
[root@devops githubflowmodel]#
```

创建 Merge Request。

```
使用命令: curl --request POST --header "PRIVATE-TOKEN: sqiSUhn3tHYXe8nSGRDi" --data "id=
3&source_branch=add-navigation&target_branch=master&title=MergeRequestOfNewBranch"
"http://127.0.0.1:32001/api/v4/projects/3/merge_requests" |jq .
```

GitHub 的 PR（Pull Request）在 GitLab 中称为 MR（Merge Request），这里创建一个 MR 以便进行评审或合并。

```
[root@devops githubflowmodel]# curl --request POST --header "PRIVATE-TOKEN:
sqiSUhn3tHYXe8nSGRDi" --data "id=3&source_branch=add-navigation&target_branch=
master&title=MergeRequestOfNewBranch" "http://127.0.0.1:32001/api/v4/projects/
```

```
3/merge_requests" 2>/dev/null|jq .
{
  "id": 1,
  "iid": 1,
  "project_id": 3,
  "title": "MergeRequestOfNewBranch",
  "description": null,
  "state": "opened",
  ...
  "subscribed": true,
  "changes_count": null
}
[root@devops githubflowmodel]#
```

3. 提交远程分支

使用 git push 命令将内容提交到 GitLab 的远程分支上。

```
[root@devops githubflowmodel]# git branch
* add-navigation
  master
[root@devops githubflowmodel]# git push origin add-navigation
Username for 'http://192.168.163.154:32001': root
Password for 'http://root@192.168.163.154:32001':
Counting objects: 3, done.
Delta compression using up to 2 threads.
Compressing objects: 100% (2/2), done.
Writing objects: 100% (2/2), 225 bytes | 0 bytes/s, done.
Total 2 (delta 0), reused 0 (delta 0)
remote:
remote: View merge request for add-navigation:
remote:   http://3ff5a6afdc80/root/githubflowmodel/merge_requests/1
remote:
To http://192.168.163.154:32001/root/githubflowmodel.git
 * [new branch]      add-navigation -> add-navigation
[root@devops githubflowmodel]#
```

4. Accept MR

使用如下命令则可以实现 MR 的 Accept 操作。

```
curl --request PUT --header "PRIVATE-TOKEN: sqiSUhn3tHYXe8nSGRDi" --data "id=
3&merge_request_iid=1" "http://127.0.0.1:32001/api/v4/projects/3/merge_
requests/1/merge" |jq .
```

通过 REST API 或者 GitLab 的 UI 操作页面进行 MR 的 Accept 操作，具体代码如下所示。

```
[root@devops githubflowmodel]# curl --request PUT --header "PRIVATE-TOKEN:
sqiSUhn3tHYXe8nSGRDi" --data "id=3&merge_request_iid=1" "http://127.0.0.1:
```

```
32001/api/v4/projects/3/merge_requests/1/merge" 2>/dev/null |jq .
{
  "id": 1,
  "iid": 1,
  "project_id": 3,
  "title": "MergeRequestOfNewBranch",
  "description": null,
  "state": "merged",
  ...
  "subscribed": true,
  "changes_count": "1"
}
[root@devops githubflowmodel]#
```

5. 本地状态确认

通过 git log 命令确认本地仓库提交状况的详细信息。

```
[root@devops githubflowmodel]# git log --graph --pretty=oneline
* c910267404bba74b86ad9b63ea79b350b559c71d add C2
* d432a6654faa78d46a67249ebfb59c230804e512 add C1
[root@devops githubflowmodel]#
[root@devops githubflowmodel]# git checkout master
Switched to branch 'master'
[root@devops githubflowmodel]# git log --graph --pretty=oneline
* d432a6654faa78d46a67249ebfb59c230804e512 add C1
[root@devops githubflowmodel]# git pull
Username for 'http://192.168.163.154:32001': root
Password for 'http://root@192.168.163.154:32001':
remote: Counting objects: 1, done.
remote: Total 1 (delta 0), reused 0 (delta 0)
Unpacking objects: 100% (1/1), done.
From http://192.168.163.154:32001/root/githubflowmodel
   d432a66..069cdb8  master     -> origin/master
Updating d432a66..069cdb8
Fast-forward
 C2 | 0
 1 file changed, 0 insertions(+), 0 deletions(-)
 create mode 100644 C2
[root@devops githubflowmodel]# git log --graph --pretty=oneline
*   069cdb85e6c5097f960c3f77e7e9791f3225c224 Merge branch 'add-navigation' into 'master'
|\
| * c910267404bba74b86ad9b63ea79b350b559c71d add C2
|/
* d432a6654faa78d46a67249ebfb59c230804e512 add C1
[root@devops githubflowmodel]#
```

从上述日志可以看到，通过使用 git checkout master 命令切换到 master 分支之后，使用 git log 命令确认 master 分支的内容，只看到了 add C1 的提交信息，而通过 Merge Request 操作添加的 C2 文件的信息并没有看到。只有使用了 git pull 命令之后，本地仓库的内容才进行了更新，获得了和远程仓库一样的内容，此时再次使用 git log 命令就可以看到 Merge Request 操作所添加的 C2 文件的信息了。

11.3 实践经验总结

本节将总结一些具体的实践经验，如下。

1．实践经验：对 master 分支进行保护

master 分支保持着软件可以正常运行的状态，一般不允许开发者直接对 master 分支的代码进行修改和提交。结合 GitLab 的具体方式，可以将 master 分支设定为 protect 方式。

2．实践经验：对 master 分支进行权限管理

master 分支由专人管理，结合 GitLab 的权限管理，设定团队负责发布的人具有 owner 或者 master 的权限，其他人禁止直接对此分支进行操作。

3．实践经验：结合自动化测试，建立高效的反馈机制

建议在项目中添加自动化测试环节，使用 GitLab 的 webhook 设定，在进行 merge 操作时有的项目需要自动运行自动化测试验收，如果不通过及时报警，此自动化测试即使覆盖率很低，也能避免大部分人为因素导致的问题，比如不小心将一个编译都没有通过的版本推到了 master 分支上，即使有专人负责，专人也并不一定对所有的技术、项目功能及实时状态都进行了全面的掌控，另外如果所有的问题都需要人工检查和确认，那么会产生一个会无限增长的 checklist，最终会形成一个几千甚至更多行的、谁都不会去看的敷衍了事的 checklist，其在很多项目实践中已经得到了证实：只在事后检讨的时候有用，检讨之后这个 checklist 会变得更长。

4．实践经验：规范合并前的基础原则

develop 分支是开发过程中代码的中心分支，与 master 分支一样，这个分支也是非常重要的分支，可能每个人都会参与这个分支的合并操作，所以，合并之前需要建立基础的原则，比如 Java 的项目最好符合如下条件再合并到本分支。

- 通过本地编译。
- 本地本次修改内容没有新的 SonarQube 高级别的缺陷对应。
- 通过本地单元测试。

- 通过手工或者自动化验收的测试。

5．实践经验：结合持续构建保证流水线不中断

develop 分支进行传统的每日构建甚至实时构建，结合不断完善的自动化测试，以可以接受的成本和代价保证开发的流水线不会中断。

6．实践经验：设立时间限制

设立时限原则：develop 分支构建或者关联的自动化测试一旦出现问题，就要结合工具第一时间定位到对应的负责人，并进行回滚或者紧急修正，根据项目集成情况设立时限。例如，平均每日由各个临时分支提交的功能频次为 4 次，则意味着各个分支在每天 8 小时的工作时间内，平均每 2 小时（8 小时/4）会有一次提交。如果提交之后发生问题，在 2 个小时内还没有得到修正，则有较大概率出现有人需要在这个错误版本上进行提交的情况，所以可设立时限不超过 2 小时。错上加错是最需要避免的，发现问题应在第一时间解决，若超过时限，应立即止损回滚。

7．实践经验：分支的合并应该考虑到回滚的便利

特性分支合并或者其他的分支合并，应尽可能不使用 fast forward 的方式，以方便回滚和状态确认。

8．实践经验：妥善管理临时分支

特性分支在 Git Flow 中仍然是临时性分支，使用之后需要删除此分支，同时删除远程仓库中的该分支。另外，分支的增多意味着可能的沟通、合并、冲突等的增加，而这些正是精益开发中所要规避的"浪费"，不用即删，因为在实践中我们已经利用了 Git 的非 fast forward 的方式，所以特性分支开发的信息已经完整地在 develop 分支中进行了保存，删除特性分支不会引起问题追踪上的问题。

9．实践经验：规范特性分支合并操作

特性分支或者其他分支合并到开发主分支（develop 分支）的策略需要项目根据情况自行创建，最主要的原则为尽量避免发布时期不同导致的频繁的分支合并、版本挑选等手工作业。例如，发布计划明明是最后的任务，但是在项目已开始的时候就合并进了主分支，这样会导致后续每次发布的时候都需要将此内容挑选出去，虽然使用 GitLab 的 rebase+cherry pick 等功能可以实现这种要求，但是在提交的规范中明确要求可以避免这种麻烦。

10．实践经验：规避单次大规模功能的修改提交

release 分支主要用于大型项目中各个特性分支开发完毕之后，定义一个准备就绪到工作完

成的中间阶段，一般会和项目的管理工作结合进行，比如进行发布的申请和批准、结果确认和审核。

不同的开发流程不仅需要考虑技术本身，还需要考虑各个公司实际的流程规范、审查要求等，以保证发布能够正常进行，虽然可以在 release 分支上进行少量的修改，但是大规模的功能修改应尽可能地规避。

11. 实践经验：开发中加强签名的使用

为了避免提交或者 tag 信息被恶意修改，可以使用签名技术。签名使得操作具有了不可抵赖性和无法篡改性两重保证，而这两重保证在 Git 中只加入-u 或者-s 选项即可实现。

12. 实践经验：增强 hotfix 分支和 release 分支操作的规范性

hotfix 分支和 release 分支上的对应需要对 Git Flow 的两条分支（master 分支与 develop 分支）主线同时进行更新，一旦忘记其中一条，往往会引起不必要的后续问题。hotfix 分支出现的场景一般是紧急的故障修复，在实际情况中被忘记更新的一般是 develop 分支，也就是说故障修复的内容在 master 分支进行了更新，却没有在 develop 分支进行更新。这将会导致使用此 develop 分支在下一次进行发布的时候，会覆盖掉此前 hotfix 分支修改的内容，从而使生产环境中已经修复的故障再次出现，所以在流程规范或者工具的自动化里面建议增加对此操作执行的确认，以免忘记更新。

13. 实践经验：GitHub Flow 使用规范

GitHub Flow 在使用时建议遵循如下规范和原则。

- 只有可以部署的内容才会放到 master 分支上，所以 master 分支上的任何内容都是可部署的。
- 特性分支的创建需要以 master 分支为基础，同时特性分支的命名需要意义清晰、容易理解。
- 特性分支需要经常更新到远程仓库中，远程仓库中的特性分支应与本地特性分支名称相同。
- 当需要反馈或者帮助的时候，或者当分支已经可以进行合并的时候，随时可以开启一个 Pull Request。
- 仅当 Pull Request 通过发布之后才进行合并。
- 内容被合并并推送到 master 分支之后，意味着此内容已经随时可以进行部署，根据持续集成的原则，应当立即进行部署。

## 第 12 章

DevOps 工具：构建工具

本章将就常见的构建工具进行介绍，同时结合案例介绍如何使用 Gradle 编译 Spring Boot 的 Web 应用、如何结合 JUnit 进行单元测试、如何结合 JaCoCo 进行覆盖率确认、如何结合 SonarQube 进行代码质量分析。

12.1　常用工具介绍

本章将介绍如下几种构建工具：

- GNU Make。
- Maven。
- Gradle。
- MSBuild。

12.1.1　Make

在软件开发领域，Make 大概是最早的自动化构建工具之一。Make 最早的版本出现于 1976 年，通过编译文件来组织所有的自定义规则及目标文件和对象文件之间的依赖关系，在早期的 C/C++项目中发挥过非常重要的作用。

在大型项目中，文件编译得好坏往往对一个项目的影响非常大。从源文件到二进制可执行文件（或库文件）的过程，诸如 C 这样的编译型语言要经过编译和链接两个阶段。考虑到一个应用程序中几百个甚至上千个文件的关联性，生成一个可执行文件本身并不是一件简单的事情，尤其是在大型项目中，为了提高效率，可能还会有一些自动生成的代码，这时往往还要引入预编译流程。有时为了提高代码的可重用性，会将共通的代码不断抽出，再加上不同人员和组织的构成，导致最终生成的文件在链接阶段加入的模块越来越多，而且这些模块之间往往有着复杂的依赖关系。如果缺乏对这一切进行有效处理的工具，一旦出现问题，后果将会很严重。

　　利用设计合理的编译文件，可以使用 Make 完成很多工作。早期的 Make 是很多自动化操作的中心，比如编译之前执行 make clean，编译时根据需要进行各个模块的编译，编译之后执行 make install 进行复制。而这些动作，都可以在编译文件中自定义，结合一些自定义脚本，在自定义的编译文件中基本都可以自动执行。

　　Make 也有很多种类，比如 GNU Make、BSD Make。另外，一般商用的 UNIX（如 HP-UX）都有自己的 Make。Make 的种类不同，具体编译选项也会有所不同。这里主要介绍 GNU Make。GNU Make 也称 gmake，可以进行 Linux 和 mac OS 上的 C 语言应用程序的编译。GNU Make 的特性信息如表 12-1 所示。

表 12-1　GNU Make 的特性信息

开源/闭源	开源	提供者	Free Software Foundation
License 类别	GPL License	开发语言	C
运行平台	Linux、UNIX 或者类 UNIX 平台		
硬件资源	主要用于辅助自动化构建，硬件资源要求很低		
软件资源	GCC	REST API 支持	提供 CLI 的命令行支持
更新频度	数年更新一次	更新机制	—

12.1.2　Maven

　　Maven 是 Apache 的一个开源项目，主要用于 Java 项目的构建和依赖管理等。Maven 的特性信息如表 12-2 所示。

表 12-2　Maven 的特性信息

开源/闭源	开源	提供者	Apache Software Foundation
License 类别	Apache License 2.0	开发语言	Java
运行平台	基于 Java 的跨平台特性，可以安装在 Windows、Linux、macOS 等系统上		
硬件资源	主要用于辅助自动化构建，硬件资源要求较小		
软件资源	Java 7 及以上	REST API支持	提供 CLI 命令行支持
更新频度	平均每年更新数次	更新机制	—

12.1.3　Gradle

　　Gradle 是一个开源的自动构建工具，在 Apache Ant 和 Apache Maven 的相关概念基础上发展而来，与 Maven 最大的区别在于引入了基于 Groovy 的 DSL 语言而非使用烦琐复杂的 XML

进行项目的配置。Gradle 的特性信息如表 12-3 所示。

表 12-3　Gradle 的特性信息

开源/闭源	开源	提供者	开源社区
License 类别	Apache License 2.0	开发语言	Java、Groovy
运行平台	基于 Java 的跨平台特性，可以安装在 Windows、Linux、macOS 等系统上		
硬件资源	主要用于辅助自动化构建，硬件资源要求较低		
软件资源	Java 7 及以上	REST API 支持	提供 CLI 命令行支持
更新频度	平均每月更新数次	更新机制	—

Gradle 的第一个版本于 2007 年发布，截止到 2019 年 4 月 26 日最新版本是 5.4.1。其主要特点如下。

- 使用 Groovy 作为脚本构建语言，具有很好的扩展性。
- 支持多个工程。
- 与 Maven 和 Ivy 兼容。
- 通过 task 执行具体操作。
- 解决多模块问题。
- 解决依赖问题。
- 支持多种语言的编译（Android 的官方构建工具）。

12.1.4　MSBuild

微软在 2015 年将 MSBuild（Microsoft Build Engine）开源，并将其贡献给了.NET 基金会。MSBuild 是基于 C#开发的用于构建应用的平台。我们可以在 Visual Studio 中使用 MSBuild，但是 MSBuild 并不依赖于 Visual Studio。在.NET 项目中，MSBuild 所扮演的角色类似于 Apache Ant 或者 Maven，用于辅助自动化构建，包括编译源代码、打包、执行测试、部署、生成文档等相关操作。MSBuild 的特性信息如表 12-4 所示。

表 12-4　MSBuild 的特性信息

开源/闭源	开源	提供者	微软
License 类别	MIT License	开发语言	C#
运行平台	可以运行在 Windows 或者 Linux 平台之上		
硬件资源	主要用于辅助自动化构建，硬件资源要求较低		
软件资源	.NET Core	REST API支持	提供 CLI 的命令行支持
更新频度	平均每年更新数次	更新机制	—

12.2　详细介绍：Maven

Maven 是目前较为流行的构建工具之一。本节将介绍 Maven 的安装与使用方法。

12.2.1　安装 Maven

Maven 的安装非常简单，安装 JDK 之后，将 Maven 的压缩包解压，更新到 PATH 环境变量中即可。

表 12-5　Maven 安装步骤

步　骤	步　骤　说　明
1	下载 Maven 二进制安装包
2	解压二进制安装包到指定目录
3	将解压后的目录添加到 PATH 中

也可以使用 CentOS 上的安装脚本进行一键安装。

执行方式：sh easypack_mvn.sh。

12.2.2　Maven 的使用

Maven 可以与 Spring Boot 结合搭建一个 Demo 的 Web 应用，使用 SonarQube 进行代码质量扫描，使用 JUnit 进行单元测试，结合 JaCoCo 对代码覆盖状况进行可视化分析，如图 12-1 所示。

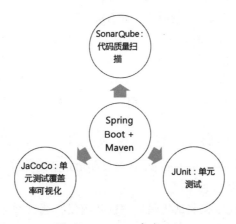

图 12-1　Maven 实践示例

Maven 作为 Java 系的构建工具，目前依然有着广泛的应用。这里对常见的 Maven 的使用方式进行整理和说明。

对 Maven 的使用应该从 POM（Project Object Model，项目对象模型）和项目的 pom.xml 文件开始。pom.xml 文件就像 Make 的编译文件一样，是基于 POM 的配置管理文件。pom.xml 文件定义了项目的依赖关系及项目如何进行构建等相关信息。

以下为一个简单的 pom.xml 文件。

```
<project xmlns="http://maven.apache.org/POM/4.0.0" xmlns:xsi="http://www.w3.
org/2001/XMLSchema-instance"
 xsi:schemaLocation="http://maven.apache.org/POM/4.0.0 http://maven.apache.org/
xsd/maven-4.0.0.xsd">
 <modelVersion>4.0.0</modelVersion>

 <groupId>com.mycompany.app</groupId>
 <artifactId>my-app</artifactId>
 <version>1.0-SNAPSHOT</version>
 <packaging>jar</packaging>
</project>
```

对于上述 pom.xml 文件，详细解读如下所示。

- 项目元素（project）指定了 POM 相关的 schema 和元素信息。
- modelVersion 用于指定 POM 的版本，在 Maven 2 或者 Maven 3 中，此值固定为 4.0.0。
- G（groupId）：在 groupId 中定义了所属组织的信息。例如，xxcom.com 公司的 yyapp 项目，此 groupId 一般会被定义为 com.xxcom.yyapp。但是 groupId 和项目并不一定是一对一的关系，它们的关系往往会因组织和项目的不同而有所不同。
- A（artifactId）：artifactId 作为 Maven 项目在组织中的唯一标识，往往用于定义项目中的子模块，如 app-module1、app-module2 等。
- V（version）：用于定义当前的版本，如 SNAPSHOT 或者 RELEASE 等。

GAV（groupId、artifactId、version）被称为 Maven 坐标，是 Maven 中最为重要的概念，三者结合所定义的一个基本坐标能够确定一个组件。例如，对于 log4j 或者 hibernate 的依赖库，通过 GAV 就能在 Maven 中进行定位，最终能定位到组件的 jar 文件等，从而进行依赖管理等相关操作。

Maven 在实际项目中已经得到了广泛应用。下面列出来一些 Maven 在使用上的基础操作或者重要概念。

- Maven 项目的创建。

可以通过命令行 mvn archetype:generate 或者使用 IDE 创建 Maven 项目以提高效率。

- 主代码和测试代码的管理。

Maven 的代码分为主代码和测试代码，测试代码仅在测试时运行，主代码的默认目录为 src/main/java，测试代码的默认目录为 src/test/java，如无特殊要求，建议使用默认目录。

- Maven 仓库。

Maven 的仓库分为本地仓库和远程仓库。在 Maven 中进行相关操作时，系统首先会在本地仓库中进行确认，只有在本地仓库中找不到目标对象时才会到远程仓库去查询。所以在实践中需要保证开发环境的一致性，避免出现由于本地仓库问题导致编译结果和行为不一致。

- 自定义本地仓库的位置。

Maven 的本地仓库默认在目录～/.m2 下，但实际位置可通过设定 localRepository 进行修改。例如，对于持续集成服务器的多个用户共用一个本地仓库这一应用场景，就需要修改此参数，代码如下：

```
<settings>
  <localRepository>设定路径</localRepository>
</settings>
```

- 默认仓库和设定文件的管理。

默认情况下 Maven 本地仓库的位置在目录～/.m2/repository 下，可将 Maven 的设定文件 settings.xml 复制到该目录下，以便设定用户的自定义选项。为保证开发环境的一致性，需要项目组规范对此文件的使用。

- 远程仓库和中央仓库。

Maven 在本地库中找不到所需资源时，会直接或者间接从远程仓库下载，而中央仓库就是这样一个默认的远程仓库。出于安全考虑，在内网中的系统往往需要通过代理才能访问外网，因此要在 Maven 中对相关代理服务的 proxy 段进行设定。

- IDE 与 Maven 的结合。

IDE（Integrated Development Environment，集成开发环境）与 Maven 结合使用可以提高效率，比如，在 Eclipse 中通过 M2Eclipse 插件使用 Maven。一般建议项目组使用版本一致的 Maven，在 IDE 中也需要注意使用相同版本的 Maven。

- 依赖的管理。

我们要对当前的依赖进行管理，确保某状态下的所有依赖组件都得到了管理。可以通过 mvn dependency:list 或者 mvn dependency:tree 来确认与依赖相关的信息。

- 类包的命名。

对 Java 的类包的命名应该基于 groupId 和 artifactId，这样更符合 Maven 的约定，也更容易理解。

- 将本地组件部署到私库中进行模块间共享。

使用 mvn deploy 命令可以将构建的组件部署到远程私库中。在正确设定项目的 pom.xml 文件之后，可以使用 mvn deploy 命令将构建生成的组件部署到远程私库中供其他模块使用。

- mirror 与私库的统一管理。

可以将 mirror 设定为私库，以便进行统一的管理。企业在需要对远程的中央仓库进行透明化的管理时，通过使用 mirrorOf 与远程仓库匹配的方式，可以对外实现其他远程仓库的镜像操作，对内提供私库能力。

12.3 详细介绍：Gradle

Gradle 是目前主流的项目构建工具之一。本节将介绍 Gradle 的安装和使用，并结合案例介绍使用 Gradle 和 SonarQube 等工具进行集成的方法。本节以 4.10.2 版本的 Gradle 为例进行介绍。

12.3.1 安装 Gradle

基于 Java 的跨平台特性，Gradle 可以运行在大部分主流的操作系统上，前提仅仅是配置好 JDK 或者 JRE。由于 Gradle 自带 Groovy，无须自行安装。

Gradle 有多种安装方式，比如，在 macOS 上可以使用 brew install gradle 直接进行安装。这里使用 Gradle 的二进制文件进行安装，具体步骤如表 12-6 所示。

表 12-6　Gradle 安装步骤

步　　骤	步　骤　说　明
1	下载 Gradle 二进制安装包
2	解压二进制安装包到指定目录
3	将解压后的目录添加到 PATH 中

12.3.2 Gradle 的使用

Gradle 和 Maven 都能作为 Java 系项目的构建工具，适用相同的示例，不同的是 Gradle 可以作为编译构建工具。Gradle 可以结合 Spring Boot 搭建一个 Demo 的 Web 应用，使用 SonarQube 进行代码质量扫描，使用 JUnit 进行单元测试，结合 JaCoCo 对代码覆盖状况进行可视化分析，如图 12-2 所示。

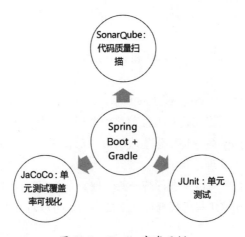

图 12-2　Gradle 实践示例

接下来我们看一下具体如何实现基于 Gradle+Spring Boot 的开发。

1. 使用 Gradle 进行 Spring Boot 开发

使用 Gradle 进行 Spring Boot 应用开发，所用到的软件和框架版本信息如表 12-7 所示。

表 12-7　使用 Gradle 进行 Spring Boot 应用开发所用到的软件和框件版本信息

软件和框架	版　本
JDK	1.8.0
Gradle	4.10.2
Spring Boot	2.1.1

Spring Boot 应用的目录结构信息如下。

```
liumiaocn:springboot liumiao$ tree
.
├── build.gradle
├── settings.gradle
└── src
    └── main
        ├── java
        │   └── com
        │       └── liumiaocn
        │           └── springbootdemo
        │               └── SpringbootdemoApplication.java
        └── resources
            └── application.properties

7 directories, 4 files
liumiaocn:springboot liumiao$
```

提供 RESTful 接口访问的 Spring Boot 应用代码信息如下。

```
liumiaocn:springboot liumiao$ cat src/main/resources/application.properties
liumiaocn:springboot liumiao$ cat src/main/java/com/liumiaocn/springbootdemo/
SpringbootdemoApplication.java
package com.liumiaocn.springbootdemo;

import org.springframework.boot.SpringApplication;
import org.springframework.boot.autoconfigure.SpringBootApplication;
import org.springframework.web.bind.annotation.RestController;
import org.springframework.web.bind.annotation.RequestMapping;

@RestController
@SpringBootApplication
public class SpringbootdemoApplication {
```

```
    @RequestMapping("/")
    String home() {
     return "Hello, Spring Boot 2";
    }

    public static void main(String[] args) {
            SpringApplication.run(SpringbootdemoApplication.class, args);
    }
}
liumiaocn:springboot liumiao$
```

在 Gradle 的设定文件 settings.gradle 中仅需要设定 rootProject.name 信息，并将其作为默认的 jar 文件的名称。

```
liumiaocn:springboot liumiao$ cat settings.gradle
rootProject.name = 'springbootdemo'
liumiaocn:springboot liumiao$
```

Gradle 的设定文件 build.gradle 的详细信息如下。

```
liumiaocn:springboot liumiao$ cat build.gradle
buildscript {
  ext {
    springBootVersion = '2.1.1.RELEASE'
  }
  repositories {
    mavenCentral()
  }
  dependencies {

classpath("org.springframework.boot:spring-boot-gradle-plugin:${springBootVers
ion}")
  }
}

apply plugin: 'java'
apply plugin: 'org.springframework.boot'
apply plugin: 'io.spring.dependency-management'

group = 'com.liumiaocn'
version = '0.0.1-SNAPSHOT'
sourceCompatibility = 1.8

repositories {
  mavenCentral()
}
```

```
dependencies {
  implementation('org.springframework.boot:spring-boot-starter-web')
}
liumiaocn:springboot liumiao$
```

对于上述 build.gradle 代码的主要部分，详细说明如下。

- ext：用于定义自定义属性。
- repositories：用于设定 Maven 仓库。这里的案例使用了 mavenCentral，如果使用其他的私库，用 maven{ url'http://xxx'}的方式替换即可。
- dependencies：对比在 Maven 中的写法，可看到这里 spring-boot-gradle-plugin 和 spring-boot-starter-web 的引入方式不同。
- GAV：Maven 坐标。在 Gradle 里可以通过 group 和 version 直接进行设定。
- sourceCompatibility：用于设定 Java 版本。
- apply plugin：引入了 java/org.springframework.boot/io.spring.dependency-management。

这样，在 Gradle 中使用 Spring Boot 的框架已经搭建完毕，非常方便且简单。接下来就可以通过使用 gradle build 或者 bootJar 进行项目构建了。

```
liumiaocn:springboot liumiao$ gradle bootRun

> Task :bootRun
...
:: Spring Boot ::           (v2.1.1.RELEASE)

...
<============----> 75% EXECUTING [17s]
> :bootRun
```

然后通过页面或者使用 curl 命令就可以确认此 RESTful 应用的返回结果了。

```
liumiaocn:~ liumiao$ curl http://localhost:8080/
Hello, Spring Boot 2liumiaocn:~ liumiao$
```

2. 使用 JUnit 进行单元测试

测试代码信息如下，与 Maven 示例中的代码一致，相关说明请参看 6.6.2 节相关说明。

```
liumiaocn:springboot liumiao$ tree
.
├── build.gradle
├── settings.gradle
└── src
    ├── main
    │   ├── java
    │   │   └── com
```

```
|   |           └── liumiaocn
|   |                └── springbootdemo
|   |                     └── SpringbootdemoApplication.java
|   └── resources
|        └── application.properties
└── test
     └── java
          └── com
               └── liumiaocn
                    └── springbootdemo
                         └── SpringbootdemoApplicationTests.java

12 directories, 5 files
liumiaocn:springboot liumiao$ cat src/test/java/com/liumiaocn/springbootdemo/
SpringbootdemoApplicationTests.java
package com.liumiaocn.springbootdemo;

import org.junit.Test;
import org.junit.runner.RunWith;
import org.springframework.boot.test.context.SpringBootTest;
import org.springframework.test.context.junit4.SpringRunner;

@RunWith(SpringRunner.class)
@SpringBootTest
public class SpringbootdemoApplicationTests {

    @Test
    public void contextLoads() {
    }

}
liumiaocn:springboot liumiao$
```

在 build.gradle 中添加如下内容，即可在 Gradle 中使用 Spring Boot 的测试框架。

```
testImplementation('org.springframework.boot:spring-boot-starter-test')
```

使用 gradle test 可以执行测试并生成测试结果报告，示例测试结果报告信息如图 12-3 所示。

3. 使用 JaCoCo 进行测试覆盖率确认

在使用 Gradle 编译的应用中加入 JaCoCo 的支持非常简单，如下所示。

首先，添加 JaCoCo 的插件。

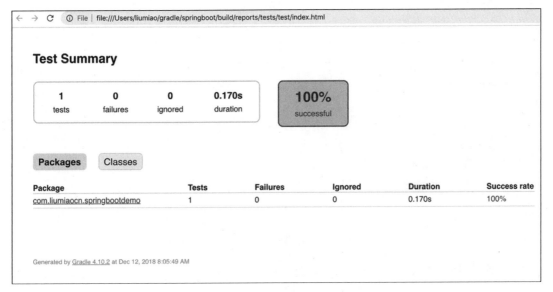

图 12-3　测试结果报告信息

因为在 Gradle 中，JaCoCo 也是作为插件使用的，所以使用如下代码即可。

```
apply plugin: 'jacoco'
```

然后，添加使用设定。

相较于在 Maven 中的写法，在 Gradle 中的写法更加简单。从如下代码可以读出，JaCoCo 的结果报告是以 html 方式生成的。当然，根据需要还可以加上 check.dependsOn jacocoTestReport 的依赖。这样，使用 gradle build 可以直接生成结果，更为方便。

```
jacocoTestReport {
reports {
xml.enabled false
html.enabled true
}
}
```

接下来，使用 gradle build 即可得到 JaCoCo 的结果报告，报告文件默认位于 build/reports/jacoco 目录下。图 12-4 为 JaCoCo 覆盖率整体概要信息。

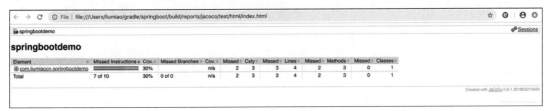

图 12-4　JaCoCo 覆盖率整体概要信息

当然还可以查看更加详细的信息，如 JaCoCo 代码粒度的覆盖率详细信息，哪些行被测试用例所覆盖，哪些还没有被覆盖，如图 12-5 所示。

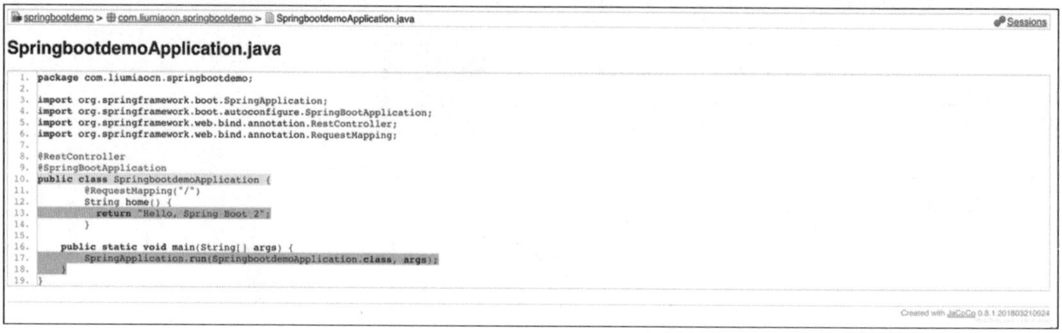

图 12-5　JaCoCo 代码粒度覆盖率详细信息

4. 使用 SonarQube 进行代码质量检查

如果要在 Gradle 编译的应用中加入 SonarQube 的支持，只需要在 build.gradle 中添加插件的相关信息即可。

```
plugins {
  id "org.sonarqube" version "2.6.2"
}
......

apply plugin: 'org.sonarqube'
```

然后设定连接 SonarQube 所用到的信息，包括 SonarQube 服务器的 URL，以及用户名和密码。

```
sonarqube {
  properties {
    property "sonar.host.url", "http://localhost:32003"
    property "sonar.login", "admin"
    property "sonar.password", "admin"
  }
}
```

使用 gradle sonarqube 即可将当前代码发送给指定的 SonarQube 服务进行扫描分析，扫描结果的详细信息如图 12-6 所示。

可以从扫描结果的详细信息中看到扫描出来的相关问题及代码测试覆盖率，当然还可以查看和 JaCoCo 的报表类似的代码粒度覆盖率信息，如图 12-7 所示。

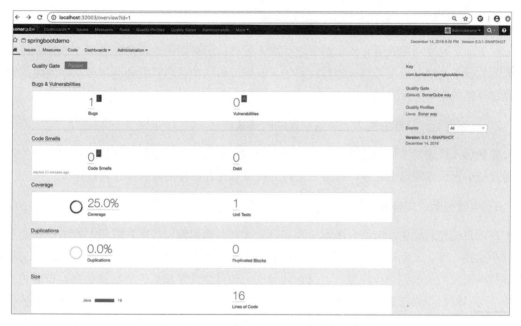

图 12-6　SonarQube 代码扫描结果的详细信息

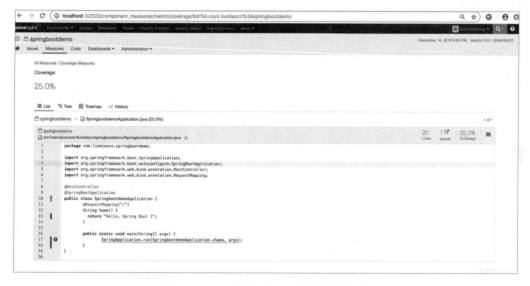

图 12-7　SonarQube 代码粒度覆盖率信息

12.4　实践经验总结

本节将总结一些具体的实践经验，如下所示。

1. 实践经验：对所有的依赖进行版本管理

对于项目构建所需的所有依赖都要进行版本管理，所有相关的设定选项都要进行管理。在理想的状况下，建议使用基础设施即代码的方式保证每次构建所需的环境都能从零生成，确保构建过程是稳定、可重复的。

2. 实践经验：从部署需求上确认构建的时间阈值

要想保证快速的项目构建速度，应先计算为满足部署需要，要达到怎样的构建速度，并在构建过程中保证实现这个速度，在需要的时候可以对符合条件的部分进行并行操作。

3. 实践经验：结合其他阶段，保证流水线状态稳定

在项目构建过程中，应结合版本管理和分支管理，确保流水线中各阶段的状态能够处于统一流程监控之下，一旦出现问题相关人员能够及时收到警告通知。可以通过集成相应的工具，保证代码提交人能收到修改任务，而且在此分支上的其他开发成员也能收到通知。在理想的状态下，可以结合自动化工具在统一管理平台上给代码提交人生成一个限时修复流水线的任务，同时将此分支设定为保护状态，不允许其他人进行代码提交，以避免不必要的问题定位和手工合并等重复性作业。

4. 实践经验：使用代码检测工具，尽早暴露问题

在进行项目构建时，应使用代码质量分析工具和静态检查工具对代码质量进行检测，并设定通过标准以保证代码质量。在有条件的情况下，可以结合自动化的单元测试以保证在持续集成的更早阶段就发现问题，从而及时修改。

5. 实践经验：建立 Maven 私库，进行更加有效的管理

在 Maven 中可以直接使用中央仓库，但是私库也有很多存在的理由。

- 网络状况：很多企业在内网的环境中进行开发，需要通过代理服务器连接网络，或者因为安全的因素不能直接连接外网，需要在内网中使用 Maven 的仓库。
- 效率要求：对于常用的中央仓库，连接状况往往不是很好，而且中央仓库的状态不可控，建立 Maven 私库则能解决这个问题。
- 第三方组件：有些组件是无法直接从中央仓库获取的，在这种情况下需要建立能对这种第三方组件进行管理的私库。
- 控制管理：在过分依赖中央仓库的情况下，中央仓库的版本变化会直接影响在本地进行项目构建的稳定性。

根据具体情况创建 Maven 私库，可以提高项目构建速度，增强管控效果。

第 13 章
DevOps 工具：代码质量

本章将介绍常见的代码质量扫描工具及其特点，主要以 SonarQube 为中心，结合具体示例项目介绍对代码质量进行分析的各种方法。

13.1 常用工具介绍

本章将介绍如下几种工具：

- SonarQube。
- Fortify。
- Coverity。
- FindBugs。

13.1.1 SonarQube

SonarQube 可以从 7 个维度对代码质量进行静态分析，是一个用于代码质量管理的开源平台，支持 Java、C#、C/C++、PL/SQL、Cobol、JavaScrip、Groovy 等编程语言的代码质量分析。SonarQube 的特性信息如表 13-1 所示。

表 13-1 SonarQube 的特性信息

开源/闭源	开源	提供者	GitLab Inc.
License 类别	GPL License	开发语言	Java
运行平台	SonarQube 是基于 Java 开发的应用程序。由于 Java 的跨平台性，只需要 Open JDK 或者 Oracle JRE 的支持，SonarQube 就可以运行在多种操作系统之上。为了更好地使用 SonarQube 的功能，IE11 以及 Micorosft Edge、Firefox、Chrome、Safari 的最新版本都对 SonarQube 进行了很好的支持。同时，SonarQube 还支持多种数据库，如 MySQL、PostgreSQL、Oracle、SQL Server 等		
硬件资源	对磁盘空间的需求与要分析的代码的大小以及待分析项目的多少有很大的关联性，对于内存的需求，建议至少 2GB，以保证正常运行		

续表

软件资源	OpenJDK8 或 Oralcle JRE8	REST API 支持	提供功能齐全的 REST API 的集成支持
更新频度	平均每月更新一次或多次	更新机制	有清晰的 Roadmap 和长期版本支持机制
可用性	可以对常用的诸如 Java、C、C++、PHP、JavaScript 等多种流行编程语言进行静态代码检查，能够从 7 个维度对代码质量进行分析，可结合单元测试对覆盖率进行分析，结合具体需求选择性能更好的数据库。另外，使用 SonarQube 进行较大规模的质量分析的场景在实践中也得到过很多验证，比如 SonarCloud 的 SonarQube 的实例，对超过 3000 万行代码进行分析，并保存了 4 年的历史数据，同时项目数目超过 800 个，相关的问题数量达到 300 万个左右。这证明了若将 SonarQube 合理部署，是能够满足大规模项目群的需求的		
交互性	SonarQube 支持用户对页面显示进行自定义设定，在 LTS 6.7 版本的 SonarQube 中也增加了对项目级别的 token 的管理，更好地实现了可定制的安全性，而且通过 UI 设定，可以非常容易地进行自定义的用户设定，结果也能通过 UI 进行很好的展示，结合单元测试用例可以对项目的覆盖率进行整体把控，项目的各项指标也能够得到很好的可视化展现		
市场状况	在开源静态代码解析方面有很好的普及率		

SonarQube 曾经获得过 2009 年的震撼大奖（Jolt Award），是基于 Java 开发的用于代码质量检测的开源工具。使用 SonarQube 可辅助发现 Bug 或者不太规范的代码，以及潜在的安全隐患。

SonarQube 能与 Ant、Maven、Gradle、MSBuild 等多种自动化构建工具进行很好的结合，同时能很容易地与 Jenkins、Bamboo 等持续集成工具进行结合，还可以通过使用 SonarLint 插件与 Eclipse、Visual Studio、IntellJ IDEA 等常用 IDE 进行集成以提高开发者的开发效率。

13.1.2　Frotify

Fortify 最初为一家专注于软件安全的公司（Fortify Inc.）所拥有，在 2010 年被惠普收购，现在为 Micro Focus 公司所拥有，虽然几经易主，但是在代码质量的扫描方面，仍然得到了很多用户的支持。Fortify 的特性信息如表 13-2 所示。

表 13-2　Fortify 的特性信息

开源/闭源	闭源	提供者	Micro Focus
License 类别	商业 License	开发语言	—
运行平台	支持 Windows、Solaris、Linux、macOS、HP-UX、HP-AIX 等多种操作系统		
硬件资源	Fortify 系列软件包含众多工具，不同的工具所需硬件资源不同，整体来说，这些工具都需要一定程度的硬件资源，如 Fortify Static Code Analyzer，在并行分析模式下的最低官方推荐硬件配置为 4 核 CPU+每核 CPU 16GB 内存		
软件资源	JRE 1.8	REST API 支持	提供 REST API 支持

13.1.3 Coverity

Coverity 主要应用于代码静态解析，包含若干工具和功能，其中的 Coverity Code Advisor 主要用于 C、C++、Java、JavaScript 等程序的静态解析。Coverity 在 2014 年 2 月被 Synopsys 公司收购，现已更名为 Synopsys Static Analysis。

Coverity 支持多种操作系统和运行平台，可以对 C、C++、Java、JavaScript、PHP、Python、Node.js、JSP、Scala、Ruby 等多种语言提供支持，可以对诸如 GNU GCC、G++、HP ACC 及多种 JDK 等常见的编译器提供支持，可以与 Eclipse、IntelliJ IDEA 及 MS Visual Studio 等常见 IDE 进行集成，而且提供对流行的持续集成工具 Jenkins 插件的支持。Coverity 的特性信息如表 13-3 所示。

表 13-3　Coverity 特性信息

开源/闭源	闭源	提供者	Synopsys
License 类别	商业 License		
运行平台	支持 Windows、Linux、AIX、HP-UX、macOS、Solaris、FreeBSD 等多种平台		

Coverity 在安全性和脆弱性方面有如下常见的问题。

- 缓冲区溢出问题。
- XSS 问题。
- CSRF 问题。
- 死锁问题。
- 硬编码的密码等问题。
- 内存非法访问等问题。
- 资源泄漏问题。
- SQL 注入问题。

除了 Coverity Code Advisor，Coverity 还基于云服务的在线方式对代码提供服务，另外还提供了免费的 Coverity Scan 服务用于 GitHub 上的开源项目。

13.1.4　FindBugs

FindBugs 是 Bill Pugh 和 David Hovemeyer 所提供的用于检查 Java 程序中潜在的 Bug 的工具。通过一个单机版可运行的 GUI 程序，FindBugs 可与 Eclipse 和 IntelliJ IDEA 等进行结合，而且可以通过非常简单的方式与 Maven 和 Gradle 进行集成，并提供对 Jenkins 插件的支持。由于 FindBugs 的版本不再更新，此处提到的 FindBugs 指的是以同样方式继续提供服务的 SpotBugs。

SpotBugs 具有与 FindBugs 同样的功能特性并在持续更新中。FindBugs 的特性信息如表 11-3 所示。

表 13-4　FindBugs 的特性信息

开源/闭源	开源	提供者	开源社区
License 类别	LGPL-2.1 License	开发语言	Java
运行平台	基于 Java 的跨平台性，可运行于 Windows、Linux、macOS 等多种操作系统之上		
硬件资源	根据待解析的项目的规模不同对硬件资源的需求不同，一般至少需要 512MB 的内存		
软件资源	JDK/JRE 1.8.0 及以上版本	REST API 支持	提供命令行方式进行集成
更新频度	平均每年更新数次	更新机制	—

FindBugs 通过插件（spotbugs-maven-plugin）的方式来提供对 Maven 的支持，如 3.1.3 版本的 SpotBugs。

```
<plugin>
 <groupId>com.github.spotbugs</groupId>
 <artifactId>spotbugs-maven-plugin</artifactId>
 <version>3.1.3</version>
 <dependencies>
  <!-- overwrite dependency on spotbugs if you want to specify the version of
spotbugs -->
  <dependency>
    <groupId>com.github.spotbugs</groupId>
    <artifactId>spotbugs</artifactId>
    <version>3.1.3</version>
  </dependency>
 </dependencies>
</plugin>
```

13.2　详细介绍：SonarQube

13.2.1　安装 SonarQube

SonarQube 平台由 4 个部分组成，具体说明如表 13-5 所示。

表 13-5　SonarQube 组成部分

组 成 部 分	说　　明
SonarQube 服务器	SonarQube 服务器主要由 3 部分组成：Web 服务器、检索服务器及计算引擎。Web 服务器用于管理和配置 SonarQube 实例，检索服务器通过 ElasticSearch 返回检索数据，计算引擎则用于分析代码处理报告并将数据存储在 SonarQube 的数据库中

续表

组 成 部 分	说　　明
SonarQube 数据库	SonarQube 数据库主要用于存储 SonarQube 实例的配置信息，如安全设定或插件设定等，项目的质量快照和视图等也会存储在 SonarQube 数据库中
多个 SonarQube 插件	SonarQube 支持很多插件，通过在 SonarQube 服务器上进行插件的安装，语言、集成、认证、SCM、管理等功能可以很容易地集成进来
一个或多个 SonarQube Scanner	SonarQube Scnaner 用于在持续集成中对项目代码进行分析

在 DevOps 实践中，SonarQube 也可以与很多工具集成。常见的使用 SonarQube 进行集成的步骤如表 13-6 所示。

表 13-6　使用 SonarQube 与工具进行集成的步骤

步　　骤	说　　明
1	开发者在本地的配置了 SonarLint 的 IDE 上对代码进行分析
2	本地分析如果没有问题，开发者可将代码提交到 Git、SVN、GitLab 等工具上进行版本管理
3	使用 GitLab 或者 GitHub 的 webhook 功能进行设定，持续集成服务器的自动构建 job 将会被触发，而 SonarQube Scanner 也作为其中的一环对项目进行 SonarQube 的质量分析
4	分析的结果会发送到 SonarQube 服务器进行进一步的处理
5	SonarQube 将处理后的结果保存在 SonarQube 的数据库中，同时结果会通过 UI 进行显示
6	基于 SonarQube 提供的结果，开发者会聚焦于确认和解决 SonarQube 提出来的"技术债务"
7	运维人员可以通过 API 对 SonarQube 进行自动配置及数据获取，同时还可以使用 JMX 对 SonarQube 服务器进行监控，管理者则可以通过确认质量分析的报表来把握项目整体状况

在 SonarQube 平台上，建议使用 SonarQube Scanner 对项目进行代码分析，其类别如表 13-7 所示。

表 13-7　SonarQube Scanner 的类别

类　　别	说　　明
SonarQube Scanner for MSBUILD	用于 .NET 类型的项目代码分析
SonarQube Scanner for Maven	用于 Maven 构建的项目代码分析
SonarQube Scanner for Gradle	用于 Gradle 构建的项目代码分析
SonarQube Scanner for Ant	用于 Ant 构建的项目代码分析
SonarQube Scanner for Jenkins	用于与 Jenkins 进行集成的项目代码分析
SonarQube Scanner	用于其他类型的项目代码分析

1. 安装

在本章案例中使用的 SonarQube 的版本信息如下。

- 版本：6.7.1。

- 说明：6.7.1 的 LTS（Long Term Support）的 Alpine 版本的 SonarQube。

2．内置 H2 数据库方式

SonarQube 可以使用内置 H2 数据库方式，这种方式无须使用其他镜像，只需要 SonarQube 的镜像即可。

3．启动命令

使用如下命令启动 SonarQube 的服务。

```
docker run --rm --name sonarqube \
  -p 9000:9000 -p 9092:9092 \
  liumiaocn/sonarqube:6.7.1
```

4．访问方式

使用如下信息访问启动的 SonarQube 服务。

- SonarQube 登录页面：http://服务器所在地址:9000/。
- 默认用户名/密码：amdin/amdin。

5．生产环境安装方式

不建议在实际的生产环境中使用内置 H2 数据库。SonarQube 可以非常容易地使用其他数据库，如 MySQL 或者 PostgreSQL。这里用常见的 MySQL 作为 SonarQube 的数据库来保存相关信息。

6．事前准备：下载镜像

基于 Docker 方式启动 SonarQube，需要 MySQL 和 SonarQube 的镜像。在 Easypack 里面已有以官方镜像为基础进行整理的资源，只需要使用如表 13-8 所示的镜像和版本即可。

表 13-8　SonarQube 所用镜像列表

镜　　像	版　　本	说　　明
liumiaocn/sonarqube:6.7.1	6.7.1	Alpine 版本的 SonarQube 的 LTS 镜像
liumiaocn/mysql:5.7.18	5.7.18	MySQL 镜像

使用如下命令拉取相关镜像。

```
docker pull liumiaocn/mysql:5.7.18
docker pull liumiaocn/sonarqube:5.6.5
```

7．事前准备：docker-compose.yml

如果条件允许，建议为 SonarQube 提供单独的数据库服务，可以使用 docker-comopse 方式对其进行管理。docker-compose 的内容如下。

```
version: '2'

services:
 # database service: mysql
 mysql:
  image: liumiaocn/mysql:5.7.18
  ports:
   - "3306:3306"
  volumes:
   - /home/local/mysql/data/:/var/lib/mysql
   - /home/local/mysql/conf.d/:/etc/mysql/conf.d
  environment:
   - MYSQL_ROOT_PASSWORD=hello123
   - MYSQL_DATABASE=sonarqube
  restart: "no"


 # Security service: sonarqube
 sonarqube:
  image: liumiaocn/sonarqube:5.6.5
  ports:
   - "9000:9000"
  volumes:
   - /home/local/sonar/data/:/usr/share/sonarqube/data
   - /home/local/sonar/extensions/:/usr/share/sonarqube/extensions
   - /home/local/sonar/conf/:/usr/share/sonarqube/conf
  environment:
   - SONARQUBE_JDBC_USERNAME=root
   - SONARQUBE_JDBC_PASSWORD=hello123
   - SONARQUBE_JDBC_URL=jdbc:mysql://mysql:3306/sonarqube?useUnicode=true&
characterEncoding=utf8&rewriteBatchedStatements=true&useConfigs=maxPerformance
  links:
   - mysql:mysql
  depends_on:
   - mysql
  restart: "no"
```

　　MySQL 和 SonarQube 都有自己的数据卷可以挂载。SonarQube 和 MySQL 数据卷的设定如表 13-9 所示。

表 13-9　SonarQube 和 MySQL 数据卷的设定

容　　器	数据卷作用	宿主机路径	镜像内路径
MySQL	数据信息	/home/local/mysql/data/	/var/lib/mysql

容　　器	数据卷作用	宿主机路径	镜像内路径
MySQL	配置信息	/home/local/mysql/conf.d/	/etc/mysql/conf.d
SonarQube	数据信息	/home/local/sonar/data/	/usr/share/sonarqube/data
SonarQube	扩展设定	/home/local/sonar/extensions/	/usr/share/sonarqube/extensions
SonarQube	配置信息	/home/local/sonar/conf/	/usr/share/sonarqube/conf

MySQL 和 SonarQube 的环境变量设定说明如表 13-10 所示。

表 13-10　MySQL 和 SonarQube 的环境变量设定说明

容　　器	环 境 变 量	作　　用	注 意 事 项
MySQL	MYSQL_ROOT_PASS WORD	设定 MySQL 的 root 用户的密码	此密码需要和 SonarQube 使用 JDBC 连接 MySQL 时使用的密码（环境变量为 SONARQUBE_ JDBC_PASSWORD）一致，同时使用 root 用户。建议使用 MySQL 另外的环境变量设定具体的用户名和密码，尽量减少 root 用户的使用
MySQL	MYSQL_DATABASE	设定 MySQL 创建 的数据库名称	此为 MySQL 启动后自行创建的数据库实例名称，相当于 create database if not exist sonarqube；也是 SonarQube 存储数据的数据库实例，所以需要与在 JDBC 的连接字符串中使用的数据库名称一致
SonarQube	SONARQUBE_JDBC_ USERNAME	设定连接 MySQL 的数据库用户名称	如果 MySQL 官方镜像中使用了 MYSQL_ROOT_ PASSWORD，说明默认用户为 root，在这种情况下，SONARQUBE 的 SONARQUBE_JDBC_USERNAME 也应当设定为 root
SonarQube	SONARQUBE_JDBC_ PASSWORD	连接 MySQL 的数 据库用户密码	需要与 MySQL 数据库实例中的用户密码一致，这里使用了 MYSQL_ROOT_PASSWORD
SonarQube	SONARQUBE_JDBC_ URL	SonarQube 使用 JDBC 方式连接 MySQL 的数据库 字符串	—

8. 启动 SonarQube

使用 docker-compose 就是为了简化 SonarQube 的操作，但是第一次启动需要稍微做一些控制。虽然我们在 SonarQube 的 docker-compose.yml 文件中已经设定了 depends_on，但这只能确定 SonarQube 的容器与 MySQL 的容器的启动顺序，而 SonarQube 需要在 MySQL 镜像"真正就绪"之后才能正常动作。所谓的"真正就绪"指的是 MySQL 容器启动后，用户名和密码按照计划进行设定，名为 sonarqube 的数据库也被正常创建，但是这需要一定的时间，由于机器的配置和性能不同，时间的长短也会不同。第一次启动 SonarQube 时，使用表 13-11 列出的步骤较为稳妥。

表 13-11　SonarQube 的启动步骤

步　　骤	内　　容	命　　令
1	启动 MySQL	docker-compose up -p sonar -d mysql
2	进入启动的 MySQL 镜像	docker exec -it sonar_mysql_1 sh
3	确认 MySQL 的 root 用户初始化密码已经生效	mysql -uroot -phello123
4	确认为 SonarQube 准备的 sonarqube 数据库已经生成	show databases
5	启动 SonarQube	docker-compose up -p sonar up -d

13.2.2　SonarQube 基础

使用 SonarQube 可以对代码质量进行静态解析。SonarQube 具有一些特有的概念，在使用之前需要对这些概念有所了解。

1. 质量阀门（Quality Gate）

软件开发的目的是实现价值交付，对项目来说，常常需要面对能否交付这个问题，而 SonarQube 的质量阀门就是用于回答这个问题的。通过质量阀门可以在组织中强力推行某种质量标准。

为了求解能否交付这个问题，需要在 SonarQube 中定义一些用于度量状态的阈值，通过设定这些阈值的比较条件来决定某一阈值的相关度量状态。例如，与新提交代码相关的 Block 级别的问题的数量为 0，新提交代码的覆盖率大于或等于 80%等。

质量阀门就是由一系列这样的度量设定所组成的，通过判断这些测量条件的结果，并进行综合计算，以判断是否通过质量阀门。一种质量阀门就代表着一种质量标准，在理想状态下，一个组织下所有的项目应该使用相同的质量阀门进行控制，但实际却往往并非如此。例如，不同的技术框架和实践会导致应用程序对质量标准的要求有所不同（Java 项目和 JavaScript 项目对代码覆盖率的要求可能会有所不同）。不同的应用程序的需求可能也会不同，比如，有些业务关键功能和那些不常用的功能相比，对质量的要求往往也会不同。所以，我们往往需要根据项目实际情况进行相应的质量标准的设定。

2. 质量阀门推荐设定

SonarQube 提供了名为 Sonar way 的质量阀门。Sonar way 是内嵌和只读的质量标准，而这种质量标准在 SonarQube 中为默认设定，它代表着 SonarQube 对基于不同编程语言的项目的质量标准的理解。每次 SonarQube 发布新版本，内嵌的质量标准都会随之调整。

在 SonarQube 的设置矩阵中可以设定可靠性、安全性、可维护性相关的测量标准，建议项目开发者根据自身的情况设定自己的质量阀门，并且这些阀门并非一成不变，应该根据项目的成熟度和具体情况进行调整。例如，随着项目的逐渐稳定和成熟，测试的覆盖率也应该逐渐提高。

项目所关联的质量阀门的状态主要有 3 种，详细信息如表 13-12 所示。

表 13-12　质量阀门状态说明

状　　态	说　　明
OK	项目代码分析的结果达到了质量阀门要求的标准
WARN	项目代码分析接近质量阀门要求的标准，需要继续进行改善以达到要求的标准
ERROR	项目代码分析的结果完全没有达到质量阀门要求的标准

3．问题等级

当使用 SonarQube 进行代码分析时，一旦该工具发现有代码违反了代码规约，就会抛出一个问题。项目所使用的代码规约是通过与质量规约（quality profile）进行关联而设定的。例如，项目如果不进行设定或者使用默认设定，则关联的质量规约为 SonarQube 内嵌的 Sonar way。对于抛出的问题，开发者可以根据提示信息进行修正。在 SonarQube 中，问题的等级被设定为如表 13-13 所示的几种。

表 13-13　SonarQube 问题等级

问 题 等 级	说　　明
Blocker	对生产环境的应用程序有较高影响的 Bug、内存泄漏、没有关闭的 JDBC 连接或者没有关闭的 socket 等，此等级的问题会使整个应用程序处于一种不稳定的状态，必须立即修正
Critical	对生产环境有较低影响的 Bug，比如，对业务不造成影响的空指针异常显示、SQL 注入的安全缺陷等，此等级的问题会使应用程序产生一些非预期的结果，不会对服务的连续性造成影响，但是可能会埋下很多隐患，必须立刻审查关联的代码
Major	可能会影响开发效率的质量缺陷，比如，非常复杂的方法、单元测试未覆盖的代码、重复的代码块、函数中未使用的参数等
Minor	可能会影响开发效率的质量缺陷，比如，一行很长的代码、少于三个条件的 switch 语句等。此等级的问题可能会对生产有一些（或潜在的）影响
Info	既不是缺陷也不是质量问题，只是一个提示，用于记录状况或者提醒，但需要注意的是，一些未知的或者没有被定义的对生产环境有所影响的问题有可能也被归为此等级，所以需要对规则进行仔细排查

4．实践方式

在理想状况下，开发团队不会再引入任何新的问题或者所谓的技术债务。在 IDE（诸如 Eclipse、IntelliJ、Visual Studio）中使用 SonarLint 能够有效帮助开发者，因为使用 SonarLint

能够很简单地在本地发现问题，从而帮助开发者在将代码推送到版本管理仓库之前进行问题处理。

但是在现实中，这个原则还是显得较为理想化。作为一个好的规范，保证没有新的技术债务产生，对于复杂项目的长期维护有着非常重要的作用。至少 SonarQube 提供了一整套的机制帮助开发团队去解决这个问题。

5. 度量指标

SonarQube 提供了很多度量指标，对项目代码进行分析时，可以通过这些指标看到项目相关的状况。接下来我们来了解一下 SonarQube 主要有哪些指标，以及这些指标的用处和计算方法。

复杂度指标：复杂度。

复杂度指标是通过对代码中函数的控制流进行计数来求取的，每当函数的控制流进行分割时，复杂度都会加 1。每个函数都有一个最小的复杂度（1），具体的计数对象和规则根据编程语言的不同也会有所不同。常见编程语言代码复杂度的计算方式如表 13-14 所示。

表 13-14　常见编程语言代码复杂度计算方式

编 程 语 言	代码复杂度计算方法
C/C++/Objective-C	以下均为计数对象：函数定义、while、do while、for、throw statements、return（如果 return 是函数的最后一条语句则不进行计算）、switch、case、default、&& operator、|| operator、? ternary operator、catch、break、continue、goto
Java	以下均为计数对象：if、for、while、case、catch、throw、return（如果 return 是函数的最后一条语句则不进行计算）、&&、||、?。另外，else、default、finally 都不作为计数对象，同时要注意 switch 语句的复杂度很高，即使是一个很简单的函数，里面的 switch 语句也会产生一个复杂度很高的结果
JavaScript	以下均为计算对象：function、if、&&、||、三元运算符、loop、case、throw、catch、return（如果 return 是函数的最后一条语句则不进行计算）
PHP	以下均为计算对象：function、if、&&、||、三元运算符、loop、case、throw、catch、return（如果 return 是函数的最后一条语句则不进行计算）、goto

复杂度指标：认知复杂度。

除了以计算代码中函数的控制流数量为主要方法的复杂度指标，SonarQube 还提供了一种被称为认知复杂度的指标对代码的复杂度进行度量，而这种度量方式比普通的复杂度指标的度量方式要麻烦得多。

复杂度和认知复杂度都是 SonarQube 对于代码整体复杂度状况的判断指标，只需要对代码进行扫描，就可以很容易地使用 API 获取当前复杂度的度量结果了。

重复度指标：块重复数。

块重复数指的是重复的代码块的数量，而代码块是否被认定为重复，主要的判断方法如下。

在非 Java 项目中，判断代码块重复的标准为一个代码块至少有 100 个连续的符号，同时至少有一定的行数（COBOL，30 行以上；ABAP，20 行以上；其他语言，10 行以上）。在 Java 项目中，判断代码块重复的标准为至少有 10 行连续而且重复的语句。在判断代码块重复的过程中，由于缩进引起的差别会被忽略。

重复度指标：文件重复数。

文件重复数指的是含有重复内容的文件的数量。

重复度指标：行重复数。

行重复数指的是重复的代码行数。

重复度指标：代码重复率。

代码重复率指的是重复的代码行数占总代码行数的比率，计算公式为

$$代码重复率=重复代码行数/总代码行数×100\%$$

代码规模相关指标：类的数量。

SonarQube 通过对内嵌的类、接口、枚举及注解的类型进行计算得到总的类的数量。

代码规模相关指标：注释行数。

在 SonarQube 中对注释进行分析和判断时，会自动忽略多行注释中没有实际注释内容的行，仅对实际有注释内容的行进行计算和统计，并统计出总的注释行数。

代码规模相关指标：注释比率。

注释的量是代码的一项重要指标，过多的注释影响阅读，过少的注释影响维护，合理和适当的注释对项目起到很重要的作用。在 SonarQube 中，注释比率的计算公式为

$$注释比率=注释行数/（代码行数+注释行数）×100\%$$

代码规模相关指标：其他指标。

除了类的数量等指标，代码规模还有如下常见指标。

- 代码行数：项目中代码的总行数。
- 函数个数：项目中函数的总个数。
- 文件个数：项目中文件的总个数。
- 目录个数：项目中目录的总个数。

测试指标：行覆盖率。

SonarQube 中的行覆盖率用于回答单元测试中的一个简单的问题：在单元测试中被执行过的代码的总行数占可执行代码的总行数的比率为多少？这个比率能简单地回答在单元测试中哪些行被测试用例执行过，即多少代码是单元测试能够覆盖到的。行覆盖率的计算公式为

$$行覆盖率=LC/EL×100\%$$

行覆盖率计算要素如表 13-15 所示。

表 13-15 行覆盖率计算要素

计 算 要 素	说　　明
LC	单元测试覆盖的行数
EL	可执行代码的总行数

测试指标：条件覆盖率。

在 SonarQube 中，通过对代码中包含的布尔表达式进行分析，确认每一个布尔表达式的 true 和 false 的分支的执行情况，可以得到整体的条件覆盖率。条件覆盖率是对代码控制流的可能条件分支在单元测试中得到的覆盖程度的一种确认。在 SonarQube 中，条件覆盖率的计算公式为

$$条件覆盖率 = (CT + CF) / (2 \times B) \times 100\%$$

条件覆盖率计算要素如表 13-16 所示。

表 13-16 条件覆盖率计算要素

计 算 要 素	说　　明
CT	至少被执行了一次取值为 true 的条件
CF	至少被执行了一次取值为 false 的条件
B	条件的总数

测试指标：综合覆盖率。

行覆盖率能够衡量在行的覆盖层面单元测试达到的程度，而条件覆盖率则用于衡量各种可能条件分支在单元测试中有多少被执行和确认过。两者从不同角度对测试的质量和效果进行了衡量。在 SonarQube 中，综合考虑行覆盖率和条件覆盖率，就得到了综合覆盖率。综合覆盖率是对代码在单元测试中被覆盖程度的一个衡量，具体的计算公式为

$$综合覆盖率 = (CT + CF + LC) / (2 \times B + EL)$$

综合覆盖率计算要素如表 13-17 所示。

表 13-17 综合覆盖率计算要素

计 算 要 素	说　　明
CT	至少被执行了一次取值为 true 的条件
CF	至少被执行了一次取值为 false 的条件
B	条件的总数
LC	单元测试覆盖的行数
EL	可执行代码的总行数

从综合覆盖率的计算公式中可以看到，没有对条件覆盖或者行覆盖进行不同的加权，虽然此计算方法很简单，但是也提供了一种有效的衡量整体的单元测试覆盖率的指标。

测试指标：单元测试统计指标。

SonarQube 提供了多种有关单元测试执行情况的指标，比如，成功总数、失败总数、成功率和执行时间等。在持续集成中，一个很重要的指标就是实效性，所以需要在每个环节都进行考虑。对于单元测试统计指标的阈值，需要根据每个项目的最高可能发布频度进行设定，进而拆分到每个细小的执行单元，以便基本确定其允许的最大执行时长。对于单元测试的执行，同样需要确定其允许的执行时长。例如，对于平均每天进行两次发布的项目，若因功能不断增加而导致其单元测试的执行时长增至 12 小时以上，则仅这一项工作都无法保证一天执行两次，项目的整体开发进度必然出现瓶颈。对于此类情况，使用 SonarQube 提供的单元测试耗时测试可以很好地进行衡量。单元测试常见的测试项目如表 13-18 所示。

表 13-18　单元测试常见测试项目说明

单元测试项目	说　　明
单元测试总数	全部单元测试的数量
单元测试耗时	执行全部单元测试所花费的时间
单元测试错误总数	没有通过的单元测试的总数
单元测试失败总数	在执行单元测试时，由于未知的问题导致测试失败的总数。导致这种失败的原因并非是单元测试没有达到条件，而是诸如测试代码中存在空指针异常或代码自身出现错误等
单元测试成功率	单元测试成功率由如下的公式进行计算：［单元测试总数-（单元测试错误总数+单元测试失败总数）］/单元测试总数×100%

6．默认阈值

在 SonarQube 中，如果不进行任何设定，会使用一些默认的设定执行测试。因为很多项目都使用 Sonar way 和默认的设定进行测试，所以我们首先来了解一下几个重要指标的默认设定。

默认阈值：可维护性。

可维护性指标所关联的是技术债务率。可维护性指标默认被分成 A、B、C、D、E 5 个等级。这 5 个等级是根据技术债务率来进行设定的，技术债务率越高表明项目隐患越多，而可维护性自然就越差。可维护性等级的技术债务率范围如表 13-19 所示。

表 13-19　可维护性等级的技术债务率范围

可维护性等级	技术债务率范围
A	0%～5%
B	6%～10%

续表

可维护性等级	技术债务率范围
C	11%～20%
D	21%～50%
E	>50%

SonarQube 不仅给出了可维护性等级，还提供了一些指标对项目可维护性进行衡量，详细信息如表 13-20 所示。

表 13-20　可维护性衡量指标

指 标 名 称	说　　明
Code Smells 数量	代码异味（也称代码怪味道或者代码坏味道）类问题的总数
新增 Code Smells 数量	新的代码异味类问题的数量
修正耗时总预估	修复这些可维护性相关的代码异味类问题所需要的时间。预估的时间以分钟为单位存储在数据库中，如果单位为天，指的不是 24 小时，而是一个工作日的工作时间——8 小时
新增问题修正耗时预估	修正新增的代码关联问题所需要的预估时间。预估的时间以分钟为单位存储在数据库中，如果单位为天，指的不是 24 小时，而是一个工作日的工作时间——8 小时
技术债务率	技术债务比率，计算方法：修复成本/（开发一行代码所需的时间 × 代码总行数）。在 SonarQube 中，开发一行代码所需的时间默认为 0.06 天
新增代码技术债务率	新增代码部分的技术债务比率

默认阈值：可靠性。

可靠性指标所关联的是 Bug。可靠性指标默认被分成 A、B、C、D、E 5 个等级。这 5 个等级是根据 Bug 的个数来进行设定的，Bug 的个数越多说明可靠性越差。可靠性等级的 Bug 取值范围如表 13-21 所示。

表 13-21　可靠性等级的 Bug 取值范围

可靠性等级	Bug 数目
A	0 个 Bug
B	至少 1 个 Minor 级别的 Bug，而且没有 Major 及以上级别的 Bug
C	至少 1 个 Major 级别的 Bug，而且没有 Critical 及以上级别的 Bug
D	至少 1 个 Critical 级别的 Bug，而且没有 Blocker 及以上级别的 Bug
E	至少 1 个 Blocker 级别的 Bug

除可靠性等级外，SonarQube 还提供了如表 13-22 所示的指标对项目可靠性进行衡量。

表 13-22　可靠性衡量指标

指 标 名 称	说　　明
Bug 总数	Bug 的总数

指 标 名 称	说 明
新增 Bug 数量	新的 Bug 的数量
修正耗时总预估	修复这些可靠性相关的 Bug 所需要的时间。预估的时间以分钟为单位存储在数据库中，如果单位是天，指的不是 24 小时，而是一个工作日的工作时间——8 小时
新增问题修正耗时预估	修正新增的代码关联问题所需要的预估时间。预估的时间以分钟为单位存储在数据库中，如果单位为天，指的不是 24 小时，而是一个工作日的工作时间——8 小时

默认阈值：安全性。

安全性指标所关联的是 Vulnerability。安全性指标默认被分成 A、B、C、D、E 5 个等级。这 5 个等级是根据脆弱性问题或者 Vulnerability 的数目来进行设定的。Vulnerability 是 SonarQube 中与安全性关联的指标，其数目越多说明安全性越差。安全性等级的 Vulnerability 取值范围如表 13-23 所示。

表 13-23   安全性等级的 Vulnerability 取值范围

安全性等级	Vulnerability 数目
A	0 个 Vulnerability
B	至少有 1 个 Minor 级别的 Vulnerability，而且没有 Major 及以上级别的 Vulnerability
C	至少有 1 个 Major 级别的 Vulnerability，而且没有 Critical 及以上级别的 Vulnerability
D	至少有 1 个 Critical 级别的 Vulnerability，而且没有 Blocker 及以上级别的 Vulnerability
E	至少有 1 个 Blocker 级别的 Vulnerability

除安全性等级外，SonarQube 还提供了如表 13-24 所示的指标对项目安全性进行衡量。

表 13-24   安全性衡量指标

指 标 名 称	说 明
Vulnerability 总数	Vulnerability 问题的总数
新增 Vulnerability 数量	新的 Vulnerability 问题的数量
修正耗时总预估	修复这些安全性相关的 Vulnerability 问题所需要的时间。预估的时间以分钟为单位存储在数据库中，如果单位为天，指的不是 24 小时，而是一个工作日的工作时间——8 小时
新增问题修正耗时预估	修正新增的代码关联问题所需要的预估时间。预估的时间以分钟为单位存储在数据库中，如果单位为天，指的不是 24 小时，而是一个工作日的工作时间——8 小时

默认阈值：项目规模。

根据项目代码总行数可对项目规模进行大体的判断。在 SonarQube 中，默认将项目设定成 XS、S、M、L、XL 5 个等级。这 5 个规模等级对应的代码行数取值范围如表 13-25 所示。

表 13-25　项目代码行数取值范围说明

代 码 规 模	说　　　　明	代 码 行 数
XS	超小规模	<1k
S	小规模	≥1k
M	中等规模	≥10k
L	大规模	≥100k
XL	超大规模	≥500k

13.2.3　SonarQube 使用方式

使用 SonarQube 进行质量分析，一般有如下两种方式。

- 使用 MVN 方式调用 SonarQube 进行质量分析。

具体示例代码如下所示，通过 mvn sonar:sonar 方式进行调用，使用-D 选项指定 SonarQube 相关参数。

```
mvn sonar:sonar \
 -Dsonar.host.url=http://127.0.0.1:32003 \
 -Dsonar.login=16a92b2be21059d0830287b8a3c10458cf612d61(生成的token信息)
```

在 SonarQube 中，用户可以创建 token，然后使用这个 token 以 API 的方式执行代码分析或查询分析的结果。在 SonarQube 中，只需要选择 My Account→Security 菜单命令就可以简单地进行 token 的增、删、改、查，可以通过输入一个自定义标志符，如 liumiaocn，生成 token，可在相关页面进行操作，也可以通过 API 方式进行操作，但无论使用哪种方式，注意此 token 只显示一次。对于已经存在的 token 的列表，每一个 token 都有对应的 Revoke 按钮，单击此按钮即可进行删除。同样选择 My Account→Security 菜单命令，然后输入 token 的名称，就会生成一个新的 token。注意 token 的值只有在创建时才能显示，需要对此值进行妥善管理。

通过使用 token，可以替代使用用户名和密码的登录方式。在对代码进行质量分析时，可以通过修改 sonar.login 来设定 token，以保证 API 能够通过认证而不至出现权限被拒绝的情况。当然，在使用 SonarQube 时也可以通过诸如 curl 之类的调用直接使用 token 代替用户名和密码。

- 使用 SonarScanner 方式调用 sonar 进行质量分析。

使用 SonarScanner 方式进行调用的具体示例代码如下所示，同样使用-D 命令指定 SonarQube 相关参数。

```
sonar-scanner \
 -Dsonar.projectKey=ddd \
 -Dsonar.sources=. \
 -Dsonar.host.url=http://127.0.0.1:32003 \
 -Dsonar.login=16a92b2be21059d0830287b8a3c10458cf612d61(生成的token信息)
```

1. SonarScanner 的设定文件

SonarScanner 默认有两层设定文件，首先会被读入的设定文件是为 conf/sonar-scanner.properties（相对路径），默认情况下此文件用于设定如表 13-26 所示的两项内容。

表 13-26　默认设定内容

参 数 项 目	说　　明	默　认　值
sonar.host.url	SonarQube 的服务器地址	http://localhost:9000
sonar.sourceEncoding	源代码编码方式	UTF-8

因为 SonarScanner 相当于客户端，连接 SonarQube 的服务如果不在同一台机器上，或者 SonarQube 的端口号发生变化，都会导致连接失败，所以使用时需要根据情况指定 SonarQube 的服务器地址以覆盖默认设定。

如果在 sonar-scanner.properties 中进行参数设定，将会对所有的项目起作用，如果我们需要单独对某一个项目的参数进行设定，可以使用项目级别的 SonarScanner 设定文件。

默认的项目级别的 SonarScanner 设定文件名为 sonar-project.properties，结合此文件进行设定，可以保证项目级别不同的参数也能得到合理的设定。

另外，如果项目级别的设定文件名字不同，也可以通过 project.settings 设定文件名称。

```
sonar-scanner -Dproject.settings=./demo-sonar-project.properties
```

需要注意的是，如果默认的项目级别的 SonarScanner 设定文件存在，demo-sonar-project.properties 不会起作用。

2. 动态设定

除使用上述方式设定文件外，还可以在执行的时候临时改变设定值，使用 "-Dsonar 参数项目=设定值" 即可。比如，通过在执行时设定 projectName 可以即时改变 SonarQube 上显示的项目名称，执行命令示例如下所示。

```
sonar-scanner -Dsonar.projectName=dynamicProjectName
```

3. 参数设定

使用 SonarScanner 进行代码分析，只需要根据情况设定必要的参数项目即可。SonarScanner 的常用参数项目如表 13-27 所示。

表 13-27　SonarScanner 的常用参数项目

参 数 项 目	说　　明	是否为必填选项
sonar.projectKey	项目标志，用于唯一标识项目	必填
sonar.sources	分析对象目录列表，可填多个，用逗号分开	必填

续表

参 数 项 目	说　　明	是否为必填选项
sonar.host.url	SonarQube 服务器 URL	可选，如果不填，默认值为 http://localhost:9000
sonar.projectName	项目名称	可选，如果不设定，默认与项目名称相同。当使用 Maven 时，会使用 Maven 中的\<name\>设定值
sonar.projectVersion	项目版本	可选，如果使用 Maven，会使用 Maven 中的\<version\>设定值
sonar.login	使用 API 时必填，可以直接设定为 token 值，或者设定为用户名、密码认证时的用户名信息	必填，否则无法获得权限
sonar.password	与 sonar.login 匹配使用，仅用于使用用户名、密码的认证方式，对于 token 认证方式无须设定此值	如果 sonar.login 使用 token 方式，为可选；如果在 sonar.login 中设定的是用户名，为必填
sonar.projectDescription	项目描述信息	可选，与 Maven 不兼容，在 Maven 中使用\<description\>
sonar.profile	项目质量标准	可选，对于 SonarQube-4.5-LTS 之后的版本，不再建议使用此选项
sonar.projectBaseDir	项目根目录	可选
sonar.working.directory	工作目录	可选，默认值为.sonar
sonar.sourceEncoding	源代码编码格式，如 UTF-8	可选
sonar.binaries	编译文件生成对象目录	可选
sonar.language	对象文件	可选，对于单一语言建议填写，对于多语言建议使用 module
sonar.jdbc.username	JDBC 连接用户	可选
sonar.jdbc.password	JDBC 用户密码	可选
sonar.java.source	Java 源代码编译器版本	可选
sonar.java.target	Java 源代码生成的 class 文件所兼容的 JVM 版本	可选
sonar.exclusions	扫描除外文件列表，可使用通配符	可选，格式为逗号分隔
sonar.coverage.exclusions	覆盖率计算除外文件列表	可选，格式为逗号分隔
sonar.modules	module 列表，可填多个，用逗号隔开	可选

4．Maven 项目常用配置

常见的 Maven 项目配置内容如表 13-28 所示（参数项目 sonar.projectBase Dir 设定值例的 "．" 表示为当前目录，余同）。

表 13-28 Maven 项目配置内容

参 数 项 目	设 定 值 例
sonar.projectKey	mvnProjectKey
sonar.projectName	mvnProjectName
sonar.projectVersion	1
sonar.projectBaseDir	.
sonar.host.url	http://192.168.163.154:32003
sonar.login	16a92b2be21059d0830287b8a3c10458cf612d61
sonar.sourceEncoding	UTF8
sonar.sources	src
sonar.binaries	target
sonar.language	java
sonar.jdbc.username	root
sonar.jdbc.password	hello123
sonar.java.source	1.8
sonar.java.target	1.8

如果在 Maven 中使用了多个 module，通过 SonarScanner 的 sonar.module 选项，可以非常方便地进行多个设定。一个有两个 module 的 Maven 项目的相关配置内容如表 13-29 所示。

表 13-29 Maven 项目的多 module 配置内容

参 数 项 目	设 定 值 例
sonar.projectKey	mvnProjectKey
sonar.projectName	mvnProjectName
sonar.projectVersion	1
sonar.projectBaseDir	.
sonar.host.url	http://192.168.163.154:32003
sonar.login	16a92b2be21059d0830287b8a3c10458cf612d61
sonar.modules	java-module-1,java-module-2
java-module-1.sonar.sourceEncoding	UTF8
java-module-1.sonar.sources	src
java-module-1.sonar.binaries	target
java-module-1.sonar.language	java
java-module-1.sonar.jdbc.username	root
java-module-1.sonar.jdbc.password	hello123
java-module-1.sonar.java.source	1.8
java-module-1.sonar.java.target	1.8

续表

参 数 项 目	设 定 值 例
java-module-2.sonar.sourceEncoding	UTF8
java-module-2.sonar.sources	src
java-module-2.sonar.binaries	target
java-module-2.sonar.language	java
java-module-2.sonar.java.source	1.8
java-module-2.sonar.java.target	1.8

　　这里需要注意的是在 sonar.modules 中设定的 module 的名称，后续的设定都需要直接使用此 module 名称。另外，SonarScanner 在执行检测的时候也会查找 projectBaseDir 目录下与此 module 名称相同的目录，所以在根目录下需要有名为 java-module-1 和 java-module-2 的目录，这也与在 Maven 中使用 module 的方法是一致的。

　　当一个 Maven 项目中存在多种编程语言的代码时，使用 sonar.module 可以方便地设定，只需将对应的 module 的语言参数设定正确即可。一个 Java 和 JavaScript 两种编程语言的代码共存的 Maven 项目的相关参数设定值例如表 13-30 所示。

表 13-30　Java 和 JavaScript 两种编程语言的代码共存的 Maven 项目的设定值例

参 数 项 目	设 定 值 例
sonar.projectKey	mvnProjectKey
sonar.projectName	mvnProjectName
sonar.projectVersion	1
sonar.projectBaseDir	.
sonar.host.url	http://192.168.163.154:32003
sonar.login	16a92b2be21059d0830287b8a3c10458cf612d61
sonar.modules	java-module-1,js-module-1
java-module-1.sonar.sourceEncoding	UTF8
java-module-1.sonar.sources	src
java-module-1.sonar.binaries	target
java-module-1.sonar.language	java
java-module-1.sonar.jdbc.username	root
java-module-1.sonar.jdbc.password	hello123
java-module-1.sonar.java.source	1.8
java-module-1.sonar.java.target	1.8
js-module-1.sonar.sourceEncoding	UTF8
js-module-1.sonar.sources	src
js-module-1.sonar.language	js

5. 安装 SonarScanner

在前面也提到过 SonarScanner 有几种类型，如表 13-31 所示。

表 13-31　SonarScanner 类型

类　　型	说　　明
SonarQube Scanner for MSBuild	用于.NET 类型的项目代码分析
SonarQube Scanner for Maven	用于使用 Maven 构建的项目代码分析
SonarQube Scanner for Gradle	用于使用 Gradle 构建的项目代码分析
SonarQube Scanner for Ant	用于使用 Ant 构建的项目代码分析
SonarQube Scanner for Jenkins	用于与 Jenkins 进行集成的项目代码分析
SonarQube Scanner	用于其他类型的项目代码分析

这里以安装通用型的 SonarScanner 为例进行介绍。首先下载安装文件，然后解压至/usr/local 目录，最后把 SonarScanner 的 bin 目录添加为环境变量 PATH 的搜索对象即可，具体操作步骤如表 13-32 所示。

表 13-32　SonarScanner 安装步骤

步骤	说　　明	命　　令
1	下载 SonarScanner 可执行文件包	sonar-scanner-cli-3.0.3.778-linux.zip
2	解压	unzip sonar-scanner-cli-3.0.3.778-linux.zip
3	移动到/usr/local 目录中	mv sonar-scanner-cli-3.0.3.778-linux /usr/local/sonar-scanner
4	设定环境变量	添加 export PATH=$PATH:/usr/local/sonar-scanner/bin 到/etc/profile 的最后一行

重新登录之后环境变量生效，使用 sonar-scanner -v 命令即可确认 SonarScanner 当前的版本。

```
[root@devops ~]# sonar-scanner -v
INFO: Scanner configuration file: /usr/local/sonar-scanner/conf/sonar-scanner.
properties
INFO: Project root configuration file: NONE
INFO: SonarQube Scanner 3.0.3.778
INFO: Java 1.8.0_121 Oracle Corporation (64-bit)
INFO: Linux 3.10.0-693.el7.x86_64 amd64
[root@devops ~]#
```

13.3　代码质量检测实践

本节将通过相关示例介绍如何使用 SonarQube 进行代码质量扫描、指标信息的获取、单元测试的集成与测试覆盖率的获取、质量规约的管理等常见操作。

13.3.1　代码扫描与概要信息获取

在 GitHub 上，SonarSource 有一个名为 sonar-scanning-examples 的项目，该项目中有一些非常简单的各种类型的代码和测试样本，主要用于展示如何使用 SonarScanner 进行扫描分析。使用如下命令，将代码复制到本地。

```
git clone https://github.com/SonarSource/sonar-scanning-examples
```

使用 sonarqube-scanner 进行确认，可以看到这个目录下已经有一个名为 sonar-project.properties 的文件，这个文件是用于设定 sonar-scanner 命令的传入值的，相关信息如下所示。

```
[root@devops ~]# cd sonar-scanning-examples/
[root@devops sonar-scanning-examples]# ls
objc-llvm-coverage  sonarqube-scanner-ant sonarqube-scanner-gradle sonarqube-
scanner-msbuild
sonarqube-scanner   sonarqube-scanner-build-wrapper-linux sonarqube-scanner-
maven  swift-coverage
[root@devops sonar-scanning-examples]# cd sonarqube-scanner
[root@devops sonarqube-scanner]# ls
copybooks  coverage-report  sonar-project.properties  src
[root@devops sonarqube-scanner]#
```

project 相关的设定值如下。

```
[root@devops sonarqube-scanner]# grep project sonar-project.properties
sonar.projectKey=org.sonarqube:sonarqube-scanner
sonar.projectName=Example of SonarQube Scanner Usage
sonar.projectVersion=1.0
[root@devops sonarqube-scanner]#
```

projectName 代表在 SonarQube 中的项目名称，设定之后可以通过访问 SonarQuebe 判断是否存在名为 Example of SonarQube Scanner Usage 的项目代码扫描结果。

执行 sonar-scanner 命令，可以通过 sonar-project.properties 进行相关值的修改，也可以直接通过-D 命令传入要修改的默认值。比如，我们在执行 sonar-scanner 命令的时候通过-D 命令传入 token 和 url 的值，具体命令如下。

```
sonar-scanner -Dsonar.host.url=http://192.168.163.154:32003 -Dsonar.login=
16a92b2be21059d0830287b8a3c10458cf612d61
```

执行结果如下。

```
[root@devops sonarqube-scanner]# sonar-scanner -Dsonar.host.url=http://192.168.
163.154:32003 -Dsonar.login=16a92b2be21059d0830287b8a3c10458cf612d61
INFO: Scanner configuration file: /usr/local/sonar-scanner/conf/sonar-scanner.
properties
INFO: Project root configuration file: /root/sonar-scanning-examples/sonarqube-
scanner/sonar-project.properties
```

```
INFO: SonarQube Scanner 3.0.3.778
INFO: Java 1.8.0_121 Oracle Corporation (64-bit)
INFO: Linux 3.10.0-693.el7.x86_64 amd64
INFO: User cache: /root/.sonar/cache
INFO: Publish mode
INFO: Load global settings
INFO: Load global settings (done) | time=68ms
INFO: Server id: AWFk2SOFex73iVwBAnYl
INFO: User cache: /root/.sonar/cache
INFO: Load plugins index
INFO: Load plugins index (done) | time=45ms
INFO: SonarQube server 6.7.1
INFO: Default locale: "en_US", source code encoding: "UTF-8"
INFO: Process project properties
INFO: Load project repositories
INFO: Load project repositories (done) | time=12ms
INFO: Load quality profiles
INFO: Load quality profiles (done) | time=24ms
...
INFO: 36 files indexed
INFO: Quality profile for flex: Sonar way
...
INFO: 1 source files to be analyzed
INFO: Sensor SonarJavaXmlFileSensor [java] (done) | time=77ms
INFO: Sensor Flex [flex]
INFO: 1/1 source files have been analyzed
...
INFO: Analysis report uploaded in 180ms
INFO: ANALYSIS SUCCESSFUL, you can browse http://192.168.163.154:32003/dashboard/
index/org.sonarqube:sonarqube-scanner
...
INFO: Task total time: 4.324 s
INFO: ------------------------------------------------------------------------
INFO: EXECUTION SUCCESS
INFO: ------------------------------------------------------------------------
INFO: Total time: 5.363s
INFO: Final Memory: 50M/216M
INFO: ------------------------------------------------------------------------
[root@devops sonarqube-scanner]#
```

1. 扫描结果的确认

在 SonarQube 的 UI 上可以确认扫描的结果信息，如表 13-33 所示。

表 13-33　扫描结果信息

项　　目	详 细 信 息
项目名称	Example of SonarQube Scanner Usage
可靠性	级别为 E，有 21 个 Bug
安全性	级别为 A，不存在相关的 Vulnerability 问题
可维护性	级别为 A，存在 5 个 Code Smells 问题
综合覆盖率	3.5%
重复度	25.6%
代码规模	超小规模项目，具体代码行数为 600

　　SonarQube 提供了 Web API 以方便应用程序对其进行访问，具体的认证方式主要有 token 方式和 HTTP 基本认证方式两种。在接下来的案例讲解中，将主要通过 Web API 对 SonarQube 进行操作。因为在实际的项目中，在不同需求存在的情况下，SonarQube 所提供的插件不一定能够满足需求，最终往往会使用此方式进行集成。

2．HTTP 基本认证方式

　　通过提供用户名/密码的方式，可以访问 SonarQube 的 Web API。比如需要确认用户的 token 信息，可以通过/api/user_tokens/search 进行访问，执行命令如下。

```
curl -u admin:admin http://127.0.0.1:32003/api/user_tokens/search
```

　　可以使用如下 curl 命令进行确认。

```
[root@devops sonarqube-scanner]# curl -u admin:admin http://127.0.0.1:32003/
api/user_tokens/search 2>/dev/null |jq .
{
 "login": "admin",
 "userTokens": [
  {
   "name": "liumiaocn",
   "createdAt": "2018-02-05T08:40:07+0000"
  }
 ]
}
[root@devops sonarqube-scanner]#
```

3．token 方式

　　在 SonarQube 中，推荐通过 token 方式使用 Web API，执行命令如下。

```
curl -u 16a92b2be21059d0830287b8a3c10458cf612d61: http://127.0.0.1:32003/api/
user_tokens/search
```

　　注意在此处，curl 命令为：

```
curl -u token: http://IP 地址/ api/user_tokens/search
```

具体执行日志如下所示。

```
[root@devops sonarqube-scanner]# curl -u 16a92b2be21059d0830287b8a3c10458cf612d61:
http://127.0.0.1:32003/api/user_tokens/search 2>/dev/null |jq
{
 "login": "admin",
 "userTokens": [
  {
   "name": "liumiaocn",
   "createdAt": "2018-02-05T08:40:07+0000"
  }
 ]
}
[root@devops sonarqube-scanner]#
```

4. 项目信息的获取

通过/api/projects/index 可以获取项目的整体状况，查询命令如下。

```
curl -u admin:admin http://127.0.0.1:32003/api/projects/index
```

使用 curl 命令通过/api/projects/index 确认项目状况的示例如下所示。

```
[root@devops sonarqube-scanner]# curl -u admin:admin http://127.0.0.1:32003/api/
projects/index 2>/dev/null |jq
[
 {
  "id": 261,
  "k": "org.sonarqube:sonarqube-scanner",
  "nm": "Example of SonarQube Scanner Usage",
  "sc": "PRJ",
  "qu": "TRK"
 }
]
[root@devops sonarqube-scanner]#
```

5. Component 信息的获取

在 SonarQube 中，项目、文件、目录、模块等都被看作 Component，通过/api/components/search?qualifiers=接口可以获取不同的 qualifiers 的详细信息。

在 6.7.1 版本的 SonarQube 中，qualifiers 有 5 种不同的取值，这 5 种不同的取值所代表的意义如下所示。

- BRC：module。
- DIR：directory。
- FIL：file。
- TRK：project。

- UTS：unit test。

通过如下命令可以获取类型为 project 的 Component 的信息，默认的 pagesize 为 100，通过 ps 参数可以进行自行设定。查询命令如下。

```
curl -u admin:admin http://127.0.0.1:32003/api/components/search?qualifiers=
TRK\&ps=1000
```

使用这种方式获取 Component 信息的示例如下所示。

```
[root@devops sonarqube-scanner]# curl -u admin:admin http://127.0.0.1:32003/
api/components/search?qualifiers=TRK\&ps=1000 2>/dev/null |jq .
{
  "paging": {
    "pageIndex": 1,
    "pageSize": 1000,
    "total": 1
  },
  "components": [
    {
      "organization": "default-organization",
      "id": "AWFoOz2Aex73iVwBAocJ",
      "key": "org.sonarqube:sonarqube-scanner",
      "name": "Example of SonarQube Scanner Usage",
      "qualifier": "TRK",
      "project": "org.sonarqube:sonarqube-scanner"
    }
  ]
}
[root@devops sonarqube-scanner]#
```

从 Component 中可以获得 ID，利用此 ID 作为参数在/api/measures/components 中可以查询到项目的整体信息。

13.3.2　指标信息的获取

使用 SonarQube 进行代码质量扫描，会得到各种指标信息，本节将继续介绍如何获取这些指标的信息。

1. 整体指标信息的获取

旧版的 SonarQube，比如 5.6 的 LTS 版本，都是使用/api/resources 来获取项目整体信息的，查询命令如下所示。

```
curl -u admin:admin http://127.0.0.1:32003/api/resources?resource=projectKey\
&metrics=reliability_rating,security_rating,sqale_rating,coverage,duplicated_
lines_density,ncloc,alert_status
```

对上述命令中的字段信息的解释如表 13-34 所示。

表 13-34 5.6 的 LTS 版本的 SonarQube 的项目查询命令的字段信息解释

项　　目	对应字段及信息解释
项目标识	projectKey：查询用的输入参数
查询 API	api/resources
可靠性等级	输出：reliability_rating 字段
安全性等级	输出：security_rating 字段
可维护性等级	输出：sqale_rating 字段
综合覆盖率	输出：coverage 字段
重复度	输出：duplicated_lines_density 字段
代码规模	输出：ncloc 字段
质量阀门状态	输出：alert_status 字段

对于 6.3 版本以后的 SonarQube，以 6.7.1 的 LTS 版本为例，项目整体信息的获取则是使用 /api/measures/来获得的，查询命令如下所示。

```
curl -u admin:admin http://127.0.0.1:32003/api/measures/component?componentId=
AWFoOz2Aex73iVwBAocJ\&metricKeys=reliability_rating,security_rating,sqale_rating,
coverage,duplicated_lines_density,ncloc,alert_status
```

对上述命令中的字段信息的解释如表 13-35 所示。

表 13-35 6.7 的 LTS 版本的 SonarQube 的项目查询命令的字段信息解释

项　　目	对应字段及信息解释
Component 标识	componentId：查询用的输入参数
查询 API	/api/measures
可靠性等级	输出：reliability_rating 字段
安全性等级	输出：security_rating 字段
可维护性等级	输出：sqale_rating 字段
综合覆盖率	输出：coverage 字段
重复度	输出：duplicated_lines_density 字段
代码规模	输出：ncloc 字段
质量阀门状态	输出：alert_status 字段

通过上述命令可获取 SonarQube 的常用指标信息，示例信息如下所示。

```
[root@devops sonarqube-scanner]# curl -u admin:admin http://127.0.0.1:32003/api/
measures/component?componentId=AWFoOz2Aex73iVwBAocJ\&metricKeys=reliability_
rating,security_rating,sqale_rating,coverage,duplicated_lines_density,ncloc,
alert_status 2>/dev/null |jq
{
  "component": {
```

```
    "id": "AWFoOz2Aex73iVwBAocJ",
    "key": "org.sonarqube:sonarqube-scanner",
    "name": "Example of SonarQube Scanner Usage",
    "qualifier": "TRK",
    "measures": [
      {
        "metric": "alert_status",
        "value": "OK"
      },
      {
        "metric": "sqale_rating",
        "value": "1.0"
      },
      {
        "metric": "coverage",
        "value": "3.5"
      },
      {
        "metric": "reliability_rating",
        "value": "5.0"
      },
      {
        "metric": "security_rating",
        "value": "1.0"
      },
      {
        "metric": "duplicated_lines_density",
        "value": "25.6"
      },
      {
        "metric": "ncloc",
        "value": "600"
      }
    ]
  }
}
[root@devops sonarqube-scanner]#
```

2. 复杂度指标

SonarQube 提供了复杂度指标及认知复杂度指标。对于本节的示例项目而言，已经进行过代码扫描，复杂度指标和认知复杂度指标都能显示出来，关联字段信息如下。

- Component 标识：componentId，查询用的输入参数
- 查询 API：/api/measures

- 复杂度：complexity 字段
- 认知复杂度：cognitive_complexity 字段

查询复杂度指标的命令如下所示。

```
curl -u admin:admin http://127.0.0.1:32003/api/measures/component?componentId=
AWFoOz2Aex73iVwBAocJ\&metricKeys=complexity,cognitive_complexity
```

从如下的查询示例中可以看到，此项目的复杂度和认知复杂度分别为 65 和 6。单纯确认绝对数量没有太大的意义，比较不同项目的同一指标，或者比较相同项目不同阶段的扫描结果更具有实际意义。

```
[root@devops sonarqube-scanner]# curl -u admin:admin http://127.0.0.1:32003/api/
measures/component?componentId=AWFoOz2Aex73iVwBAocJ\&metricKeys=complexity,
cognitive_complexity 2>/dev/null |jq
{
  "component": {
    "id": "AWFoOz2Aex73iVwBAocJ",
    "key": "org.sonarqube:sonarqube-scanner",
    "name": "Example of SonarQube Scanner Usage",
    "qualifier": "TRK",
    "measures": [
      {
        "metric": "complexity",
        "value": "65"
      },
      {
        "metric": "cognitive_complexity",
        "value": "6"
      }
    ]
  }
}
[root@devops sonarqube-scanner]#
```

3. 重复度指标

在 SonarQube 中，有关代码重复度的字段如表 13-36 所示。

表 13-36　与代码重复度相关的字段

项　　目	对 应 字 段
Component 标识	componentId：查询用的输入参数
查询 API	/api/measures
块重复数	输出：duplicated_blocks 字段
文件重复数	输出：duplicated_files 字段

续表

项　　目	对 应 字 段
行重复数	输出：duplicated_lines 字段
代码重复率	输出：duplicated_lines_density 字段

重复度指标的查询命令如下所示。

```
curl -u admin:admin http://127.0.0.1:32003/api/measures/component?componentId=
AWFoOz2Aex73iVwBAocJ\&metricKeys=duplicated_blocks,duplicated_files,duplicated
_lines,duplicated_lines_density
```

执行结果示例如下所示。

```
[root@devops ~]# curl -u admin:admin http://127.0.0.1:32003/api/measures/
component?componentId=AWFoOz2Aex73iVwBAocJ\&metricKeys=duplicated_blocks,
duplicated_files,duplicated_lines,duplicated_lines_density 2>/dev/null |jq
{
  "component": {
    "id": "AWFoOz2Aex73iVwBAocJ",
    "key": "org.sonarqube:sonarqube-scanner",
    "name": "Example of SonarQube Scanner Usage",
    "qualifier": "TRK",
    "measures": [
      {
        "metric": "duplicated_lines",
        "value": "256"
      },
      {
        "metric": "duplicated_blocks",
        "value": "4"
      },
      {
        "metric": "duplicated_files",
        "value": "3"
      },
      {
        "metric": "duplicated_lines_density",
        "value": "25.6"
      }
    ]
  }
}
[root@devops ~]#
```

4．可靠性指标

在 SonarQube 中，有关代码可靠性的字段如表 13-37 所示。

表 13-37　与代码可靠性相关的字段

项　　目	对 应 字 段
Component 标识	componentId：查询用的输入参数
查询 API	/api/measures
可靠性等级	输出：reliability_rating 字段
Bug 总数	输出：bugs 字段
新增 Bug 数量	输出：new_bugs 字段
修正耗时总预估	输出：reliability_remediation_effort 字段
新增问题修正耗时预估	输出：new_reliability_remediation_effort 字段

可靠性指标的查询命令如下所示。

```
curl -u admin:admin http://127.0.0.1:32003/api/measures/component?componentId=
AWFoOz2Aex73iVwBAocJ\&metricKeys=reliability_rating,bugs,new_bugs,reliability_
remediation_effort,new_reliability_remediation_effort
```

执行结果示例如下所示。

```
[root@devops ~]# curl -u admin:admin http://127.0.0.1:32003/api/measures/component?
componentId=AWFoOz2Aex73iVwBAocJ\&metricKeys=reliability_rating,bugs,new_bugs,
reliability_remediation_effort,new_reliability_remediation_effort 2>/dev/null |jq
{
  "component": {
    "id": "AWFoOz2Aex73iVwBAocJ",
    "key": "org.sonarqube:sonarqube-scanner",
    "name": "Example of SonarQube Scanner Usage",
    "qualifier": "TRK",
    "measures": [
      {
        "metric": "bugs",
        "value": "21"
      },
      {
        "metric": "reliability_remediation_effort",
        "value": "105"
      },
      {
        "metric": "reliability_rating",
        "value": "5.0"
      }
    ]
  }
}
[root@devops ~]#
```

5．安全性指标

在 SonarQube 中，有关代码安全性的字段如表 13-38 所示。

表 13-38　与代码安全性相关的字段

项　　目	对　应　字　段
Component 标识	componentId：查询用的输入参数
查询 API	/api/measures
可靠性等级	输出：security_rating 字段
Vulnerability 总数	输出：vulnerabilities 字段
新增 Vulnerability 数量	输出：new_vulnerabilities 字段
修正耗时总预估	输出：security_remediation_effort 字段
新增问题修正耗时预估	输出：new_security_remediation_effort 字段

安全性指标的查询命令如下所示。

```
curl -u admin:admin http://127.0.0.1:32003/api/measures/component?componentId=
AWFoOz2Aex73iVwBAocJ\&metricKeys=security_rating,vulnerabilities,new_vulnerabi
lities,security_remediation_effort,new_security_remediation_effort
```

执行结果示例如下所示。

```
[root@devops ~]# curl -u admin:admin http://127.0.0.1:32003/api/measures/component?
componentId=AWFoOz2Aex73iVwBAocJ\&metricKeys=security_rating,vulnerabilities,
new_vulnerabilities,security_remediation_effort,new_security_remediation_effort
2>/dev/null |jq
{
  "component": {
    "id": "AWFoOz2Aex73iVwBAocJ",
    "key": "org.sonarqube:sonarqube-scanner",
    "name": "Example of SonarQube Scanner Usage",
    "qualifier": "TRK",
    "measures": [
      {
        "metric": "security_rating",
        "value": "1.0"
      },
      {
        "metric": "security_remediation_effort",
        "value": "0"
      },
      {
        "metric": "vulnerabilities",
        "value": "0"
      }
    ]
```

```
  }
}
[root@devops ~]#
```

6. 可维护性指标

在 SonarQube 中，有关代码可维护性的字段如表 13-39 所示。

表 13-39　与可维护性相关的字段

项　　目	对 应 字 段
Component 标识	componentId：查询用的输入参数
查询 API	/api/measures
可靠性等级	输出：sqale_rating 字段
Code Smells 数量	输出：code_smells 字段
新增 Code Smells 数量	输出：new_code_smells 字段
修正耗时总预估	输出：sqale_index 字段
新增问题修正耗时预估	输出：new_technical_debt 字段
技术债务率	输出：sqale_debt_ratio 字段
新增代码技术债务率	输出：new_sqale_debt_ratio 字段

可维护性指标的查询命令如下所示。

```
curl -u admin:admin http://127.0.0.1:32003/api/measures/component?componentId=
AWFoOz2Aex73iVwBAocJ\&metricKeys=sqale_rating,code_smells,new_code_smells,sqale_
index,new_technical_debt,sqale_debt_ratio,new_sqale_debt_ratio,ncloc
```

执行结果示例如下所示。

```
[root@devops ~]# curl -u admin:admin http://127.0.0.1:32003/api/measures/component?
componentId=AWFoOz2Aex73iVwBAocJ\&metricKeys=sqale_rating,code_smells,new_code_
smells,sqale_index,new_technical_debt,sqale_debt_ratio,new_sqale_debt_ratio,ncloc
2>/dev/null |jq
{
  "component": {
    "id": "AWFoOz2Aex73iVwBAocJ",
    "key": "org.sonarqube:sonarqube-scanner",
    "name": "Example of SonarQube Scanner Usage",
    "qualifier": "TRK",
    "measures": [
      {
        "metric": "code_smells",
        "value": "5"
      },
      {
        "metric": "sqale_debt_ratio",
        "value": "0.3"
```

```
    },
    {
      "metric": "sqale_index",
      "value": "56"
    },
    {
      "metric": "sqale_rating",
      "value": "1.0"
    },
    {
      "metric": "ncloc",
      "value": "600"
    }
    ]
  }
}
[root@devops ~]#
```

从确认的结果中可以看到，此次分析的对象代码的规模为 600 行，其中 Code Smells 问题有 5 个，修正这 5 个问题预计所需的时间为 56 分钟，整体的技术债务率为 0.3%。

根据 SonarQube 返回的可靠性指标及前文提到过的计算方法，因为技术债务率=修复成本/ (开发一行代码所需的时间 × 代码总行数)，而在 SonarQube 中开发一行代码所需的时间默认为 0.06 天，所以，56 分钟 / (0.06 天 × 600 行 × 8 小时 × 60 分钟) = 0.0032，跟 SonarQube 返回的整体技术债务率 0.3% 也是一致的。

7．代码规模指标

在 SonarQube 中，有关代码规模的字段如表 13-40 所示。

表 13-40　与代码规模相关的字段

项　　目	对 应 字 段
Component 标识	componentId：查询用的输入参数
查询 API	/api/measures
代码行数	输出：ncloc 字段
类的数量	输出：classes 字段
注释行数	输出：comment_lines 字段
注释比率	输出：comment_lines_density 字段
函数个数	输出：functions 字段
文件个数	输出：files 字段
目录个数	输出：directories 字段

代码规模指标的查询命令如下所示。

```
curl -u admin:admin http://127.0.0.1:32003/api/measures/component?componentId=
AWFoOz2Aex73iVwBAocJ\&metricKeys=ncloc,classes,comment_lines,comment_lines_
density,functions,files,directories
```

执行结果示例如下所示。

```
[root@devops ~]# curl -u admin:admin http://127.0.0.1:32003/api/measures/
component?componentId=AWFoOz2Aex73iVwBAocJ\&metricKeys=ncloc,classes,comment_
lines,comment_lines_density,functions,files,directories 2>/dev/null |jq
{
  "component": {
    "id": "AWFoOz2Aex73iVwBAocJ",
    "key": "org.sonarqube:sonarqube-scanner",
    "name": "Example of SonarQube Scanner Usage",
    "qualifier": "TRK",
    "measures": [
      {
        "metric": "classes",
        "value": "3"
      },
      {
        "metric": "ncloc",
        "value": "600"
      },
      {
        "metric": "files",
        "value": "14"
      },
      {
        "metric": "comment_lines_density",
        "value": "29.2"
      },
      {
        "metric": "functions",
        "value": "13"
      },
      {
        "metric": "comment_lines",
        "value": "247"
      },
      {
        "metric": "directories",
        "value": "8"
      }
    ]
```

```
    }
}
[root@devops ~]#
```

通过统计数据可以大体了解这个示例项目的情况：包含 14 个文件、8 个目录、13 个函数，总共 600 行代码，注释行数为 247，注释比率为 29.2%。注释比率在 SonarQube 中是这样计算的，注释比率=注释行数 / (代码行数 ＋ 注释行数) × 100% = 247 / (247 + 600) × 100% = 29.16%，所以跟 SonarQube 返回的 29.2 是一致的。

13.3.3　测试指标与事前准备

SonarQube 中的测试指标包括各种测试覆盖率，为了显示这些测试指标需要进行单元测试。本节将介绍 Java 项目的单元测试环境的准备方法。

1. 测试指标说明

对于很多项目，在使用 SonarQube 的时候都需要重视有关测试覆盖率的指标。虽然单元测试的覆盖率不能与代码的质量高低挂钩，但是好的单元测试往往是一个项目成功的重要前提。SonarQube 中的测试覆盖率是综合了行覆盖率和条件覆盖率的综合结果，项目开发人员也可以根据实际情况直接参考行覆盖率或者条件覆盖率。SonarQube 的测试指标的说明和计算方法如表 13-41 所示。

表 13-41　SonarQube 的测试指标的说明和计算方法

测 试 指 标	说明和计算方法
LC	单元测试覆盖的行数
EL	可执行代码的总数
CT	至少被执行了一次取值为 true 的条件
CF	至少被执行了一次取值为 false 的条件
B	条件的总数
行覆盖率	LC / EL×100%
条件覆盖率	（CT + CF）/ (2×B) ×100%
综合覆盖率	（CT + CF + LC）/ (2×B + EL)

与测试指标相关的字段如表 13-42 所示。

表 13-42　与测试指标相关的字段

测 试 指 标	对 应 字 段
Component 标识	componentId：查询用的输入参数
查询 API	/api/measures
LC	不能直接取出，通过 EL-未覆盖的行数（uncovered_lines）可间接得到

测 试 指 标	对 应 字 段
EL	输出：lines_to_cover 字段
CT	不能直接取出，通过 2B-未覆盖的条件（uncovered_conditions）可以得到 CF+CT
CF	不能直接取出，通过 2B-未覆盖的条件（uncovered_conditions）可以得到 CF+CT
B	输出：conditions_to_cover 字段 ＝2B
行覆盖率	输出：_line_coverage 字段
条件覆盖率	输出：branch_coverage 字段
综合覆盖率	输出：coverage 字段
单元测试总数	输出：tests 字段
单元测试耗时	输出：test_execution_time 字段
单元测试错误总数	输出：test_errors
单元测试失败总数	输出：test_failures 字段
单元测试成功率	输出：test_success_density 字段

2. 事前准备：安装 JDK 和 Maven

在进行下面的学习之前，需要先进行 JDK 和 Maven 的安装。Maven 的详细安装步骤可以参看上一章。

3. 事前准备：在 Maven 项目中引入 JaCoCo

JaCoCo 是 Java Code Coverage 的缩写。JaCoCo 是一个开源的覆盖率统计工具，可以插件的形式在 Maven 中使用，而且提供 Eclipse 插件以方便开发者使用。JaCoCo 支持以不同的方式对覆盖率进行度量。JaCoCo 除了能提供条件覆盖信息和行覆盖信息，还能提供指令、类、方法及其他类型的统计数据，而这些信息都是从 Java 的 class 文件中获取的。因为这里主要将 JaCoCo 与 SonarQube 结合使用，接下来会简单介绍相关 JaCoCo 的行覆盖与条件覆盖测试的基础原理及 JaCoCo 在 Maven 项目中的使用方式。

JaCoCo 可以提供行覆盖率的基础数据，从基础数据中可以确认某行代码的执行状况，其原理为根据编译生成的二进制指令与代码的关联情况来判断代码是否被执行。因为编译型语言的代码，如 Java，会被编译成二进制指令，判断一行代码是否被执行的方法是看是否有与该行关联的指令被执行，而这些信息可以从 class 文件中获取。JaCoCo 最终生成的统计数据会包含每行代码的实际状态，即如下三种状态之一。

- 未覆盖：该行关联的指令没有被执行。
- 部分覆盖：该行关联的指令部分被执行。
- 完全覆盖：该行关联的指令全部被执行。

JaCoCo 也可以提供条件覆盖率的基础数据，通过对条件分支的 if 或者 switch 语句等进行统计和计算，最终可以得到条件分支的总数、执行和未执行的分支数量。需要注意的是，异常处理是不在分支统计之内的。对使用 SonarQube 的开发者来说不必关心其细节，只需要了解：在 Java 方式下，单元测试结果中的行覆盖和条件覆盖信息都可以通过 JaCoCo 来获得。

在 Maven 项目中使用 JaCoCo，首先需要在 Maven 的 pom.xml 文件的 build 处声明 JaCoCo 的 plugin 信息。

```
<plugin>
  <groupId>org.jacoco</groupId>
  <artifactId>jacoco-maven-plugin</artifactId>
  <version>jacoco 版本比如 0.8.1-SNAPSHOT</version>
</plugin>
```

可以根据需要设定 reports 信息。

```
<project>
  <reporting>
    <plugins>
      <plugin>
        <groupId>org.jacoco</groupId>
        <artifactId>jacoco-maven-plugin</artifactId>
        <reportSets>
          <reportSet>
            <reports>
              <!-- select non-aggregate reports -->
              <report>report</report>
            </reports>
          </reportSet>
        </reportSets>
      </plugin>
    </plugins>
  </reporting>
</project>
```

13.3.4　测试指标实践

本节将结合相关示例来介绍如何进行单元测试，并通过 SonarQube 获取测试覆盖率信息。

1. sonarqube-scanner-maven 示例项目

下面通过一个 JaCoCo 示例项目研究如何在 SonarQube 中分析和统计测试覆盖率等相关信息。首先来看一下 sonarqube-scanner-maven 项目的构成，此 Maven 项目中包含三个子模块，其详细说明如表 13-43 所示。

表 13-43　Maven 项目子模块详细说明

子 模 块	详 细 说 明
app-java	测试代码中执行了 HelloWorld 的一种测试方法
app-it	测试代码中执行了 HelloWorld 的另外一种测试方法
app-groovy	groovy 代码

2．测试对象代码：HelloWorld.java

此段代码位于 app-java 子模块中，代码信息如下。

```java
package example;

public class HelloWorld {

  public void coveredByUnitTest() {
    System.out.println("coveredByUnitTest1");
    System.out.println("coveredByUnitTest2");
  }

  public void coveredByIntegrationTest() {
    System.out.println("coveredByIntegrationTest1");
    System.out.println("coveredByIntegrationTest2");
    System.out.println("coveredByIntegrationTest3");
  }

  public void notCovered() {
    System.out.println("notCovered");
  }

}
```

3．测试对象代码：EmptyClass.java

此段代码位于 app-java 子模块中，没有用于测试此段代码的代码，代码信息如下。

```java
package example;
public class EmptyClass {
}
```

4．测试代码：HelloWorldUnitTest.java

此段代码位于 app-java 子模块中，用于对 HelloWorld.java 中的 coveredByUnitTest 方法进行测试。

```java
package example;
```

```
import org.junit.Test;

public class HelloWorldUnitTest {

  @Test
  public void test() {
    new HelloWorld().coveredByUnitTest();
  }

}
```

5．HelloWorldIntegrationTest.java

此段代码位于 app-it 子模块中，用于对 HelloWorld.java 中的 coveredByIntegrationTest 方法进行测试。

```
package example;

import org.junit.Test;

public class HelloWorldIntegrationTest {

  @Test
  public void test() {
    new HelloWorld().coveredByIntegrationTest();
  }

}
```

6．执行质量分析

至此，我们已经准备好了需要确认的所有内容。这个示例项目非常简单地模拟出了实际可能出现的一些主要情况。我们聚焦的主要是 JaCoCo 是否能够和 SonarQube 一起反映出单元测试的结果，以及单元测试的覆盖率显示是否正确。执行如下所示的命令。

```
mvn test sonar:sonar -Dsonar.host.url=http://127.0.0.1:32003  -Dsonar.login=
admin -Dsonar.password=admin
```

当不需要执行 test 命令时，可用 maven.test.skip=true 设定进行忽略（当然，此种测试的数据也就收集不到了）。执行上述命令，返回的结果如下所示。

```
[root@devops sonarqube-scanner-maven]# ls
app-groovy app-it app-java pom.xml README.md
[root@devops sonarqube-scanner-maven]# mvn test sonar:sonar -Dsonar.host.url=
http://127.0.0.1:32003  -Dsonar.login=admin -Dsonar.password=admin
[INFO] Scanning for projects...
...
```

```
[INFO] Java :: JaCoco Multi Modules :: App ................ SUCCESS [ 11.854 s]
[INFO] Groovy :: JaCoco Multi Modules :: App .............. SUCCESS [ 12.555 s]
[INFO] JaCoco Multi Modules :: App IT .................... SUCCESS [ 10.694 s]
[INFO] ------------------------------------------------------------------------
[INFO] BUILD SUCCESS
[INFO] ------------------------------------------------------------------------
[INFO] Total time: 42.806 s
[INFO] Finished at: 2018-02-04T14:01:01+08:00
[INFO] Final Memory: 34M/114M
[INFO] ------------------------------------------------------------------------
[root@devops sonarqube-scanner-maven]#
```

7. 确认 project 信息

在 SonarQube 中，project 的信息查询命令如下所示。

```
curl -u admin:admin http://127.0.0.1:32003/api/components/search?qualifiers=TRK\
&ps=1000
```

执行结果示例如下所示。

```
[root@devops ~]# curl -u admin:admin http://127.0.0.1:32003/api/components/search?
qualifiers=TRK\&ps=1000 2>/dev/null |jq
{
  "paging": {
    "pageIndex": 1,
    "pageSize": 1000,
    "total": 2
  },
  "components": [
    {
      "organization": "default-organization",
      "id": "AWFo5a-Lex73iVwBAoeF",
      "key": "org.sonarqube:parent",
      "name": "Example of SonarQube Scanner for Maven + Code Coverage by UT and IT",
      "qualifier": "TRK",
      "project": "org.sonarqube:parent"
    },
    {
      "organization": "default-organization",
      "id": "AWFoOz2Aex73iVwBAocJ",
      "key": "org.sonarqube:sonarqube-scanner",
      "name": "Example of SonarQube Scanner Usage",
      "qualifier": "TRK",
      "project": "org.sonarqube:sonarqube-scanner"
    }
  ]
```

```
}
[root@devops ~]#
```

从返回的结果中可以看到新的包含单元测试的示例项目（Example of SonarQube Scanner for Maven + Code Coverage by UT and IT），其 componentId（返回结果中的 id 字段）为 AWFo5a-Lex73iVwBAoeF。

首先来确认一下行覆盖率、条件覆盖率、综合覆盖率的信息，查询命令如下所示。

```
curl -u admin:admin http://127.0.0.1:32003/api/measures/component?componentId=
AWFo5a-Lex73iVwBAoeF\&metricKeys=line_coverage,branch_coverage,coverage
```

执行结果示例如下所示。

```
[root@devops ~]# curl -u admin:admin http://127.0.0.1:32003/api/measures/component?
componentId=AWFo5a-Lex73iVwBAoeF\&metricKeys=line_coverage,branch_coverage,
coverage 2>/dev/null |jq
{
  "component": {
    "id": "AWFo5a-Lex73iVwBAoeF",
    "key": "org.sonarqube:parent",
    "name": "Example of SonarQube Scanner for Maven + Code Coverage by UT and IT",
    "qualifier": "TRK",
    "measures": [
      {
        "metric": "coverage",
        "value": "72.7"
      },
      {
        "metric": "line_coverage",
        "value": "72.7"
      }
    ]
  }
}
[root@devops ~]#
```

从返回的结果中可以看到，三种覆盖率中只有两个有值，行覆盖率和综合覆盖率均为 72.7%。再分析示例代码就会知道，因为此代码过于简单，根本没有分支，自然无法统计出条件覆盖情况。我们稍微修改一下 HelloWorld.java。

```
package example;

public class HelloWorld {

  public void coveredByUnitTest() {
    int testCaseNum = 5;
    if ( testCaseNum < 10 ) {
```

```
      System.out.println("coveredByUnitTest1");
      System.out.println("coveredByUnitTest2");
    }else if ( testCaseNum <20 ) {
      System.out.println("coveredByUnitTest3");
    }else{
      System.out.println("coveredByUnitTest4");
    }
  }

  public void coveredByIntegrationTest() {
    System.out.println("coveredByIntegrationTest1");
    System.out.println("coveredByIntegrationTest2");
    System.out.println("coveredByIntegrationTest3");
  }

  public void notCovered() {
    System.out.println("notCovered");
  }

}
```

　　其他代码均不做任何改动。因为在 coveredByUnitTest 中添加了几个分支，根据条件只有 testCaseNum<10 的分支会被执行，其余的分支都不会被执行。

　　然后执行如下命令。

```
mvn test sonar:sonar -Dsonar.host.url=http://127.0.0.1:32003  -Dsonar.login=
admin -Dsonar.password=admin
[root@devops sonarqube-scanner-maven]# mvn test sonar:sonar -Dsonar.host.url=
http://127.0.0.1:32003  -Dsonar.login=admin -Dsonar.password=admin
[INFO] Scanning for projects
...
[INFO] Task total time: 5.538 s
[INFO] ------------------------------------------------------------------------
[INFO] Reactor Summary:
[INFO]
[INFO] Example of SonarQube Scanner for Maven + Code Coverage by UT and IT SUCCESS
[ 7.004 s]
[INFO] Java :: JaCoco Multi Modules :: App ............... SUCCESS [ 11.814 s]
[INFO] Groovy :: JaCoco Multi Modules :: App ............. SUCCESS [ 12.467 s]
[INFO] JaCoco Multi Modules :: App IT ................... SUCCESS [ 10.661 s]
[INFO] ------------------------------------------------------------------------
[INFO] BUILD SUCCESS
[INFO] ------------------------------------------------------------------------
[INFO] Total time: 42.877 s
...
[root@devops sonarqube-scanner-maven]#
```

此时已经有了分支的相关信息，使用如下命令看是否能够得到新的测试覆盖率。

```
[root@devops ~]# curl -u admin:admin http://127.0.0.1:32003/api/measures/component?
componentId=AWFo5a-Lex73iVwBAoeF\&metricKeys=line_coverage,branch_coverage,
coverage 2>/dev/null |jq
{
  "component": {
    "id": "AWFo5a-Lex73iVwBAoeF",
    "key": "org.sonarqube:parent",
    "name": "Example of SonarQube Scanner for Maven + Code Coverage by UT and IT",
    "qualifier": "TRK",
    "measures": [
      {
        "metric": "coverage",
        "value": "55.0",
        "periods": [
          {
            "index": 1,
            "value": "-17.700000000000003"
          }
        ]
      },
      {
        "metric": "branch_coverage",
        "value": "25.0",
        "periods": [
          {
            "index": 1,
            "value": "25.0"
          }
        ]
      },
      {
        "metric": "line_coverage",
        "value": "62.5",
        "periods": [
          {
            "index": 1,
            "value": "-10.200000000000003"
          }
        ]
      }
    ]
  }
}
[root@devops ~]#
```

可以看到已经获取到了条件覆盖率 branch_coverage，其返回值为 25%。由于添加了原测试代码不能测试的新代码，而没有添加新的测试代码，所以行测试覆盖率降至 62.5%。SonarQube 有一个很重要的功能，可以显示代码的变化，从 API 的返回值里能清楚地看到此次代码的改动造成了代码覆盖率出现了 10.2（72.7–62.5）个百分点的下降。查看综合覆盖率，也会发现已经降至 55%，下降了 17.7 个百分点。此时，由于条件覆盖率不再为零，所以综合覆盖率与行覆盖率的值也不再相等。后面我们会获取相关的详细信息以查明综合覆盖率为何为 55%。

8. 行覆盖率详细确认

进一步确认行覆盖信息：单元测试覆盖的行数和可执行代码的总行数各为多少？查询命令如下所示。

```
curl -u admin:admin http://127.0.0.1:32003/api/measures/component?componentId=
AWFo5a-Lex73iVwBAoeF\&metricKeys=uncovered_lines,lines_to_cover
```

执行结果示例如下所示。

```
[root@devops ~]# curl -u admin:admin http://127.0.0.1:32003/api/measures/component?
componentId=AWFo5a-Lex73iVwBAoeF\&metricKeys=uncovered_lines,lines_to_cover 2>/
dev/null |jq
{
  "component": {
    "id": "AWFo5a-Lex73iVwBAoeF",
    "key": "org.sonarqube:parent",
    "name": "Example of SonarQube Scanner for Maven + Code Coverage by UT and IT",
    "qualifier": "TRK",
    "measures": [
      {
        "metric": "lines_to_cover",
        "value": "16",
        "periods": [
          {
            "index": 1,
            "value": "5"
          }
        ]
      },
      {
        "metric": "uncovered_lines",
        "value": "6",
        "periods": [
          {
            "index": 1,
            "value": "3"
          }
```

```
      ]
    }
  ]
 }
}
[root@devops ~]#
```

根据行覆盖率的计算公式可以得到

行覆盖率=单元测试覆盖的行数/可执行代码的总行数×100% = (lines_to_cover － uncovered_lines) / lines_to_cover ×100% = (16 － 6) /16 ×100 = 62.5%

此答案与刚刚获取的行覆盖率 62.5%是一致的。

9．条件覆盖率的详细确认

对于条件覆盖率，需要确认条件的总数和执行过 true 或者 false 的条件数。查询命令如下所示。

```
curl -u admin:admin http://127.0.0.1:32003/api/measures/component?componentId=
AWFo5a-Lex73iVwBAoeF\&metricKeys=uncovered_conditions,conditions_to_cover
```

执行结果示例如下所示。

```
[root@devops ~]# curl -u admin:admin http://127.0.0.1:32003/api/measures/component?
componentId=AWFo5a-Lex73iVwBAoeF\&metricKeys=uncovered_conditions,conditions_
to_cover 2>/dev/null |jq
{
  "component": {
    "id": "AWFo5a-Lex73iVwBAoeF",
    "key": "org.sonarqube:parent",
    "name": "Example of SonarQube Scanner for Maven + Code Coverage by UT and IT",
    "qualifier": "TRK",
    "measures": [
      {
        "metric": "uncovered_conditions",
        "value": "3",
        "periods": [
          {
            "index": 1,
            "value": "3"
          }
        ]
      },
      {
        "metric": "conditions_to_cover",
        "value": "4",
        "periods": [
          {
```

```
            "index": 1,
            "value": "4"
          }
        ]
      }
    ]
  }
}
[root@devops ~]#
```

在 SonarQube 返回的数据中，可以看到条件总数的 2 倍（conditions_to_cover）的值为 4，而未覆盖的条件分支（uncovered_conditions）为 3，所以条件测试覆盖率为(4-3) /4 ×100% = 25%，与 SonarQube 返回的条件覆盖率是一致的。

10. 综合覆盖率

- 综合覆盖率 = (CT + CF +单元测试覆盖的行数) / (2×B+可执行代码的总行数)。
- 2×B =条件总数×2 = conditions_to_cover = 4。
- CT+CF =条件总数×2 -未覆盖的条件数目= 4 – 3 =1。
- 单元测试覆盖的行数 = (lines_to_cover – uncovered_lines) = 16 – 6 = 10。
- 可执行代码的总行数= lines_to_cover = 16。

所以综合覆盖率 = (1 + 10) / (4 + 16) ×100% = 55%。

通过查看详细计算结果，确认与直接用 coverage 获取到的 SonarQube 返回数值一致。

```
[root@devops ~]# curl -u admin:admin http://127.0.0.1:32003/api/measures/
component?componentId=AWFo5a-Lex73iVwBAoeF\&metricKeys=tests,test_execution_
time,test_errors,test_failures,test_success_density 2>/dev/null |jq
{
  "component": {
    "id": "AWFo5a-Lex73iVwBAoeF",
    "key": "org.sonarqube:parent",
    "name": "Example of SonarQube Scanner for Maven + Code Coverage by UT and IT",
    "qualifier": "TRK",
    "measures": [
      {
        "metric": "test_errors",
        "value": "0",
        "periods": [
          {
            "index": 1,
            "value": "0"
          }
        ]
      },
```

```
      {
        "metric": "test_success_density",
        "value": "100.0",
        "periods": [
          {
            "index": 1,
            "value": "0.0"
          }
        ]
      },
      {
        "metric": "test_execution_time",
        "value": "10",
        "periods": [
          {
            "index": 1,
            "value": "-2"
          }
        ]
      },
      {
        "metric": "tests",
        "value": "2",
        "periods": [
          {
            "index": 1,
            "value": "0"
          }
        ]
      },
      {
        "metric": "test_failures",
        "value": "0",
        "periods": [
          {
            "index": 1,
            "value": "0"
          }
        ]
      }
    ]
  }
}
[root@devops ~]#
```

13.3.5　项目与质量规约管理

本节将结合相关示例来介绍如何在 SonarQube 中管理项目和质量规约。

1．project 管理

删除一个不用的 project：选择此 project 后，打开 Administration 菜单，选择 Deletion 菜单项进行删除。

2．查看质量规约列表信息

SonarQube 可以对代码进行扫描，在扫描时，会使用很多规则，而质量规约（quality profile）则是这些规则的集合。SonarQube 中可以创建多个质量规约，默认安装时会提供一个名为 Sonar way 的只读的质量规约，是不可以直接进行修改的。使用如下命令可以查看质量规约的信息。

```
curl -u admin:admin -X GET http://127.0.0.1:32003/api/qualityprofiles/search?
```

执行结果示例如下所示，可以看到 Sonar way 的质量规约，key 为 AWFk2Xq9ex73iVwBAn6e，用于对 Java 编程语言进行质量扫描。

```
[root@devops ~]# curl -u admin:admin -X GET http://127.0.0.1:32003/api/
qualityprofiles/search? 2>/dev/null |jq
{
  "profiles": [
    ...
    {
      "key": "AWFk2Xq9ex73iVwBAn6e",
      "name": "Sonar way",
      "language": "java",
      "languageName": "Java",
      "isInherited": false,
      "isDefault": true,
      "activeRuleCount": 292,
      "activeDeprecatedRuleCount": 0,
      "rulesUpdatedAt": "2018-02-05T07:23:49+0000",
      "lastUsed": "2018-02-04T06:21:46+0000",
      "organization": "default-organization",
      "isBuiltIn": true,
      "actions": {
        "edit": false,
        "setAsDefault": true,
        "copy": true
      }
    },
    ...
```

```
  "actions": {
    "create": true
  }
}
[root@devops ~]#
```

3. 查看 quality profile 的详细信息

使用质量规约的 key 作为参数可以查看某一具体的质量规约的详细信息，查询命令如下所示。

```
curl -u admin:admin -X GET http://127.0.0.1:32003/api/rules/search?qprofile=
AWFk2Xq9ex73iVwBAn6e\&ps=1
```

执行结果示例如下所示。

```
[root@devops ~]# curl -u admin:admin -X GET http://127.0.0.1:32003/api/rules/
search?qprofile=AWFk2Xq9ex73iVwBAn6e\&ps=1\&facets=types 2>/dev/null |jq
{
  "total": 440,
  "p": 1,
  "ps": 1,
  "rules": [
    {
...
      "lang": "java",
      "langName": "Java",
      "params": [],
      "defaultDebtRemFnType": "CONSTANT_ISSUE",
      "defaultDebtRemFnOffset": "5min",
      "debtOverloaded": false,
      "debtRemFnType": "CONSTANT_ISSUE",
      "debtRemFnOffset": "5min",
      "defaultRemFnType": "CONSTANT_ISSUE",
      "defaultRemFnBaseEffort": "5min",
      "remFnType": "CONSTANT_ISSUE",
      "remFnBaseEffort": "5min",
      "remFnOverloaded": false,
      "type": "CODE_SMELL"
    }
  ],
  "facets": [
    {
      "property": "types",
      "values": [
        {
          "val": "CODE_SMELL",
```

```
      "count": 303
    },
    {
      "val": "BUG",
      "count": 104
    },
    {
      "val": "VULNERABILITY",
      "count": 33
    }
  ]
 }
 ]
}
[root@devops ~]#
```

从返回的信息中可以看到此质量规约是面向 Java 编程语言的扫描规则集合的，规约总数为 440 个，其中 Code Smells 类为 303 个，Bug 类型为 104 个，Vulnerability 类型为 33 个。

上述规约包括 active 和 inactive 类型。只需在查询时使用 activation=true 或者 false 的设定，就可以获得质量规约类型为 active 或者 inactive 的各种信息。

4．复制质量规约

可以使用 REST API 生成一个新的质量规约。因为默认的 Sonar way 质量规约是只读的，在项目中进行定制时，首先要在此基础上生成一个新的质量规约，再进行设定。执行如下命令。

```
curl -u admin:admin -X POST http://127.0.0.1:32003/api/qualityprofiles/copy?
fromKey=AWFk2Xq9ex73iVwBAn6e&toName=newJavaProfile
```

执行结果示例如下所示。

```
[root@devops ~]# curl -u admin:admin -X POST http://127.0.0.1:32003/api/
qualityprofiles/copy?fromKey=AWFk2Xq9ex73iVwBAn6e\&toName=newJavaProfile |jq
...
{
  "key": "AWFo5a-Lex73iVwBAop7",
  "name": "newJavaProfile",
  "language": "java",
  "languageName": "Java",
  "isDefault": false,
  "isInherited": false
}
[root@devops ~]#
```

5．设定默认的质量规约

要设定默认的质量规约，执行如下命令。

```
curl -u admin:admin -X POST --data "profileKey=AWFo5a-Lex73iVwBAop7"
http://127.0.0.1:32003/api/qualityprofiles/set_default
```

执行结果示例如下所示。

```
[root@devops ~]# curl -u admin:admin -X POST --data "profileKey=AWFo5a-
Lex73iVwBAop7" http://127.0.0.1:32003/api/qualityprofiles/set_default
[root@devops ~]# echo $?
0
[root@devops ~]#
```

将页面 http://127.0.0.1:32003/profiles 刷新，就可以查看新的质量规约 newJavaProfile 是否已被设定为默认质量规约了。

6．restore 质量规约

质量规约可以保存为 XML 格式的文件，对质量规约进行设定，执行如下命令。

```
curl -X POST -u admin:admin "http://127.0.0.1:32003/api/qualityprofiles/restore"
--form backup=@AWFo5a-Lex73iVwBAop7.xml
```

执行结果示例如下所示。

```
[root@devops ~]# curl -X POST -u admin:admin "http://127.0.0.1:32003/api/
qualityprofiles/restore" --form backup=@AWFo5a-Lex73iVwBAop7.xml 2>/dev/null|jq
{
  "profile": {
    "organization": "default-organization",
    "key": "AWFo5a-Lex73iVwBApZW",
    "name": "newJavaProfile1",
    "language": "java",
    "isDefault": false,
    "isInherited": false,
    "languageName": "Java"
  },
  "ruleSuccesses": 302,
  "ruleFailures": 0
}
[root@devops ~]#
```

通过设定上述 xml 文件的<name>和<language>标记内容，可以设定此质量规约的名称和语言类型。

- <name>质量规约名称</name>。
- <language>语言类型</language>。

7．设置项目和质量规约的关联

设置项目和某个质量规约的关联后，即可依据此质量规约对项目的代码进行扫描。对于早期版本的 SonarQube，可以通过 sonar.profile 在客户端指定质量规约，但是最终由于各种问题，此方法在 4.5 的 LTS 版本之后已不建议使用，作为替代，可以使用/api/qualityprofiles/add_project 将项目和质量规约关联，命令如下所示。

```
curl -u admin:admin -X POST --data "profileKey=AWFo5a-Lex73iVwBApZW&projectUuid=
AWFoOz2Aex73iVwBAocJ" http://127.0.0.1:32003/api/qualityprofiles/add_project
```

执行结果示例如下所示。

```
[root@devops ~]# curl -u admin:admin -X POST --data "profileKey=AWFo5a-
Lex73iVwBApZW&projectUuid=AWFoOz2Aex73iVwBAocJ" http://127.0.0.1:32003/api/
qualityprofiles/add_project
[root@devops ~]# echo $?
0
[root@devops ~]#
```

将页面 http://127.0.0.1:32003/profiles 刷新，就可以查看包含新的质量规约的 profile 是否已经和项目 Example of SonarQube Scanner Usage 关联在一起了。

8. 取消项目和质量规约的关联

可以使用/api/qualityprofiles/remove_project 取消项目和质量规约的关联，命令如下所示。

```
curl -u admin:admin -X POST --data "profileKey=AWFo5a-Lex73iVwBApZW&projectUuid=
AWFoOz2Aex73iVwBAocJ" http://127.0.0.1:32003/api/qualityprofiles/remove_project
```

执行结果示例如下所示。

```
[root@devops ~]# curl -u admin:admin -X POST --data "profileKey=AWFo5a-
Lex73iVwBApZW&projectUuid=AWFoOz2Aex73iVwBAocJ" http://127.0.0.1:32003/api/
qualityprofiles/remove_project
[root@devops ~]# echo $?
0
[root@devops ~]#
```

将页面 http://127.0.0.1:32003/profiles 刷新，就可以查看该质量规约是否已和项目 Example of SonarQube Scanner Usage 取消关联了。

第14章
DevOps 工具：运维自动化

将开发完成的软件部署至生产环境并不代表万事大吉，在运维阶段需要关注如何保持软件稳定、高效地运行。常见的运维工具多种多样，它们对提升运维日常例行操作的效率具有很好的辅助作用。

14.1 常用工具介绍

本节将对 Ansible、Chef、Puppet 和 Saltstack 四种工具进行简单介绍。

14.1.1 Ansible

Ansible 是一种配置管理工具。相较于其他类型的工具，Ansible 最为显著的特点是不需要安装客户端（不需要安装客户端的前提是 SSH 通路畅通）。Ansible 的特性信息如表 14-1 所示。

表 14-1 Ansible 的特性信息

开源/闭源	开源	提供者	Red Hat Inc.
License 类别	GPL-3.0 License	开发语言	Python
运行平台	可以运行在 Linux、类 UNIX、Windows 等操作系统之上		
硬件资源	Ansible 本身对硬件资源要求不高。Ansible Tower 推荐配置：4GB 内存（每增加 100 fork 建议增加 4GB 内存）+20GB 存储空间（针对特定的需求需要另行增加）		
软件资源	Python 和 SSH	REST API 支持	Ansible Tower 提供 REST API，Ansible 本身支持 CLI 命令行方式
更新频度	平均每月更新数次	更新机制	—

14.1.2 Chef

Chef 是一个配置管理工具，主要由 Chef Server、Chef Node 和 Chef Workstation 三部分构成。与很多 Agent/Master 结构的工具一样，Chef Server 和 Chef Node 之间也是普通的 Agent/Master

关系，Chef Node 是被管理的节点，Chef Server 负责与 Chef Node 的交互，而 Chef Workstation 则可以看作为服务器端管理功能提供接口的组成部分，比如安装后的 Chef Node 需要通过 Chef Workstation 注册到 Chef Server 中，而具体的 Cookbook 也是通过 Checf Workstation 来上传至 Chef Server 中的。Chef 的特性信息如表 14-2 所示。

表 14-2　Chef 的特性信息

开源/闭源	开源	提供者	Chef
License 类别	Apache 2.0 Licence	开发语言	Ruby
运行平台	Chef 的客户端和服务器端均支持多种操作系统，广泛支持 Linux、Windows、FreeBSD、macOS、AIX 等操作系统。对于不同的客户端、服务器端产品，以及不同的开源或商业版本，Chef 对操作系统的支持也有所不同		
软件资源	Ruby	REST API 支持	提供功能较为齐全的 REST API
更新频度	整体产品的更新频度：平均每周更新数次	更新机制	—

14.1.3　Puppet

Puppet 是 Puppetlabs 出品的配置管理工具，每年的 DORA 的 DevOps 报告就是由 Puppetlabs 组织完成的。Puppet 是一款出色的管理工具，通过很好地设定描述信息，可以完成很多复杂的功能。Puppet 的特性信息如表 14-3 所示。

表 14-3　Puppet 的特性信息

开源/闭源	开源	提供者	Puppet
License 类别	Apache License 2.0	开发语言	Ruby
运行平台	Puppet 支持多种操作平台，如 Linux 发行版操作系统，以及类 UNIX 操作系统（如 Solaris、BSD、macOS、AIX、HP-UX 等），同时支持 Windows 操作系统		
硬件资源	根据操作对象节点数的不同，硬件资源需求不同：操作对象节点少于 10 个，推荐 2Core + 6GB 内存 + /opt/下 20GB 存储空间；操作对象的节点为 10～4000 个时，推荐 16Core 以上 + 32GB 内存以上 + /opt/下 100GB 存储空间 + /var/下 10GB 存储空间		
软件资源	不同类型的节点所需依赖不同	REST API 支持	提供 HTTP API 用于集成
更新频度	平均每月更新数次	更新机制	—

Puppet 支持两种运行模式：

- Agent/Master。
- Stand-alone。

其中，后者仅作为单机版本工具使用，用户可根据实际情况进行选择。

14.1.4　Saltstack

Saltstack 也是一个配置管理工具。Saltstack 的特性信息如表 14-4 所示。

表 14-4　Saltstack 的特性信息

开源/闭源	开源	提供者	开源社区
License 类别	Apache License 2.0	开发语言	Python
运行平台	可以运行在 Linux、类 UNIX、Windows 等操作系统之上		
硬件资源	根据操作对象节点数的不同，硬件资源需求不同，建议 8Core + 8GB 内存 + 20GB 存储空间		
软件资源	Python	REST API 支持	支持
更新频度	平均每月更新数次	更新机制	—

14.2　常用工具的使用

限于篇幅，本节仅对 Ansible 等四种工具的安装和使用进行简单的说明。

14.2.1　Ansible 的安装与使用

安装 Ansible 需要如下步骤。

步骤 1：yum install -y epel-release。

Ansilbe 需要 epel 源的支持，安装前需要先安装 epel-release。

步骤 2：yum -y install ansible。

安装之后进行版本确认。

```
[root@host31 local]# ansible --version
ansible 2.1.0.0
  config file = /etc/ansible/ansible.cfg
  configured module search path = Default w/o overrides
[root@host31 local]#
```

SSH 设定。

Ansible 是不需要安装客户端的，但前提是 SSH 是畅通的。可以使用如下方法简单地进行 SSH 设定。

分别在两台机器上生成 SSH 的 key。

使用 ssh-keygen 命令生成 SSH key 的信息，使用默认设定即可。

```
ssh-keygen
```

设定/etc/hosts。

将 Ansible 操作对象机器的 IP 信息写入 hosts 文件中。

```
[root@host31 ~]# grep host31 /etc/hosts
192.168.32.31 host31
[root@host31 ~]#
```

SSH 设定需要较多步骤,最简单的方式是使用 ssh-copy-id 命令设定与目标机器的 SSH 连接。

```
# ssh-copy-id -i host31
```

在安装 Ansible 的机器上,追加机器信息到/etc/ansible/hosts 中。

通过 grep 命令可以判断对象机器是否存在 hosts 文件之中。

```
[root@host31 ansible]# grep host31 /etc/ansible/hosts
host31
[root@host31 ansible]#
```

至此,可以确认 Ansible 能够正常运行。

```
[root@host31 ~]# ansible localhost -m ping
localhost | SUCCESS => {
    "changed": false,
    "ping": "pong"
}
[root@host31 ~]#
[root@host31 ~]# ansible host31 -m ping
host31 | SUCCESS => {
    "changed": false,
    "ping": "pong"
}
[root@host31 ~]#
```

14.2.2　Chef 的安装与使用

安装准备:Chef 的安装与设定信息如下。

表 14-5　Chef 的安装与设定信息

IP	Hostname	OS	功　　能	版　　本
192.169.31.134	host134	CentOS 7.4	Chef Server	12.17.15
192.169.31.133	host133	CentOS 7.4	Chef Workstation	13.7.16
192.169.31.132	host132	CentOS 7.4	Chef Node	13.7.16

1．安装 Master

在需要安装 Chef Server 的 host134 上进行如下操作。

步骤 1:获取 Chef Server 的安装文件。

可使用 wget 命令下载 rpm 安装文件,也可使用网页方式下载 rpm 安装文件。

步骤 2：安装 Chef Server。

使用 rpm 命令即可完成 Chef Server 的安装。

```
[root@host134 ~]# rpm -Uvh chef-server-core-12.17.15-1.el7.x86_64.rpm
warning: chef-server-core-12.17.15-1.el7.x86_64.rpm: Header V4 DSA/SHA1 Signature,
key ID 83ef826a: NOKEY
Preparing...                      ################################# [100%]
Updating / installing...
   1:chef-server-core-12.17.15-1.el7  ################################ [100%]
[root@host134 ~]# which chef-server-ctl
/bin/chef-server-ctl
[root@host134 ~]#
```

步骤 3：初始化 Chef Server。

在这个过程中会设定 nginx/postgresql/rabbitmq/redis 等，如果端口被占用会导致安装失败。执行如下命令对 Chef Server 进行初始化，设定之后，通过 UI 可以对节点进行管理。免费版本的 Chef Server 支持的节点个数在 25 个以内。

- chef-server-ctl install chef-manage。
- chef-server-ctl reconfigure。
- chef-manage-ctl reconfigure。

具体执行命令及初始化中需要设定的信息可参看如下执行日志。

```
[root@host134 ~]# chef-server-ctl install chef-manage
Starting Chef Client, version 12.19.36
resolving cookbooks for run list: ["private-chef::add_ons_wrapper"]
Synchronizing Cookbooks:
...
Running handlers:
-- Installed Add-On Package: chef-manage
- #<Class:0x0000000722e3c0>::AddonInstallHandler
Running handlers complete
Chef Client finished, 4/5 resources updated in 05 minutes 39 seconds
[root@host134 ~]#

[root@host134 ~]# chef-server-ctl reconfigure
Starting Chef Client, version 12.19.36
resolving cookbooks for run list: ["private-chef::default"]
Synchronizing Cookbooks:
...
Chef Client finished, 495/1084 resources updated in 04 minutes 05 seconds
Chef Server Reconfigured!
[root@host134 ~]#

[root@host134 ~]# chef-manage-ctl reconfigure
```

```
To use this software, you must agree to the terms of the software license agreement.
Press any key to continue.
Type 'yes' to accept the software license agreement, or anything else to cancel.
yes # 需要在此处输入 yes 以接受 license 的要求
Starting Chef Client, version 13.3.42
resolving cookbooks for run list: ["omnibus-chef-manage::default"]
Synchronizing Cookbooks:
...
Chef Client finished, 91/266 resources updated in 50 seconds
chef-manage Reconfigured!
[root@host134 ~]#
```

步骤 4：确认 Chef Server 的状态。

使用 chef-server-ctl status 命令可以确认 Chef Server 相关进程的运行状态信息。

```
[root@host134 ~]# chef-server-ctl status
run: bookshelf: (pid 23451) 329s; run: log: (pid 23501) 329s
run: nginx: (pid 23314) 334s; run: log: (pid 23896) 324s
run: oc_bifrost: (pid 23136) 342s; run: log: (pid 23151) 341s
run: oc_id: (pid 23299) 335s; run: log: (pid 23304) 334s
run: opscode-erchef: (pid 23743) 326s; run: log: (pid 23573) 328s
run: opscode-expander: (pid 23404) 330s; run: log: (pid 23412) 330s
run: opscode-solr4: (pid 23383) 331s; run: log: (pid 23393) 330s
run: postgresql: (pid 23104) 342s; run: log: (pid 23108) 342s
run: rabbitmq: (pid 24533) 298s; run: log: (pid 23902) 324s
run: redis_lb: (pid 16335) 417s; run: log: (pid 23892) 324s
[root@host134 ~]#
```

步骤 5：通过 UI 对节点进行操作。

至此，Chef Server 已经基本就绪，可以通过访问 https://192.168.31.134 对节点进行操作了。可以通过登录页面的方式创建登录用户，也可以通过 chef-server-ctl 的 CLI 方式来创建登录用户。这里通过 CLI 方式来创建登录用户，使用的命令为 chef-server-ctl user-create。

Chef 登录用户的信息如表 14-6 所示。

表 14-6　Chef 登录用户的信息

项　目	说　明	设定值（例）
Full Name	显示名称	Administrator Name
Email	邮件地址	liumiaocn@outlook.com
Username	用户名称	admin
password	用户密码	hello123

具体的执行命令如下所示。

```
[root@host134 ~]# chef-server-ctl user-create admin Administrator Name
```

```
liumiaocn@outlook.com hello123 --filename=/etc/chef/admin.pem
[root@host134 ~]#
```

创建登录用户时会显示相关的 RSA 的私钥信息，此时需使用--filename 或者标准输出进行私钥的保存和管理，因为后续在设定 Chef Workstation 时也需要用到用户的私钥信息，所以在此进行保存。另外，用户的信息也可以通过 CLI 方式来确认。

```
[root@host134 ~]# chef-server-ctl user-show admin
display_name: Administrator Name
email:      liumiaocn@outlook.com
first_name:  Administrator
last_name:   Name
middle_name:
public_key:   -----BEGIN PUBLIC KEY-----
...
-----END PUBLIC KEY-----
username:    admin
[root@host134 ~]#
```

步骤 6：创建组织并和用户进行关联。

虽然至此已经可以登录 Chef Server 进行相关操作了，但是对于刚刚创建的登录用户（admin），尚无组织信息与之关联。这样，在登录的时候需要创建一个组织并与登录用户关联。我们通过 CLI 的方式创建一个组织（devops），然后与登录用户进行关联。

创建组织可以通过 chef-server-ctl org-create 命令来进行。

在本例中，具体的组织信息如表 14-7 所示。

表 14-7　具体组织信息

项　　目	说　　明	设　定　值
组织信息缩写	组织信息的缩写，注意不能包含大写字母，最长不超过 256 个字符	devops
组织信息全称	组织信息的详细信息，最长不超过 1024 个字符	DevOps Organization
关联的用户名称	此组织所关联的用户信息	admin
组织私钥文件名称	组织级别的私钥文件信息	/etc/chef/devops-org.pem

创建组织命令的执行示例如下。

```
[root@host134 /]# chef-server-ctl org-create devops 'DevOps Organization'
--association_user admin --filename /etc/chef/devops-org.pem
[root@host134 /]#
```

然后，通过 chef-server-ctl org-show 命令可以进行组织信息创建状况的确认。

```
[root@host134 /]# chef-server-ctl org-show devops
full_name: DevOps Organization
guid:     dd76b3d30b79bbc257b9c15607a096be
name:     devops
[root@host134 /]#
```

这样就可以使用创建的用户 admin/hello123 进行 UI 页面的登录了。

2.安装 Chef Workstation

安装 Chef Node 或者 Chef Workstaion 使用的安装包在同一个安装文件中。安装 Chef Workstaion 需要使用的是 Chef 的 knife 功能组件，在 host133 上进行如下操作。

步骤 1：获取 Chef Client 的安装文件。

可使用 wget 命令下载 rpm 安装文件，也可以使用网页方式下载 rpm 安装文件。

步骤 2：安装 Chef Client。

使用 rpm 命令即可完成 Chef Client 的安装。

```
[root@host133 ~]# rpm -Uvh chef-13.7.16-1.el7.x86_64.rpm
warning: chef-13.7.16-1.el7.x86_64.rpm: Header V4 DSA/SHA1 Signature, key ID 83ef826a:
NOKEY
Preparing...                          ################################# [100%]
Updating / installing...
   1:chef-13.7.16-1.el7               ################################# [100%]
Thank you for installing Chef!
[root@host133 ~]#
```

然后进行版本确认。

```
[root@host133 ~]# chef-client -v
Chef: 13.7.16
[root@host133 ~]# knife -v
Chef: 13.7.16
[root@host133 ~]#
```

步骤 3：下载 Starter Kit 并设定。

打开 Administration 菜单，选中名为 devops 的组织，选中 Action 菜单的 Starter Kit，单击 Download Starter Kit 即可下载 chef-starter.zip 文件。

```
[root@host133 ~]# mkdir -p /home/chef
[root@host133 ~]# cd /home/chef
[root@host133 chef]# unzip /tmp/chef-starter.zip
Archive:  /tmp/chef-starter.zip
  inflating: chef-repo/README.md
   creating: chef-repo/cookbooks/
  inflating: chef-repo/cookbooks/chefignore
   creating: chef-repo/cookbooks/starter/
   creating: chef-repo/cookbooks/starter/attributes/
  inflating: chef-repo/cookbooks/starter/attributes/default.rb
   creating: chef-repo/cookbooks/starter/files/
   creating: chef-repo/cookbooks/starter/files/default/
  inflating: chef-repo/cookbooks/starter/files/default/sample.txt
  inflating: chef-repo/cookbooks/starter/metadata.rb
```

```
  creating: chef-repo/cookbooks/starter/recipes/
 inflating: chef-repo/cookbooks/starter/recipes/default.rb
  creating: chef-repo/cookbooks/starter/templates/
  creating: chef-repo/cookbooks/starter/templates/default/
 inflating: chef-repo/cookbooks/starter/templates/default/sample.erb
 inflating: chef-repo/.gitignore
  creating: chef-repo/.chef/
  creating: chef-repo/roles/
 inflating: chef-repo/.chef/knife.rb
 inflating: chef-repo/roles/starter.rb
 inflating: chef-repo/.chef/admin.pem
[root@host133 chef]# cd chef-repo/.chef/
[root@host133 .chef]# ls
admin.pem  knife.rb
[root@host133 .chef]#
```

获取文件并确认。

```
[root@host133 .chef]# scp host134:/etc/chef/admin.pem .
admin.pem
100% 1678     2.9MB/s   00:00
[root@host133 .chef]#

[root@host133 .chef]# cat knife.rb
# ...

current_dir = File.dirname(__FILE__)
log_level               :info
log_location            STDOUT
node_name               "admin"
client_key              "#{current_dir}/admin.pem"
chef_server_url         "https://host134/organizations/devops"
cookbook_path           ["#{current_dir}/../cookbooks"]
[root@host133 .chef]#
[root@host133 .chef]# ping -c1 host134
PING host134 (192.168.31.134) 56(84) bytes of data.
64 bytes from host134 (192.168.31.134): icmp_seq=1 ttl=64 time=0.360 ms

--- host134 ping statistics ---
1 packets transmitted, 1 received, 0% packet loss, time 0ms
rtt min/avg/max/mdev = 0.360/0.360/0.360/0.000 ms
[root@host133 .chef]#
```

步骤 4：重新启动服务器端服务。

如果启动时没有选中--accept-license 选项，此时需要重新启动服务器端的服务。

```
[root@host134 ~]# chef-manage-ctl reconfigure --accept-license
```

```
Starting Chef Client, version 13.3.42
resolving cookbooks for run list: ["omnibus-chef-manage::default"]
Synchronizing Cookbooks:
...
Running handlers:
Running handlers complete
Chef Client finished, 6/134 resources updated in 24 seconds
chef-manage Reconfigured!
```

步骤 5：下载服务器端证书并验证。

注意，如果服务器端没有使用--accept-license 选项启动，在无特殊手动操作的情况下，此步骤无法正常完成。

使用 knife ssl fetch 命令会将服务器端的证书下载到本地的.chef/trusted_certs 目录下。

```
[root@host133 chef-repo]# knife ssl fetch
WARNING: Certificates from host134 will be fetched and placed in your trusted_cert
directory (/home/chef/chef-repo/.chef/trusted_certs).

Knife has no means to verify these are the correct certificates. You should
verify the authenticity of these certificates after downloading.

Adding certificate for host134 in /home/chef/chef-repo/.chef/trusted_certs/
host134.crt
[root@host133 chef-repo]#
```

确认服务器 host134 端的证书确实被下载到.chef/trusted_certs 目录下了。

```
[root@host133 chef-repo]# ls .chef/trusted_certs/host134.crt
.chef/trusted_certs/host134.crt
[root@host133 chef-repo]#
```

步骤 6：验证 Chef Workstation 与 Chef Server 之间的连接。

此时 Chef Workstation 与 Chef Server 之间的连接已经可以建立，使用 knife ssl check 命令即可判断 SSL 是否可以连通。

```
[root@host133 chef-repo]# knife ssl check
Connecting to host host134:443
Successfully verified certificates from `host134'
[root@host133 chef-repo]#
```

步骤 7：设置环境变量并使之生效。

将环境变量设定到.bash_profile 中，以使其对当前用户起效。

```
[root@host133 chef-repo]# echo 'export PATH="/opt/chef/embedded/bin:$PATH"' >>
~/.bash_profile
[root@host133 chef-repo]# source ~/.bash_profile
[root@host133 chef-repo]#
```

3. 安装 Chef Node

Chef Node 的安装非常简单，只需要下载 rpm 安装文件并安装即可。

步骤 1：获取 Chef Client 的安装文件。

可使用 wget 命令下载 rpm 安装文件，也可以使用网页方式下载 rpm 安装文件。

步骤 2：安装 Chef Client。

使用 rpm 命令即可完成 Chef Client 的安装。

```
[root@host132 ~]# rpm -Uvh chef-13.7.16-1.el7.x86_64.rpm
warning: chef-13.7.16-1.el7.x86_64.rpm: Header V4 DSA/SHA1 Signature, key ID 83ef826a:
NOKEY
Preparing...                        ################################## [100%]
Updating / installing...
   1:chef-13.7.16-1.el7             ################################## [100%]
Thank you for installing Chef!
[root@host132 ~]#
```

然后进行版本确认。

```
[root@host132 ~]# chef-client -v
Chef: 13.7.16
[root@host132 ~]#
```

14.2.3　Puppet 的安装与使用

Puppet 的安装和设定信息如表 14-8 所示。

表 14-8　Puppet 的安装和设定信息

IP	Hostname	OS	Puppet 软件
192.169.31.131	host131	CentOS 7.4	Puppet-server 5.4
192.169.31.133	host133	CentOS 7.4	Puppet-agent 5.4

1. 安装 Puppet Master

安装 Puppet Master 需要进行如下步骤。

步骤 1：下载安装文件并安装，可执行命令：rpm –Uvh rpm 安装文件地址。

步骤 2：yum install puppetserver。

安装完成后进行版本确认。

```
[root@host131 ~]# puppet --version
5.4.0
[root@host131 ~]#
```

2．安装 Puppet Agent

安装 Puppet Agent 需要进行如下步骤。

步骤 1：下载安装文件并安装，可执行命令 rpm -Uvh rpm 安装文件地址。

步骤 2：yum install puppet-agent。

安装完成后进行版本确认。

```
[root@host133 ~]# puppet --version
5.4.0
[root@host133 ~]#
```

初始化设定：启动 Puppet Master。

在 Master 所在节点 host131 使用如下命令启动 Puppet Master。其中，--debug 为输出调试信息。

```
[root@host131 ~]# puppet master --no-daemonize --debug
Debug: Applying settings catalog for sections main, master, ssl, metrics
Debug: Evicting cache entry for environment 'production'
Debug: Caching environment 'production' (ttl = 0 sec)
...
```

启动 Agent：在 Agent 所在节点 host133 尝试连接 host131。由于非默认设定，所以可通过 server=host131 传入设定。

```
[root@host133 ~]# puppet agent --server=host131 --test --debug
Debug: Applying settings catalog for sections main, agent, ssl
Debug: Caching environment 'production' (ttl = 0 sec)
Debug: Evicting cache entry for environment 'production'
Debug: Caching environment 'production' (ttl = 0 sec)
...
Debug: Dynamically-bound port lookup failed; falling back to ca_port setting
Debug: Creating new connection for https://host131:8140
Exiting; no certificate found and waitforcert is disabled
[root@host133 ~]#
```

根据提示发现证书设定不正确，所以接下来需要设定服务器端证书信息。

列出当前证书信息，发现有两张证书，分别属于当前机器 host131 和 host133，host133 前不带"+"表明此证书未通过审核。

```
[root@host131 ~]# puppet cert list -all
  "host133" (SHA256) 52:2A:AE:C0:58:47:B1:C3:8E:BC:80:F5:51:71:6C:46:77:58:00:
4C:96:61:6D:FA:4E:AD:59:4B:F6:71:78:4E
+ "host131" (SHA256) 0E:2E:2B:22:61:E8:F1:59:3A:E4:92:F9:99:2E:3F:D4:7F:D6:E6:
83:21:E0:96:4B:1F:4E:7A:A3:D4:EE:FA:78
[root@host131 ~]#
```

因为证书 host133 未通过审核，所以从客户端 host133 发过来的测试信息未能通过测试，使用命令对此证书进行审核和确认。

```
[root@host131 ~]# puppet cert sign host133
Signing Certificate Request for:
  "host133" (SHA256) 52:2A:AE:C0:58:47:B1:C3:8E:BC:80:F5:51:71:6C:46:77:58:00:
4C:96:61:6D:FA:4E:AD:59:4B:F6:71:78:4E
Notice: Signed certificate request for host133
Notice: Removing file Puppet::SSL::CertificateRequest host133 at '/etc/
puppetlabs/puppet/ssl/ca/requests/host133.pem'
[root@host131 ~]#
[root@host131 ~]# puppet cert list -all
+ "host131" (SHA256) 0E:2E:2B:22:61:E8:F1:59:3A:E4:92:F9:99:2E:3F:D4:7F:D6:E6:
83:21:E0:96:4B:1F:4E:7A:A3:D4:EE:FA:78
+ "host133" (SHA256) 68:4B:45:DD:99:C7:F7:ED:25:BB:DC:BD:18:3A:81:8C:EF:9F:1D:
3E:FB:1E:2D:73:B3:77:31:DE:46:E4:E1:E5
[root@host131 ~]#
```

再次进行 Agent 连接，发现 Agent 已经能够正常与 Master 进行通信了。

```
[root@host133 ~]# puppet agent --server=host131 --test
Info: Caching certificate for host133
Info: Caching certificate_revocation_list for ca
Info: Caching certificate for host133
Info: Using configured environment 'production'
Info: Retrieving pluginfacts
Info: Retrieving plugin
Info: Retrieving locales
Info: Caching catalog for host133
Info: Applying configuration version '1519038659'
Info: Creating state file /opt/puppetlabs/puppet/cache/state/state.yaml
Notice: Applied catalog in 0.01 seconds
[root@host133 ~]#
```

至此，Puppet 可以使用了。

14.2.4　Saltstack 的安装与使用

安装准备：Saltstack 的安装和设定信息如表 14-9 所示。

表 14-9　Saltstack 的安装和设定信息

IP	Hostname	OS	Saltstack 软件
192.169.31.131	host131	CentOS 7.4	salt-master salt-minion
192.169.31.132	host132	CentOS 7.4	salt-minion
192.169.31.133	host133	CentOS 7.4	salt-minion
192.169.31.134	host134	CentOS 7.4	salt-minion

1. 安装 Salt Master

安装 Salt Master 需要进行如下步骤。

步骤 1：yum install -y epel-release。

Salt 需要 epel 源的支持，安装前需要先安装 epel-release。

步骤 2：yum -y install salt-master salt-minion。

安装后进行版本确认。

```
[root@host131 ~]# salt --version
salt 2015.5.10 (Lithium)
[root@host131 ~]# salt-master --version
salt-master 2015.5.10 (Lithium)
[root@host131 ~]# salt-minion --version
salt-minion 2015.5.10 (Lithium)
[root@host131 ~]# salt-key --version
salt-key 2015.5.10 (Lithium)
[root@host131 ~]#
```

2. 安装 Agent

安装 Slat minion 需要进行如下步骤。

步骤 1：yum install -y epel-release。

步骤 2：yum -y install salt-minion。

安装后进行版本确认。

```
[root@host132 ~]# salt-minion --version
salt-minion 2015.5.10 (Lithium)
[root@host132 ~]#
```

设定：对安装了 Salt minion 的 4 台机器进行设定，设定文件为/etc/salt/minion。

Salt minion 的设定内容如表 14-10 所示。

表 14-10   Salt minion 的设定内容

设 定 文 件	设定 key	设 定 值	说　　明
/etc/salt/minion	master	host131	salt-master 的 host 名或者 IP 地址
/etc/salt/minion	id	host13*	salt minion 的 host 名

在安装了 Salt Master 和 Salt minion 的 host131 中执行如下两条命令启动 Master 和 minion 服务。

```
systemctl enable salt-master salt-minion
systemctl start salt-master salt-minion
```

在安装了 Salt minion 的 host132/host133/host134 的 Agent 机器上执行如下两条命令启动 minion 服务。

```
systemctl enable salt-minion
systemctl start salt-minion
```

　　Agent 认证配置：salt-master 和 salt-minion 之间建立关联的前提除服务进程能够正常运行、机器之间网络连通正常外，认证的设定也是需要的，使用 salt-key 命令可以在 Master 端对 minion 的证书的接受或拒绝进行操作。从如下代码中可以看到目前 4 个 minion 的证书尚未通过认证。

```
[root@host131 ~]# salt-key -L
Accepted Keys:
Denied Keys:
Unaccepted Keys:
host131
host132
host133
host134
Rejected Keys:
[root@host131 ~]#
```

　　使用-A 或者--accept-all 可以接受所有的证书，也可以使用-a 按照需要进行接受。

```
[root@host131 ~]# salt-key -A
The following keys are going to be accepted:
Unaccepted Keys:
host131
host132
host133
host134
Proceed? [n/Y] Y
Key for minion host131 accepted.
Key for minion host132 accepted.
Key for minion host133 accepted.
Key for minion host134 accepted.
[root@host131 ~]#
```

　　动作确认。

```
[root@host131 ~]# salt host132 test.ping
host132:
    True
[root@host131 ~]# salt host133 cmd.run hostname
host133:
    host133
[root@host131 ~]# salt host134 cmd.run salt-minion --version
salt 2015.5.10 (Lithium)
[root@host131 ~]#
```

第 15 章
DevOps 工具：测试自动化

自动化测试是 DevOps 实践中非常重要的一环，选择合适的工具无疑会更好地提升测试质量和效率。本章将介绍几种常见的自动化测试工具，并结合案例对 Robot Framework 和 Selenium 两种工具的使用方法进行说明。

15.1　常用工具介绍

本章将介绍如下几种自动化测试工具。

- 单元测试工具：xUnit。
- Web 页面测试工具：Selenium。
- 性能测试工具：Apache JMeter。
- 自动化测试框架：Robot Framework。

15.1.1　xUnit

xUnit 是一组单元测试工具，具体名称根据对应的编程语言的不同有所区别，在软件开发中被广泛地使用，比如 Java 的 JUnit。常用的单元测试工具如表 15-1 所示。

表 15-1　常用的单元测试工具

工 具 名 称	开源/闭源	开 发 语 言	License	工 具 用 途
JUnit	开源	Java	EPL	用于 Java 单元测试
CppUnit	开源	C++	LGPL	用于 C++单元测试
CUnit	开源	C	LGPL	用于 C 单元测试
PyUnit	开源	Python	Python License	用于 Python 单元测试
xUnit.Net	开源	C#	Apache License 2	用于.NET 单元测试

xUnit 的使用方法大同小异，其测试功能主要包括 Test case 和 Test suite 两部分：Test case 用于单个测试用例；Test suite 则用于多个测试用例的组合，类似测试用例集。测试工具通过 Asset

判断测试结果与期待值之间是否一致，进而判断对该用例的测试是否通过。

测试工具在执行测试之前和之后都会留出接口用于事前准备（setup）和事后清场（teardown）操作。

15.1.2　Selenium

基于浏览器的 Web 应用越来越多，模拟用户在浏览器上的操作来实现页面的自动化测试成为一项必不可少的测试，而且对交互性的测试往往是自动化测试中的难点之一。Selenium 能够实现常见的页面操作，而且得到了主流浏览器的支持。Selenium 的特性信息如表 15-2 所示。

表 15-2　Selenium 的特性信息

开源/闭源	开源	提供者	SeleniumHQ
License 类别	Apache License 2.0	开发语言	Java、C#、C++、JavaScript 等
运行平台	Selenium 可以通过 PIP 等进行安装，也提供官方镜像，可以运行于多种操作系统之上		
硬件资源	安装时对硬件资源的要求较低，运行时对硬件资源的要求根据测试用例而定		
软件资源	Java 8 和 Python 2.7	REST API 支持	提供多种语言的 API 支持
更新频度	平均每季度更新数次	更新机制	—

15.1.3　Apache JMeter

Apache JMeter 是一个完全使用 Java 开发的开源软件，用于进行负载和性能测试。Apache JMeter 起初用于测试 Web 应用，后来被扩展至其他方面的应用，其特性信息如表 15-3 所示。

表 15-3　Apache JMeter 的特性信息

开源/闭源	开源	提供者	Apache Software Foundation
License 类别	Apache License 2.0	开发语言	Java
运行平台	需要 JRE 或者 JDK 的支持，Java 应用的跨平台特性使得其可以运行于多种操作系统之上		
硬件资源	安装时对硬件资源的要求较低，运行时对硬件资源的要求根据测试用例而定		
软件资源	Java 8 及以上版本	REST API 支持	支持以 CLI 命令行方式进行集成
更新频度	平均每年更新数次	更新机制	从构建到发布有严格的检查

15.1.4　Robot Framework

Robot Framework 是一个基于 Apache License 2.0、使用 Python 开发的开源项目，是一个可扩展的关键字驱动的测试自动化框架。Robot Framework 通常被使用在端到端的验收测试及 ATDD（Acceptance-Test-Driven Development）中，其生态体系较为全面，其特性信息如表 15-4 所示。

表 15-4 Robot Framework 的特性信息

开源/闭源	开源	提供者	Robot Framework Foundation
License 类别	Apache License 2.0	开发语言	Python
运行平台	可以运行于多种操作系统之上		
硬件资源	所需硬件资源较少		
软件资源	需要 Python 的支持	REST API 支持	支持以 CLI 命令行方式进行集成
更新频度	平均每年更新数次	更新机制	—

Robot Framework 的功能特性如下所示。

- 支持简单易用的表格型语法，可以用统一方式创建测试用例。
- 在既存关键字的基础上，能够创建可复用的自定义关键字。
- 提供 HTML 格式的简单易读的报表和日志结果文件。
- 平台和应用相互独立。
- 提供简单的 Libary API，可以使用 Ptyhon 或者 Java 实现。
- 提供命令行的操作方式及 XML 格式的输出文件。
- 支持 Selenium、Java Gui 测试、Telnet、SSH 等。
- 支持创建数据驱动的测试用例。
- 支持操作系统相关的内置变量，比如${TEMPDIR}变量，在 UNIX 操作系统和 Windows 操作系统中表示不同的目录。
- 提供 Test case 和 Test suite 级别的 setup 和 teardown。

15.2 详细介绍：Robot Framework

本节将介绍如何安装 Robot Framework 及安装后的确认。

15.2.1 准备 Python

Robot Framework 是基于 Python 开发的。目前有 Python 2 和 Python 3 两个版本，因为 Python 2 较稳定并且应用更广泛，所以此处采用 Python 2 作为运行环境。

```
[root@liumiaocn ~]# python --version
Python 2.7.5
[root@liumiaocn ~]#
```

15.2.2 安装 PIP

Robot Framework 支持多种安装方式，因为其是 Python 应用，所以使用 PIP 安装会更加快捷。

　　首先使用如下方法安装 PIP。

```
[root@liumiaocn ~]# yum install epel-release
Loaded plugins: fastestmirror
...
Installed:
  epel-release.noarch 0:7-9

Complete!
[root@liumiaocn ~]#

[root@liumiaocn ~]# yum -y install python-pip
Loaded plugins: fastestmirror
...

Installed:
  python2-pip.noarch 0:8.1.2-5.el7

Dependency Installed:
  python-backports.x86_64 0:1.0-8.el7
python-backports-ssl_match_hostname.noarch 0:3.4.0.2-4.el7
  python-setuptools.noarch 0:0.9.8-4.el7

Complete!
[root@liumiaocn ~]#
```

　　然后确认 PIP 版本。

```
[root@liumiaocn ~]# pip --version
pip 8.1.2 from /usr/lib/python2.7/site-packages (python 2.7)
[root@liumiaocn ~]#
```

15.2.3　安装 Robot Framework

　　使用已安装的 PIP 进行 Robot Framework 的安装。

```
[root@liumiaocn ~]# pip install robotframework
Collecting robotframework
  Downloading robotframework-3.0.2.tar.gz (440kB)
    100% |████████████████████████████████| 450kB 344kB/s
Installing collected packages: robotframework
  Running setup.py install for robotframework ... done
Successfully installed robotframework-3.0.2
You are using pip version 8.1.2, however version 9.0.1 is available.
You should consider upgrading via the 'pip install --upgrade pip' command.
[root@liumiaocn ~]#
```

使用如下命令确认 Robot Framework 相关组件的版本信息。

```
[root@liumiaocn ~]# robot --version
Robot Framework 3.0.2 (Python 2.7.5 on linux2)
[root@liumiaocn ~]#
[root@liumiaocn ~]# rebot --version
Rebot 3.0.2 (Python 2.7.5 on linux2)
[root@liumiaocn ~]#
[root@liumiaocn ~]# pybot --version
Robot Framework 3.0.2 (Python 2.7.5 on linux2)
[root@liumiaocn ~]#
```

15.3　自动化测试工具的使用

本节将使用具体的 Robot 脚本来说明如何使用 Robot Framework 框架进行自动化测试，然后介绍搭建 Selenium 自动化测试环境的方法，并通过一个测试脚本示例介绍 Web 页面自动化测试的相关内容。

15.3.1　使用 Robot Framework 进行测试

Robot Framework（下文简称为 Robot）框架通过提供测试脚本支持使用关键字驱动测试的方法，而且这种测试方法在执行之后会输出日志和测试报告。接下来基于一个示例测试脚本。介绍使用 Robot 进行测试的过程和方法。

1．确认环境

确认 Robot 版本。

```
[root@liumiaocn ~]# robot --version
Robot Framework 3.0.2 (Python 2.7.5 on linux2)
[root@liumiaocn ~]#
[root@liumiaocn ~]# rebot --version
Rebot 3.0.2 (Python 2.7.5 on linux2)
[root@liumiaocn ~]#
[root@liumiaocn ~]# pybot --version
Robot Framework 3.0.2 (Python 2.7.5 on linux2)
[root@liumiaocn ~]#
```

2．准备测试脚本

准备如下 Robot 脚本，该脚本包含两个关键字和两个测试用例。

```
[root@liumiaocn robot]# ls
helloworld.robot
```

```
[root@liumiaocn robot]# cat helloworld.robot
*** Settings  ***
*** Variables  ***
*** Test Cases ***
First test case
  Begin web test
Second test case
  End web test
*** Keywords ***
Begin web test
  Log  This is first test case
End web test
  Log  HelloWorld
[root@liumiaocn robot]#
```

注意： Robot 中测试脚本支持多种格式（如管道符号分隔格式与空格分隔格式），上述示例代码中使用的是空格分隔格式。Robot 脚本中的关键字类似于其他语言中的函数，用于实现一个特定的功能，而且关键字名称中可以包含空格。关键字包括系统提供的关键字和用户自定义的关键字，以第一个关键字 Begin web test 为例，这就是一个用户自定义的关键字，它的功能是使用系统关键字 Log 将其后的内容进行输出。而系统关键字 Log 和其后的参数（This is first test case）的分隔符则是两个或两个以上的空格。在编写脚本的时候需要特别留意空格的个数。

3．执行脚本

执行 robot helloworld.robot 命令即可启动 Robot 测试，如图 15-1 所示，可以清楚地看到测试用例的执行情况及其输出。

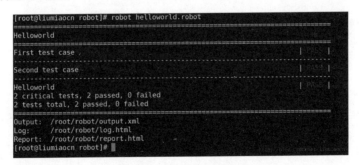

图 15-1　Robot 测试过程

4．确认执行结果

执行测试之后产生了如下 3 个结果文件。

- report.html：结果报告。

图 15-2 为结果报告，用于展示测试的整体信息，包括测试用例成功和失败的情况，以及执

行时间和测试用时等信息。

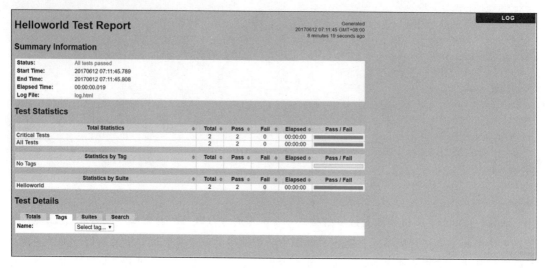

图 15-2　Robot 测试结果报告

- log.html：日志文件。

log.html 是日志文件，用于显示与日志相关的信息。Robot 测试结果日志文件示例如图 15-3 所示。

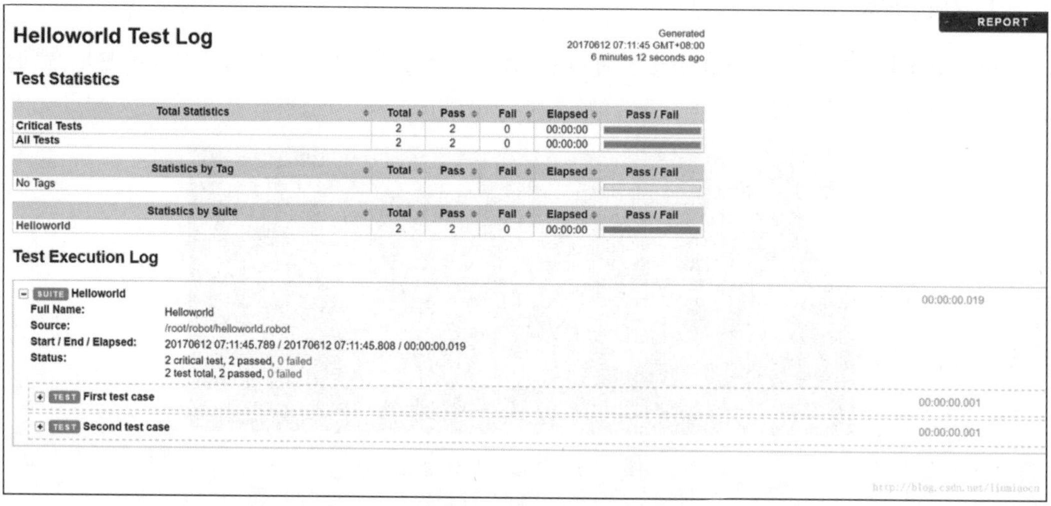

图 15-3　Robot 测试结果日志文件示例

- output.xml：输出文件。

Robot 测试还可以输出 XML 格式的文件，以便开发人员能够更容易地根据结果进行 DevOps 实践的后续集成操作。输出文件示例如下所示。

```xml
<?xml version="1.0" encoding="UTF-8"?>
<robot generated="20170611 19:11:45.787" generator="Robot 3.0.2 (Python 2.7.5 on linux2)">
<suite source="/root/robot/helloworld.robot" id="s1" name="Helloworld">
<test id="s1-t1" name="First test case">
<kw name="Begin web test">
<kw name="Log" library="BuiltIn">
<doc>Logs the given message with the given level.</doc>
<arguments>
<arg>This is first test case</arg>
</arguments>
<msg timestamp="20170611 19:11:45.807" level="INFO">This is first test case</msg>
<status status="PASS" endtime="20170611 19:11:45.807" starttime="20170611 19:11:
45.806"></status>
</kw>
<status status="PASS" endtime="20170611 19:11:45.807" starttime="20170611 19:11:
45.806"></status>
</kw>
<status status="PASS" endtime="20170611 19:11:45.807" critical="yes" starttime=
"20170611 19:11:45.806"></status>
</test>
<test id="s1-t2" name="Second test case">
<kw name="End web test">
<kw name="Log" library="BuiltIn">
<doc>Logs the given message with the given level.</doc>
<arguments>
<arg>HelloWorld</arg>
</arguments>
<msg timestamp="20170611 19:11:45.808" level="INFO">HelloWorld</msg>
<status status="PASS" endtime="20170611 19:11:45.808" starttime="20170611 19:11:
45.808"></status>
</kw>
<status status="PASS" endtime="20170611 19:11:45.808" starttime="20170611 19:11:
45.807"></status>
</kw>
<status status="PASS" endtime="20170611 19:11:45.808" critical="yes" starttime=
"20170611 19:11:45.807"></status>
</test>
<status status="PASS" endtime="20170611 19:11:45.808" starttime="20170611 19:11:
45.789"></status>
</suite>
<statistics>
<total>
<stat fail="0" pass="2">Critical Tests</stat>
<stat fail="0" pass="2">All Tests</stat>
</total>
<tag>
</tag>
```

```
<suite>
<stat fail="0" id="s1" name="Helloworld" pass="2">Helloworld</stat>
</suite>
</statistics>
<errors>
</errors>
</robot>
```

15.3.2 使用 Selenium 进行测试

Selenium 可以用于对 Web 交互进行自动化测试。在本节中使用官方的镜像文件搭建 Selenium 测试环境，以模拟如下操作步骤。

- 使用 Chrome 浏览器打开百度网页；
- 在搜索框中输入 liumiaocn devops；
- 单击"搜索"按钮；
- 保存搜索结果。

使用容器的方式搭建环境非常简单，我们需要做的就是获取镜像文件。

1. 环境准备

步骤 1：下载镜像文件。

使用 docker pull 命令下载所需要的镜像文件。本案例只执行基于 Chrome 浏览器的测试，如果需要测试其他浏览器环境，同时下载相关的镜像文件即可。

```
docker pull selenium/hub
docker pull selenium/node-chrome
```

确认镜像文件的下载结果，如下所示。

```
[root@liuiaocn ~]# docker images |grep selenium
selenium/node-chrome       latest        bab2aa44ec11      9 days ago      868 MB
selenium/hub               latest        c5982f1cb79b      9 days ago      288 MB
[root@liuiaocn ~]#
```

步骤 2：启动服务。

使用 docker run 命令启动 Selenium 服务，如下所示。

```
docker run -d -P --name selenium-hub selenium/hub
docker run -d --name selenium-chrome --link selenium-hub:hub selenium/node-chrome
```

运行镜像文件并判断服务是否正常启动，如下所示。

```
[root@liuiaocn ~]# docker run -d -P --name selenium-hub selenium/hub
4a94a7b309b9475326538a0000662e43d053cb45d4bceb7fb3ca2e10a3e2fd02
[root@liuiaocn ~]# docker run -d --name selenium-chrome --link selenium-hub:hub
selenium/node-chrome
30f4b903406d635cb0bd2636f89c8f77ab8f711c4102d04138debd54acd84a36
[root@liuiaocn ~]# docker ps |grep selenium
```

```
30f4b903406d        selenium/node-chrome    "/opt/bin/entry_po..."  49 seconds ago
Up 49 seconds                               selenium-chrome
4a94a7b309b9        selenium/hub            "/opt/bin/entry_po..."  56 seconds ago
Up 55 seconds       0.0.0.0:32769->4444/tcp    selenium-hub
[root@liuiaocn ~]#
```

步骤 3：确认结果。

要验证 Selenium 的服务是否正常启动，可以通过判断 Selenium hub 是否可以访问来进行，如下所示。

```
[root@liuiaocn ~]# curl http://127.0.0.1:32769
<!DOCTYPE html>
...
   <p>
     Happy Testing!
   </p>
 </div>
...
</body>
</html>[root@liuiaocn ~]#
```

2. 代码准备

准备 demo 代码，用于实现如下操作。

- 使用 Chrome 浏览器打开百度网页；
- 输入 liumiaocn devops；
- 单击"搜索"按钮；
- 保存搜索结果。

```
[root@liuiaocn ~]# cat selenium-test.py
from selenium import webdriver
from time import sleep

print("init operation")
selenium_driver = webdriver.Remote(
command_executor='http://127.0.0.1:32769/wd/hub',
desired_capabilities={'browserName': 'chrome'}
)

print("search baidu by keyword liumiaocn devops")
selenium_driver.get('https://www.baidu.com')
selenium_driver.find_element_by_id("kw").send_keys("liumiaocn devops")
selenium_driver.find_element_by_id("su").click()

print("sleep 1s for result")
sleep(1)
```

```
print("save screenshot as file in /tmp/search_result.png")
selenium_driver.get_screenshot_as_file("/tmp/search_result.png")
selenium_driver.quit()

print("end operation")
[root@liuiaocn ~]#
```

3．执行测试

执行 Selenium 测试脚本，并确认输出结果。

```
[root@liuiaocn ~]# python selenium-test.py
init operation
search baidu by keyword liumiaocn devops
sleep 1s for result
save screenshot as file in /tmp/search_result.png
end operation
[root@liuiaocn ~]# ls /tmp/search_result.png
/tmp/search_result.png
[root@liuiaocn ~]#
```

通过查看输出的结果文件 search_result.png，可以了解执行搜索的结果，如图 15-4 所示。

图 15-4　Selenium 测试脚本执行结果

第 16 章
DevOps 工具：日志监控

对日志进行监控和分析能够快速定位故障，以及可视化的快速了解整体系统状态和业务状态，同时监控也可以做到将全生命周期的活动进行集成，进而较好地辅助软件管理。

16.1 常用工具介绍

本章将介绍如下三种工具。

- 日志收集分析展示工具：ELK。
- 日志收集分析展示工具：Splunk。
- 流水线活动可视化工具：Hygieia。

16.1.1 ELK

Elasticsearch、Logstash、Kibana 是开源工具中被广泛使用的组件。这三者各司其职，其中：

- Logstash 收集数据。
- Elasticsearch 作为构建在 Lucene 基础上的搜索引擎对数据进行搜索。
- Kibana 则对结果进行展示。

三者相互配合很好地实现了企业对监控所需要的功能。

1．Elasticsearch 的安装和设定

使用如下步骤可快速完成 Elasticsearch 的安装与设定。

步骤 1：取得 Elasticsearch 的官方镜像。

执行命令为：docker pull elasticsearch。

步骤 2：运行 Elasticsearch 的镜像。

执行命令为：docker run -d -p 9200:9200 elasticsearch。

步骤 3：确认 Elasticsearch 的运行状况。

使用如下方式即可确认 Elasticsearch 的运行状况。

```
[root@host34 ~]# curl -X GET http://192.168.32.34:9200
{
  "name" : "Golden Girl",
  "cluster_name" : "elasticsearch",
  "version" : {
    "number" : "2.3.5",
    "build_hash" : "90f439ff60a3c0f497f91663701e64ccd01edbb4",
    "build_timestamp" : "2016-07-27T10:36:52Z",
    "build_snapshot" : false,
    "lucene_version" : "5.5.0"
  },
  "tagline" : "You Know, for Search"
}
[root@host34 ~]#
```

2. Logstash 的安装和设定

使用如下步骤可快速完成 Logstash 的安装与设定。

步骤 1：取得 Logstash 的官方镜像。

执行命令为：docker pull logstash。

步骤 2：设定文件并运行 Logstash 的镜像。

Logstash 的设定文件中有 input、filter、output 3 种，其中 filter 可以省略。如果不知道 Logstash 如何运转，在实际应用中可以使用不需要设定文件的方式，也可以使用 inline 的设定方式将其运转起来。

步骤 3：docke run（inline 设定文件）。

使用 inline 的设定方式直接启动 Logstash 容器。

```
[root@host34 ~]# docker run -it --rm logstash logstash -e 'input { stdin { } } output
{ stdout { } }'
Settings: Default pipeline workers: 1
Pipeline main started
```

由上述代码可知 Logstash 已经启动了，其以标准输入作为 stdin，以标准输出作为 stdout。其接收标准输入，并将接收到的标准输入传送到标准输出上。分别输入 hello、world，可以从标准输出上看到结果。

```
hello
2016-08-20T03:34:43.655Z 6f0a25618ecd hello
world
2016-08-20T03:34:48.692Z 6f0a25618ecd world
```

准备 Logstash 的设定文件。

由步骤 3 可知 Logstash 能够收集到相关信息，至少可以获取标准输入的信息，而使用
Logstash 的设定文件在实际中更为常见，下面通过一个案例来进行确认。

```
[root@host34 config-dir]# pwd
/root/config-dir
[root@host34 config-dir]# ll
total 4
-rw-r--r--. 1 root root 168 Aug 19 23:38 logstash.conf
[root@host34 config-dir]# cat logstash.conf
input {
file { path =>"/tmp/test_for_input.log" type =>"test_input"}
}
filter {

}
output {
stdout {}
}
[root@host34 config-dir]#
```

启动一个名为 logstash 的容器，并将修改的 logstash.conf 映射到容器内。

执行命令：docker run -it --name logstash　--rm -v "$PWD":/config-dir logstash logstash -f /config-
dir/logstash.conf。

上述执行命令的执行日志信息如下所示。

```
[root@host34 config-dir]# docker run -it --name logstash  --rm -v "$PWD":/config-
dir logstash logstash -f /config-dir/logstash.conf
Settings: Default pipeline workers: 1
Pipeline main started
```

步骤 4：确认 logstash 的运行状况。

进入到容器 logstash 中，生成 input 对象文件 test_for_input.log 并向其输入数据。

```
[root@host34 ~]# docker exec -it logstash /bin/bash
root@1ca6e11b5f61:/# echo "hello, this is the message from liumiao" >/tmp/test_
for_input.log
root@1ca6e11b5f61:/# echo "how are you" >> /tmp/test_for_input.log
root@1ca6e11b5f61:/# echo "fine , thank you, and you" >>/tmp/test_for_input.log
root@1ca6e11b5f61:/# echo "I am fine too" >> /tmp/test_for_input.log
root@1ca6e11b5f61:/#
```

logstash 的标准输出及时得到了搜集的信息。

```
2016-08-20T04:02:06.441Z 1ca6e11b5f61 hello, this is the message from liumiao
2016-08-20T04:02:21.511Z 1ca6e11b5f61 how are you
```

```
2016-08-20T04:02:37.569Z 1ca6e11b5f61 fine , thank you, and you
2016-08-20T04:02:46.593Z 1ca6e11b5f61 I am fine too
```

3. Kibana 的安装和设定

使用如下步骤可快速完成 Kibana 的安装与设定。

步骤 1：取得 Kibana 的官方镜像。

执行命令为：docker pull kibana。

步骤 2：通过环境变量的传入与 Elasticsearch 进行结合，运行 Kibana 的镜像。

通过环境变量 ELASTICSEARCH_URL 设定 Kibana 与 Elasticsearch 的连接，执行命令如下所示。

```
[root@host34 ~]# docker run --name kibana -e ELASTICSEARCH_URL=http://192.168.32.
34:9200 -p 5601:5601 -d kibana
7ec741bee68d01798330cb4e2e00ab63a900ad40ec5a605c1c499d488c14d625
[root@host34 ~]#
```

步骤 3：确认 Kibana 的运行状况。

使用如下 URL 确认 Kibana 的运行状况。

```
http://192.168.32.34:5601/
```

16.1.2 Splunk

在商业软件中有一个很强大的产品，它基本可以实现 ELK 的所有功能，这个产品就是 Splunk。Splunk 公司于 2004 年在美国旧金山成立，是大数据业内第一家上市的企业，是大数据领域的佼佼者。

一些企业客户使用 Splunk 的场景如下。

- 提高审计速度：通过使用 Splunk，在很短时间内就可以进行完整的安全事件审查，而普通方式下仅在审查前找到所需要的日志数据就需要花费超过一天的时间。
- 多种日志的监控：快速合并或关联异地的日志源，可以更加精准地监测并及时做出响应。
- 实施报表的信息：可以生成实时报表，及时追踪所有交易或用户的活动，并可以轻松地在几分钟之内显示合规性遵从情况。
- 不同的用户可以使用 Splunk 对其所需要的信息进行分析并生成报表，比如系统管理员聚焦于系统负荷和性能指标，而业务人员则聚焦于客户对应用的反馈。

系统运行起来后会有许许多多种日志，简单来说，Splunk 的重要使用场景之一就是希望它们的用户能够使用 Splunk 像使用 Google 一样方便地搜索日志。Splunk 的免费版本授权一个用户进行使用，每天可以处理 500MB 的索引，对于普通的 POC 或者小规模的客户需求，一般 Splunk

的免费版本也可以满足，但是警告信息通知等功能在付费版本中才能使用。6.4 版本的 Splunk
安装和使用方法如下所示。

Splunk 版本信息如表 16-1 所示。

表 16-1　Splunk 版本信息

版　　本	文　件　名	文 件 大 小
6.4	splunk-6.4.2-00f5bb3fa822-Linux-x86_64.tgz	198MB

下载 Splunk 安装包并将其解压到安装目录。

使用 tar xvpf 命令将安装包进行解压，如下所示。

```
[root@host131 local]# pwd
/usr/local
[root@host34 local]# ll /tmp/splunk-6.4.2-00f5bb3fa822-Linux-x86_64.tgz
-rw-r--r--. 1 root root 203257486 Aug 21 23:36 /tmp/splunk-6.4.2-00f5bb3fa822-
Linux-x86_64.tgz
[root@host131 local]# tar xvpf /tmp/splunk-6.4.2-00f5bb3fa822-Linux-x86_64.tgz
...
```

启动 Splunk 服务。

通过 splunk start 命令启动 Splunk 服务，如下所示。

```
[root@host131 bin]# pwd
/usr/local/splunk/bin
[root@host34 bin]# ./splunk start
                SOFTWARE LICENSE AGREEMENT

THIS SOFTWARE LICENSE AGREEMENT ("AGREEMENT") GOVERNS THE LICENSING,
...
war, acts of terror, riot, acts of God or governmental action.
Do you agree with this license? [y/n]: y
...
The Splunk web interface is at http://host131:8000
[root@host131 bin]#
```

登录画面。

使用如表 16-2 所示的默认用户名和密码登录并修改密码。

表 16-2　Splunk 默认用户名和密码

用　户　名	密　　码	URL
admin	changeme	http://16.157.245.156:8000/

16.1.3 Hygieia

Hygieia 是 CapitalOne 在 2015 年推出的 DevOps 的又一开源利器，它是一个可配置的易于使用的仪表盘，用于实现 DevOps 的整个流水线的可视化（Hygieia 的初衷也是如此）。当时 CapitalOne 研究了市面上的很多产品，但是没有一个能够真正地满足其可视化的需要。Hygieia 让人眼前一亮的界面会使人觉得它收费都是理所应当的，不单单是用心的界面，更重要的还是其强大的功能和良好的架构获得了众多的追随者。大部分人了解到 Hygieia 可能是通过 Black Duck，Hygieia 获得了 Black Duck 2015 的 Open Source Rookies 大奖，其特性信息如表 16-3 所示。

表 16-3　Hygieia 特性信息

开源/闭源	开源	提供者	CapitalOne
License 类别	Apache License 2.0	开发语言	Java，AngularJS
更新频度	较低	更新机制	—

虽然 Black Duck 在对 Hygieia 的说明中提到"不仅仅是科技巨头才能在 Open Source 领域有所作为"之类的话，但 CapitalOne 绝对不是什么泛泛之辈。CapitalOne 曾是全美十大银行之一，其强大的实力和真实的业务需求是 Hygieia 成功的重要原因。CapitalOne 在对当时市面上的产品进行分析之后，发现这些产品和他们的需求之间还存在一些差距，这也是 Hygieia 进行立项的原因。

在一定程度上，CapitalOne 所要分析和解决的问题在很多企业中都存在，在企业进行 DevOps 实践的时候，Hygieia 所提到的三点也都是会被涵盖的。

- 自动化。

工具链整合带来的自动化效应。工具链的整合对于效率的提升有很大的价值。

- 衡量标准。

用于判断 DevOps 或者持续交付到底能给组织带来什么。

- 可视化。

市面上的工具不是缺少仪表盘，而是有太多的仪表盘，但是这些仪表盘里面的信息，只有很少的一部分是用户需要的，开发统一的仪表盘，或者开发 CapitalOne 想要的仪表盘，这才是开发 Hygieia 的初衷。

Hygieia 设计的仪表盘主要分为单一团队的仪表盘和组合的仪表盘。

- 单一团队的仪表盘。

图 16-1 为单一团队的仪表盘，从这张仪表盘中能看到敏捷开发过程中的 Feature 相关的信息、源代码 Commit 次数、Build、代码分析、测试环境到生产环境运行状况等信息。

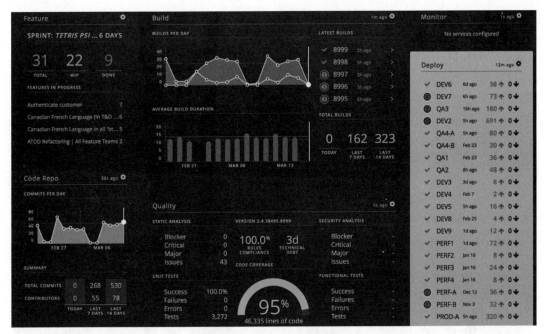

图 16-1　单一团队的仪表盘

- 组合的仪表盘。

图 16-2 为组合的仪表盘，Hygieia2.0 能够以一种更加集中的方式展示整体的项目情况，单一团队的仪表盘的信息在这里只是一条数据，在组合的仪表盘中可以非常直观地看到 90 天之内整个项目集从源代码的数据提交到生产环境运行的情况。

Hygieia 架构分析。

Hygieia 主要使用 Java 等开发并使用 Maven 进行管理，数据统一存储在 MongoDB 中。从根本上来说，Hygieia 就是一个仪表盘，唯一的问题就是它的数据从哪里来？图 16-3 为 Hygieia 仪表盘设计架构，以单一团队的仪表盘为例来进行说明，数据通过不同的 Collector 进行收集，然后通过统一的 REST API 层提供给 Hygieia 的展示层，使得整体的架构较为容易扩展，如此优良的设计也是官方几乎停止更新之后使用者仍然在跟进的原因之一。

Hygieia 作为一个仪表盘，用于显示的功能已经较为稳定，其更多是将不同数据显示到仪表盘上的数据收集组件上，灵活的架构使得用户可以根据自己的需要进行开发。虽然 Hygieia 已经很长时间没有更新官方版本了，但是其对各种 Collector 支持的相关特性仍在不断地增加。

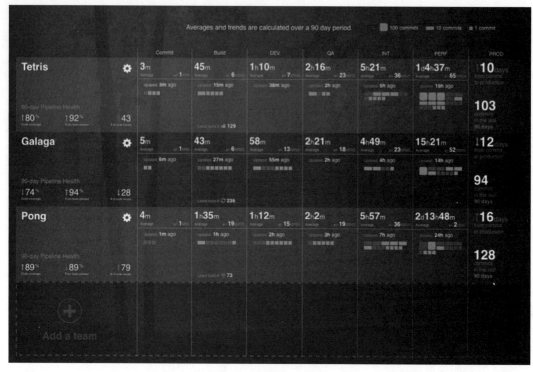

图 16-2　组合的仪表盘

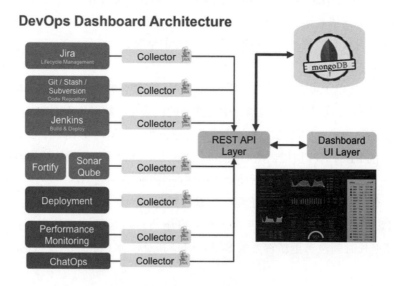

图 16-3　Hygieia 仪表盘设计架构

16.2　详细介绍：Hygieia

Hygieia 的使用较为复杂，本节介绍其具体安装和设定方法。

16.2.1　安装配置

为了能更加简便地使用 Hygieia，这里使用 docker-compose 方式启动 Hygieia。Hygieia 主要的两个模块为 API 和 UI，这两个模块的依赖关系如下所示。

- UI 能够运行的前提是 API 正常启动。
- API 正常运行的前提是 mongo 的数据库服务及 Hygieia 相关的数据库和用户存在。

使用 docker-compose.yml 文件，可以很容易地构建 Hygieia 环境，如下所示。

```
version: '2'
services:
  db:
    image: mongo:latest
    ports:
      - "27017:27017"
    volumes:
      - /data/hygieia:/data/db

  api:
    image: liumiaocn/hyapi
    ports:
      - "8080:8080"
    environment:
      - SPRING_DATA_MONGODB_DATABASE=dashboarddb
      - SPRING_DATA_MONGODB_HOST=db
      - SPRING_DATA_MONGODB_PORT=27017
      - SPRING_DATA_MONGODB_USERNAME=dashboarduser
      - SPRING_DATA_MONGODB_PASSWORD=dbpassword

  ui:
    image: liumiaocn/hygui
    depends_on:
      - api
    ports:
      - "8088:80"
    environment:
      - API_HOST=api
      - API_PORT=8080
```

16.2.2　Hygieia 服务的启动方式和说明

使用如下 3 个步骤即可实现 Hygieia 服务的启动。

步骤 1：创建 mongo 数据所需要的本地目录并确保其具有相关权限，启动 mongo 数据库。具体操作命令如下所示，使用 docker-compose 方式启动 mongo 数据库。

```
[root@liumiaocn hygieia]# mkdir -p /data/hygieia
[root@liumiaocn hygieia]# ls docker-compose.yml
docker-compose.yml
[root@liumiaocn hygieia]# docker-compose up -d db
Creating network "hygieia_default" with the default driver
Creating hygieia_db_1
 [root@liumiaocn hygieia]#
```

mongo 数据库启动后的结果确认如下所示。

```
[root@liumiaocn hygieia]# docker ps |grep hygieia
21ebe55cda8d        mongo:latest        "docker-entrypoint.s..."   About a minute
ago   Up About a minute    0.0.0.0:27017->27017/tcp   hygieia_db_1
[root@liumiaocn hygieia]#
```

步骤 2：创建 Hygieia 所需要的数据库仪表盘和用户。

使用客户端或者直接进入刚刚启动的 mongo 数据库中，创建所需要的数据库，以及用户名和密码即可。首先进入 mongo 数据库中。

```
[root@liumiaocn hygieia]# docker exec -it hygieia_db_1 sh
#
```

连接 mongo 数据库。

```
# mongo
MongoDB shell version v3.6.4
connecting to: mongodb://127.0.0.1:27017
MongoDB server version: 3.6.4
Welcome to the MongoDB shell.
...
>
```

使用 dashboarddb 并确认其用户名。

```
> use dashboarddb
switched to db dashboarddb
> show users
>
```

在 dashboarddb 数据库中创建密码为 dbpassword 的用户 dashboarduser，注意此用户需要通过环境变量设定到 hygieia 的 API 容器中。

```
>db.createUser({user: "dashboarduser", pwd: "dbpassword", roles: [{role:
"readWrite", db: "dashboarddb"}]})
```

```
MongoDB shell version v3.6.4
codb.createUser({user: "dashboarduser", pwd: "dbpassword", roles: [{role:
"readWrite", db: "dashboarddb"}]})
Successfully added user: {
    "user" : "dashboarduser",
    "roles" : [
            {
                    "role" : "readWrite",
                    "db" : "dashboarddb"
            }
    ]
}
>
```

确认此用户已经成功创建并具有读写权限。

```
> show users
{
    "_id" : "dashboarddb.dashboarduser",
    "user" : "dashboarduser",
    "db" : "dashboarddb",
    "roles" : [
            {
                    "role" : "readWrite",
                    "db" : "dashboarddb"
            }
    ]
}
>
```

步骤 3：启动 API 镜像和 UI 镜像。

一般来说应该先确认 API 是否能够正常运行之后再进行 UI 的启动，但是由于在 docker-compose.yml 中已经设立了依赖关系和相关的关联，这里可以直接启动。

```
[root@liumiaocn hygieia]# docker-compose up -d
hygieia_db_1 is up-to-date
Creating hygieia_api_1
Creating hygieia_ui_1
[root@liumiaocn hygieia]# docker-compose ps |grep hygieia
hygieia_api_1   /bin/sh -c ./properties-bu ...   Up      0.0.0.0:8080->8080/tcp
hygieia_db_1    docker-entrypoint.sh mongod      Up      0.0.0.0:27017->27017/tcp
hygieia_ui_1    /bin/sh -c conf-builder.sh ...   Up      443/tcp,
0.0.0.0:8088->80/tcp
[root@liumiaocn hygieia]#
```

16.2.3 使用说明

此时已经可以开始使用 Hygieia，并可以通过 8088 端口访问 Hygieia。

步骤 1：登录确认。

使用 16.2.2 小节设定的 8088 端口便可通过如图 16-4 所示的页面登录 Hygieia。

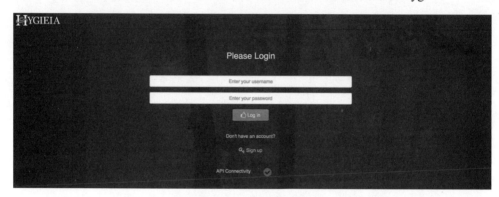

图 16-4 Hygieia 登录页面

此处经常会出现的问题就是 API 和 UI 无法连接，需要保证此页面的 API Connectivity 的状态是否正确，如果不正确，一般可能出现以下两个问题。

- API 和 mongo 没有正确设定，比如没有创建用户，或者创建的数据库与用户信息同 API 设定不一致。
- API 和 UI 之间没有正确设定，比如 UI 所使用的 API 的端口号不正确，如果使用本书中提供的 docker-compose.yml 则不会出现此问题。

步骤 2：注册用户。

使用 Sign up 所提供的注册功能创建一个 Dashboard 账户便可进行使用，详细信息如图 16-5 所示。

图 16-5 用户注册页面

步骤 3：创建 Dashboard。

使用注册的账户登录之后，可以看到 Dashboard 的使用方法，详细信息如图 16-6 所示。

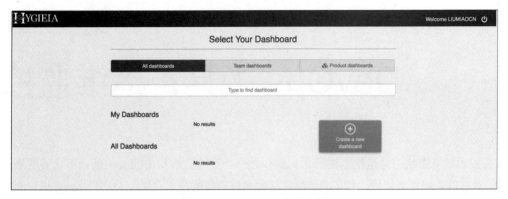

图 16-6　Dashboard 设定页面

Team dashboards：单一团队的仪表盘。

用这种方式可以看到开发过程中的 Feature 相关的信息，包括源代码提交的次数、代码分析、测试环境、生产环境运行状况等信息。

Product dashboards：组合的仪表盘。

Hygieia 2.0 能够以一种更加集中的方式展示整体的项目情况，单一团队的仪表盘在这里只是一条信息，在组合的仪表盘中可以非常直观地看到 90 天之内整个项目集从源代码的数据提交到生产环境运行的情况。

16.3　实践经验总结

本节介绍实践中需要考虑的因素。

工具的选择是需要考虑很多因素的，而且还要判断工具本身是否有很好的更新频度和更新机制。作为开源的软件，Hygieia 确实有一个好的起点，但是从 2016 年年底开始它已经不再发布新的版本，这对选择了 Hygieia 的用户来说无疑是一个打击。

除了工具本身的改善速度，我们在选择模型中也提到了长期分支的状况及支持团队的规模等因素，具有稳定的团队的支持非常重要，一旦出现问题而被迫改换工具可能会导致使用开源工具比使用商业软件的成本更高。

但是选择开源工具对具有开发实力的用户来说，可以在此基础上进行少量的开发以继续支持自己的特定业务需求。Hygieia 具有极佳的可扩展架构，可以通过不断扩展支持 Hygieia 的 Collector 以提供更为全面的仪表盘展示功能，而且与之相关的更新仍在继续，希望开源社区能够继续给我们带来惊喜。

第 17 章
DevOps 工具：运维监控

监控系统资源状态是运维监控的常见操作之一，当然运维相关的监控远远不止系统资源的监控，本章以系统资源监控为切入点，对常见的系统资源监控工具 Zabbix 和 Nagios 进行介绍，结合监控数据存储的 InfluxDB 时序列数据库，以及数据图形化展示工具 Grafana，对运维监控体系搭建进行基础性的介绍。

17.1　常用工具介绍

本章将介绍如下几种工具。

- 系统资源监控工具：Zabbix。
- 系统资源监控工具：Nagios。
- 数据图形化展示工具：Grafana。
- 时序列数据库：InfluxDB。

17.1.1　Zabbix

Zabbix 是一款开源的软件，用于提供企业级分布式的监控解决方案，其特性信息如表 17-1 所示。

表 17-1　Zabbix 特性信息

开源/闭源	开源	提供者	Zabbix Compnany
License 类别	GPL License 2.0	开发语言	C、PHP、Java
运行平台	支持 Linux、IBM AIX、HP-UX、FreeBSD、macOS 等操作系统，Windows 操作系统目前仅支持 Zabbix Agent		
硬件资源	根据监视对象的规模对硬件资源有不同的需求，一般来说在监控对象为 500 个左右时，使用 MySQL 进行数据存储，至少需要 2 核 CPU+2GB 内存的支持		
软件资源	MySQL 数据库（服务器）	REST API 支持	提供 Zabbix API
更新频度	平均每年更新数次	更新机制	—

Zabbix 通过 Server/Agent 的构成方式，从 Agent 所在的设备上监控网络参数及服务器的运行状况。Zabbix 还提供了可以设定的邮件通知功能，以便用户可以快速对需要应对的服务器问题做出响应。对于 Agent 收集的数据，Zabbix 提供了较好的图形展示功能，可以对所监视的服务器状况进行可视化确认，这也是在推行 DevOps 实践中所倡导的，提供给用户更好的可视化监视信息用于决策判断而不仅仅是数据的收集和展示。

Zabbix 主要组件及其功能说明如表 17-2 所示。

表 17-2　Zabbix 主要组件及其功能说明

组　件	功 能 说 明
zabbix-web	Zabbix 的前端显示部分，为用户提供交互操作，用于信息设定的输入及图形化结果等信息的展示
zabbix-server	Zabbix 主要功能部分，从 Proxy 或者 Agent 获得监视数据，根据设定进行计算是否达到触发条件，根据设定决定是否通知相关用户，同时与数据库存储进行交互
zabbix-proxy	可以从一个或者多个监控对象的 Agent 上收集数据到本地缓存中，然后转送给 Zabbix Server，Proxy 是可选组件，使用 Proxy 进行数据收集可以降低 Zabbix Server 的负荷，并对监控对象设备进行分组
zabbix-agent	Zabbix 监控对象设备，根据设定检测本地资源和应用，Agent 分为主动检查和被动检查两种模式，主动检查模式下 Agent 会依据 Zabbix Server 需要的监控内容进行数据收集，然后将数据发送给 Server，而被动检查模式下则是由 Zabbix Server 端向 Agent 发出确认请求，由 Agent 将对应结果发送给 Server
zabbix-java-gateway	简单来说，这就是 JMX 方式的 Zabbix Proxy

Zabbix 主要特性如下。

- 支持 SNMP、IPMI、JMX、VMWare 相关的监控。
- 提供主动和被动两种数据收集模式。
- 可自主定义触发条件的阈值。
- 可根据配置进行警告信息定制。
- 提供实时监控内容图表功能。
- 提供日志审核功能。
- 可对监控设备进行分组设定。
- 提供自定义模板以设定标准化监控。
- 可对历史数据进行存储和管理。
- 提供可用于多种网络条件下的 Proxy 机制。
- 提供 Zabbix API 用于监控集成。

Zabbix 的安装方式。

步骤 1：安装 Docker 与 docker-compose。

步骤 2：使用 docker-compose 方式分别启动 Server 和 Agent。

Zabbix Server 的 docker-compose.yml 设定文件信息如下所示。

```
version: '2'
services:
  zabbix-web:
    image: zabbix/zabbix-web-nginx-mysql:alpine-latest
    links:
      - zabbix-mysql:mysql
      - zabbix-server:zabbix-server
    container_name: zabbix-web
    environment:
      - DB_SERVER_HOST=mysql
      - MYSQL_USER=root
      - MYSQL_PASSWORD=hello123
      - ZBX_SERVER_HOST=zabbix-server
    restart: never
    depends_on:
      - zabbix-mysql
      - zabbix-server
  zabbix-server:
    image: zabbix/zabbix-server-mysql:alpine-latest
    links:
      - zabbix-mysql:mysql
    container_name: zabbix-server
    restart: never
    depends_on:
      - zabbix-mysql
    ports:
      - "8080:80"
    environment:
      - DB_SERVER_HOST=mysql
      - MYSQL_USER=root
      - MYSQL_PASSWORD=hello123
  zabbix-mysql:
    image: liumiaocn/mysql:5.7.18
    container_name: zabbix-mysql
    environment:
      - MYSQL_ROOT_PASSWORD=hello123
    restart: never
  zabbix-agent:
    image: zabbix/zabbix-agent:alpine-latest
    container_name: zabbix-agent
    ports:
      - "10050:10050"
```

```
environment:
  - ZBX_HOSTNAME=host132
  - ZBX_SERVER_HOST=192.168.31.132
restart: always
```

注意：使用上述 docker-compose.yml 文件，可将 Zabbix Server 所需组件进行配置，在此文件中，并未对卷进行设定，实际使用时需要对数据的存储进行设定。

Zabbix Agent 的 docker-compose.yml 设定文件信息如下所示。

```
version: '2'
services:
  zabbix-agent:
    image: zabbix/zabbix-agent:alpine-latest
    container_name: zabbix-agent
    ports:
      - "10050:10050"
    environment:
      - ZBX_HOSTNAME=host132
      - ZBX_SERVER_HOST=192.168.31.132
    restart: always
```

17.1.2 Nagios

Nagios 是一款使用 C 语言编写的基于 GPL License 的开源软件，用于对机器、网络以及服务进行监控，其特性信息如表 17-3 所示。

表 17-3 Nagios 特性信息

开源/闭源	开源	提供者	开源社区
License 类别	GPL License 2.0	开发语言	C
更新频度	平均每年更新数次	更新机制	—

通过 Nagios 可以确认当前或者追溯之前的相关信息，同时，Nagios 提供了方便的 Web 操作界面，它支持很多监控功能，包括：

- 可监控 STMP、POP3 等邮件服务相关的网络服务。
- 可监控 PING、HTTP 等相关的网络服务。
- 可监控系统资源，如磁盘使用率等信息。
- 可通过邮件或用户自定义的方式提供警示信息。
- 可对日志文件进行自动化管理和归档。
- 提供可视化的 Web 操作页面以确认当前网络状态、警告通知和日志文件等信息。

在 CentOS 7.4 上安装 Nagios 的方法和步骤

步骤 1：将 SELINUX 设定为 disabled。

使用如下命令即可对 SELINUX 进行设定。

```
sed -i 's/SELINUX=.*/SELINUX=disabled/g' /etc/selinux/config
setenforce 0
```

步骤 2：安装源代码编译所需要的包。

因为 Nagios 是使用 C 语言开发的软件，所以使用源代码方式进行安装首先需要安装 GCC 和相关依赖包，具体命令如下所示。

```
yum install -y gcc glibc glibc-common wget unzip httpd php gd gd-devel perl
```

步骤 3：下载 Nagois4.3.4 源代码包并解压。

使用 wget 命令下载 Nagios 源代码包并解压，相关命令如下所示。

```
wget -O nagioscore.tar.gz nagios 源代码压缩包链接地址
tar xzf nagioscore.tar.gz
```

步骤 4：编译。

使用 configure 命令和 make all 命令进行源代码的编译。

```
cd nagioscore-nagios-4.3.4/
./configure && make all
```

检查源代码是否编译成功，如果最终出现 "Enjoy." 的信息表示编译成功。

步骤 5：创建用户并将 Apache 加入到 Nagios 的 group 中。

具体用户和组的创建的设定命令如下所示。

```
useradd nagios
usermod -a -G nagios apache
```

确认既存的 apache 用户已经加入 nagios 的 group 中。

```
[root@liumiaocn ~]# id apache
uid=48(apache) gid=48(apache) groups=48(apache),1000(nagios)
[root@liumiaocn ~]#
```

步骤 6：make install。

将步骤 4 编译生成的二进制文件进行安装，默认会安装到目录/usr/local/nagios 下，安装之后进行确认。

```
[root@liumiaocn nagioscore-nagios-4.3.4]# /usr/local/nagios/bin/nagios -V

Nagios Core 4.3.4
Copyright (c) 2009-present Nagios Core Development Team and Community Contributors
Copyright (c) 1999-2009 Ethan Galstad
Last Modified: 2017-08-24
License: GPL
...
[root@liumiaocn nagioscore-nagios-4.3.4]#
```

```
[root@liumiaocn nagioscore-nagios-4.3.4]# chkconfig nagios on
[root@liumiaocn nagioscore-nagios-4.3.4]# systemctl enable httpd.service
Created symlink from /etc/systemd/system/multi-user.target.wants/httpd.service
to /usr/lib/systemd/system/httpd.service.
[root@liumiaocn nagioscore-nagios-4.3.4]#
```

步骤 7：安装命令行模式等。

安装命令行模式：make install-commandmode。

安装 SAMPLE 的配置文件：make install-config。

安装 Apache 相关的配置文件：make install-webconf。

步骤 8：配置防火墙。

使用 firewall-cmd 命令对防火墙进行配置，以保证 Nagios 可以正常动作。

```
[root@liumiaocn nagioscore-nagios-4.3.4]# firewall-cmd --zone=public --add-port=
80/tcp
success
[root@liumiaocn nagioscore-nagios-4.3.4]# firewall-cmd --zone=public --add-port=
80/tcp --permanent
success
[root@liumiaocn nagioscore-nagios-4.3.4]#
```

步骤 9：创建 Apache 用户（nagiosadmin）以登录 Nagios。

使用 htpasswd 命令创建登录 Nagios 的用户。

```
[root@liumiaocn nagioscore-nagios-4.3.4]# htpasswd -c /usr/local/nagios/etc/
htpasswd.users nagiosadmin
New password:
Re-type new password:
Adding password for user nagiosadmin
[root@liumiaocn nagioscore-nagios-4.3.4]#
```

步骤 10：启动 Apache 服务和 Nagios 服务。

使用 systemctl 命令启动 Apache 服务和 Nagios 服务，详细如下所示。

```
[root@liumiaocn nagioscore-nagios-4.3.4]# systemctl start httpd.service
[root@liumiaocn nagioscore-nagios-4.3.4]# systemctl daemon-reload
[root@liumiaocn nagioscore-nagios-4.3.4]# service nagios start
Starting nagios (via systemctl):                        [  OK  ]
[root@liumiaocn nagioscore-nagios-4.3.4]#
```

步骤 11：结果确认。

通过如下方式即可访问 Apache 和 Nagios。

- Apache：http://127.0.0.1/（本机方式，其他机器使用 IP 即可）。
- Nagios：http://127.0.0.1/nagios（本机方式，其他机器使用 IP 即可）。
- 使用步骤 9 创建的用户 nagiosadmin 和设定的密码登录 Nagios 进行操作，正常登录

Nagios 后的主页信息如图 17-1 所示。

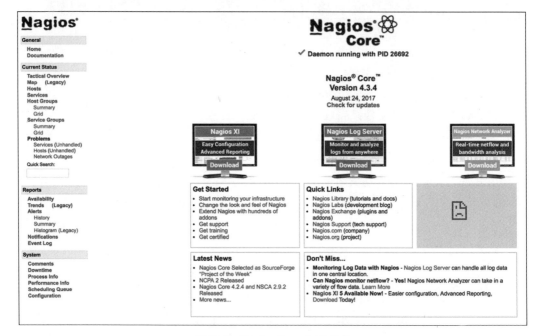

图 17-1　Nagios Core 主页信息

步骤 12：安装插件。

至此 Nagios 已经安装完毕，但是为了保证正常的操作，还需要安装 Nagois 的相关插件，否则可能会碰到如图 17-2 所示的错误。

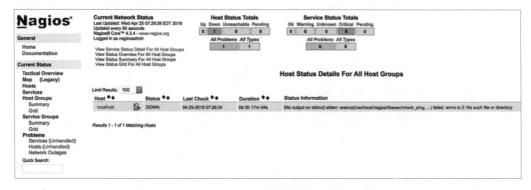

图 17-2　Nagios 插件未安装提示的错误信息

因为插件也需要使用源代码编译的方式，所以首先使用如下命令为插件提供所需的依赖包。

```
yum install -y gcc glibc glibc-common make gettext automake autoconf wget
openssl-devel net-snmp net-snmp-utils epel-release perl-Net-SNMP
```

下载源代码包并解压。

```
wget --no-check-certificate -O nagios-plugins.tar.gz 插件源代码压缩包链接地址
tar zxf nagios-plugins.tar.gz
```

编译源代码前的准备。

```
cd nagios-plugins-release-2.2.1/
./tools/setup
```

编译并安装源代码。

```
./configure && make && make install
```

源代码安装完毕，Nagios 则可以正常运行，如图 17-3 所示。

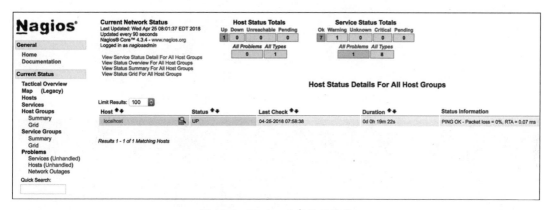

图 17-3　Nagios 正常运行信息

17.1.3　Grafana

Grafana 是一款基于 Apache License 的开源软件，用于将数据进行可视化展示，尤其适合对基于时序列的基础设施和应用程序的数据进行分析，对 Elasticsearch 和 Prometheus 等多种数据源均可支持。另外，Grafana 可以在同一个仪表盘中使用多种数据源，同时兼具发送邮件通知等功能，在可视化监控方面应用较为广泛。严格来说，Grafana 并不是一个监控工具，它只是一个数据图形化显示的工具，其特性信息如表 17-4 所示。

表 17-4　Grafana 特性信息

开源/闭源	开源	提供者	开源社区
License 类别	Apache License 2.0	开发语言	Go、Typescript
运行平台	支持在 Linux、macOS、Windows 等操作系统，以及云平台上运行，同时提供官方镜像		
软件资源	—	REST API 支持	提供 HTTP API 用于持续集成
更新频率	平均每月更新数次	更新机制	—

Grafana 使用起来非常简单，使用默认设定启动 Grafana 只需要如下步骤。

步骤 1：拉取镜像。

使用 docker pull 命令下载 Grafana 镜像。

```
docker pull docker.io/grafana/grafana
```

步骤 2：运行服务。

使用 docker run 命令运行 Grafana 服务。

```
docker run -d -p 3000:3000 grafana/grafana
```

步骤 3：结果确认。

使用 docker ps 命令确认 Grafana 服务正常启动。

```
[root@liumiaocn ~]# docker ps |grep grafana
6a7249c6b936        grafana/grafana      "/run.sh"                2 minutes ago
Up 2 minutes        0.0.0.0:3000->3000/tcp    stoic_banach
[root@liumiaocn ~]#
```

使用默认用户名/密码（admin/admin）登录 Grafana 即可开始使用，如图 17-4 所示。

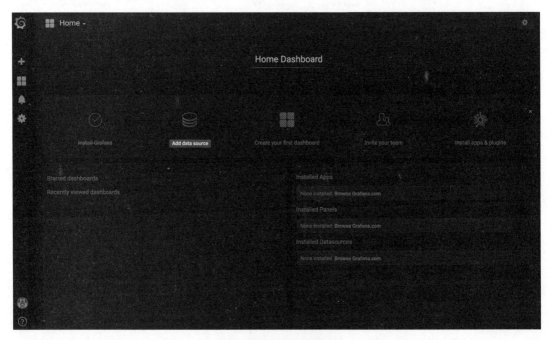

图 17-4　Grafana 主页面

Grafana 支持对多种数据源进行可视化展示，包括：

- MySQL。
- PostgreSQL。

- InfluxDB。
- OpenTSDB。
- Graphite。
- Elasticsearch。
- Prometheus。
- CloudWatch。

17.1.4　InfluxDB

InfluxDB 不是一个监控工具，而是一个基于 MIT 的开源项目，用于提供时序列的数据库。因为监控数据往往都是基于时序列的，所以 InfluxDB 在监控数据的管理和存储方面有较大的优势，其特性信息如表 17-5 所示。

表 17-5　InfluxDB 特性信息

开源/闭源	开源	提供者	influxdata
License 类别	MIT License	开发语言	Go
运行平台	基于 Go 语言的跨平台特性，可运行于多种操作系统之上		
硬件资源	根据对性能和数据量的需求不同硬件配置不同，每秒小于 5KB 的写入速度的需求，官方建议至少需要 2 核 CPU+2GB 内存的硬件资源		
软件资源	—	REST API 支持	提供 HTTP API 用于持续集成
更新频度	平均每月更新数次	更新机制	—

InfluxDB 的功能特点如下所示。

- 支持类 SQL 的 InfluxQL 语言。
- 支持 mean、max、min 等便于统计的函数，使用方便。
- 可通过内建的 HTTP API 对 InfluxDB 进行访问和操作。
- 提供简单快捷的安装包和镜像。
- 时序列数据处理速度很快。
- 能够提供实时性的数据查询。
- 提供 Web 管理界面，操作方便。

1. 基础概念

由于解决对象的问题场景不同，InfluxDB 与传统的关系型数据库是有区别的，有些基础概念需要与传统数据库进行比较才能更快理解 InfluxDB，其相关概念详细说明如表 17-6 所示。

表 17-6　InfluxDB 相关概念详细说明

概　　念	详 细 说 明
Database	数据库实例，与传统数据库基本类似，通过 create database 创建
Measurement	类似于传统数据库中的表的概念
Points	Measurement 中的一行数据被称为 point，point 由 time、field 和 tag 组成
Time	数据的时间戳，如果不指定会自动使用系统本地时间
Field	类似表的字段的概念
Tag	类似有索引的表的字段的概念

2. 安装

InfluxDB 提供多种安装方式，这里使用镜像方式安装 InfluxDB。

步骤 1：拉取 InfluxDB 的镜像。

使用 docker pull 命令下载 InfluxDB 镜像。

```
[root@host131 docker]# docker pull docker.io/influxdb
```

使用 docker run 命令确认 InfluxDB 版本信息，具体命令如下所示。

```
[root@host131 docker]# docker run --rm influxdb influx -version
InfluxDB shell version: 1.5.2
[root@host131 docker]#
```

步骤 2：启动 InfluxDB。

使用 docker run 命令启动 InfluxDB 服务，具体命令如下所示。

```
[root@host131 docker]# docker run -d  -p 8083:8083 -p 8086:8086 --name=influxdb
influxdb
cdc088abbd75eba6beec2467930bba78d63c3401b1946e6b7f6a80a6ed599399
[root@host131 docker]#
```

使用 docker ps 命令进行启动结果的确认，具体命令如下所示。

```
[root@host131 docker]# docker ps |grep influxdb
cdc088abbd75          influxdb            "/entrypoint.sh infl..."  30 seconds ago
Up 29 seconds        0.0.0.0:8083->8083/tcp, 0.0.0.0:8086->8086/tcp   influxdb
[root@host131 docker]#
```

17.2　详细介绍：InfluxDB

InfluxDB 可以作为监控工具的时序列对监控数据进行统一存放，并可以通过 API 的方式对这些数据进行直接操作。

数据库连接。

```
[root@host131 docker]# docker exec -it influxdb sh
```

```
# influx
Connected to http://localhost:8086 version 1.5.2
InfluxDB shell version: 1.5.2
> show databases
name: databases
name
----
_internal
>
```

创建数据库。

创建一个名为 dashboarddb 的数据库实例。

```
> create database dashboarddb
> show databases
name: databases
name
----
_internal
dashboarddb
>
```

插入数据。

InfluxDB 不需要像传统关系型数据库那样需要先建表才能插入数据，其可以直接进行操作，比如插入数据用于存放 CPU、内存、磁盘等的使用率的监控信息。

```
> use dashboarddb
Using database dashboarddb
> insert resource,host=host131,region=dl.cn disk_usage=30,cpu_usage=20,memory_
usage=40
> select * from resource;
name: resource
time                cpu_usage disk_usage host    memory_usage region
----                --------- ---------- ----    ------------ ------
1524997268449359579 20        30         host131 40           dl.cn
>
```

在插入数据的时候，作为时序列的数据库，如果没有指定时间戳，InfluxDB 会自动添加系统本地时间，如果希望显示的信息为日期格式，在 InfluxDB 连接时指定其格式为 RFC3339 格式即可（显示为 YYYY-MM-DDTHH:MM:SS.nnnnnnnnnZ）。

```
# influx -precision rfc3339
Connected to http://localhost:8086 version 1.5.2
InfluxDB shell version: 1.5.2
> use dashboarddb
Using database dashboarddb
> select * from resource;
```

```
name: resource
time                          cpu_usage disk_usage host   memory_usage region
----                          --------- ---------- ----   ------------ ------
2018-04-29T10:21:08.449359579Z 20        30         host131 40           dl.cn
>
```

这样可以直接对数据库进行查询和更新等操作，和其他软件一样，在进行集成的时候我们更推荐使用 API 方式，而 InfluxDB 也提供了 API 接口用于集成，接下来我们使用 API 方式对 InfluxDB 进行操作。

首先查询当前数据库。

```
# curl -G "http://127.0.0.1:8086/query?pretty=true" --data-urlencode "db=dashboarddb"
--data-urlencode "q=SELECT * FROM resource"
{
...
        "series": [
          {
            "name": "resource",
            "columns": [
                "time",
                "cpu_usage",
                "disk_usage",
                "host",
                "memory_usage",
                "region"
            ],
            "values": [
                [
                    "2018-04-29T10:21:08.449359579Z",
                    20,
                    30,
                    "host131",
                    40,
                    "dl.cn"
                ]
...
}
#
```

由以上代码可知，数据以 JSON 的形式进行了显示。

进行数据库实例的删除。

```
[root@host131 docker]# curl -XPOST "http://127.0.0.1:8086/query" --data-urlencode
"q=DROP DATABASE dashboarddb"
{"results":[{"statement_id":0}]}
[root@host131 docker]#
```

进行数据库实例的创建并确认。

```
[root@host131 docker]# curl -XPOST "http://127.0.0.1:8086/query" --data-urlencode
"q=CREATE DATABASE dashboard"
{"results":[{"statement_id":0}]}
[root@host131 docker]# curl -XPOST "http://127.0.0.1:8086/query" --data-urlencode
"q=show databases"
{"results":[{"statement_id":0,"series":[{"name":"databases","columns":["name"]
,"values":[["_internal"],["dashboard"]]}]}]}
[root@host131 docker]#
```

连续插入三条数据。

```
[root@host131 docker]# curl -XPOST "http://127.0.0.1:8086/write?db=dashboard" -d
'resource,host=host131,region=dl.cn disk_usage=30,cpu_usage=20,memory_usage=40'
[root@host131 docker]# curl -XPOST "http://127.0.0.1:8086/write?db=dashboard" -d
'resource,host=host131,region=dl.cn disk_usage=31,cpu_usage=21,memory_usage=41'
[root@host131 docker]# curl -XPOST "http://127.0.0.1:8086/write?db=dashboard" -d
'resource,host=host131,region=dl.cn disk_usage=32,cpu_usage=22,memory_usage=42'
[root@host131 docker]#
```

接下来对插入的数据进行统计，确认磁盘的平均使用率、最高的 CPU 使用率及最低的内存使用率。

```
[root@host131 docker]# curl -G "http://127.0.0.1:8086/query?pretty=true" --data-
urlencode "db=dashboard" --data-urlencode "q=SELECT mean(disk_usage),max(cpu_
usage),min(memory_usage) FROM resource"
{
...
        "series": [
            {
                "name": "resource",
                "columns": [
                    "time",
                    "mean",
                    "max",
                    "min"
                ],
                "values": [
                    [
                        "1970-01-01T00:00:00Z",
                        31,
                        22,
                        40
                    ]
...
}
[root@host131 docker]#
```

从上述代码中可以看到相关的数据都被正确地进行了统计，而在实际的监控中，这些正是需要频繁统计的数据。

17.3 实践中的注意事项及原则

本节将总结一些具体的实践经验与原则，详细如下所示。

运维监控有很多需要确认的内容，对某个监控对象的网络监控内容来说，需要注意的事项有很多，比如与性能相关的内容包括：

- 网络带宽和使用状况。
- 丢包率。
- CPU 使用状况。
- 内存使用状况。
- TCP 网络连接数量。

与运行状况相关的内容包括：

- 连接是否中断。
- 系统状态是否已经有警告或问题的提示。
- 设备温度是否过高或过低。
- 电源供给是否处于不正常的状态。
- 可用磁盘是否已经很小。
- 设备风扇运行状态是否已经不正常。
- 是否已经无法收集到 SNMP 数据。

同时需要考虑各种配置变更情况是否得到了很好的管理，比如：

- 新的设备添加或移除时。
- 固件升级时。
- 设备序列号变更时。

第 18 章
DevOps 工具：安全监控

对于安全问题，需要考虑很多方面，本章将只选取木马病毒扫描及镜像脆弱性扫描两个方面进行阐述，木马病毒有各种伪装（如伪装成源代码文件），并对发送和接收的文件进行控制，因此选取合适的工具进行实践变得非常必要。同时，随着容器化的推进，分层的镜像本身是否存在脆弱性的隐患，也需要注意。

18.1　常用工具介绍

在本节中选择如下三种工具进行介绍。
- 镜像扫描工具：Clair。
- 镜像扫描工具：Anchore。
- 木马病毒扫描工具：ClamAV。

18.1.1　Clair

安全对任何产品来说都非常重要，比如著名的 HeartBleed 漏洞就曾对很多忽视安全问题的企业造成了巨大的影响。早在 2015 年的一次调查中，研究者就曾发现负责取样的 Docker Hub 上有 30%～40%的镜像存在安全问题。Clair 是由 CoreOS 推出的一个针对容器进行安全扫描的工具，其具有 Docker 收费版中提供的类似功能，能对应用容器的脆弱性进行静态扫描，同时支持 APPC 和 Docker，其特性信息如表 18-1 所示。

表 18-1　Clair 特性信息

开源/闭源	开源	提供者	CoreOS（已被 Red Hat 公司收购）
License 类别	Apache Licence 2.0	开发语言	Go
软件资源	—	REST API 支持	基于 SwaggerHub 提供 REST API，用于持续集成
更新频度	平均每年更新数次	更新机制	—

随着容器化的推进，容器的安全性受到越来越多的重视。镜像安全性需要加强的场景如表 18-2 所示。

表 18-2　镜像安全性需要加强的场景

常 见 场 景	详 细 说 明
镜像来源不明	直接使用从互联网上下载的镜像，非常方便，但其是否安全还有待考证
生产实践	在容器上传到生产环境之后，生产环境对容器安全的要求一般较高，此时需要保证容器安全

1．名称的由来

Clair 的目标是从一个更透明的维度去看待基于容器化的基础框架的安全性，Clair=clear + bright + transparent。

2．工作原理

Clair 的工作原理如图 18-1 所示，通过对容器的 layer 进行扫描，发现漏洞并进行预警，其使用的数据是基于 Common Vulnerabilities and Exposures（CVE）数据库的，各 Linux 发行版一般都有自己的 CVE 数据库，而 Clair 则是与 CVE 数据库进行匹配以判断漏洞是否存在的，如 HeartBleed 漏洞的 CVE 数据库为 CVE-2014-0160。

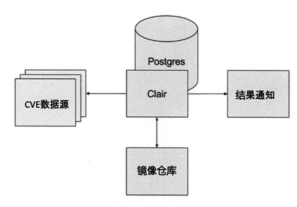

图 18-1　Clair 的工作原理

3．支持的数据源

Clair 支持的数据源如表 18-3 所示。

表 18-3　Clair 支持的数据源

数 据 源	具 体 数 据	格　　式	License
Debian Security Bug Tracker	Debian 6、7、8 等版本的 CVE 数据	dpkg	Debian

数 据 源	具 体 数 据	格　　式	License
Ubuntu CVE Tracker	Ubuntu 12.04、12.10、13.04、14.04、14.10、15.04、15.10、16.04 等版本的 CVE 数据	dpkg	GPLv2
Red Hat Security Data	CentOS 5、6、7 等版本的 CVE 数据	rpm	CVRF
Oracle Linux Security Data	Oracle Linux 5、6、7 等版本的 CVE 数据	rpm	CVRF
Alpine SecDB	Alpine 3.3、Alpine 3.4、Alpine 3.5 等版本的 CVE 数据	apk	MIT
NIST NVD	泛型脆弱性元数据	N/A	Public Domain

4. 数据库

Clair 的运行需要一个数据库实例，Clair 支持的数据库实例版本如表 18-4 所示。

表 18-4　Clair 支持的数据库实例版本

数 据 库	实 例 版 本
PostgreSQL	9.6
PostgreSQL	9.5
PostgreSQL	9.4

5. 运行方式

因为 Clair 以镜像的方式进行打包和发布，所以其运行支持如下几种方式。

- Kubernetes。
- docker-compose。
- Docker。

6. 事前准备：Docker 版本

本节所使用的 Docker 版本信息如下。

```
[root@liumiaocn ~]# docker version
Client:
 Version:      1.13.1
 API version:  1.26
 Go version:   go1.7.5
 Git commit:   092cba3
 Built:        Wed Feb  8 08:47:51 2017
 OS/Arch:      linux/amd64

Server:
 Version:      1.13.1
 API version:  1.26 (minimum version 1.12)
```

```
Go version:    go1.7.5
Git commit:    092cba3
Built:         Wed Feb  8 08:47:51 2017
OS/Arch:       linux/amd64
Experimental: false
[root@liumiaocn ~]#
```

7. docker-compose 版本

本节所使用的 docker-compose 版本信息如下。

```
[root@liumiaocn ~]# docker-compose version
docker-compose version 1.14.0, build c7bdf9e
docker-py version: 2.4.2
CPython version: 2.7.5
OpenSSL version: OpenSSL 1.0.1e-fips 11 Feb 2013
[root@liumiaocn ~]#
```

8. 运行 Clair 所需要的 docker-compose.yml

运行 Clair 所需要的 docker-compose.yml 文件信息如下。

```
[root@liumiaocn ~]# cat docker-compose.yml
version: '2'
services:
  postgres:
    container_name: clair_postgres
    image: postgres:latest
    restart: unless-stopped
    environment:
      POSTGRES_PASSWORD: password

  clair:
    container_name: clair_clair
    image: quay.io/coreos/clair-git:latest
    restart: unless-stopped
    depends_on:
      - postgres
    ports:
      - "6060-6061:6060-6061"
    links:
      - postgres
    volumes:
      - /tmp:/tmp
      - ./clair_config:/config
    command: [-config, /config/config.yaml]
[root@liumiaocn ~]#
```

9. 启动准备：创建目录

创建 Clair 的设定文件目录。

```
[root@liumiaocn ~]# mkdir $HOME/clair_config
[root@liumiaocn ~]# ls
anaconda-ks.cfg  clair_config  docker-compose.yml
[root@liumiaocn ~]#
```

10. 启动准备：下载 config.yaml 文件

下载 config.yaml 文件。

```
[root@liumiaocn ~]# curl -L 示例配置文件链接地址 -o $HOME/clair_config/config.yaml
...
[root@liumiaocn ~]# ls clair_config/
config.yaml
[root@liumiaocn ~]#
```

11. 启动准备：修改 config 文件

可参照如下 diff 信息修改 config 文件。

```
[root@liumiaocn ~]# cp clair_config/config.yaml clair_config/config.yaml.org
[root@liumiaocn ~]# vi clair_config/config.yaml
[root@liumiaocn ~]# diff clair_config/config.yaml clair_config/config.yaml.org
23,24c23
<       #source: host=localhost port=5432 user=postgres sslmode=disable statement_
timeout=60000
<       source: postgresql://postgres:password@postgres:5432?sslmode=disable
---
>       source: host=localhost port=5432 user=postgres sslmode=disable statement_
timeout=60000
[root@liumiaocn ~]#
```

12. 启动 Clair 服务

使用 docker-compose...up 命令启动 Clair 服务。

```
[root@liumiaocn ~]# docker-compose -f $HOME/docker-compose.yml up -d
Creating network "root_default" with the default driver
...
Creating clair_postgres ...
Creating clair_postgres ... done
Creating clair_clair ...
Creating clair_clair ... done
[root@liumiaocn ~]#
```

13. 启动后确认

使用 docker-compose ps 命令确认服务状态。

```
[root@liumiaocn ~]# docker-compose ps
Name                Command            State          Ports
-----------------------------------------------------------------------------
-------------------------
clair_clair      /clair -config /config/con ...   Up    0.0.0.0:6060->6060/tcp,
0.0.0.0:6061->6061/tcp
clair_postgres   docker-entrypoint.sh postgres    Up    5432/tcp
[root@liumiaocn ~]#
```

18.1.2 Anchore

Anchore 是一个针对容器进行安全扫描的工具，其具有 Docker 收费版中提供的类似功能，可以对应用容器的脆弱性进行静态扫描，同时支持白名单、黑名单及评估策略的设定，其特性信息如表 18-5 所示。

表 18-5 Anchore 特性信息

开源/闭源	开源	提供者	开源社区
License 类别	Apache License 2.0	开发语言	Python
软件资源	—	REST API 支持	提供了 REST API 和 CLI，用于持续集成
更新频度	平均每年更新数次	更新机制	—

1. 依赖条件

表 18-6 列出了安装 Anchore 所需的依赖条件。

表 18-6 安装 Anchore 所需的依赖条件

项　　目	依　赖　条　件
CentOS 版本	CentOS 7
Docker 版本	版本号大于 1.10
epel-release	安装命令为 yum install epel-release
rpm-python	安装命令为 yum install rpm-python
dpkg	安装命令为 yum install dpkg
python-pip	安装命令为 yum install python-pip

2. 工作原理

与 Clair 类似，Anchore 通过对容器的 layer 进行扫描，发现漏洞并进行预警，其使用的数据是基于 CVE 数据库的，各 Linux 发行版一般都有自己的 CVE 数据库，而 Anchore 则是与

CVE 数据库进行匹配以判断漏洞是否存在的，比如 HeartBleed 漏洞的 CVE 数据库为 CVE-2014-0160，Anchore 通过 query 命令的 cve-scan 选项可以对镜像的 CVE 数据库进行扫描。

3. 安装方式

Anchore 支持两种安装方式，如表 18-7 所示。

表 18-7　Anchore 支持的安装方式

安 装 方 式	具 体 内 容
镜像方式	使用 Anchore 的镜像
普通安装	使用 Yum 或者 APK 等直接安装

4. 事前准备：Docker 版本

本节安装示例所使用的 Docker 版本信息如下。

```
[root@liumiaocn ~]# docker version
Client:
 Version:         1.12.6
 API version:     1.24
 Package version: docker-1.12.6-32.git88a4867.el7.centos.x86_64
 Go version:      go1.7.4
 Git commit:      88a4867/1.12.6
 Built:           Mon Jul  3 16:02:02 2017
 OS/Arch:         linux/amd64

Server:
 Version:         1.12.6
 API version:     1.24
 Package version: docker-1.12.6-32.git88a4867.el7.centos.x86_64
 Go version:      go1.7.4
 Git commit:      88a4867/1.12.6
 Built:           Mon Jul  3 16:02:02 2017
 OS/Arch:         linux/amd64
[root@liumiaocn ~]#
```

5. 运行 Clair

步骤 1：使用 pip 安装 Anchore。

使用 pip install 命令直接安装 Anchore。

```
[root@liumiaocn ~]# pip install anchore
Collecting anchore
  Downloading anchore-1.1.3-py2-none-any.whl (184kB)
    100% |████████████████████████████████| 194kB 45kB/s
```

```
Collecting click (from anchore)
  Downloading click-6.7-py2.py3-none-any.whl (71kB)
    100% |████████████████████████████████| 71kB 51kB/s
...
Successfully installed anchore-1.1.3 args-0.1.0 click-6.7 clint-0.5.1 docker-py-
1.10.6 prettytable-0.7.2 requests-2.10.0
You are using pip version 8.1.2, however version 9.0.1 is available.
You should consider upgrading via the 'pip install --upgrade pip' command.
[root@liumiaocn ~]#
```

步骤 2：安装后进行版本确认。

在 Anchore 安装成功后，可以使用如下命令进行版本确认。

```
[root@liumiaocn ~]# anchore --version
anchore, version 1.1.3
[root@liumiaocn ~]#
```

步骤 3：初始化 Anchore 的数据库。

使用 feeds sync 命令，可以看到，Anchore 从不同的 Linux 发行版中取出了相应的 CVE 等信息，并将其保存到数据库中。

```
[root@liumiaocn ~]# anchore feeds sync
syncing data for subscribed feed (vulnerabilities) ...
  syncing group data: debian:unstable: ...
  skipping group data: ubuntu:16.04: ...
  skipping group data: centos:6: ...
  skipping group data: centos:7: ...
  skipping group data: centos:5: ...
  skipping group data: ubuntu:14.10: ...
  skipping group data: ubuntu:15.04: ...
  skipping group data: debian:9: ...
  syncing group data: debian:8: ...
  syncing group data: ubuntu:12.04: ...
  syncing group data: debian:7: ...
  syncing group data: ubuntu:16.10: ...
  syncing group data: alpine:3.3: ...
  syncing group data: alpine:3.4: ...
  syncing group data: alpine:3.5: ...
  syncing group data: alpine:3.6: ...
  syncing group data: ol:6: ...
  syncing group data: ubuntu:14.04: ...
  syncing group data: ubuntu:15.10: ...
  syncing group data: ubuntu:12.10: ...
  syncing group data: ubuntu:17.04: ...
  syncing group data: ol:7: ...
  syncing group data: ubuntu:13.04: ...
  syncing group data: ol:5: ...
```

```
skipping data sync for unsubscribed feed (packages) ...
[root@liumiaocn ~]#
```

18.1.3　ClamAV

ClamAV 是一个使用 C 语言开发的开源病毒扫描工具，用于检测病毒、发现恶意软件等，其可以在线更新病毒库。Linux 系统上存在的病毒较少，但这并不意味着其对病毒免疫，对于邮件或者归档文件中携带的病毒其更是难以防范，而 ClamAV 则能发挥很大的作用。ClamAV 的特性信息如表 18-8 所示。

表 18-8　ClamAV 的特性信息

开源/闭源	开源	提供者	ClamAV Team
License 类别	GPL License	开发语言	C
运行平台	可运行于 Windows、Linux、BSD、Solaris、macOS 等多种操作系统上，官方提供了针对这些平台的二进制安装包。对于其他未提供二进制安装包的平台，则可以使用源代码进行编译，生成所需的二进制文件		
软件资源	GCC、OpenSSL、openssl-devel	REST API 支持	提供了 CLI 命令行集成方式
更新频度	平均每年更新数次	更新机制	—

1．功能特性

ClamAV 功能特性如表 18-9 所示。

表 18-9　ClamAV 功能特性

项　目	详　细　说　明
主要用途	对邮件网关进行病毒扫描，支持多种邮件格式
高性能	提供多线程的扫描进程
命令行	提供命令行扫描方式
扫描对象	可以对需要发送的邮件或者文件进行扫描
文件格式	支持多种文件格式
病毒库更新频度	平均一天更新多次病毒库
归档文件	支持扫描多种归档文件，如 Zip、RAR、Dmg、Tar、Gzip、Bzip2、OLE2、Cabinet、CHM、BinHex、SIS 等
文档	支持流行的文档文件，如 MS Office、HTML、Flash、RTF、PDF 等文件

2．安装方式

如果使用 Yum 安装方式，病毒库仍需要手动更新，所以可以使用源代码安装方式安装 ClamAV。使用源代码安装方式，不必依赖于 ClamAV 提供的二进制文件，只需获取所需版本的源代码即可。

3. 安装准备：下载源代码

使用 wget 命令（见表 18-10）下载源代码。

表 18-10　源代码下载命令

项　　目	详　细　命　令
下载命令	wget http://www.clamav.net/downloads/production/clamav-0.99.2.tar.gz

4. 安装准备：解压

使用解压命令对下载后的文件（见表 18-11）进行解压。

表 18-11　解压操作

项　　目	详　细　命　令
解压命令	tar xvpf clamav-0.99.2.tar.gz
变更目录	cd clamav-0.99.2

5. 安装准备：编译前安装相关依赖项

因为 ClamAV 是使用 C 语言开发的工具，所以编译时首先需要安装 GCC 和相关依赖包，编译前准备如表 8-12 所示。

表 18-12　编译前准备

项　　目	详　细　命　令
安装 GCC	yum install gcc -y
安装 OpenSSL	yum install openssl openssl-devel -y
创建目录	mkdir -p /usr/local/clamav

6. 安装：使用 config、make、make install 项目进行编译和安装

在完成前期准备工作之后，使用 config、make、make install 项目即可进行编译和安装。源代码安装命令如表 18-13 所示。

表 18-13　源代码安装命令

项　　目	详　细　命　令
config	./configure --prefix=/usr/local/clamav
make	make
make install	make install

7. 安装后确认

因为安装时将 prefix 选项设定为/usr/local/clamav 目录，所以完成安装之后可进入目录进行

确认，查看相关文件是否已经完成编译和安装成功。

```
[root@liumiaocn clamav-0.99.2]# ls /usr/local/clamav/bin
clamav-config clambc clamconf clamdscan clamscan freshclam sigtool
[root@liumiaocn clamav-0.99.2]# /usr/local/clamav/bin/clamscan --version
ClamAV 0.99.2
[root@liumiaocn clamav-0.99.2]#
```

注意事项：此时如果执行 clamscan 命令进行扫描，会提示如下问题。

```
[root@liumiaocn clamav-0.99.2]# /usr/local/clamav/bin/clamscan /root
LibClamAV Error: cl_load(): No such file or directory: /usr/local/clamav/share/clamav
ERROR: Can't get file status

----------- SCAN SUMMARY -----------
Known viruses: 0
Engine version: 0.99.2
Scanned directories: 0
Scanned files: 0
Infected files: 0
Data scanned: 0.00 MB
Data read: 0.00 MB (ratio 0.00:1)
Time: 0.002 sec (0 m 0 s)
[root@liumiaocn clamav-0.99.2]#
```

此时需要有可用的病毒库文件，同时，也需要设定用户和组的权限，ClamAV 使用步骤如表 18-14 所示。

表 18-14　ClamAV 使用步骤

步　骤	内　容
1	创建用户和组
2	创建目录并设定权限
3	复制和更新设定文件
4	更新病毒库
5	扫描病毒

步骤 1：创建用户和组。

使用如表 18-15 所示的命令进行用户和组的创建。

表 18-15　创建用户和组

项　目	具 体 命 令
创建组	groupadd clamav
创建用户	useradd -g clamav clamav

步骤 2：创建目录并设定权限。

ClamAV 所需的目录如表 18-16 所示。

表 18-16   ClamAV 所需的目录

目　　录	详　细　说　明
logs	存放日志信息
database	存放更新病毒库信息
worktmp	存放 pid 等临时文件或状态文件信息

使用 mkdir 命令即可创建表 18-16 中的目录。

```
[root@liumiaocn clamav]# pwd
/usr/local/clamav
[root@liumiaocn clamav]# ls
bin  etc  include  lib64  sbin  share
[root@liumiaocn clamav]# mkdir -p logs database worktmp
[root@liumiaocn clamav]#
```

参照如下执行日志进行目录权限的设定。

```
[root@liumiaocn clamav]# pwd
/usr/local/clamav
[root@liumiaocn clamav]# chown clamav:clamav database
[root@liumiaocn clamav]#
```

步骤 3：复制和更新设定文件。

ClamAV 中自带示例的设定文件如表 18-17 所示，可按表 18-17 中的内容进行复制。

表 18-17   ClamAV 中自带示例的设定文件

目　　录	源　文　件	目　标　文　件
/usr/local/clamav/etc	clamd.conf.sample	clamd.conf
/usr/local/clamav/etc	freshclam.conf.sample	freshclam.conf

使用 cp 命令进行复制操作。

```
[root@liumiaocn etc]# pwd
/usr/local/clamav/etc
[root@liumiaocn etc]# cp clamd.conf.sample clamd.conf
[root@liumiaocn etc]# cp freshclam.conf.sample freshclam.conf
[root@liumiaocn etc]# ls
clamd.conf  clamd.conf.sample  freshclam.conf  freshclam.conf.sample
[root@liumiaocn etc]#
```

生成病毒库更新日志文件。

```
[root@liumiaocn etc]# touch /usr/local/clamav/logs/freshclam.log
[root@liumiaocn etc]# chown clamav:clamav /usr/local/clamav/logs/freshclam.log
[root@liumiaocn etc]#
```

8. 修改文件

对复制生成的设定文件进行更新，详细更新内容如下。

```
[root@liumiaocn etc]# ls
clamd.conf  clamd.conf.sample  freshclam.conf  freshclam.conf.sample
[root@liumiaocn etc]# vi clamd.conf
[root@liumiaocn etc]# vi freshclam.conf
[root@liumiaocn etc]# diff clamd.conf  clamd.conf.sample
14c14
< LogFile /usr/local/clamav/logs/clamd.log
---
> #LogFile /tmp/clamd.log
66c66
< PidFile /var/clamav/worktmp/clamd.pid
---
> #PidFile /var/run/clamd.pid
74c74
< DatabaseDirectory /var/lib/clamav/database
---
> #DatabaseDirectory /var/lib/clamav
[root@liumiaocn etc]#
[root@liumiaocn etc]# diff freshclam.conf freshclam.conf.sample
8c8
< #Example
---
> Example
13c13
< DatabaseDirectory /usr/local/clamav/database/
---
> #DatabaseDirectory /var/lib/clamav
17c17
< UpdateLogFile /usr/local/clamav/logs/freshclam.log
---
> #UpdateLogFile /var/log/freshclam.log
51c51
< PidFile /usr/local/clamav/worktmp/freshclam.pid
---
> #PidFile /var/run/freshclam.pid
[root@liumiaocn etc]#
```

其实在本示例中只需保证 freshclam.conf 文件进行了正确设定即可保证 ClamAV 正常运行。

9. 更新病毒库

在设定完 freshclam.conf 文件之后，就可以进行表 18-14 中的步骤 4 了，更新病毒库。使用 freshclam 命令即可联网更新病毒库至 database 目录，首次更新会稍微花一点时间。

```
[root@liumiaocn etc]# /usr/local/clamav/bin/freshclam
ClamAV update process started at Fri Aug  4 22:39:40 2017
Trying host database.clamav.net (69.12.162.28)...
Downloading main.cvd [100%]
main.cvd updated (version: 58, sigs: 4566249, f-level: 60, builder: sigmgr)
Downloading daily.cvd [100%]
daily.cvd updated (version: 23629, sigs: 1741893, f-level: 63, builder: neo)
Downloading bytecode.cvd [100%]
bytecode.cvd updated (version: 308, sigs: 66, f-level: 63, builder: anvilleg)
Database updated (6308208 signatures) from database.clamav.net (IP: 69.12.162.28)
[root@liumiaocn etc]#
```

更新之后的病毒库如下。

```
[root@liumiaocn clamav]# pwd
/usr/local/clamav
[root@liumiaocn clamav]# ls database/
bytecode.cvd  daily.cvd  main.cvd  mirrors.dat
[root@liumiaocn clamav]#
```

病毒库更新完成之后，可以使用 clamscan 命令进行表 18-14 中的步骤 5（描扫病毒），使用方法将在 18.2.3 节通过具体的示例进行介绍。

18.2 详细介绍：安全扫描

镜像安全是容器化实践中的一项重要内容，在本节中将介绍如何使用 Clair 或 Anchore 进行镜像安全扫描。

18.2.1 Clair 镜像安全扫描

安装辅助工具 clairctl，然后通过 clairctl 对镜像进行分析并输出报表，详细操作如下。

1. 安装准备：安装 Go 语言环境

下载 Go 语言的 tar 包，将其解压至/usr/local/go 目录（见表 18-18）。

表 18-18　Go 语言环境安装设置

项　　目	详 细 说 明
解压目录	/usr/local/go

续表

项　目	详 细 说 明
PATH	export PATH=$PATH:/usr/local/go/bin
GOROOT	export GOROOT=/usr/local/go

具体执行命令可参照如下代码。

```
[root@liumiaocn ~]# ls /usr/local/go
api AUTHORS bin blog CONTRIBUTING.md CONTRIBUTORS doc favicon.ico lib
LICENSE misc PATENTS pkg README.md robots.txt src test VERSION
[root@liumiaocn ~]# export PATH=$PATH:/usr/local/go/bin
[root@liumiaocn ~]# export GOROOT=/usr/local/go
[root@liumiaocn ~]# go version
go version go1.8.3 linux/amd64
[root@liumiaocn ~]#
```

2. 安装准备：安装 glide

获取 glide.sh 的安装脚本并执行即可。

3. 安装 clairctl

使用源代码安装 clairctl 的命令如下。

```
git clone git@github.com:jgsqware/clairctl.git $GOPATH/src/github.com/jgsqware/
clairctl
cd $GOPATH/src/github.com/jgsqware/clairctl
glide install -v
go generate ./clair
go build
```

4. 安装确认：版本确认

使用 clairctl version 命令即可进行 clairctl 版本的确认。

```
[root@liumiaocn ~]# clairctl version

Clairctl version 1.2.8
[root@liumiaocn ~]#
```

5. 安装确认：检查连接

使用 clairctl health 命令，如果运行结果显示✔，则说明 clairctl 和 Clair 能够进行正常连接，这是后续能够生成报告的前提条件之一。

```
[root@liumiaocn ~]# clairctl health
```

```
Clair: ✔
[root@liumiaocn ~]#
```

6. 镜像扫描：准备镜像

使用 docker pull 命令下载 Nginx 最新版本的镜像。

```
[root@liumiaocn ~]# docker pull nginx
Using default tag: latest
latest: Pulling from library/nginx
94ed0c431eb5: Pull complete
9406c100a1c3: Pull complete
aa74daafd50c: Pull complete
Digest: sha256:788fa27763db6d69ad3444e8ba72f947df9e7e163bad7c1f5614f8fd27a311c3
Status: Downloaded newer image for nginx:latest
[root@liumiaocn ~]# docker images |grep nginx |grep latest
nginx                latest          b8efb18f159b    11 days ago     107 MB
[root@liumiaocn ~]#
```

7. 镜像扫描：上传镜像至 Clair

使用 clairctl push -l 命令将 Nginx 镜像上传至 Clair。

```
[root@liumiaocn ~]# clairctl push -l nginx
nginx:latest has been pushed to Clair
[root@liumiaocn ~]#
```

8. 镜像扫描：分析本地镜像

使用 clairctl analyze -l 命令可以对镜像进行分析，与 Nginx 镜像相关的分析结果如下。

```
[root@liumiaocn ~]# clairctl analyze -l nginx

Image: /nginx:latest

 Unknown: 4
 Negligible: 25
 Low: 3
 Medium: 16
 High: 4
 Critical: 0
 Defcon1: 0
[root@liumiaocn ~]#
```

9. 镜像扫描：生成结果

如果需要更详细的信息，可以使用 clairctl report -l 命令。

```
[root@liumiaocn ~]# clairctl report -l nginx
HTML report at reports/html/analysis-nginx-latest.html
[root@liumiaocn ~]#
```

使用上述命令所生成的 clairctl 镜像安全扫描报告如图 18-2 所示。

在 DevOps 工具链中，最合适进行安全扫描的地方就是镜像私库。另外，在 2018 年被 CNCF 所接纳为沙箱项目的 Harbor 中也集成了 Clair 作为镜像扫描工具。若在进行镜像扫描的时候同时进行镜像仓库管理，Harbor 将是一个不错的选择。关于 Harbor 的具体安装设定和使用方法，在后续的章节中会有介绍，下面主要介绍如何使用 Harbor 和 Clair 进行镜像安全扫描。

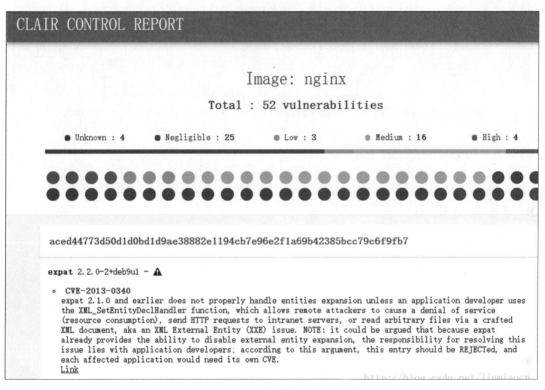

图 18-2　clairctl 镜像安全扫描报告

因为 Harbor 已经集成了 Clair 的功能，所以其使用起来非常简单，在安装时指定相关参数即可。

Harbor 集成 Clair 的安装方式如下。

```
sh install.sh --with-clair
```

而扫描可以通过提供的 Scan 按钮进行，需要注意的是，由于 Harbor 有权限管理功能，故需要保证登录的用户有扫描的权限，如 admin 用户。使用 Harbor 集成的 Clair 的镜像扫描功能对 Nginx 的镜像进行扫描的结果如图 18-3 所示。

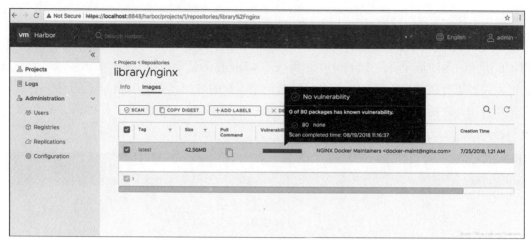

图 18-3　使用 Harbor 集成的 Clair 的镜像扫描功能对 Nginx 的镜像进行扫描的结果

18.2.2　Anchore 镜像扫描

可以使用 Anchore 对镜像进行扫描，确认扫描报告，分析 CVE 漏洞信息。

步骤 1：准备镜像。

使用 PostgreSQL 镜像作为扫描对象。

```
[root@liumiaocn ~]# docker images
REPOSITORY           TAG           IMAGE ID          CREATED         SIZE
docker.io/postgres   latest        33b13ed6b80a      5 days ago      268.8 MB
[root@liumiaocn ~]#
```

步骤 2：对镜像进行分析。

使用 anchore analyze 命令对 PostgreSQL 镜像进行分析。

```
[root@liumiaocn ~]# anchore analyze --image docker.io/postgres:latest --imagetype
base
Analyzing image: docker.io/postgres:latest
33b13ed6b80a: analyzed.
[root@liumiaocn ~]#
```

步骤 3：生成结果报告。

使用如下命令对 PostgreSQL 镜像的分析报告进行分析。

```
[root@liumiaocn ~]# anchore gate --image docker.io/postgres:latest
```

使用 Anchore 进行镜像扫描分析后的结果如图 18-4 所示。

步骤 4：确认 CVE 信息。

使用如下命令即可确认 CVE 信息。

```
[root@liumiaocn ~]# anchore query --image docker.io/postgres:latest cve-scan all
```

```
[root@liumiaocn ~]# anchore gate --image docker.io/postgres:latest
33b13ed6b80a: evaluating policies ...
```

Image Id	Repo Tag	Gate	Trigger	Check Output	Gate Action
33b13ed6b80a	docker.io/postgres:latest	DOCKERFILECHECK	FROMSCRATCH	'FROM' container is 'scratch' - (scratch)	GO
33b13ed6b80a	docker.io/postgres:latest	ANCHORESEC	VULNLOW	Low Vulnerability found in package - coreutils (CVE-2016-2781 - https ://security-tracker.debian.org/trac ker/CVE-2016-2781)	GO
33b13ed6b80a	docker.io/postgres:latest	ANCHORESEC	VULNUNKNOWN	Negligible Vulnerability found in package - login (CVE-2007-5686 - https://security-tracker.debian.org /tracker/CVE-2007-5686)	GO
33b13ed6b80a	docker.io/postgres:latest	ANCHORESEC	VULNUNKNOWN	Negligible Vulnerability found in package - passwd (CVE-2007-5686 - https://security-tracker.debian.org /tracker/CVE-2007-5686)	GO
33b13ed6b80a	docker.io/postgres:latest	ANCHORESEC	VULNMEDIUM	Medium Vulnerability found in package - libxml2 (CVE-2017-9048 - https://security-tracker.debian.org /tracker/CVE-2017-9048)	WARN
33b13ed6b80a	docker.io/postgres:latest	ANCHORESEC	VULNMEDIUM	Medium Vulnerability found in package - libxml2 (CVE-2017-9049 - https://security-tracker.debian.org /tracker/CVE-2017-9049)	WARN
33b13ed6b80a	docker.io/postgres:latest	ANCHORESEC	VULNUNKNOWN	Negligible Vulnerability found in package - python2.7 (CVE-2013-7040 - https://security-tracker.debian.o rg/tracker/CVE-2013-7040)	GO
33b13ed6b80a	docker.io/postgres:latest	ANCHORESEC	VULNHIGH	High Vulnerability found in package	STOP

图 18-4　使用 Anchore 进行镜像扫描分析后的结果

18.2.3　ClamAV 病毒扫描

使用 ClamAV 对病毒进行扫描，并确认结果。

步骤 1：ClamAV 版本确认。

使用如下命令可进行 ClamAV 版本确认。

```
[root@liumiaocn clamav-0.99.2]# ls /usr/local/clamav/bin
clamav-config clambc clamconf clamdscan clamscan freshclam sigtool
[root@liumiaocn clamav-0.99.2]# /usr/local/clamav/bin/clamscan --version
ClamAV 0.99.2
[root@liumiaocn clamav-0.99.2]#
```

步骤 2：下载病毒测试文件。

为了验证 ClamAV 确实能够进行病毒扫描，下载一个病毒测试文件进行确认。

```
[root@liumiaocn ~]# ls
anaconda-ks.cfg
# ...使用 wget 命令获取病毒测试文件 eicar.com
[root@liumiaocn ~]# ls
anaconda-ks.cfg  eicar.com
[root@liumiaocn ~]#
```

步骤 3：扫描并删除感染文件。

使用 clamscan 命令扫描病毒文件所在目录，使用 remove 选项会在发现病毒后将其直接删除，具体执行信息如下。可以看到在扫描执行完成之后，病毒测试文件/root/eicar.com 被直接删除了。

```
[root@liumiaocn ~]# /usr/local/clamav/bin/clamscan --remove /root
/root/.bash_logout: OK
/root/.bash_profile: OK
/root/.bashrc: OK
/root/.cshrc: OK
/root/.tcshrc: OK
/root/anaconda-ks.cfg: OK
/root/.bash_history: OK
/root/eicar.com: Eicar-Test-Signature FOUND
/root/eicar.com: Removed.

----------- SCAN SUMMARY -----------
Known viruses: 6302548
Engine version: 0.99.2
Scanned directories: 1
Scanned files: 8
Infected files: 1
Data scanned: 0.01 MB
Data read: 0.00 MB (ratio 2.00:1)
Time: 22.310 sec (0 m 22 s)
[root@liumiaocn ~]# ls
anaconda-ks.cfg
[root@liumiaocn ~]#
```

18.3 实践经验总结

本节将总结一些具体的实践经验，详细内容如下。

1. 明确的推动目标

监视的目的是控制，控制的目的应该落在价值增加、质量提高、安全性增强、流程改善上。例如，通过监控系统的系统资源可以为资源增强提供准确决策依据。对于关键业务量的监控，结合一些具体落地功能，可以进行有效分析，从而更好地推出有竞争力的特性以提高效益，所以在推动监控落地时应该明确监控可带来什么价值，明确的推动目标是第一原则。

2. 全生命周期的可视化展示

监控最终应该能够提供全生命周期的可视化数据或可视化展示，同时标准化地在组织层级中推进，以推动质量和安全标准等在团队内不断标准化和规范化。

3．标准化的数据格式

标准化的数据格式和统一的管理可以保证监控后续升级或改动更容易。

4．集成多层次的安全监控

将主动监控作为安全策略的延伸，在监控中集成合规性监控、基础设施监控、应用服务状态监控、业务数据监控等多层次的安全监控。

5．结合自动化实现故障尽早发现

与自动化结合，逐步从问题故障通知功能为主的事后方案转化为事前根据问题展现出来的各种征兆及时应对。例如，通过对突然出现的系统资源使用率连续大幅度升高进行问题确认和问题应对准备，一般可避免问题的发生或者缩短服务不可用的时间。

6．不断优化监控阈值

完善的监控功能需要逐步改进，尤其是通知或者报警的时机与阈值。阈值太大会导致收到警告的时候太晚，基本没有时间进行预防；而如果阈值太小则会导致出现大量误报，从而对大量无须确认的状况进行了确认。但是在 DevOps 实践中，放大征兆是建议的方式，即使有时可能会出现误报，也可以通过不断优化来降低误报率。

7．提供自动横向扩容的触发机制

与自动化结合，在理想的状况下能够实现系统自愈以保证服务的连续性。例如，在遇到业务需求超出系统能够正常提供的性能时，可进行自动横向扩容以达到目的。在部署失败的时候，能够根据策略自动回滚到之前的稳定版本以继续提供服务。当然，这些需要整体架构和非功能性需求的支持。

8．统一的监控日志管理

尽可能地对日志进行规范管理与存储，提供统一可扩展的接口与格式会为后期的功能升级和扩展打下良好的基础。

9．监控数据的有效管理

监控往往伴随着大量数据的存储和管理，结合用于分析的时间段需求及数据的归档保存策略，可以保证速度和数据容量需求的平衡。

第19章
DevOps 工具：容器化

容器化在 DevOps 实践中隐约有成为标配之一的趋势,容器使得交付方式更方便和快捷,同时也更容易实践一致性的开发环境与生产环境,而本书介绍的工具也基本以容器的方式进行部署。本章将以相关命令为中心,重点介绍 Docker 及 Kubernetes 在不同场景下的使用方式。

19.1 常用工具介绍

本节主要介绍 Docker 和 Kubernetes 的特性及其常用命令。

19.1.1 Docker

Docker 特性信息如表 19-1 所示。

表 19-1 Docker 特性信息

开源/闭源	开源	提供者	Docker
License 类别	Apache License 2.0	开发语言	Go
运行平台	Docker 原本是基于 Linux 内核特性的容器化工具,现已支持 macOS 及 Windows 等操作系统		
更新频度	平均每月更新版本	更新机制	从 2017 年开始每月发布 Edge 版本,每季度发布 Stable 版本

1. 安装 Docker

有多种方式可以安装 Docker,可以使用 Linux 发行版的安装包安装,也可以使用源代码自行编译安装,还可以使用 Docker 提供的二进制安装包设定和安装,最后这种方式的优点是可以进行离线安装。由于目前 Linux 发行版下的服务管理使用的工具存在 systemd 和 service 并存的状况,在 Docker 安装成功之后,Docker 服务要根据具体情况进行设定,比如,在使用了 systemd 工具的新版 CentOS 系统下,Docker 的安装步骤如表 19-2 所示。

表 19-2　二进制方式安装 Docker 的安装步骤

步　骤	步　骤　说　明
1	获取 Linux 下进行离线安装的二进制安装包
2	解压二进制安装包至/usr/bin 目录下，并确保其拥有可执行的权限
3	生成 systemd 工具的 service 文件并进行设定
4	设定服务自启，命令为 sytemctl enable docker
5	启动服务，命令为 sytemctl start docker
6	确认服务状态，命令为 systemctl status docker
7	确认 Docker 版本和运行状况，命令为 docker version && docker info

可以根据表 19-2 中的步骤安装 Docker。这里简化了安装过程，将所有步骤放到了一个脚本中，使用这个脚本就可以进行一键安装和设定。首先使用 git clone 命令下载安装脚本。

```
[root@host131 ~]# cd easypack/docker/
[root@host131 docker]# ls
easypack_docker.sh  install-docker.sh
[root@host131 docker]#
```

安装脚本的方法如下。

```
[root@host131 docker]# sh install-docker.sh
Usage: install-docker.sh FILE_NAME_DOCKER_CE_TAR_GZ
      install-docker.sh docker-17.09.0-ce.tgz
# ...
```

此时需要下载进行离线安装的二进制安装包，使用 wget 命令或直接从浏览器下载。

```
# ...获取离线二进制安装包
[root@host131 docker]# ls docker-18.03.1-ce.tgz
docker-18.03.1-ce.tgz
[root@host131 docker]#
```

将下载的二进制安装包作为参数传入，可以实现一键安装。

```
[root@host131 docker]# sh install-docker.sh docker-18.03.1-ce.tgz
##unzip : tar xvpf docker-18.03.1-ce.tgz
...

##binary : docker copy to /usr/bin
/usr/bin/docker
##systemd service: docker.service
##docker.service: create docker systemd file

##Service status: docker
...

##Service enabled: docker
Created symlink from /etc/systemd/system/multi-user.target.wants/docker.service
```

```
to /usr/lib/systemd/system/docker.service.
## docker version
Client:
 Version:      18.03.1-ce
 API version:  1.37
 Go version:   go1.9.2
 Git commit:   9ee9f40
 Built:        Thu Apr 26 07:12:25 2018
 OS/Arch:      linux/amd64
 Experimental: false
 Orchestrator: swarm

Server:
 Engine:
  Version:      18.03.1-ce
  API version:  1.37 (minimum version 1.12)
  Go version:   go1.9.5
  Git commit:   9ee9f40
  Built:        Thu Apr 26 07:23:03 2018
  OS/Arch:      linux/amd64
  Experimental: false
[root@host131 docker]#
```

2. 常用命令

Docker 主要有如表 19-3 所示的 52 条命令，Docker 提供的大部分功能都可以通过这些命令实现，其中前 12 条命令为组合型命令，其下还有子命令，比如 node 用于管理 Docker 的 swarm 节点的增、删、改、查；而后面 40 条命令都是基本命令。下面在使用 Docker 的过程中将这些常用命令按照其在实际场景中的使用方式进行分类，并进行具体介绍。

表 19-3　Docker 常用命令及说明

序　号	命　令	说　明
1	config	管理 Docker 配置信息
2	container	用于 Docker 容器管理
3	image	用于 Docker 镜像管理
4	network	用于 Docker 网络管理
5	node	用于 Docker swarm 节点的管理
6	plugin	用于 Docker 插件管理
7	secret	用于 Docker 密件管理
8	service	用于 Docker 服务管理
9	swarm	用于 Docker swarm 的管理
10	system	Docker 相关的系统命令

续表

序　号	命　令	说　明
11	trust	镜像认证和签名管理
12	volume	用于 Docker 卷管理
13	attach	连接到一个正在运行的容器上
14	build	使用 Dockerfile 进行镜像构建
15	commit	基于容器的变化创建镜像
16	cp	在容器和宿主机之间复制文件和目录
17	create	创建一个新容器
18	diff	查看容器文件系统中的文件或目录的变化
19	events	获取实时的系统事件信息
20	exec	在正在运行的容器中执行一条命令
21	export	将容器的整个文件系统导出为一个 tar 文件
22	history	显示镜像历史信息
23	images	显示镜像列表信息
24	import	根据 tar 文件创建镜像
25	info	显示系统信息
26	inspect	显示 Docker 对象（镜像、网络、卷等）的详细信息
27	kill	强制终止一个或多个正在运行的容器
28	load	从 tar 文件或标准输入中装载镜像
29	login	登录一个 Docker 的私有仓库或公共仓库
30	logout	从 Docker 的私有仓库或公共仓库中退出
31	logs	获取容器的日志信息
32	pause	暂停一个或多个容器中的进程
33	port	显示容器端口映射信息
34	ps	显示容器列表信息，默认显示正在运行的容器，选择-a 选项将会显示全部容器
35	pull	从 Docker 的 Docker Hub 或私有仓库中获取镜像
36	push	推送镜像到 Docker Hub 或 Docker 私有仓库中
37	rename	重命名容器
38	restart	重启一个或多个容器
39	rm	删除一个或多个容器
40	rmi	删除一个或多个镜像
41	run	在一个新容器中执行一条命令
42	save	将一个或多个镜像文件保存到 tar 文件或者标准输出中
43	search	搜索 Docker Hub 的指定镜像
44	start	启动一个或多个停止状态的容器
45	stats	显示实时的容器资源用量统计信息

续表

序　号	命　令	说　明
46	stop	停止一个或多个正在运行的容器
47	tag	创建一个指向源镜像的目标镜像标签（TAG）
48	top	显示容器中正在运行的进程的信息
49	unpause	取消对一个或多个容器的暂停操作
50	update	更新一个或多个容器的配置信息
51	version	显示 Docker 版本信息
52	wait	等待一个或多个目标容器退出

19.1.2　docker-compose

随着 Docker 的发展和完善，相关设置项的参数越来越多，仅仅使用 Docker 的命令行进行设定非常烦琐，在 Docker 诞生的同年 12 月，基于 Docker 的部署工具 Fig 出现在开发者的视野内，使用 Fig 可以非常方便地对一个或多个容器进行定义和管理，相较于使用 Docker 命令行，Fig 使用起来更加方便，由此其得到了很多开发者的喜爱和认可。Fig 在 2014 年 7 月被 Docker 公司收购，收购之后的 Fig 改名为 docker-compose，docker-compose 特性信息如表 19-4 所示。

表 19-4　docker-compose 特性信息

开源/闭源	开源	提供者	Docker
License 类别	Apache License 2.0	开发语言	Python
软件资源	Python	REST API 支持	提供 CLI 命令行方式，用于持续集成
更新频率	平均每月更新数次	更新机制	—

由于操作系统和处理器的类型不同，需要使用的 docker-compose 提供的编译后的二进制文件也不同，比如 x86 的 64 位 CentOS 系统，下载的二进制文件应该为 docker-compose-Linux-x86-64。

操作系统类型可以由 uname -s 获得，操作系统会返回 Darwin，处理器的类型可以由 uname -m 获得，安装时将获取到的所需的 docker-compose 编译后的二进制文件放置在操作系统的可执行文件搜索路径中，然后对其设定可执行权限即可。

步骤 1：下载 1.21.1 版本的 docker-compose 的二进制文件至目录/usr/local/bin。

使用 wget 命令或直接从浏览器下载 docker-compose 文件，并保存至如下目录。

```
# ...下载 docker-compose 二进制文件
[root@host131 ~]# ls /usr/local/bin/docker-compose
/usr/local/bin/docker-compose
[root@host131 ~]#
```

步骤 2：设定可执行权限。

需要为下载的 docker-compose 文件设定可执行权限，同时保证其位于 PATH 环境变量的设定目录中。

```
[root@host131 ~]# chmod +x /usr/local/bin/docker-compose
[root@host131 ~]# which docker-compose
/usr/local/bin/docker-compose
[root@host131 ~]#
```

步骤 3：确认版本。

使用 docker-compose version 命令可以确认下载和设定的 docker-compose 的版本。

```
[root@host131 ~]# docker-compose version
docker-compose version 1.21.1, build 5a3f1a3
docker-py version: 3.3.0
CPython version: 3.6.5
OpenSSL version: OpenSSL 1.0.1t  3 May 2016
[root@host131 ~]#
```

19.1.3　Kubernetes

Kubernetes 是由 Google 推出的进行容器编排的一大利器，随着 Docker 宣称支持 Kubernetes，Kubernetes 已成为容器编排重要的工具之一。下面也会重点对 Kubernetes 如何使用进行介绍，其特性信息如表 19-5 所示。

表 19-5　Kubernetes 特性信息

开源/闭源	开源	提供者	Google
License 类别	Apache License 2.0	开发语言	Go
软件资源	—	REST API支持	提供 REST API，用于持续集成
更新频度	平均每月更新数次	更新机制	—

19.2　详细介绍：Docker

在本节中，将以实践中可能会遇到的问题场景为中心，结合 Docker 所提供的命令来介绍 Docker 的使用方法。

19.2.1　问题诊断

当生产环境或者开发测试环境中的 Docker 出现问题并需要对问题进行定位和确认的时候，往往需要对 Docker 的版本信息或关联的信息进行诊断，通过如下常用命令可以收集相关信息。

- history：显示镜像历史信息。

- images：显示镜像列表信息。
- info：显示系统信息。
- inspect：显示 Docker 对象（镜像、网络、卷等）的详细信息。
- logs：获取容器日志信息。
- port：显示容器端口映射信息。
- ps：显示容器列表信息，默认显示正在运行的容器，选择-a 选项将会显示全部容器。
- search：搜索 Docker Hub 的指定镜像。
- stats：显示实时的容器资源用量统计信息。
- top：显示容器中运行的进程信息。
- version：显示 Docker 版本信息。
- event：显示事件信息。

接下来将介绍如何使用 Docker 进行这些操作。

1. 问题诊断场景：获取镜像列表信息

使用 images 命令可以查询当前机器的镜像列表。

```
[root@host131 ~]# docker images
REPOSITORY          TAG              IMAGE ID          CREATED           SIZE
influxdb            latest           8bece68eab33      2 weeks ago       205MB
busybox             latest           8ac48589692a      3 weeks ago       1.15MB
[root@host131 ~]#
```

通过 images 命令的执行结果，可以看出 host131 这台机器上当前只有两个镜像：influxdb 和 busybox，它们的大小分别为 205MB 和 1.15MB。

2. 问题诊断场景：确认镜像的历史信息

使用 history 命令可以确认镜像最近进行了哪些修改。

```
[root@host131 ~]# docker history busybox
IMAGE               CREATED          CREATED BY
SIZE                COMMENT
8ac48589692a        3 weeks ago      /bin/sh -c #(nop)  CMD ["sh"]
0B
<missing>           3 weeks ago      /bin/sh -c #(nop) ADD file:c94ab8f861446c74e...
1.15MB
[root@host131 ~]#
```

可以看到，因为长度的原因，有些信息被截断而显示为省略号，如果希望看到尽可能详细的信息，可以添加--no-trunc 选项进行显示。

```
[root@host131 ~]# docker history busybox --no-trunc
IMAGE                                                                          CREATED
```

```
CREATED BY
SIZE            COMMENT
sha256:8ac48589692a53a9b8c2d1ceaa6b402665aa7fe667ba51ccc03002300856d8c7 3 weeks ago
/bin/sh -c #(nop)  CMD ["sh"]
0B
<missing>                                                             3 weeks ago
/bin/sh -c #(nop) ADD file:c94ab8f861446c74e5d536b7fa817b465f7f55da5715478c053152f35c8760c3 in /
1.15MB
[root@host131 ~]#
```

3. 问题诊断场景：确认整体相关的系统信息

使用 info 命令可以确认如下一些整体相关的系统信息。

- 容器相关的信息：个数、状态。
- 服务器版本信息。
- 存储驱动详细信息。
- 日志驱动格式。
- 内核版本。
- 操作系统类型。
- 当前机器的硬件信息。

详细命令如下，使用 docker info 命令可以查看容器个数和状态，以及服务器端版本信息等诸多内容。

```
[root@host131 ~]# docker info
# 容器个数和状态
Containers: 1
 Running: 1
 Paused: 0
 Stopped: 0
Images: 2
# 服务器端版本信息
Server Version: 18.03.1-ce
# 存储驱动：使用了 overlay2 方式
Storage Driver: overlay2
# 日志驱动格式
Logging Driver: json-file
Cgroup Driver: cgroupfs
...
# 当前机器的硬件信息
Kernel Version: 3.10.0-693.el7.x86_64
Operating System: CentOS Linux 7 (Core)
OSType: linux
Architecture: x86_64
```

```
CPUs: 1
Total Memory: 992.4MiB
Name: host131
# 其他
Docker Root Dir: /var/lib/docker
...
[root@host131 ~]#
```

4．问题诊断场景：检查容器或镜像等 Docker 对象的详细信息

使用 inspect 命令可以检查镜像相关的详细信息，比如对 busybox 镜像的详细信息进行确认可以获得，此镜像相关的详细内容。

```
[root@host131 ~]# docker inspect busybox
# ...镜像的创建时间
    "Created": "2018-04-05T10:41:28.876407948Z",
# 容器相关设定项
    "Container":
# ...环境变量等信息
        "Env": [
            "PATH=/usr/local/sbin:/usr/local/bin:/usr/sbin:/usr/bin:/sbin:/bin"
        ],
        "Cmd": [
            "/bin/sh",
            "-c",
            "#(nop) ",
            "CMD [\"sh\"]"
        ],
# ...Docker 的版本信息和作者信息等
    "DockerVersion": "17.06.2-ce",
    "Author": "",
# ...系统信息
    "Architecture": "amd64",
    "Os": "linux",
    "Size": 1146369,
...
]
[root@host131 ~]#
```

此命令是用于查看 Docker 对象的详细信息的，也可以对容器的信息进行确认。

5．问题诊断场景：确认容器信息

使用 ps 命令可以确认容器的详细信息，默认情况下会列出当前正在运行的容器的信息。

使用 busybox 镜像生成一个容器，并确认其 hostname 值，确认之后此容器就会停止运行。

```
[root@host131 ~]# docker run -it busybox hostname
```

```
f6858be35c38
[root@host131 ~]#
```

而使用 ps 命令，默认情况下只会列出当前正在运行的容器的信息。

```
[root@host131 ~]# docker ps
CONTAINER ID        IMAGE               COMMAND                       CREATED
STATUS              PORTS                                             NAMES
cdc088abbd75        influxdb            "/entrypoint.sh infl..."      3 hours ago
Up 3 hours          0.0.0.0:8083->8083/tcp, 0.0.0.0:8086->8086/tcp   influxdb
[root@host131 ~]#
```

可以看到，当前机器上正在运行的只有一个 influxdb 镜像，已经运行了 3 小时。而新生成的已经退出的 busybox 容器则可以通过-a 选项进行确认，通过 ps -a 命令可以列出所有容器的信息，包括停止运行的容器的信息。

```
[root@host131 ~]# docker ps -a
CONTAINER ID        IMAGE               COMMAND                       CREATED
STATUS              PORTS                                             NAMES
f6858be35c38        busybox             "hostname"                    7 seconds ago
Exited (0) 7 seconds ago
wizardly_shirley
cdc088abbd75        influxdb            "/entrypoint.sh infl..."      3 hours ago
Up 3 hours          0.0.0.0:8083->8083/tcp, 0.0.0.0:8086->8086/tcp   influxdb
[root@host131 ~]#
```

6. 问题诊断场景：日志信息确认

当容器出现问题时，确认正在运行或者已经停止运行的容器的日志信息非常重要。logs 命令可用于获取日志信息，在生产环境或者测试环境中对停止运行后的容器进行状况确认，会经常用到该命令，可以通过容器的 ID 或容器的名称进行日志信息的确认。

```
[root@host131 ~]# docker logs wizardly_shirley
f6858be35c38
[root@host131 ~]#
[root@host131 ~]# docker logs f6858be35c38
f6858be35c38
[root@host131 ~]#
```

7. 问题诊断场景：确认端口映射信息

port 命令用于确认容器和宿主机之间的端口映射情况，可以通过容器的 ID 或容器的名称进行端口映射信息的确认。

```
[root@host131 ~]# docker ps
CONTAINER ID        IMAGE               COMMAND                       CREATED
STATUS              PORTS                                             NAMES
cdc088abbd75        influxdb            "/entrypoint.sh infl..."      3 hours ago
```

```
Up 3 hours            0.0.0.0:8083->8083/tcp, 0.0.0.0:8086->8086/tcp    influxdb
[root@host131 ~]#
[root@host131 ~]# docker port influxdb
8083/tcp -> 0.0.0.0:8083
8086/tcp -> 0.0.0.0:8086
[root@host131 ~]#
[root@host131 ~]# docker port cdc088abbd75
8083/tcp -> 0.0.0.0:8083
8086/tcp -> 0.0.0.0:8086
[root@host131 ~]#
[root@host131 ~]#
```

port 命令显示的是当下的实际信息,其只对正在运行的容器起作用。停止正在运行的
influxdb 容器,然后对其进行容器信息确认,可以看到没有相关信息。

```
[root@host131 ~]# docker stop influxdb
influxdb
[root@host131 ~]# docker ps
CONTAINER ID        IMAGE               COMMAND             CREATED             STATUS
PORTS               NAMES
[root@host131 ~]# docker port influxdb
[root@host131 ~]#
```

8. 问题诊断场景:查询镜像信息

使用 search 命令默认可以对 Docker Hub 上的镜像信息进行查询,同样在项目环境中往往会
有镜像私库,通过此命令可以确认镜像是否存在于镜像私库中。

向 search 命令传入待查询的关键字,可以查询相关的镜像信息,比如查询以 liumiaocn 为关
键字的镜像信息。

```
[root@host131 ~]# docker search liumiaocn
NAME                DESCRIPTION                    STARS       OFFICIAL
AUTOMATED
liumiaocn/redmine   redmine alpine image           1           [OK]
liumiaocn/mysql     mysql latest alpine image      0           [OK]
liumiaocn/nexus     Nexus OSS Docker image         0           [OK]
liumiaocn/sonarqube sonarqube alpine images        0           [OK]
liumiaocn/gitlab    gitlab-ce image                0           [OK]
liumiaocn/rancher   rancher cattle server image    0           [OK]
...
[root@host131 ~]#
```

9. 问题诊断场景:获取容器资源用量信息统计

使用 stats 命令可以实时获取容器资源用量统计信息,一般用于确认相关容器所需的资源用
量,可获取不同时间点的信息,统计所需的内存等资源,同时也可以判断在问题发生时,容器

自身是否已经存在资源用量不足的情况。

```
[root@host131 ~]# docker start influxdb
influxdb
[root@host131 ~]# docker stats
CONTAINER ID        NAME            CPU %                      MEM USAGE / LIMIT
MEM %               NET I/O         BLOCK I/O        PIDS
cdc088abbd75        influxdb        0.00%                      22.04MiB / 992.4MiB
2.22%               4.55kB / 1.49kB 90.1kB / 71.7kB  6
...
```

10. 问题诊断场景：获取容器中正在运行的进程的信息

使用 top 命令可以获取容器中正在运行的进程的信息，比如以交互的方式启动一个名为 busybox 的容器，然后在该容器中确认正在运行的进程。

```
[root@host131 ~]# docker run -it --name=busybox busybox sh
/ # ps -ef
PID   USER     TIME     COMMAND
1     root     0:00     sh
5     root     0:00     ps -ef
/ #
```

可以看到，在 busybox 容器中仅存在一个 PID 为 1 的进程，而此进程正是以交互的方式启动的 sh，而在非交互方式下，容器中往往也只有一个进程对外提供服务。在容器不退出的情况下，在另一个终端使用 top 命令可以进行 busybox 容器的进程信息的确认。

```
[root@host131 ~]# docker top busybox
UID        PID        PPID       C       STIME      TTY        TIME       CMD
root       12412      12399      0       09:49      pts/0      00:00:00   sh
[root@host131 ~]#
```

然后在 busybox 容器中，启动 3 个后端运行的 sleep 进程。

```
/ # ps -ef
PID   USER     TIME     COMMAND
1     root     0:00     sh
6     root     0:00     sleep 30
7     root     0:00     sleep 30
8     root     0:00     sleep 30
9     root     0:00     ps -ef
/ #
```

使用 top 命令再次确认，可以发现除了 sh 进程外，又增加了 3 个进程，这 3 个进程正是刚刚启动的 sleep 进程。

```
[root@host131 ~]# docker top busybox
UID              PID            PPID            C        STIME
TTY              TIME           CMD
```

root	12412	12399	0	09:49
pts/0	00:00:00	sh		
root	12469	12412	0	09:50
pts/0	00:00:00	sleep 30		
root	12470	12412	0	09:50
pts/0	00:00:00	sleep 30		
root	12471	12412	0	09:50
pts/0	00:00:00	sleep 30		

```
[root@host131 ~]#
```

11. 问题诊断场景：确认版本

使用 version 命令可以确认 Docker 的客户端和服务器端的版本信息和 API 版本信息。

```
[root@host131 ~]# docker version
Client:
 Version:      18.03.1-ce
 API version:  1.37
 Go version:   go1.9.2
 Git commit:   9ee9f40
 Built:        Thu Apr 26 07:12:25 2018
 OS/Arch:      linux/amd64
 Experimental: false
 Orchestrator: swarm

Server:
 Engine:
  Version:      18.03.1-ce
  API version:  1.37 (minimum version 1.12)
  Go version:   go1.9.5
  Git commit:   9ee9f40
  Built:        Thu Apr 26 07:23:03 2018
  OS/Arch:      linux/amd64
  Experimental: false
[root@host131 ~]#
```

12. 问题诊断场景：确认事件

events 命令可以用来查询发生过的事件，其具体功能和 kubectl get event 命令大体类似。例如，可以使用 docker events 命令查询 1 小时之内发生过的事件。首先使用 docker run 命令进行查询事件前的准备，之后执行 docker events 命令即可。

```
[root@host131 ~]# docker run --rm nginx ls /tmp
[root@host131 ~]#
```

这行命令非常简单，启动一个 Nginx 镜像并确认/tmp 目录下的信息，然后退出，这个过程使用 events 命令能够进行清晰的确认。

```
[root@host131 ~]# docker events --since '1h'
2018-04-29T17:04:08.069214493-04:00 container create
48336fd4fc998ad52db4eb232f456d6c74f0b721b841dca3be40587b597c457d (image=nginx,
maintainer=NGINX Docker Maintainers <docker-maint@nginx.com>, name=laughing_neumann)
2018-04-29T17:04:08.070195415-04:00 container attach
48336fd4fc998ad52db4eb232f456d6c74f0b721b841dca3be40587b597c457d (image=nginx,
maintainer=NGINX Docker Maintainers <docker-maint@nginx.com>, name=laughing_neumann)
2018-04-29T17:04:08.104724967-04:00 network connect
a253395e8431fa2e488c69bd25078fea34a91fe1c20710f745bd5e435d27e594 (container=
48336fd4fc998ad52db4eb232f456d6c74f0b721b841dca3be40587b597c457d, name=bridge,
type=bridge)
2018-04-29T17:04:08.232107535-04:00 container start
48336fd4fc998ad52db4eb232f456d6c74f0b721b841dca3be40587b597c457d (image=nginx,
maintainer=NGINX Docker Maintainers <docker-maint@nginx.com>, name=laughing_neumann)
2018-04-29T17:04:08.260163366-04:00 container die
48336fd4fc998ad52db4eb232f456d6c74f0b721b841dca3be40587b597c457d (exitCode=0,
image=nginx, maintainer=NGINX Docker Maintainers <docker-maint@nginx.com>,
name=laughing_neumann)
2018-04-29T17:04:08.293363309-04:00 network disconnect
a253395e8431fa2e488c69bd25078fea34a91fe1c20710f745bd5e435d27e594 (container=
48336fd4fc998ad52db4eb232f456d6c74f0b721b841dca3be40587b597c457d, name=bridge,
type=bridge)
2018-04-29T17:04:08.311416129-04:00 container destroy
48336fd4fc998ad52db4eb232f456d6c74f0b721b841dca3be40587b597c457d (image=nginx,
maintainer=NGINX Docker Maintainers <docker-maint@nginx.com>, name=laughing_neumann)
```

从 events 命令返回的结果可以看到，容器创建（container create）→容器连接（container attach）→网络连接（network connect）→容器启动（container start）→容器结束（container die）→网络断开（network disconnect）→容器销毁（container destroy）整个步骤和流程得到了非常清晰的确认，在实际问题出现时通过这种方式也能获得有用的信息。

19.2.2　镜像操作与容器操作

在 Docker 中，对镜像与容器进行操作是十分常见的，主要包括如下操作。

- 使用 Dockerfile 进行镜像的构建。
- 从 tar 文件或者标准输入中装载镜像。
- 登录一个 Docker 的私有仓库或公共仓库。
- 从 Docker 的私有仓库或公共仓库中退出。
- 从 Docker 的 Docker Hub 或私有仓库中获取镜像。

- 推送镜像到 Docker Hub 或 Docker 私有仓库中。
- 删除一个或多个镜像。
- 将一个或多个镜像文件保存到 tar 文件或标准输出中。
- 创建一个指向源镜像的目标镜像标签（TAG）。
- 将本地输入、输出、错误连接到正在运行的容器上。
- 根据容器的变更生成一个新镜像文件。
- 在容器和宿主机之间进行文件和目录的复制。
- 创建一个新容器。
- 确认容器文件系统在文件或目录上的变化。
- 在正在运行的容器中执行一条命令。
- 将容器的整个文件系统导出为一个 tar 文件。
- 根据包含镜像信息的 tar 文件进行镜像的导入。
- 停止一个或多个正在运行的容器。
- 暂停一个或多个镜像中的所有进程。
- 重命名一个容器。
- 重启一个或多个容器。
- 删除一个或多个容器。
- 在一个新容器中执行一条命令。
- 启动一个或多个停止状态的容器。
- 停止一个或多个正在运行的容器。
- 取消一个或多个容器进程的暂停状态。
- 一直等待，直到一个或多个等待目标容器退出，同时打印出等待目标容器退出的返回值。

接下来将介绍如何使用 Docker 进行上述操作。

1. 镜像操作场景：使用 Dockerfile 进行镜像的构建

Docker Hub 上提供了非常多可重用的镜像，可以使用 Dockerfile 在这些镜像的基础上像搭建积木一样添加需要的功能，使用 build 命令创建镜像。

事先准备一个非常简单的 Dockerfile，此 Dockerfile 用于在 busybox 镜像的基础上生成一个新镜像。

```
[root@host131 ~]# cat Dockerfile
FROM busybox
MAINTAINER liumiaocn@outlook.com
[root@host131 ~]#
```

使用 build 命令进行镜像的创建，需要使用-t 选项指定格式为 name:tag 的镜像的名称和版本，使用-f 选项指定所使用的 Dockerfile，默认的文件名为 Dockerfile（若使用默认的文件名，-f 选项可省略）。

```
[root@host131 ~]# docker build -t newbusybox:latest -f Dockerfile .
Sending build context to Docker daemon  169.9MB
Step 1/2 : FROM busybox
---> 8ac48589692a
Step 2/2 : MAINTAINER liumiaocn@outlook.com
---> Running in ee16f0dbf2ab
Removing intermediate container ee16f0dbf2ab
---> 7e99492a1abb
Successfully built 7e99492a1abb
Successfully tagged newbusybox:latest
[root@host131 ~]#
```

因为此处构建镜像的文件名为 Dockerfile，所以-f 选项可以省略。另外，构建镜像时提示了一行信息 "Sending build context to Docker daemon 169.9MB"，这是因为在进行镜像构建的时候需要一个上下文环境，所以会将当前目录下的文件进行缓存以方便后续进行构建。当前目录下存在一个约 160MB 的文件夹，这虽然不会对构建的镜像产生影响，但是当这个文件夹很大时，会拖慢构建进度。

```
[root@host131 ~]# docker images |grep busybox
newbusybox        latest         7e99492a1abb        8 minutes ago      1.15MB
busybox           latest         8ac48589692a        3 weeks ago        1.15MB
[root@host131 ~]#
```

可以看到，新构建的 newbusybox 镜像的大小为 1.15MB，没有受到上下文环境文件 169.9MB 的影响。在构建的时候建议创建一个新目录，在此目录下只放置进行构建可能会用到的文件，这样会加快构建速度，降低不可控因素的影响。另外，若存在文件很大的情况，可能会导致构建失败。

```
[root@host131 ~]# mkdir dockerbuild
[root@host131 ~]# cp Dockerfile dockerbuild/
[root@host131 ~]# cd dockerbuild/
[root@host131 dockerbuild]# docker build -t newbusybox:1.1 .
Sending build context to Docker daemon  2.048kB
Step 1/2 : FROM busybox
---> 8ac48589692a
Step 2/2 : MAINTAINER liumiaocn@outlook.com
---> Using cache
---> 7e99492a1abb
Successfully built 7e99492a1abb
Successfully tagged newbusybox:1.1
[root@host131 dockerbuild]# docker images |grep busybox
```

```
newbusybox        1.1                  7e99492a1abb        11 minutes ago    1.15MB
newbusybox        latest               7e99492a1abb        11 minutes ago    1.15MB
busybox           latest               8ac48589692a        3 weeks ago       1.15MB
[root@host131 dockerbuild]#
```

从以上代码中可以看到，此处构建时所缓存的构建上下文环境文件只有 2.048KB。镜像构建中有很多类似的注意事项，可以对构建进行优化。

2. 镜像操作场景：生成镜像的 TAG 信息

相同镜像的不同 TAG 一般可用来标记此镜像不同的版本，使用 tag 命令可以生成镜像的 TAG 信息，比如，可以使用如下命令生成 TAG 信息。

```
[root@host131 ~]# docker tag newbusybox:1.1 repo:0.1
[root@host131 ~]# docker images
REPOSITORY        TAG                  IMAGE ID            CREATED           SIZE
newbusybox        1.1                  7e99492a1abb        20 minutes ago    1.15MB
newbusybox        latest               7e99492a1abb        20 minutes ago    1.15MB
repo              0.1                  7e99492a1abb        20 minutes ago    1.15MB
influxdb          latest               8bece68eab33        2 weeks ago       205MB
busybox           latest               8ac48589692a        3 weeks ago       1.15MB
[root@host131 ~]#
```

而且从上述代码中可以看到，通过执行 docker tag newbusybox:1.1 repo:0.1 命令生成了 repo:0.1 的 TAG 信息，而且之前的 newbusybox:1.1 仍然存在，并且它们的 IMAGE ID 是相同的。

在实际工作中，使用 tag 命令最多的场景是推送镜像，不管是使用镜像私库还是推送镜像到 Docker Hub，在 push 操作之前都需要先进行 tag 操作。

3. 镜像操作场景：删除镜像

使用 rmi 命令可以删除不再使用的镜像。

```
[root@host131 ~]# docker images
REPOSITORY        TAG                  IMAGE ID            CREATED           SIZE
newbusybox        1.1                  7e99492a1abb        27 minutes ago    1.15MB
newbusybox        latest               7e99492a1abb        27 minutes ago    1.15MB
repo              0.1                  7e99492a1abb        27 minutes ago    1.15MB
influxdb          latest               8bece68eab33        2 weeks ago       205MB
busybox           latest               8ac48589692a        3 weeks ago       1.15MB
[root@host131 ~]#
[root@host131 ~]# docker rmi repo:0.1
Untagged: repo:0.1
[root@host131 ~]# docker images
REPOSITORY        TAG                  IMAGE ID            CREATED           SIZE
newbusybox        1.1                  7e99492a1abb        28 minutes ago    1.15MB
newbusybox        latest               7e99492a1abb        28 minutes ago    1.15MB
```

```
influxdb          latest            8bece68eab33      2 weeks ago    205MB
busybox           latest            8ac48589692a      3 weeks ago    1.15MB
[root@host131 ~]#
```

　　从上述代码中可以看到，为了删除 TAG 信息在此处其实只进行了 untag 操作，Docker 镜像的 layer 是可以复用的，我们可以继续执行 rmi 命令来确认 layer 的复用状况，但删除 newbusybox:1.1 操作并没有进行实际的删除，只有在没有使用 layer 的时候 newbusybox:1.1 才会被真正地删除。

```
[root@host131 ~]# docker rmi newbusybox:1.1
Untagged: newbusybox:1.1
[root@host131 ~]#
[root@host131 ~]# docker rmi newbusybox:latest
Untagged: newbusybox:latest
Deleted:
sha256:7e99492a1abbb928c533ac144b3b4164f80451b113ede889b2323c2671799363
[root@host131 ~]#
```

4．镜像操作场景：拉取镜像

　　使用 pull 命令可以从 Docker Hub 或者镜像私库里拉取镜像，如果本地没有该镜像的话，就会自动地到 Docker Hub 上去拉取镜像，当本地镜像已经存在的时候会提示该镜像已经是最新的了。

```
[root@host131 ~]# docker images
REPOSITORY        TAG               IMAGE ID          CREATED        SIZE
influxdb          latest            8bece68eab33      2 weeks ago    205MB
busybox           latest            8ac48589692a      3 weeks ago    1.15MB
[root@host131 ~]#
[root@host131 ~]# docker pull busybox
Using default tag: latest
latest: Pulling from library/busybox
Digest: sha256:58ac43b2cc92c687a32c8be6278e50a063579655fe3090125dcb2af0ff9e1a64
Status: Image is up to date for busybox:latest
[root@host131 ~]#
```

5．镜像操作场景：保存镜像

　　使用 save 命令可以将镜像保存为一个归档文件，该命令经常用于保存镜像，但在通常的情况下，建议以 Dockerfile 的方式进行管理。每次使用镜像的时候，通过 Dockerfile 构建来生成所需的镜像，而不是使用一个 tar 文件存放整个镜像。这是因为 Dockerfile 是一个文本文件，文本文件进行版本管理更加容易，而且占用的存储空间更少。

```
[root@host131 ~]# docker save busybox >busybox.tar
[root@host131 ~]# ls busybox.tar
busybox.tar
[root@host131 ~]# du -k busybox.tar
```

```
1340  busybox.tar
[root@host131 ~]#
```

6. 镜像操作场景：加载镜像

load 是 save 的反向操作，使用 load 命令可以将保存的文件加载为 Docker 管理的镜像，该命令在不能联网的环境中可以与 save 命令结合使用。

```
[root@host131 ~]# docker rmi -f busybox
Untagged: busybox:latest
Untagged: busybox@sha256:58ac43b2cc92c687a32c8be6278e50a063579655fe3090125
dcb2af0ff9e1a64
Deleted: sha256:8ac48589692a53a9b8c2d1ceaa6b402665aa7fe667ba51ccc03002300856d8c7
[root@host131 ~]# docker images
REPOSITORY          TAG              IMAGE ID          CREATED          SIZE
influxdb            latest           8bece68eab33      2 weeks ago      205MB
[root@host131 ~]# docker load <busybox.tar
Loaded image: busybox:latest
[root@host131 ~]# docker images
REPOSITORY          TAG              IMAGE ID          CREATED          SIZE
influxdb            latest           8bece68eab33      2 weeks ago      205MB
busybox             latest           8ac48589692a      3 weeks ago      1.15MB
[root@host131 ~]#
```

此处应注意与该镜像相关的历史信息仍然存在。

```
[root@host131 ~]# docker history busybox
IMAGE               CREATED          CREATED BY
SIZE                COMMENT
8ac48589692a        3 weeks ago      /bin/sh -c #(nop)  CMD ["sh"]
0B
<missing>           3 weeks ago      /bin/sh -c #(nop) ADD
file:c94ab8f861446c74e...   1.15MB
[root@host131 ~]#
```

7. 镜像操作场景：用户登录

由于镜像私库往往进行了权限设定，所以需要确认用户信息才能判断其是否具有相关权限。用户和私有仓库之间可以进行 login、logout、pull、push 等相关操作。

不管是与 Docker Hub 连接，还是在企业自己的镜像私库中进行操作，操作之前往往需要使用 login 命令登录。如下是使用 liumiaocn 的个人账户登录 Docker Hub 的示例，这步操作的前提是申请一个个人账户。

```
[root@host131 ~]# docker login
# ...
Username: liumiaocn
Password:
```

```
Login Succeeded
[root@host131 ~]#
```

login 命令会把相关的用户信息放到/root/.docker/config.json 目录中，而与之相反的 logout 命令则是通过这个目录中的文件判断用户是否处于 login 状态。

```
[root@host131 ~]# cat /root/.docker/config.json
{
  "auths": {
    "https://index.docker.io/v1/": {
      "auth": "..."
    }
  },
  "HttpHeaders": {
    "User-Agent": "Docker-Client/18.03.1-ce (linux)"
  }
}[root@host131 ~]#
```

8. 镜像操作场景：用户退出

logout 是 login 的反向操作，logout 命令可以用于从登录的 Docker Hub 或镜像私库中退出。

```
[root@host131 ~]# docker logout
Removing login credentials for https://index.docker.io/v1/
[root@host131 ~]#
```

在用户已经退出的情况下再次 logout 的话，会提示当前没有处于登录状态。

```
[root@host131 ~]# docker logout
Not logged in to https://index.docker.io/v1/
[root@host131 ~]#
```

此时再确认 config.json 的用户信息，可以发现用户信息已被清空。

```
[root@host131 ~]# cat /root/.docker/config.json
{
  "auths": {},
  "HttpHeaders": {
    "User-Agent": "Docker-Client/18.03.1-ce (linux)"
  }
}[root@host131 ~]#
```

9. 镜像操作场景：推送镜像

push 命令用于将本地镜像推送到远端的仓库中，如果事先没有进行 login 操作的话，会推送失败。

```
[root@host131 ~]# docker search liumiaocn |grep busybox
[root@host131 ~]#
[root@host131 ~]# docker images
REPOSITORY          TAG              IMAGE ID          CREATED          SIZE
```

```
influxdb           latest            8bece68eab33       2 weeks ago       205MB
busybox            latest            8ac48589692a       3 weeks ago       1.15MB
[root@host131 ~]# docker push busybox:latest
The push refers to repository [docker.io/library/busybox]
0314be9edf00: Layer already exists
errors:
denied: requested access to the resource is denied
unauthorized: authentication required

[root@host131 ~]#
```

登录 Docker Hub 之后，则可将镜像成功推送到远端的仓库中。镜像私库也是如此的，但是在推送到镜像私库之前往往需要执行 tag 操作以定位镜像私库。

```
[root@host131 ~]# docker login
...
Login Succeeded
[root@host131 ~]# docker tag busybox:latest liumiaocn/busybox:latest
[root@host131 ~]# docker push liumiaocn/busybox:latest
The push refers to repository [docker.io/liumiaocn/busybox]
0314be9edf00: Mounted from library/busybox
latest: digest: sha256:186694df7e479d2b8bf075d9e1b1d7a884c6de60470006d572350573bfa6dcd2
size: 527
[root@host131 ~]#
```

10. 容器操作场景：运行容器

run 命令可以用于运行容器。可以通过指定的镜像运行一个容器，比如运行一个 busybox 镜像的容器的示例如下。

```
[root@host131 ~]# docker run -it busybox /bin/sh
/ # hostname
9926f78472f7
/ #
```

可以使用同一个镜像运行多个不同的容器，可在其他终端中再次使用交互的方式启动一个 busybox 镜像的容器。

```
[root@host131 dockerbuild]# docker run -it busybox /bin/sh
/ # hostname
bba99a66a4f5
/ #
```

使用 ps 命令确认 run 命令所运行的容器的状态信息。

```
[root@host131 ~]# docker ps |grep busybox
bba99a66a4f5       busybox           "/bin/sh"          3 minutes ago
Up 3 minutes                                            trusting_bell
9926f78472f7       busybox           "/bin/sh"          3 minutes ago
```

```
Up 3 minutes                                           agitated_archimedes
[root@host131 ~]#
```

诸如 trusting-bell 等是 Docker 自动分配给容器的名称，而通过--name 选项可以指定自己想要的名称。另外，通过-i 选项可以指定交互的方式，通过-t 选项可以分配一个伪终端。run 命令有非常多的选项，除了-i、-t 选项外，还能在创建容器时对 IO、CPU、MEMORY 的控制进行设定。

11. 容器操作场景：创建容器

create 命令可以用于创建容器，其在容器的创建方面和 run 命令非常类似。接下来就通过 create 命令来创建一个 nginx 容器。

首先使用 pull 命令拉取一个 nginx 镜像，在不能直接联网的情况下也可以结合使用 save 命令和 load 命令。

```
[root@host131 ~]# docker pull nginx
Using default tag: latest
...
Status: Downloaded newer image for nginx:latest
[root@host131 ~]#
```

使用 create 命令创建一个名为 nginxtest 的 nginx 容器。

```
[root@host131 ~]# docker create --name=nginxtest -p 8888:80 nginx
873c8d4025667f6e5ff13e9bdd3beca911899a05af56ffe46fcf57ffb81b614b
[root@host131 ~]#
```

可以看到与 run 命令不同的是，在使用 create 命令创建容器之后，此容器的状态处于 Created 状态。

```
[root@host131 ~]# docker ps -a |grep nginxtest
873c8d402566       nginx           "nginx -g 'daemon of..." 6 minutes ago
Created                                                     nginxtest
[root@host131 ~]#
```

12. 容器操作场景：启动容器

start 命令可以用于启动容器。容器经常由于各种问题而停止运行，这时一般需要执行 start 操作或者 restart 操作来启动容器。下面我们使用 start 命令来启动刚刚创建的名为 nginxtest 的 nginx 容器。

```
[root@host131 ~]# docker start nginxtest
nginxtest
[root@host131 ~]#
```

确认刚刚启动的名为 nginxtest 的 nginx 容器的状态。

```
[root@host131 ~]# docker ps |grep nginx
873c8d402566       nginx           "nginx -g 'daemon of..."  11 minutes ago
```

```
Up About a minute    0.0.0.0:8888->80/tcp                        nginxtest
[root@host131 ~]#
```

通过 curl 命令来确认该容器确实已经可以访问，也可以通过浏览器进行确认。

```
[root@host131 ~]# curl http://127.0.0.1:8888
<!DOCTYPE html>
<html>
<head>
<title>Welcome to nginx!</title>
...
[root@host131 ~]#
```

13．容器操作场景：停止容器

stop 是 start 的反向操作，stop 命令可以用于停止正在运行的容器。

```
[root@host131 ~]# docker ps |grep nginx
873c8d402566        nginx              "nginx -g 'daemon of..."   19 minutes ago
Up 9 minutes        0.0.0.0:8888->80/tcp                          nginxtest
[root@host131 ~]# docker stop nginxtest
nginxtest
[root@host131 ~]# docker ps -a |grep nginxtest
873c8d402566        nginx              "nginx -g 'daemon of..."   20 minutes ago
Exited (0) 8 seconds ago                                          nginxtest
[root@host131 ~]#
```

14．容器操作场景：重启容器

restart 命令可以用于重启容器，其常被用于容器在停止状态或者启动状态下的重启。例如，通过容器启动的 Nginx 服务，我们在容器启动的状态下对服务配置进行了修改，需要重启才能使配置生效，这时则可以使用 docker restart 命令对启动状态下的 nginx 容器实施重启操作，命令执行示例如下。

```
[root@host131 ~]# docker ps |grep nginx
[root@host131 ~]# docker restart nginxtest
nginxtest
[root@host131 ~]# docker ps |grep nginx
873c8d402566        nginx                "nginx -g 'daemon of..."   22 minutes ago
Up 3 seconds        0.0.0.0:8888->80/tcp                            nginxtest
[root@host131 ~]#
[root@host131 ~]# docker restart nginxtest && docker ps |grep nginx
nginxtest
873c8d402566        nginx                "nginx -g 'daemon of..."   22 minutes ago
Up Less than a second  0.0.0.0:8888->80/tcp                         nginxtest
[root@host131 ~]#
```

15. 容器操作场景：暂停容器

pause 命令可以用于将某容器暂时停止。例如，接下来将之前启动的名为 nginxtest 的 nginx 容器暂停。

```
[root@host131 ~]# docker ps |grep nginx
873c8d402566         nginx               "nginx -g 'daemon of..."    44 minutes ago
Up 21 minutes          0.0.0.0:8888->80/tcp                          nginxtest
[root@host131 ~]# docker pause nginxtest
nginxtest
[root@host131 ~]# docker ps |grep nginx
873c8d402566         nginx               "nginx -g 'daemon of..."    44 minutes ago
Up 22 minutes (Paused)   0.0.0.0:8888->80/tcp                        nginxtest
[root@host131 ~]#
```

可以看到，在进行 pause 操作后，该容器的状态是 Paused，而此时如果使用 curl 命令来访问 Nginx 服务，则会一直处于无法访问的状态。

```
[root@host131 ~]# curl http://127.0.0.1:8888
```

16. 容器操作场景：取消暂停

unpause 是 pause 的反向操作，unpause 命令可以用于将暂停的容器恢复运行。

```
[root@host131 ~]# docker ps |grep nginx
873c8d402566         nginx               "nginx -g 'daemon of..."    About an hour ago
Up 25 minutes (Paused)   0.0.0.0:8888->80/tcp                        nginxtest
[root@host131 ~]# docker unpause nginxtest
nginxtest
[root@host131 ~]# docker ps |grep nginx
873c8d402566         nginx               "nginx -g 'daemon of..."    About an hour ago
Up 25 minutes          0.0.0.0:8888->80/tcp                          nginxtest
[root@host131 ~]#
```

从上述代码中可以看到，容器已经恢复运行状态，而且一直没有返回的 curl 命令对 Nginx 服务的访问，在进行 unpause 操作之后也正常了。

```
[root@host131 ~]# curl http://127.0.0.1:8888
<!DOCTYPE html>
<html>
<head>
<title>Welcome to nginx!</title>
...
[root@host131 ~]#
```

通过执行 pause 命令，再执行 unpause 命令，可以在暂停期间实施一些诸如维护性的工作。然而，在 DevOps 实践中更加推崇持续部署带来的能力提升，而不是手工救火行为，但是工具本身提供的功能还是可以在工作中合理使用的。

17. 容器操作场景：容器等待停止和强制停止

wait 命令可以用于等待某个容器停止，而 kill 命令可以用于强制停止某个容器，这里将两者结合起来展示其实际使用方式。

```
[root@host131 ~]# docker ps |grep nginx
873c8d402566        nginx              "nginx -g 'daemon of..."   About an hour ago
Up 32 minutes        0.0.0.0:8888->80/tcp                          nginxtest
[root@host131 ~]# docker wait nginxtest
```

wait 命令可以等待某个指定的容器停止，在执行了 docker wait 命令之后，可以看到该进程一直未返回，然后我们重新打开一个终端，使用 docker kill 命令强制停止这个正在运行的容器。

```
[root@host131 dockerbuild]# docker ps |grep nginx
873c8d402566        nginx              "nginx -g 'daemon of..."   About an hour ago
Up 34 minutes        0.0.0.0:8888->80/tcp                          nginxtest
[root@host131 dockerbuild]# docker kill nginxtest
nginxtest
[root@host131 dockerbuild]#
```

随着名为 nginxtest 的 nginx 容器被强制停止，一直未返回的 docker wait 进程也在提示了返回值 137 后退出了，而容器返回的错误码正是 137。

```
[root@host131 ~]# docker wait nginxtest
137
[root@host131 ~]# docker ps -a |grep nginxtest
873c8d402566        nginx              "nginx -g 'daemon of..."    About an hour ago
Exited (137) About a minute ago
nginxtest
[root@host131 ~]#
```

18. 容器操作场景：在容器中执行一条命令

exec 命令可以用于在容器中执行一条命令，其经常结合交互式参数进入容器内部确认，或者直接在容器运行状态时对其内部执行修改操作。下面还是使用刚刚创建的名为 nginxtest 的 nginx 容器。

```
[root@host131 ~]# docker start nginxtest
nginxtest
[root@host131 ~]# docker ps |grep nginx
873c8d402566        nginx              "nginx -g 'daemon of..."   About an hour ago
Up 2 seconds        0.0.0.0:8888->80/tcp                          nginxtest
[root@host131 ~]#
```

通过使用 exec 命令可以连接到一个正在运行的名为 nginxtest 的 nginx 容器，然后执行一条命令。

```
[root@host131 ~]# docker exec nginxtest hostname
873c8d402566
```

```
[root@host131 ~]#
```

但实际中会使用容器中的 sh 或者 bash，以交互的方式进行容器的连接，然后就可以在容器中执行各种操作了。

```
[root@host131 ~]# docker exec -it nginxtest sh
# hostname
873c8d402566
# pwd
/
# exit
[root@host131 ~]# docker ps |grep nginx
873c8d402566        nginx              "nginx -g 'daemon of..."    About an hour ago
Up 3 minutes        0.0.0.0:8888->80/tcp                         nginxtest
[root@host131 ~]#
```

exec 命令在容器维护方面应用非常广泛，其主要用于确认问题发生时容器的内部状态，其也是执行暂停应对的重要方式。

19. 容器操作场景：连接到正在运行的容器

attach 命令可以用于连接一个正在运行的容器，可以确认容器的状态。

```
[root@host131 ~]# docker ps |grep nginx
873c8d402566        nginx              "nginx -g 'daemon of..."    2 hours ago
Up 6 minutes        0.0.0.0:8888->80/tcp                         nginxtest
[root@host131 ~]# docker attach nginxtest
```

在其他窗口中连续执行 curl 命令，以对名为 nginxtest 的 nginx 容器进行访问。

在 attach 进程中，可以即时看到相关的名为 nginxtest 的 nginx 容器日志访问信息。

```
[root@host131 ~]# docker attach nginxtest
172.17.0.1 - - [29/Apr/2018:17:50:02 +0000] "GET / HTTP/1.1" 200 612 "-"
"curl/7.29.0" "-"
172.17.0.1 - - [29/Apr/2018:17:51:05 +0000] "GET / HTTP/1.1" 200 612 "-"
"curl/7.29.0" "-"
```

但是需要注意，在 attach 方式下，不能以按下 Ctrl+C 组合键的方式强制断开连接，因为这会导致 attach 的宿主容器停止运行。attach 命令在使用上的不小心经常会导致待确认对象的容器停止运行，所以在大多数情况下会使用 exec 命令来进行容器的维护工作。

```
[root@host131 ~]# docker attach nginxtest
172.17.0.1 - - [29/Apr/2018:17:50:02 +0000] "GET / HTTP/1.1" 200 612 "-"
"curl/7.29.0" "-"
172.17.0.1 - - [29/Apr/2018:17:51:05 +0000] "GET / HTTP/1.1" 200 612 "-"
"curl/7.29.0" "-"
^C[root@host131 ~]# docker ps |grep nginx
[root@host131 ~]# docker ps -a |grep nginxtest
873c8d402566        nginx                "nginx -g 'daemon of..."   2 hours ago
```

```
Exited (0) About a minute ago                                          nginxtest
[root@host131 ~]#
```

20. 容器操作场景：容器与宿主机之间的文件复制

cp 命令可以用于容器和宿主机之间的文件复制，可以将容器中的内容复制出来，也可以将宿主机中的内容复制到容器中，它是一条经常用于维护的命令。

以下示例演示了将宿主机中的文件复制到容器中，修改文件之后再将其从容器中复制回宿主机中的过程。下面首先在宿主机中创建一个文件将其复制到容器中。

```
[root@host131 ~]# docker ps |grep nginx
873c8d402566        nginx              "nginx -g 'daemon of..."   2 hours ago
Up 10 minutes       0.0.0.0:8888->80/tcp                          nginxtest
[root@host131 ~]# echo "data from host131" >data4copy
[root@host131 ~]# docker cp data4copy nginxtest:/tmp
[root@host131 ~]#
```

然后在容器中确认并修改该文件内容。

```
[root@host131 ~]# docker exec -it nginxtest sh
# cd /tmp
# cat data4copy
data from host131
# echo "data added in nginxtest" >>data4copy
# exit
[root@host131 ~]#
```

最后将该文件复制回宿主机中并确认。

```
[root@host131 ~]# docker cp nginxtest:/tmp/data4copy /tmp/data4copy
[root@host131 ~]# cat /tmp/data4copy
data from host131
data added in nginxtest
[root@host131 ~]#
```

21. 容器操作场景：查看容器文件系统的变化情况

diff 命令可以用于查看容器文件系统中文件或者目录的变化情况。在上面的示例中，由镜像文件创建的容器（873c8d402566）经过了一系列的操作，这会对容器文件系统造成什么样的影响呢？比如，把 data4copy 复制到该容器的/tmp 目录下，这时可以使用 diff 命令查看文件系统的变化情况。

```
[root@host131 ~]# docker diff nginxtest
C /run
A /run/nginx.pid
C /tmp
A /tmp/data4copy
C /var
```

```
C /var/cache
C /var/cache/nginx
A /var/cache/nginx/client_temp
A /var/cache/nginx/fastcgi_temp
A /var/cache/nginx/proxy_temp
A /var/cache/nginx/scgi_temp
A /var/cache/nginx/uwsgi_temp
[root@host131 ~]#
```

22．容器操作场景：基于容器的变化生成镜像

commit 命令可以用于根据容器的变化生成新的镜像，比如我们在上面的示例中修改了容器的内容，将 data4copy 复制到了该容器的/tmp 目录下，但是这样的修改并没有反映到镜像中。另外，如果实际的场景是：我们在一个 CentOS 的容器里安装了 JDK，然后又在此基础上安装了 Tomcat，我们希望对此容器的修改能够直接为其他人所复用，这时候就需要用到 commit 命令了。

通过执行下面的命令可以看到，data4copy 只在名为 nginxtest 的 nginx 容器中存在，而使用原来的镜像生成的容器中没有 data4copy。

```
[root@host131 ~]# docker run --rm nginx ls /tmp/data4copy
ls: cannot access '/tmp/data4copy': No such file or directory
[root@host131 ~]# docker exec nginxtest ls /tmp/data4copy
/tmp/data4copy
[root@host131 ~]#
```

将对此容器的修改固化成一个新的镜像，使用 commit 命令如下。

```
[root@host131 ~]# docker ps |grep nginx
873c8d402566        nginx              "nginx -g 'daemon of..."   2 hours ago
Up 32 minutes       0.0.0.0:8888->80/tcp                          nginxtest
[root@host131 ~]# docker commit 873c8d402566 nginx:v3
sha256:fdb920920d2101a2424e26c24373808a244e71ce0129ea5d2d9dea991f1e1045
[root@host131 ~]# docker images |grep nginx
nginx              v3               fdb920920d21       14 seconds ago     109MB
nginx              latest           b175e7467d66       2 weeks ago        109MB
[root@host131 ~]#
```

使用 commit 命令产生的镜像 nginx:v3 生成的容器中就包含了容器变化的内容。

```
[root@host131 ~]# docker run --rm nginx:v3 ls /tmp/data4copy
/tmp/data4copy
[root@host131 ~]#
```

另外，使用 commit 命令生成的新镜像中还包含了 history 的变化内容。

```
[root@host131 ~]# docker history nginx:v3
IMAGE            CREATED           CREATED BY
SIZE             COMMENT
```

```
fdb920920d21     4 minutes ago     nginx -g daemon off;
44B
b175e7467d66     2 weeks ago       /bin/sh -c #(nop)  CMD ["nginx" "-g" "daemon...
0B
<missing>        2 weeks ago       /bin/sh -c #(nop)  STOPSIGNAL [SIGTERM]
0B
...
[root@host131 ~]#
```

23. 容器操作场景：以容器为基础生成文件

export 命令可以用于以容器为基础生成可导入的文件，其通常与 import 命令结对使用。其与 save 命令和 load 命令的区别在于，操作对象是不同的，save 命令和 load 命令的操作对象是镜像，而 export 命令的操作对象是容器。可以使用 export 命令将名为 nginxtest 的 nginx 容器导出为一个 tar 文件。

```
[root@host131 ~]# docker restart nginxtest
nginxtest
[root@host131 ~]# docker exec nginxtest ls /tmp/data4copy
/tmp/data4copy
[root@host131 ~]#
[root@host131 ~]# docker export nginxtest >/tmp/nginx-export.tar
[root@host131 ~]# ls /tmp/nginx-export.tar
/tmp/nginx-export.tar
[root@host131 ~]# du -k /tmp/nginx-export.tar
108376  /tmp/nginx-export.tar
[root@host131 ~]#
```

24. 容器操作场景：根据导出的 tar 文件生成镜像

import 命令与 export 命令结对使用，用于以通过 export 命令导出的 tar 文件为基础生成镜像。可以使用 import 命令以名为 nginxtest 的 nginx 容器导出的 tar 文件为基础生成新镜像。

```
[root@host131 ~]# docker import /tmp/nginx-export.tar nginx-import:latest
sha256:69d202967d924ec2cf90b67d4243b3211f198f07d27e1f69c37835f355b5853f
[root@host131 ~]# docker images |grep import
nginx-import      latest      69d202967d92      8 seconds ago      107MB
[root@host131 ~]#
```

使用此镜像进行结果确认。

```
[root@host131 ~]# docker run --rm nginx-import ls /tmp/data4copy
/tmp/data4copy
[root@host131 ~]#
```

25. 容器操作场景：修改容器名称

rename 命令可以用于修改容器名称。使用 rename 命令将名为 nginxtest 的 nginx 容器的名字修改为 nginx。

```
[root@host131 ~]# docker ps |grep nginx
873c8d402566        nginx                "nginx -g 'daemon of..."  3 hours ago
Up 14 minutes        0.0.0.0:8888->80/tcp                          nginxtest
[root@host131 ~]# docker rename nginxtest nginx
[root@host131 ~]# docker ps |grep nginx
873c8d402566        nginx                "nginx -g 'daemon of..."  3 hours ago
Up 14 minutes        0.0.0.0:8888->80/tcp                          nginx
[root@host131 ~]#
```

在容器的非运行状态下，也可以使用该命令进行名称的修改。

```
[root@host131 ~]# docker stop nginx
nginx
[root@host131 ~]# docker rename nginx nginxtest
[root@host131 ~]# docker ps -a |grep nginxtest
873c8d402566        nginx                "nginx -g 'daemon of..."  3 hours ago
Exited (0) 16 seconds ago                                         nginxtest
[root@host131 ~]#
```

26．容器操作场景：删除容器

rm 命令可以用于删除容器。如果需要删除正在运行的容器，可以在执行 stop 操作之后再执行 rm 操作，也可以加上-f 选项。

```
[root@host131 ~]# docker restart nginxtest
nginxtest
[root@host131 ~]# docker ps |grep nginx
873c8d402566        nginx                "nginx -g 'daemon of..."  3 hours ago
Up 8 seconds         0.0.0.0:8888->80/tcp                          nginxtest
[root@host131 ~]# docker rm -f nginxtest
nginxtest
[root@host131 ~]# docker ps |grep nginx
[root@host131 ~]#
```

19.2.3　其他操作

1．操作场景：卷的管理

docker volume 有 5 个命令用于管理卷，这些命令的用途如表 19-6 所示。

表 19-6　docker volume 命令用途

命　　令	用　　途
create	创建卷
inspect	确认一个或多个卷的详细信息

命　　令	用　　途
ls	列出卷的信息
prune	删除所有不使用的本地卷
rm	删除一个或多个卷

创建一个名为 nginx-vol 的卷。

```
[root@host131 ~]# docker volume ls
DRIVER              VOLUME NAME
local
320e83a6045d2eaae068e4e42f1205d65e744b11beebaec9c29afe340779be66
[[root@host131 ~]# docker volume create nginx-vol
nginx-vol
[root@host131 ~]#
```

确认该卷的详细信息。

```
[root@host131 ~]# docker volume ls
DRIVER              VOLUME NAME
local
320e83a6045d2eaae068e4e42f1205d65e744b11beebaec9c29afe340779be66
local               nginx-vol
[root@host131 ~]# docker volume inspect nginx-vol
[
    {
        "CreatedAt": "2018-04-29T17:24:13-04:00",
        "Driver": "local",
        "Labels": {},
        "Mountpoint": "/var/lib/docker/volumes/nginx-vol/_data",
        "Name": "nginx-vol",
        "Options": {},
        "Scope": "local"
    }
]
[root@host131 ~]#
```

下面进行卷的清理，这里只是创建了卷，并没有将其与容器关联。在实际环境中，一些卷没有进行很好的管理，使用 prune 命令可以进行资源的自动回收，判断哪些卷没有使用，然后将其删除。当然也可以直接使用 rm 命令进行指定名称卷的删除。

```
[root@host131 ~]# docker volume prune
WARNING! This will remove all local volumes not used by at least one container.
Are you sure you want to continue? [y/N] y
Deleted Volumes:
nginx-vol
```

```
Total reclaimed space: 0B
[root@host131 ~]# docker volume ls
DRIVER              VOLUME NAME
local
320e83a6045d2eaae068e4e42f1205d65e744b11beebaec9c29afe340779be66
[root@host131 ~]#
```

2. 操作场景：网络管理

docker network 有 7 个命令用于管理卷，这些命令的用途如表 19-7 所示。

表 19-7　docker network 命令用途

命　　令	用　　途
create	创建网络
inspect	确认一个或多个网络的详细信息
ls	列出网络的信息
prune	删除所有不使用的网络
rm	删除一个或多个网络
connect	建立容器与网络之间的关系
disconnect	断开容器与网络之间的关系

管理网络和管理卷有很多命令比较相似，网络除了在创建时比较特殊，以及具有连接和断开连接等操作外，其余操作跟卷的操作相近。使用 ls 命令可以列出网络的信息，在默认的情况下，会有 3 个网络：bridge、host、none。在没有特别指定网络的情况下，正在运行的容器会被加到 bridge 网络中，可以使用 inspect 命令进行确认。

创建一个 bridge 网络。

```
[root@host121 ~]# docker network create --driver bridge bridge_nw
f7a46429713ab7e7e0d6411582e3bea417a7dcb959e316d339a78553b0732800
[root@host121 ~]# docker network ls |grep nw
f7a46429713a        bridge_nw           bridge              local
[root@host121 ~]#
```

分别启动两个容器，将其与网络关联。首先启动一个名为 container1 的容器。

```
[root@host131 ~]# docker run -it --network=bridge_nw --name container1 nginx sh
# hostname
76f88d9cb104
#
```

然后启动一个名为 container2 的容器。

```
[root@host131 ~]# docker run -it --network=bridge_nw --name container2 nginx sh
#
```

可以确认在 bridge_nw 网络中包含容器 container1 和容器 container2。

```
[root@host131 ~]# docker network inspect bridge_nw |grep container
```

```
            "Name": "container1",
            "Name": "container2",
[root@host131 ~]#
```

使用 disconnect 命令断开容器 container2 与网络的连接，并确认结果。

```
[root@host131 ~]# docker network disconnect bridge_nw container2
[root@host131 ~]#
[root@host131 ~]# docker network inspect bridge_nw |grep container
            "Name": "container1",
[root@host131 ~]#
```

3. 操作场景：更新容器

update 命令可以用于对运行状态的容器进行资源限制。对于容器的相关设定，无须停止容器。首先直接确认镜像 influxdb 当前的内存大小。

```
[root@host131 ~]# docker ps
CONTAINER ID        IMAGE              COMMAND              CREATED
STATUS              PORTS                                          NAMES
cdc088abbd75        influxdb           "/entrypoint.sh infl..."  13 hours ago
Up 10 hours         0.0.0.0:8083->8083/tcp, 0.0.0.0:8086->8086/tcp  influxdb
[root@host131 ~]# docker stats

CONTAINER ID        NAME               CPU %                MEM USAGE / LIMIT
MEM %               NET I/O            BLOCK I/O            PIDS
cdc088abbd75        influxdb           0.04%                38.08MiB / 992.4MiB
3.84%               5.17kB / 1.91kB    15.8MB / 84.4MB      7
```

然后使用 update 命令调整 Memory Limit 为 200MB。

```
[root@host131 ~]# docker update --memory 200MB --memory-swap 200MB influxdb
influxdb
[root@host131 ~]#
```

最后使用 docker stats 命令可以看到 Memory Limit 已经被动态地调整为 200MB 了。

```
root@host131 ~]# docker stats
CONTAINER ID        NAME          CPU %      MEM USAGE / LIMIT    MEM %
NET I/O             BLOCK I/O     PIDS
cdc088abbd75        influxdb      0.04%      38.12MiB / 200MiB    19.06%
5.17kB / 1.91kB     15.8MB / 84.9MB  7
```

19.3 详细介绍：Kubernetes

创建 Kubernetes 集群，其版本号为 1.10。

```
Client Version: version.Info{Major:"1", Minor:"10", GitVersion:"v1.10.0",
```

```
GitCommit:"fc32d2f3698e36b93322a3465f63a14e9f0eaead", GitTreeState:"clean",
BuildDate:"2018-03-26T16:55:54Z", GoVersion:"go1.9.3", Compiler:"gc",
Platform:"linux/amd64"}
Server Version: version.Info{Major:"1", Minor:"10", GitVersion:"v1.10.0",
GitCommit:"fc32d2f3698e36b93322a3465f63a14e9f0eaead", GitTreeState:"clean",
BuildDate:"2018-03-26T16:44:10Z", GoVersion:"go1.9.3", Compiler:"gc",
Platform:"linux/amd64"}
[root@host121 ~]#
```

该集群节点构成为一主三从，如表 19-8 所示。

表 19-8　Kubernetes 集群节点构成说明

项 目 编 号	类　　型	Hostname	IP
No.1	Master	host121	192.168.32.121
No.2	Node	host122	192.168.32.122
No.3	Node	host123	192.168.32.123
No.4	Node	host124	192.168.32.124

使用 kubectl get node 命令和-o wide 参数查询节点构成的详细信息。

```
[root@host121 ~]# kubectl get node -o wide
NAME             STATUS    ROLES      AGE      VERSION   EXTERNAL-IP
OS-IMAGE                   KERNEL-VERSION            CONTAINER-RUNTIME
192.168.163.122  Ready     <none>     24d      v1.10.0   <none>
CentOS Linux 7 (Core)      3.10.0-693.el7.x86_64     docker://17.12.0-ce
192.168.163.123  Ready     <none>     24d      v1.10.0   <none>
CentOS Linux 7 (Core)      3.10.0-693.el7.x86_64     docker://17.12.0-ce
192.168.163.124  Ready     <none>     24d      v1.10.0   <none>
CentOS Linux 7 (Core)      3.10.0-693.el7.x86_64     docker://17.12.0-ce
[root@host121 ~]#
```

19.3.1　管理资源

Kubernetes 的很多操作均可使用 kubectl 来实现，kubectl 是一个用于操作 Kubernetes 集群的命令行接口。通过使用 kubectl 的各种命令可以实现各种功能，kubectl 是在使用 Kubernetes 时常用的工具，常见的场景就是对 Kubernetes 的资源进行管理，比如：

- 在集群上运行一个镜像。
- 使用文件或标准输入的方式创建资源。
- 使用文件或标准输入，以及资源名称或标签选择器，删除指定的资源。

1. 操作场景：使用 kubectl run 命令运行一个镜像

kubectl run 命令和 docker run 命令一样，它能将一个镜像在 Kubernetes 上运行起来，这里使用 kubectl run 命令来将一个 nginx 镜像运行起来。

```
[root@host121 ~]# kubectl run nginx --image=nginx --replicas=1 --port=31001
deployment.apps "nginx" created
[root@host121 ~]#
```

接下来看看执行了 kubectl run 命令之后 Kubernetes 做了什么，从它的提示可以看到，Kubernetes 创建了一个 deployment，可以使用 kubectl get deployment 命令确认 deployment 的状况。

```
[root@host121 ~]# kubectl get deployment -o wide
NAME      DESIRED   CURRENT   UP-TO-DATE   AVAILABLE   AGE    CONTAINERS
IMAGES    SELECTOR
nginx     1         1         1            1           18s    nginx
nginx     run=nginx
[root@host121 ~]#
```

Kubernetes 将镜像运行在 Pod 中以便实施卷和网络共享等的管理，使用 get pods 命令可以清楚地看到生成了一个 Pod。

```
[root@host121 ~]# kubectl get pods -o wide
NAME                     READY    STATUS     RESTARTS    AGE    IP
NODE
nginx-746f8878cc-kggd2   1/1      Running    0           50s    172.200.50.2
192.168.163.124
[root@host121 ~]#
```

使用 kubectl delete 命令删除这些创建的对象并对结果进行确认。

```
[root@host121 ~]# kubectl delete pods nginx-746f8878cc-kggd2
pod "nginx-746f8878cc-kggd2" deleted
[root@host121 ~]# kubectl get pods -o wide
NAME                     READY    STATUS              RESTARTS   AGE    IP
NODE
nginx-746f8878cc-7mcps   0/1      ContainerCreating   0          5s     <none>
192.168.163.123
nginx-746f8878cc-kggd2   0/1      Terminating         0          1m
172.200.50.2   192.168.163.124
[root@host121 ~]#
```

从上述代码中可以看到，刚刚生成的 nginx-746f8878cc-kggd2 结束，（Terminating）了，随之创建了一个新的 nginx-746f8878cc-7mcps，这是确保 replicas 状态为 1 的运行机制。如果从架构上解决了无状态的问题，则能通过 Kubernetes 的这种机制保证应用级别的自愈性，稍后再次确认，可以发现 replicas 的状态仍然为 1。

```
[root@host121 ~]# kubectl get pods -o wide
NAME                     READY    STATUS     RESTARTS    AGE    IP
NODE
nginx-746f8878cc-7mcps   1/1      Running    0           3m     172.200.5.2
192.168.163.123
[root@host121 ~]#
```

直接删除 Pod 会触发 replicas 的确保机制，使用 deployment 则能保证 Pod 被正常删除。

```
[root@host121 ~]# kubectl delete deployment nginx
deployment.extensions "nginx" deleted
[root@host121 ~]#
```

再次对 Pod 和 deployment 进行确认，可以发现 Pod 通过使用 deployment 已经进行了删除。

```
[root@host121 ~]# kubectl get pods -o wide
No resources found.
[root@host121 ~]# kubectl get deployments -o wide
No resources found.
[root@host121 ~]#
```

2. 操作场景：使用 kubectl create 和 kubectl delete 命令的方式管理 RC

使用 kubectl run 命令在设定很复杂的时候一般需要一条很长的语句，极不方便且很容易出错，而且无法保存，碰到转义字符的时候在命令行中进行处理也很麻烦，所以在更多的场景下会使用 yaml 文件或 json 文件。使用 kubectl create 和 kubectl delete 命令就可以利用这些 yaml 文件或 json 文件，比如，使用如下的方式分别创建 MySQL 的 RC。

下载 5.7.18 版本的 MySQL 安装包到本地并推送到本地的 Docker 镜像私库中。

```
[root@host121 yamls]# docker pull liumiaocn/mysql:5.7.18
5.7.18: Pulling from liumiaocn/mysql
...
Status: Image is up to date for liumiaocn/mysql:5.7.18
[root@host121 yamls]# docker tag liumiaocn/mysql:5.7.18 192.168.163.121:5000/
mysql:5.7.18
[root@host121 yamls]# docker push 192.168.163.121:5000/mysql:5.7.18
The push refers to repository [192.168.163.121:5000/mysql]
...
[root@host121 yamls]#
```

kubectl create 命令所需的 MySQL 的 yaml 设定文件如下。

```
[root@host121 yamls]# ls
mysql.yaml
[root@host121 yamls]# cat mysql.yaml
---
kind: ReplicationController
apiVersion: v1
metadata:
  name: mysql
spec:
  replicas: 1
  selector:
    name: mysql
  template:
```

```
    metadata:
      labels:
        name: mysql
    spec:
      containers:
      - name: mysql
        image: 192.168.163.121:5000/mysql:5.7.18
        ports:
        - containerPort: 3306
          protocol: TCP
        env:
          - name: MYSQL_ROOT_PASSWORD
            value: "hello123"
[root@host121 yamls]#
```

使用 kubectl create 命令创建 MySQL 的 RC。

```
[root@host121 yamls]# kubectl create -f mysql.yaml
replicationcontroller "mysql" created
[root@host121 yamls]#
```

对创建的结果进行确认。

```
[root@host121 yamls]# kubectl get rc -o wide
NAME      DESIRED   CURRENT   READY   AGE        CONTAINERS
IMAGES                                SELECTOR
mysql     1         1         1       1m         mysql
192.168.163.121:5000/mysql:5.7.18   name=mysql
[root@host121 yamls]# kubectl get pods -o wide
NAME          READY     STATUS    RESTARTS    AGE IP              NODE
mysql-hsbm8 1/1       Running 0             2m  172.200.50.2    192.168.163.124
[root@host121 yamls]#
```

接下来可以使用kubectl delete命令对这个yaml文件进行处理，即可删除创建的Pod和RC。

```
[root@host121 yamls]# kubectl delete -f mysql.yaml
replicationcontroller "mysql" deleted
[root@host121 yamls]#
```

对删除的结果进行确认。

```
[root@host121 yamls]# kubectl get pods
No resources found.
[root@host121 yamls]# kubectl get rc
No resources found.
[root@host121 yamls]#
```

3. 操作场景：使用 kubectl create 和 kubectl delete 命令的方式管理 deployment

RC 方式在其 1.4 版本之后已经逐渐被 deployment 方式取代，只需要更改 kind、apiversion 和 selector 的值即可。

```
[root@host121 ~]# ls yamls/
mysql.yaml
[root@host121 ~]# cat yamls/mysql.yaml
---
kind: Deployment
apiVersion: extensions/v1beta1
metadata:
  name: mysql
spec:
  replicas: 1
  template:
    metadata:
      labels:
        name: mysql
    spec:
      containers:
      - name: mysql
        image: 192.168.163.121:5000/mysql:5.7.18
        ports:
        - containerPort: 3306
          protocol: TCP
        env:
          - name: MYSQL_ROOT_PASSWORD
            value: "hello123"
[root@host121 ~]#
```

创建 deployment，通过-f 选项可以指定目录，该目录下如果存在多个 yaml 文件，可以将其一次全部创建。

```
[root@host121 ~]# kubectl create -f yamls/
deployment.extensions "mysql" created
[root@host121 ~]#
```

对创建的结果进行确认。

```
[root@host121 ~]# kubectl get pods -o wide
NAME                     READY STATUS  RESTARTS AGE IP          NODE
mysql-7f768fbb4c-lwcnf 1/1   Running 0        1m  172.200.5.2 192.168.163.123
[root@host121 ~]# kubectl get deployment -o wide
NAME    DESIRED CURRENT    UP-TO-DATE AVAILABLE    AGE CONTAINERS
IMAGES                          SELECTOR
mysql   1       1          1          1            1m  mysql
192.168.163.121:5000/mysql:5.7.18    name=mysql
[root@host121 ~]#
```

同样，删除的时候也可以指定目录，当该目录下有多个 yaml 文件时，可以将其一次全部删除。

```
[root@host121 ~]# kubectl delete -f yamls/
deployment.extensions "mysql" deleted
[root@host121 ~]#
```

对删除的结果进行确认。

```
[root@host121 yamls]# kubectl get pods
No resources found.
[root@host121 yamls]# kubectl get rc
No resources found.
[root@host121 yamls]#
```

19.3.2 故障排查

在问题发生的时候，需要对故障进行排查，这个时候往往需要做很多事情，而 Kubernetes 提供如下功能辅助用户进行操作。

- 显示客户端和服务器端版本信息。
- 以 group 或 version 的格式显示服务器端所支持的 API 版本。
- 获取确认对象的信息列表。
- 获取确认对象的详细信息。
- 获取 Pod 中容器的日志信息。
- 在容器中执行一条命令。
- 从容器中导出文件或向容器中导入文件。
- 连接到一个运行中的容器上。

接下来将会介绍如何使用 Kubernetes 执行这些操作。

1. 故障排查场景：确认版本

不同版本的 Kubernetes 的相关特性会有所不同，version 命令可以用于确认客户端和服务器端的版本信息。不同版本的 Kubernetes 下情况变化可能很大，所以故障排除时首先需要确认的是现场环境的版本信息。从下面这段代码中可以清楚地看到，此处所使用的 Kubernetes 的版本号为 1.10。

```
[root@host121 ~]# kubectl version
Client Version: version.Info{Major:"1", Minor:"10", GitVersion:"v1.10.0",
GitCommit:"fc32d2f3698e36b93322a3465f63a14e9f0eaead", GitTreeState:"clean",
BuildDate:"2018-03-26T16:55:54Z", GoVersion:"go1.9.3", Compiler:"gc",
Platform:"linux/amd64"}
Server Version: version.Info{Major:"1", Minor:"10", GitVersion:"v1.10.0",
GitCommit:"fc32d2f3698e36b93322a3465f63a14e9f0eaead", GitTreeState:"clean",
BuildDate:"2018-03-26T16:44:10Z", GoVersion:"go1.9.3", Compiler:"gc",
Platform:"linux/amd64"}
[root@host121 ~]#
```

2. 故障排查场景：确认集群构成和状态

使用 get nodes 命令可以确认集群构成和状态，结合 wide 选项可以确认更多信息，诸如客户端版本信息等。

```
[root@host121 ~]# kubectl get nodes -o wide
NAME              STATUS     ROLES     AGE      VERSION    EXTERNAL-IP
OS-IMAGE                    KERNEL-VERSION          CONTAINER-RUNTIME
192.168.163.122  Ready     <none>    24d      v1.10.0    <none>
CentOS Linux 7 (Core)   3.10.0-693.el7.x86_64   docker://17.12.0-ce
192.168.163.123  Ready     <none>    24d      v1.10.0    <none>
CentOS Linux 7 (Core)   3.10.0-693.el7.x86_64   docker://17.12.0-ce
192.168.163.124  Ready     <none>    24d      v1.10.0    <none>
CentOS Linux 7 (Core)   3.10.0-693.el7.x86_64   docker://17.12.0-ce
[root@host121 ~]#
```

3. 故障排查场景：确认所支持的 API 版本信息

使用 api-versions 命令可以列出当前版本的 Kubernetes 的服务器端所支持的 API 版本信息。比如，1.10 版本的 Kubernetes 所支持的 API 版本信息如下。

```
[root@host121 ~]# kubectl api-versions
admissionregistration.k8s.io/v1beta1
apiextensions.k8s.io/v1beta1
apiregistration.k8s.io/v1
apiregistration.k8s.io/v1beta1
apps/v1
apps/v1beta1
apps/v1beta2
authentication.k8s.io/v1
authentication.k8s.io/v1beta1
authorization.k8s.io/v1
authorization.k8s.io/v1beta1
autoscaling/v1
autoscaling/v2beta1
batch/v1
batch/v1beta1
certificates.k8s.io/v1beta1
events.k8s.io/v1beta1
extensions/v1beta1
networking.k8s.io/v1
policy/v1beta1
rbac.authorization.k8s.io/v1
rbac.authorization.k8s.io/v1beta1
storage.k8s.io/v1
storage.k8s.io/v1beta1
```

```
v1
[root@host121 ~]#
```

4. 故障排查场景：确认 Pod 或者 deployment 等的基本信息

使用 deployment 方式运行 MySQL 的镜像。

```
[root@host121 ~]# kubectl create -f yamls/
deployment.extensions "mysql" created
[root@host121 ~]#
```

使用 get 命令确认所创建的 Pod 和 deployment 等的基本信息。使用 get pods 命令可以看到创建的 Pod 的所有信息，也可以使用 kubectl get po 命令进行确认。

```
[root@host121 ~]# kubectl get pods
NAME                       READY      STATUS      RESTARTS      AGE
mysql-7f768fbb4c-zj5sq     1/1        Running     0             1m
[root@host121 ~]#
```

使用 get deployments 命令可以看到创建的 deployment 的所有信息，也可使用 get deploy 命令进行确认。

```
[root@host121 ~]# kubectl get deployments
NAME     DESIRED     CURRENT     UP-TO-DATE     AVAILABLE     AGE
mysql    1           1           1              1             3m
[root@host121 ~]#
```

如果希望得到更详细的信息，可以结合-o wide 选项，比如对于 Pod，可以看到节点在哪个 node 上运行，同时 Pod 的集群 IP 也可以进行显示。

```
[root@host121 ~]# kubectl get po -o wide
NAME                       READY STATUS   RESTARTS AGE IP           NODE
mysql-7f768fbb4c-zj5sq 1/1   Running 0          5m  172.200.18.2 192.168.163.122
[root@host121 ~]#
```

同样也可以得到 deployment 更详细的信息，所使用的镜像信息及 selector 的信息等也会一并显示。

```
[root@host121 ~]# kubectl get deploy -o wide
NAME     DESIRED     CURRENT     UP-TO-DATE     AVAILABLE     AGE     CONTAINERS
IMAGES                               SELECTOR
mysql    1           1           1              1             4m      mysql
192.168.163.121:5000/mysql:5.7.18      name=mysql
[root@host121 ~]#
```

可以使用 get namespaces 命令列出所有的命名空间信息。

```
[root@host121 ~]# kubectl get namespaces
NAME          STATUS     AGE
default       Active     24d
kube-public   Active     24d
kube-system   Active     24d
[root@host121 ~]#
```

除了 node、Pod、event、namespaces，使用 get 命令还能够获取集群基本信息和状态等很多种类的信息。

5. 故障排查场景：确认 Pod 或 deployment 等相关信息

使用 get 命令可以获得基本信息，而 describe 命令则用来获取详细信息。一般使用 get 命令获取节点信息，进一步确认时则使用 describe 命令获取详细信息。例如，对某节点进行确认，除了可以获取其 kubelet 的版本信息，kube-proxy 信息、os 信息、资源状况、标签信息等都可以得到确认。

```
[root@host121 ~]# kubectl get nodes
NAME               STATUS   ROLES    AGE    VERSION
192.168.163.122    Ready    <none>   24d    v1.10.0
192.168.163.123    Ready    <none>   24d    v1.10.0
192.168.163.124    Ready    <none>   24d    v1.10.0
[root@host121 ~]# kubectl describe nodes 192.168.163.122
Name:              192.168.163.122
Roles:             <none>
Labels:            beta.kubernetes.io/arch=amd64
                   beta.kubernetes.io/os=linux
                   kubernetes.io/hostname=192.168.163.122
Annotations:       node.alpha.kubernetes.io/ttl=0
                   volumes.kubernetes.io/controller-managed-attach-detach=true
CreationTimestamp: Thu, 05 Apr 2018 09:58:33 -0400
Taints:            <none>
Unschedulable:     false
Conditions:
...
Addresses:
...
Capacity:
...
Allocatable:
...
System Info:
...
 Kernel Version:                3.10.0-693.el7.x86_64
 OS Image:                      CentOS Linux 7 (Core)
 Operating System:              linux
 Architecture:                  amd64
 Container Runtime Version: docker://17.12.0-ce
 Kubelet Version:               v1.10.0
 Kube-Proxy Version:            v1.10.0
ExternalID:                     192.168.163.122
```

```
Non-terminated Pods:          (1 in total)
  Namespace  Name                        CPU Requests  CPU Limits Memory Requests
Memory Limits
  ---------  ----                        ------------  ---------- ----------------
-------------
  default    mysql-7f768fbb4c-zj5sq  0 (0%)          0 (0%)      0 (0%)
0 (0%)
Allocated resources:
...
[root@host121 ~]#
```

对 Pod 执行 describe 操作也能确认某 Pod 的详细信息。

```
[root@host121 ~]# kubectl get pods
NAME                          READY     STATUS     RESTARTS     AGE
mysql-7f768fbb4c-zj5sq    1/1       Running    0            22m
[root@host121 ~]# kubectl describe pods mysql-7f768fbb4c-zj5sq
Name:          mysql-7f768fbb4c-zj5sq
Namespace:     default
Node:          192.168.163.122/192.168.163.122
Start Time:    Mon, 30 Apr 2018 02:39:24 -0400
Labels:        name=mysql
               pod-template-hash=3932496607
Annotations:   <none>
Status:        Running
IP:            172.200.18.2
Controlled By: ReplicaSet/mysql-7f768fbb4c
Containers:
  mysql:
...
    Port:          3306/TCP
    Host Port:     0/TCP
    State:         Running
     Started:      Mon, 30 Apr 2018 02:39:38 -0400
    Ready:         True
    Restart Count: 0
    Environment:
...
Conditions:
...
Volumes:
...
Events:
...
[root@host121 ~]#
```

确认 deployment 的详细信息。

```
[root@host121 ~]# kubectl get deployments
NAME      DESIRED    CURRENT    UP-TO-DATE    AVAILABLE    AGE
mysql     1          1          1             1            34m
[root@host121 ~]# kubectl describe deployments mysql
Name:                 mysql
Namespace:            default
CreationTimestamp:    Mon, 30 Apr 2018 02:34:03 -0400
Labels:               name=mysql
Annotations:          deployment.kubernetes.io/revision=1
Selector:             name=mysql
Replicas:             1 desired | 1 updated | 1 total | 1 available | 0 unavailable
StrategyType:         RollingUpdate
MinReadySeconds:      0
RollingUpdateStrategy: 1 max unavailable, 1 max surge
Pod Template:
  Labels:  name=mysql
  Containers:
   mysql:
    Image:        192.168.163.121:5000/mysql:5.7.18
    Port:         3306/TCP
    Host Port:    0/TCP
    Environment:
      MYSQL_ROOT_PASSWORD:  hello123
    Mounts:                 <none>
  Volumes:                  <none>
Conditions:
...
NewReplicaSet:  mysql-7f768fbb4c (1/1 replicas created)
Events:
...
[root@host121 ~]#
```

6. 故障排查场景：确认日志信息

类似于 docker logs 命令，使用 kubectl logs 命令能够获得 Pod 中镜像的日志，而日志也是进行故障排除时的重要信息。

```
[root@host121 ~]# kubectl get pods
NAME                      READY    STATUS     RESTARTS    AGE
mysql-7f768fbb4c-zj5sq    1/1      Running    0           37m
[root@host121 ~]# kubectl logs mysql-7f768fbb4c-zj5sq
Initializing database
...
[root@host121 ~]#
```

7. 故障排查场景：在 Pod 中执行一条命令

类似于 docker exec 命令，kubectl exec 命令也用于在容器中执行一条命令，因为 Kubernetes 中的最小单元是 Pod，所以这里的执行对象是 Pod。例如，如命令用于在 MySQL 的镜像中执行 hostname 命令。

```
[root@host121 ~]# kubectl get pods -o wide
NAME                     READY STATUS   RESTARTS AGE IP           NODE
mysql-7f768fbb4c-zj5sq 1/1   Running  0        40m 172.200.18.2 192.168.163.122
[root@host121 ~]# kubectl exec mysql-7f768fbb4c-zj5sq hostname
mysql-7f768fbb4c-zj5sq
[root@host121 ~]#
```

而更常用的方式则是登录到 Pod 中进行故障发生时的现场确认，这种方式最直接、有效，但是对权限也有较多要求。如下代码使用 kubectl exec 命令从 host121 机器进入了运行在其上的一个容器中并进行操作。

```
[root@host121 ~]# kubectl exec mysql-7f768fbb4c-zj5sq -it sh
# hostname
mysql-7f768fbb4c-zj5sq
# pwd
/
#
```

8. 故障排查场景：Pod 与外部交换文件

在排查和应对故障时，不可避免地会出现 Pod 和外部交换文件的情况，kubectl cp 命令则用于应对这种情况。

在宿主机上创建一个文件，将其复制到一个正在运行的 Pod 中。

```
[root@host121 ~]# echo "data from host121" >/tmp/data4copy
[root@host121 ~]# kubectl get pods
NAME                     READY      STATUS      RESTARTS      AGE
mysql-7f768fbb4c-zj5sq 1/1        Running     0             44m
[root@host121 ~]#
```

进入这个 Pod 中，确认并修改该文件。

```
[root@host121 ~]# kubectl exec -it mysql-7f768fbb4c-zj5sq sh
# cd /tmp
# cat data4copy
data from host121
# echo "data added in pod mysql-7f768fbb4c-zj5sq" >>data4copy
# exit
[root@host121 ~]#
```

将修改后的文件从 Pod 中复制出来并确认内容。

```
[root@host121 ~]# kubectl cp mysql-7f768fbb4c-zj5sq:/tmp/data4copy /tmp/data4copy
```

```
[root@host121 ~]# cat /tmp/data4copy
data from host121
data added in pod mysql-7f768fbb4c-zj5sq
[root@host121 ~]#
```

9. 故障排查场景：attach 操作

attach 操作的功能类似于 docker attach，用于连接容器实时获取类似于 kubectl logs 的信息。使用 attach 操作进行调试非常方便，但是在使用 attach 命令的时候，如果因为使用不当强制退出会导致所连接的容器异常停止，所以建议在调试的时候使用 attach 命令，在生产环境下需要进入容器内部执行操作的时候使用 kubectl exec 命令。

10. 故障排查场景：获取 cluster-info 信息

在需要通过运维人员确认整体状况的时候，使用 kubectl cluster-info dump 命令可以同时获取很多相关的信息以供开发人员确认，其相比逐条命令地执行较为方便。

```
[root@host121 ~]# kubectl cluster-info dump
{
    "selfLink": "/api/v1/nodes",
    "resourceVersion": "104539",
    "Items": [
        {
            "name": "192.168.163.122",
            "selfLink": "/api/v1/nodes/192.168.163.122",
            "uid": "6d7175aa-38d9-11e8-8bbb-08002745cc29",
            "resourceVersion": "104530",
            "creationTimestamp": "2018-04-05T13:58:33Z",
            "labels": {
                "beta.kubernetes.io/arch": "amd64",
                "beta.kubernetes.io/os": "linux",
                "kubernetes.io/hostname": "192.168.163.122"
            },
...
Cluster info dumped to standard output
[root@host121 ~]#
```

19.3.3　故障应对

当 Kubernetes 集群发生了问题且需要应对，或者集群中某个节点因为硬件问题需要进行维护时，Kubernetes 也提供了相关的功能辅助使用者执行相关操作。接下来将介绍如何使用 Kubernetes 执行这些故障应对时的操作。

使用如下镜像演示镜像版本升级的各种场景。

- Nginx 1.12 Alpine 版本的官方镜像。
- Nginx 1.13 Alpine 版本的官方镜像。

首先使用 docker pull 命令下载需要的 Nginx 镜像，然后使用 docker tag 命令为推送镜像到本地私库做准备，最后使用 docker push 命令将已下载的 Nginx 镜像推送到本地私库中，具体命令如下。

```
[root@host121 ~]# docker pull nginx:1.13-alpine
...
Digest: sha256:3a44395131c5a9704417d19ab4c8d6cb104013659f5babb2f1c632e789588196
Status: Downloaded newer image for nginx:1.13-alpine
[root@host121 ~]# docker pull nginx:1.12-alpine
...
Status: Downloaded newer image for nginx:1.12-alpine
[root@host121 ~]# docker tag nginx:1.12-alpine 192.168.163.121:5000/nginx:1.12-alpine
[root@host121 ~]# docker tag nginx:1.13-alpine 192.168.163.121:5000/nginx:1.13-alpine
[root@host121 ~]# docker push 192.168.163.121:5000/nginx:1.12-alpine
...
[root@host121 ~]# docker push 192.168.163.121:5000/nginx:1.13-alpine
...
[root@host121 ~]#
```

使用 deployment 方式启动 Nginx（1.12 版本）的 Pod，并设定 service。

```
[root@host121 ~]# ls nginx/
nginx.yaml
[root@host121 ~]# cat nginx/nginx.yaml
---
kind: Deployment
apiVersion: extensions/v1beta1
metadata:
  name: nginx
spec:
  replicas: 1
  template:
    metadata:
      labels:
        name: nginx
    spec:
      containers:
      - name: nginx
        image: 192.168.163.121:5000/nginx:1.12-alpine
        ports:
        - containerPort: 80
          protocol: TCP
---
```

```
kind: Service
apiVersion: v1
metadata:
  name: nginx
  labels:
    name: nginx
spec:
  type: NodePort
  ports:
  - protocol: TCP
    nodePort: 31001
    targetPort: 80
    port: 80
  selector:
    name: nginx
[root@host121 ~]#
```

创建 Nginx 的 Pod 和 deployment，以及 Nginx 服务。

```
[root@host121 ~]# kubectl create -f nginx/
deployment.extensions "nginx" created
service "nginx" created
[root@host121 ~]#
```

对创建的结果进行确认。

```
[root@host121 ~]# kubectl get service
NAME          TYPE        CLUSTER-IP       EXTERNAL-IP   PORT(S)        AGE
kubernetes    ClusterIP   172.200.0.1      <none>        443/TCP        24d
nginx         NodePort    172.200.185.235  <none>        80:31001/TCP   18s
[root@host121 ~]#
[root@host121 ~]# kubectl get pods
NAME                     READY   STATUS    RESTARTS   AGE
mysql-7f768fbb4c-zj5sq   1/1     Running   0          1h
nginx-676d76859f-2w8tf   1/1     Running   0          24s
[root@host121 ~]#
[root@host121 ~]# kubectl get deploy
NAME    DESIRED   CURRENT   UP-TO-DATE   AVAILABLE   AGE
mysql   1         1         1            1           1h
nginx   1         1         1            1           31s
[root@host121 ~]#
```

1. 故障应对场景：编辑资源

可以使用 kubectl edit 命令编辑资源。在编辑资源之前使用-o 选项指定输出格式为 yaml 的资源信息。例如，对 Nginx 的服务进行编辑，在此之前可以使用 get service 命令对 Nginx 服务的配置文件进行确认，然后使用 edit 命令进行编辑，对其他资源也进行如此操作。这种方式可以在只有运行环境而不知道设定文件是否正确，但是又需要进行暂时应对时使用。使用 get 命令获取格式为 yaml 的 Nginx 服务的配置文件详细信息，使用 edit 命令对运行环境进行编辑和设定时不需要停止服务。

```
[root@host121 ~]# kubectl get service |grep nginx
nginx        NodePort    172.200.185.235    <none>        80:31001/TCP    11m
[root@host121 ~]# kubectl get service nginx -o yaml
apiVersion: v1
kind: Service
metadata:
  creationTimestamp: 2018-04-30T07:46:39Z
  labels:
    name: nginx
  name: nginx
  namespace: default
  resourceVersion: "106205"
  selfLink: /api/v1/namespaces/default/services/nginx
  uid: 9def5f2b-4c4a-11e8-9176-08002745cc29
spec:
  clusterIP: 172.200.185.235
  externalTrafficPolicy: Cluster
  ports:
  - nodePort: 31001
    port: 80
    protocol: TCP
    targetPort: 80
  selector:
    name: nginx
  sessionAffinity: None
  type: NodePort
status:
  loadBalancer: {}
[root@host121 ~]#
```

使用 edit 命令对 Nginx 服务的设定文件进行编辑，将端口号 31001 改为 31002。

```
[root@host121 ~]# kubectl edit service nginx
service "nginx" edited
[root@host121 ~]#
```

编辑之后确认结果，可以看到服务端口已经变为 31002。

```
[root@host121 ~]# kubectl get service |grep nginx
nginx        NodePort    172.200.185.235    <none>        80:31002/TCP    13m
[root@host121 ~]#
```

同时 Nginx 也已经能够在 31002 端口连通。

```
[root@host121 ~]# curl http://192.168.163.123:31002
```

```
<!DOCTYPE html>
<html>
<head>
<title>Welcome to nginx!</title>
...
[root@host121 ~]#
```

2. 故障应对场景：替换资源

replace 命令与 edit 命令类似，用于替换操作。不同的是 edit 命令提供了直接的编辑功能，而 replace 命令则需要自行准备 yaml 文件。下面将刚编辑的端口号 31002 重新替换为 31001，首先确认当前的服务端口为 31002。

```
[root@host121 ~]# kubectl get service |grep nginx
nginx        NodePort    172.200.185.235   <none>        80:31002/TCP   20m
[root@host121 ~]#
```

获取当前 Nginx 服务的设定文件，然后修改端口号信息。

```
[root@host121 ~]# kubectl get service nginx -o yaml >nginx_forreplace.yaml
[root@host121 ~]# cp -p nginx_forreplace.yaml nginx_forreplace.yaml.org
[root@host121 ~]# vi nginx_forreplace.yaml
[root@host121 ~]# diff nginx_forreplace.yaml nginx_forreplace.yaml.org
16c16
<   - nodePort: 31001
---
>   - nodePort: 31002
[root@host121 ~]#
```

接着执行 replace 命令进行替换操作。

```
[root@host121 ~]# kubectl replace -f nginx_forreplace.yaml
service "nginx" replaced
[root@host121 ~]#
```

最后对结果进行确认，发现 Nginx 确实重新在 31001 端口上提供服务了。

```
[root@host121 ~]# kubectl get service |grep nginx
nginx        NodePort    172.200.185.235   <none>        80:31001/TCP   23m
[root@host121 ~]# curl http://192.168.163.123:31001
<!DOCTYPE html>
<html>
<head>
<title>Welcome to nginx!</title>
...
[root@host121 ~]#
```

3. 故障应对场景：更新部分设定

修改部分设定的时候使用 patch 命令会比较方便，尤其是对一些早期的版本来说更是如此。

这里使用 patch 命令将当前的 Nginx 从 1.12 版本替换成 1.13 版本，首先确认一下当前 Nginx 的版本号为 1.12。

```
[root@host121 ~]# kubectl exec nginx-676d76859f-2w8tf -it sh
/ # nginx -v
nginx version: nginx/1.12.2
/ #
```

然后执行 patch 命令进行版本的替换并进行版本确认。

```
[root@host121 ~]# kubectl patch pod nginx-676d76859f-2w8tf -p '{"spec":{"containers":
[{"name":"nginx","image":"192.168.163.121:5000/nginx:1.13-alpine"}]}}'
pod "nginx-676d76859f-2w8tf" patched
[root@host121 ~]#
[root@host121 ~]# kubectl exec nginx-676d76859f-2w8tf -it sh
/ # nginx -v
nginx version: nginx/1.13.12
/ #
```

4. 故障应对场景：修改配置信息

apply 命令是使用文件或者标准输入更改配置信息的。使用 apply 命令可以修改端口号的配置，首先启动一个在 31001 端口提供服务的 1.12 版本的 Nginx。

```
[root@host121 ~]# kubectl create -f nginx
deployment.extensions "nginx" created
service "nginx" created
[root@host121 ~]# kubectl get service |grep nginx
nginx        NodePort    172.200.14.218   <none>         80:31001/TCP    9s
[root@host121 ~]# kubectl exec -it nginx-676d76859f-f8n4p sh
/ # nginx -v
nginx version: nginx/1.12.2
/ # exit
[root@host121 ~]#
```

然后修改设定文件，将端口号修改为 31002，将 Nginx 的版本号修改为 1.13。

```
[root@host121 ~]# egrep 'nodePort|alpine' nginx/nginx.yaml
      image: 192.168.163.121:5000/nginx:1.12-alpine
   nodePort: 31001
[root@host121 ~]# vi nginx/nginx.yaml
[root@host121 ~]# egrep 'nodePort|alpine' nginx/nginx.yaml
      image: 192.168.163.121:5000/nginx:1.13-alpine
   nodePort: 31002
[root@host121 ~]#
```

接着执行 apply 命令，在运行状态下修改端口号信息和版本信息。

```
[root@host121 ~]# kubectl apply -f nginx/nginx.yaml
Warning: kubectl apply should be used on resource created by either kubectl create
```

```
--save-config or kubectl apply
deployment.extensions "nginx" configured
Warning: kubectl apply should be used on resource created by either kubectl create
--save-config or kubectl apply
service "nginx" configured
[root@host121 ~]#
```

最后对端口号和版本信息进行确认。

```
[root@host121 ~]# kubectl exec -it nginx-5557f599c8-sm4xp sh
/ # nginx -v
nginx version: nginx/1.13.12
/ # exit
[root@host121 ~]# kubectl get pods |grep nginx
nginx-5557f599c8-sm4xp   1/1        Running   0           1m
[root@host121 ~]# kubectl get service |grep nginx
nginx       NodePort   172.200.14.218   <none>        80:31002/TCP   5m
[root@host121 ~]#
```

5. 故障应对场景：横向扩展

scale 命令可以用于横向扩展，是 Kubernetes 或 Docker Swarm 等容器编辑平台的重要命令之一，通过调整无状态容器的数量可以提高平台对外提供服务的能力。首先确认当前正在运行的 Nginx 服务的 replica 的个数和运行的节点。

```
[root@host121 ~]# kubectl get pods -o wide |grep nginx
nginx-5557f599c8-sm4xp   1/1        Running   0           9m        172.200.5.2
192.168.163.123
[root@host121 ~]#
```

可以看到当前 Nginx 仅有一个 Pod 运行在 192.168.163.123 节点上。然后通过执行 scale 命令进行横向扩展，将 Pod 数量增加到 3。

```
[root@host121 ~]# kubectl scale --current-replicas=1 --replicas=3 deployment/nginx
deployment.extensions "nginx" scaled
[root@host121 ~]#
```

通过确认发现已经进行了横向扩展,除了 192.168.162.123 外,192.168.163.122 和 192.168.163.124 这两个节点上也各有一个 Pod 运行了起来。

```
[root@host121 ~]# kubectl get pods -o wide |grep nginx
nginx-5557f599c8-pjsst   1/1        Running   0           25s       172.200.50.2
192.168.163.124
nginx-5557f599c8-q44t5   1/1        Running   0           25s       172.200.18.3
192.168.163.122
nginx-5557f599c8-sm4xp   1/1        Running   0           11m       172.200.5.2
192.168.163.123
[root@host121 ~]#
```

通过确认 deployment 也可看到 Pod 数量的变化。

```
[root@host121 ~]# kubectl get deployments -o wide |grep nginx
nginx    3    3    3    3    16m    nginx
192.168.163.121:5000/nginx:1.13-alpine    name=nginx
[root@host121 ~]#
```

6. 故障应对场景：自动横向扩展

autoscale 命令可以用于自动横向扩展。与 autoscale 命令不同的是 scale 命令需要手动执行，而 autoscale 命令则会根据负载进行自动调节。autoscale 命令还可以通过指定最小值和最大值对 deployment、ReplicaSet、RC 等进行设定。

比如，当前的 replica 为 3，由于负载增大，需要进行自动调节，可以通过 autoscale 命令进行设定，设定后会根据负载状况在最小值 3 和最大值 5 之间进行自动横向扩展。

```
[root@host121 ~]# kubectl autoscale deployment nginx --min=3 --max=5
deployment.apps "nginx" autoscaled
[root@host121 ~]#
```

7. 故障应对场景：cordon 与 uncordon 命令

在实际维护容器的时候会出现某个节点坏掉，或者需要进行一些处理，暂时不能让生成的 Pod 在此节点上运行，需要通知 Kubernetes 该节点需要维护的情况，执行这种操作的命令就是 cordon 命令，而 uncordon 命令则用于取消这种状态。假设当前的状态是，Nginx 有 3 个 Pod 分别运行在 3 个节点上，但是由于硬件问题需要对其中的一个节点进行维护，等维护任务完成之后再取消维护状态。首先确认一下节点的当前状态。

```
[root@host121 ~]# kubectl get pods -o wide |grep nginx
nginx-5557f599c8-pjsst    1/1    Running    0    15m    172.200.50.2
192.168.163.124
nginx-5557f599c8-q44t5    1/1    Running    0    15m    172.200.18.3
192.168.163.122
nginx-5557f599c8-sm4xp    1/1    Running    0    25m    172.200.5.2
192.168.163.123
[root@host121 ~]#
```

假定 192.168.163.124 这个节点需要进行维护，然后执行 cordon 命令对其进行设定，使其不可使用。接着使用 get nodes 命令进行状态确认，其状态会显示为 SchedulingDisabled。

```
[root@host121 ~]# kubectl get nodes
NAME               STATUS    ROLES    AGE    VERSION
192.168.163.122    Ready     <none>   24d    v1.10.0
192.168.163.123    Ready     <none>   24d    v1.10.0
192.168.163.124    Ready     <none>   24d    v1.10.0
[root@host121 ~]# kubectl cordon 192.168.163.124
node "192.168.163.124" cordoned
```

```
[root@host121 ~]# kubectl get nodes
NAME                STATUS                  ROLES    AGE   VERSION
192.168.163.122     Ready                   <none>   24d   v1.10.0
192.168.163.123     Ready                   <none>   24d   v1.10.0
192.168.163.124     Ready,SchedulingDisabled <none>  24d   v1.10.0
[root@host121 ~]#
```

再次执行 scale 命令，看是否会有 Pod 在这个待维护的节点上运行，结果发现只有之前的一个 Pod，而没有新的 Pod。

```
[root@host121 ~]# kubectl scale --replicas=7 deployment/nginx
deployment.extensions "nginx" scaled
[root@host121 ~]#
```

可以看到 replica 从 3 个增加到了 7 个，除了待维护的节点，另外两个节点每个节点都增加了 2 个 replica，而待维护的 192.168.163.124 节点上则没有新的 Pod。

假设维护已经完成，可以解除状态限制，这时可以使用 uncordon 命令解除对 192.168.163.124 节点的状态限制，然后通过 get nodes 命令确认其状态已经恢复正常。

```
[root@host121 ~]# kubectl uncordon 192.168.163.124
node "192.168.163.124" uncordoned
[root@host121 ~]# kubectl get nodes
NAME                STATUS    ROLES    AGE   VERSION
192.168.163.122     Ready     <none>   24d   v1.10.0
192.168.163.123     Ready     <none>   24d   v1.10.0
192.168.163.124     Ready     <none>   24d   v1.10.0
[root@host121 ~]#
```

最后，再次执行 scale 命令，发现有新的 Pod 可以在 192.168.163.124 节点上运行了。

8. 故障对应场景：drain 操作

drain 命令可以用于对某个节点进行设定，英文中 drain 有排干水的意思，下水道的水排干后才能进行维护，而 drain 命令的操作思路与其大体相似。节点当前的状态如下。

```
[root@host121 ~]# kubectl get pods -o wide |grep nginx
nginx-5557f599c8-f77kv   1/1        Running   0         4m         172.200.50.2
192.168.163.124
nginx-5557f599c8-fmc2b   1/1        Running   0         4m         172.200.18.3
192.168.163.122
nginx-5557f599c8-sb8vg   1/1        Running   0         4m         172.200.5.2
192.168.163.123
[root@host121 ~]#
[root@host121 ~]# kubectl scale --replicas=4 deployment/nginx
deployment.extensions "nginx" scaled
[root@host121 ~]# kubectl get pods -o wide |grep nginx
nginx-5557f599c8-f77kv   1/1        Running   0         5m         172.200.50.2
192.168.163.124
```

```
nginx-5557f599c8-fmc2b   1/1       Running   0        5m      172.200.18.3
192.168.163.122
nginx-5557f599c8-sb8vg   1/1       Running   0        5m      172.200.5.2
192.168.163.123
nginx-5557f599c8-vsvf6   1/1       Running   0        4s      172.200.50.3
192.168.163.124
[root@host121 ~]#
```

192.168.163.124 节点上运行了 2 个 Nginx 的 Pod，如果对此节点执行 drain 操作，则会发现 drain 命令做了如下两件事情。

- 设定此节点不可使用（cordon 命令的相似功能）。
- 回收了其上的 2 个 Nginx 的 Pod。

通过执行 kubectl drain 命令，可以看到相关 Nginx Pod 的回收情况。

```
[root@host121 ~]# kubectl drain 192.168.163.124
node "192.168.163.124" cordoned
pod "nginx-5557f599c8-f77kv" evicted
pod "nginx-5557f599c8-vsvf6" evicted
node "192.168.163.124" drained
[root@host121 ~]#
```

结果是 192.168.163.124 节点上已经不再有 Pod，而在另两个节点上新生成了两个 Pod，用以替代 192.168.163.124 节点上"退场"的 Pod，这个替代动作是由 replicas 的机制保证的，所以 drain 操作的结果就是"退场" Pod 和设定节点不可用（排水），然后在这样的状态下可以进行节点维护了，执行完维护任务后重新执行 uncordon 操作即可。

```
[root@host121 ~]# kubectl get pods -o wide |grep nginx
nginx-5557f599c8-5vbsd   1/1       Running   0        9s      172.200.5.3
192.168.163.123
nginx-5557f599c8-7jgff   1/1       Running   0        9s      172.200.18.4
192.168.163.122
nginx-5557f599c8-fmc2b   1/1       Running   0        6m      172.200.18.3
192.168.163.122
nginx-5557f599c8-sb8vg   1/1       Running   0        6m      172.200.5.2
192.168.163.123
[root@host121 ~]#
[root@host121 ~]# kubectl get nodes
NAME               STATUS                 ROLES     AGE     VERSION
192.168.163.122    Ready                  <none>    24d     v1.10.0
192.168.163.123    Ready                  <none>    24d     v1.10.0
192.168.163.124    Ready,SchedulingDisabled  <none>  24d   v1.10.0
[root@host121 ~]#
```

第 20 章

DevOps 工具：镜像私库

镜像私库是相对 Docker Hub 的镜像库而言的，既然 Docker Hub 已经提供了镜像库，为何企业还要自行创建镜像私库呢？这里面有安全的考虑，比如一些镜像只能用于企业内网；另外，在 DevOps 实践容器化的过程中，为了能够更好地进行容器化的持续部署与回滚，也需要与镜像私库进行集成。有很多工具可以用于管理镜像私库，本章主要介绍 Registry、Harbor、Nexus 这 3 种工具。

20.1 常用工具介绍

本章主要选取常用镜像私库管理工具中的 Registry、Harbor 和 Nexus 进行介绍。

20.1.1 Registry

Registry 是 Docker 原生态的镜像私库管理工具，而 Harbor 在 Registry 的基础上实现了进一步的功能强化。Registry 特性信息如表 20-1 所示。

表 20-1　Registry 特性信息

开源/闭源	开源	提供者	Docker
License 类别	Apache License 2.0	开发语言	Go
软件资源	—	REST API 支持	提供 REST API 进行交互
更新频度	平均每年更新数次	更新机制	—

Registry 是 Docker 提供的用于管理镜像私库的工具，它本身以镜像的方式存在，只需要将该镜像运行起来即可使用，可以按照如下步骤操作。

Registry 环境准备如下。

- CentOS：7.4。
- Docker：17.12.0-ce。

对于此版本的 Registry 来说，只要保证 Docker 的版本号高于 1.6 即可。

步骤 1：下载 Registry 镜像。

使用 docker pull registry 命令即可下载最新版本的 Registry 镜像。

```
[root@ ~]# docker pull registry
Using default tag: latest
latest: Pulling from library/registry
81033e7c1d6a: Pull complete
b235084c2315: Pull complete
c692f3a6894b: Pull complete
ba2177f3a70e: Pull complete
a8d793620947: Pull complete
Digest: sha256:672d519d7fd7bbc7a448d17956ebeefe225d5eb27509d8dc5ce67ecb4a0bce54
Status: Downloaded newer image for registry:latest
[root@ ~]# docker images |grep registry |grep latest
registry                latest              d1fd7d86a825        5 weeks ago
33.3MB
[root@ ~]#
```

步骤 2：以设定 insecure 的方式使用镜像。

在 dockerd 守护进程的启动参数中设定 insecure-registry 选项，具体来说，就是修改 Docker 服务的设定文件 docker.service，即可以设定 insecure 的方式使用镜像。例如，希望在本地 IP 地址为 192.168.31.131 的机器的 5000 端口处提供 Docker 镜像私库服务，可以按照如下示例的方式进行设定。

```
[root@ ~]# grep insecure /usr/lib/systemd/system/docker.service
        --insecure-registry 192.168.31.131:5000 \
[root@ ~]#
```

步骤 3：启动 Registry 和进行 Registry 容器确认。

使用 docker run 命令启动 Registry，并对外暴露 5000 端口。

```
[root@ ~]# docker run -d -p 5000:5000 --name registry registry:latest
17d1326989bc21277bfa87052e9bc9a51bbbfbd9f7bed4b320f95982b9718430
[root@ ~]# docker ps |grep registry
17d1326989bc          registry:latest      "/entrypoint.sh /etc..."   9 seconds ago
Up 8 seconds          0.0.0.0:5000->5000/tcp   registry
[root@ ~]#
```

至此，Registry 已经可以进行镜像的拉取和推送等操作了。首先我们从 Docker Hub 上拉取一个 alpine 镜像，为将此镜像推送到刚刚启动的 Registry 镜像私库中做准备。

```
[root@ ~]# docker pull alpine
Using default tag: latest
latest: Pulling from library/alpine
ff3a5c916c92: Pull complete
Digest: sha256:7df6db5aa61ae9480f52f0b3a06a140ab98d427f86d8d5de0bedab9b8df6b1c0
```

```
Status: Downloaded newer image for alpine:latest
[root@ ~]#
```

在使用 docker push 命令执行镜像推送操作之前，还需要使用 docker tag 命令设定镜像的标签。以步骤 3 中启动的 Registry 镜像私库为例，执行如下命令。

```
[root@ ~]# docker tag alpine:latest 192.168.31.131:5000/alpine:localversion
[root@ ~]# docker images |grep alpine
192.168.31.131:5000/alpine   localversion  3fd9065eaf02   5 weeks ago  4.15MB
alpine                       latest        3fd9065eaf02   5 weeks ago  4.15MB
[root@ ~]#
```

然后就可以使用 docker push 命令将 alpine 镜像推送到 Registry 镜像私库中了。

```
[root@ ~]# docker push 192.168.31.131:5000/alpine:localversion
The push refers to repository [192.168.31.131:5000/alpine]
cd7100a72410: Pushed
localversion: digest: sha256:8c03bb07a531c53ad7d0f6e7041b64d81f99c6e493cb39abba
56d956b40eacbc size: 528
[root@ ~]#
```

在另一台机器上使用 docker pull 命令获取刚刚存放在 Registry 镜像私库中的 alpine 镜像。

```
[root@host132 ~]# docker pull 192.168.31.131:5000/alpine:localversion
localversion: Pulling from alpine
ff3a5c916c92: Pull complete
Digest: sha256:8c03bb07a531c53ad7d0f6e7041b64d81f99c6e493cb39abba56d956b40eacbc
Status: Downloaded newer image for 192.168.31.131:5000/alpine:localversion
[root@host132 ~]# docker images
REPOSITORY                   TAG           IMAGE ID       CREATED      SIZE
192.168.31.131:5000/alpine   localversion  3fd9065eaf02   5 weeks ago  4.15MB
[root@host132 ~]#
```

也可以使用 Registry 提供的 API 查询本地镜像私库中的镜像。

```
[root@host132 ~]# curl http://192.168.31.131:5000/v2/_catalog
{"repositories":["alpine"]}
[root@host132 ~]#
```

至此已经可以使用 Registry 执行最基础的镜像私库相关操作了。

20.1.2　Harbor

Docker 原生态的 Registry 只提供了核心功能的镜像私库，缺乏方便操作的 UI 及控制权限，在复杂情况下还需要用户进行权限管理或控制多个镜像私库，这在某种程度上增加了用户的工作量。Harbor 提供了开源的企业级镜像私库解决方案，在 Registry 的基础上提供了更加强大的镜像私库管理功能，其特性信息如表 20-2 所示。

表 20-2　Harbor 特性信息

开源/闭源	开源	提供者	VMware
License 类别	Apache License 2.0	开发语言	Go、TypeScript
软件资源	—	REST API 支持	提供 REST API 进行持续集成
更新频率	平均每月更新数次	更新机制	—

Harbor 除具有基础的拉取和推送镜像功能外，还在如表 20-3 所示的几个方面增强了功能。

表 20-3　Harbor 主要功能

功　　能	详　细　说　明
效率	搭建了组织内部的私有容器 Registry 服务，可显著减少访问公共 Registry 服务的网络需求
访问控制	提供了基于角色的访问控制，用户和镜像私库之间通过项目进行关联，用户对项目的镜像可根据角色设定不同的访问权限，还可集成企业目前拥有的用户管理系统（如 AD、LDAP）
审计	所有对 Registry 服务进行的操作均会被记录，便于日后审计
管理界面	具有友好、易用的图形管理界面，可进行镜像的查询和搜索
镜像复制	可在实例之间复制镜像
镜像扫描	准确地说，这是安全工具 Clair 的功能，通过集成 Clair 的功能可对存储在 Harbor 上的镜像漏洞进行警示
REST API	提供了 REST API，用于更加方便地与外系统集成
镜像远程复制	镜像可以在多个镜像私库之间复制、同步
国际化	支持多种语言实时切换

这里以 Harbor 1.5.2 版本为例，介绍使用 Harbor 执行镜像私库操作的方法。Harbor 提供了二进制安装包和源代码编译两种安装方式。二进制安装包又分为离线安装包和在线安装包两种，离线安装包把所有需要用到的镜像都放在一个 tar 文件中，安装的时候在 Harbor 的自动化脚本中使用 docker load 命令将其一次性地加载进来。Harbor 说明文档和安装包均可从 github 下载。

安装 Harbor 所需要的软硬件资源及默认对外端口号的设定信息如表 20-4 所示。

表 20-4　安装 Harbor 所需要的软硬件资源及默认对外端口号的设定信息

资源及端口	需　　求	说　　明
硬件资源	CPU	至少需要 2 核 CPU，推荐配备 4 核 CPU
硬件资源	内存	至少需要 4GB，推荐配备 8GB
硬件资源	硬盘	至少需要 40GB，推荐配备 160GB
软件资源	Python	2.7 版本及以上
软件资源	Docker	1.10 版本以上
软件资源	docker-compose	1.6.0 版本以上
软件资源	OpenSSL	建议使用最新版本
网络端口	80	HTTP 方式下的 UI 和 API 访问

续表

资源及端口	需求	说明
网络端口	443	HTTPS 方式下的 UI 和 API 访问
网络端口	4443	使用 Notary 方式时需要此依赖项

而安装本身则非常简单，使用如表 20-5 所示的简单步骤即可完成安装。

表 20-5 Harbor 安装步骤

步骤	详细说明
1	解压二进制安装包，命令为 tar xvpf harbor-offline-installer-v1.5.2.tgz
2	设定 harbor.cfg，命令为 cd harbor; vi harbor.cfg
3	安装并启动 Harbor，命令为 sh install.sh

在步骤 2 中可以进行 Harbor 的安装设定，最简单的设定方式是设定 hostname。harbor.cfg
是用户可以直接接触到的唯一接口，Harbor 开放的设定项均可在此设定。Harbor 自定义设定项
如表 20-6 所示。

表 20-6 Harbor 自定义设定项

设定项	类型	说明	默认值	备注
hostname	必选	IP 或者可以转化为 IP 的 FQDN	reg.mydomain.com	必须设定，安装时会判断使用者是否修改了 reg.mydomain.com
ui_url_protocol	必选	可设定为 HTTP 或 HTTPS 方式	HTTP	安装时若使用 Notary 方式，则此处必须设定为 HTTPS 方式
db_password	必选	Harbor 使用 MySQL（MariaDB）进行数据存储，此设定项为 root 用户的密码，在使用 db_auth 时也会使用它	root123	生产环境下建议修改此设定项
max_job_workers	必选	最大可并行的 worker 数目	3	建议根据 CPU 等资源的能力进行设定
customize_crt	必选	用于设定 token	on	在将该设定项设定为 on 时，Python 的 prepare 脚本在安装 Harbon 时会创建 root 的证书作为镜像私库的 token。如果需要使用外部提供的 token，则可将其设定为 off
ssl_cert	必选	SSL 证书路径	/data/cert/server.crt	仅在 HTTPS 方式下有效
ssl_cert_key	必选	SSL 私钥路径	/data/cert/server.key	仅在 HTTPS 方式下有效

续表

设 定 项	类型	说 明	默 认 值	备 注
secretkey_path	必选	私钥存储路径	/data	—
log_rotate_count	必选	日志备份轮转最大次数	50	如果将该设定项设定为 0, 则表示不进行日志备份
log_rotate_size	必选	日志备份轮转大小	200MB	日志大小达到此值后开始进行备份轮转（rotate），该值可以与 KB、MB、GB 结合进行设定，比如 10KB、10MB、10GB
email_server	可选	邮件通知设定：SMTP 服务器	smtp.mydomain.com	—
email_server_port	可选	邮件通知设定：SMTP 服务端口	25	—
email_identity	可选	邮件通知设定：identity 检查	—	详细内容可参看 RFC2595 文档
email_username	可选	邮件通知设定：发送邮件信息	sample_admin@mydomain.com	—
email_password	可选	邮件通知设定：密码	abc	—
email_from	可选	邮件通知设定：邮件发送者的显示信息	admin <sample_admin@mydomain.com>	—
email_ssl	可选	邮件通知设定：SSL 设定	FALSE	
email_insecure	可选	邮件通知设定：非信任证书	FALSE	默认值是 FALSE, 当需要使用自签名或非信任证书时将其设定为 TRUE
harbor_admin_password	可选	管理员账户初始密码	Harbor12345	默认的管理员账户密码为 admin, 登录后可以通过 UI 修改密码
auth_mode	可选	认证模式：db_auth/ldap_auth/uaa_auth	db_auth	默认方式下 uaa_auth 会将密码信息保存在数据库中。升级时需要保证认证模式不会发生变化，否则可能无法直接登录
ldap_url	可选	LDAP 设定：连接用 URL	ldaps://ldap.mydomain.com	LDAP 相关设定，仅在认证模式 ldap_auth 下使用
ldap_searchdn	可选	LDAP 设定：DN	uid=admin,ou=people,dc=mydomain,dc=com	—
ldap_search_pwd	可选	LDAP 设定：密码	password	ldap_searchdn 会用到的密码信息

设　定　项	类型	说　　明	默　认　值	备　　注
ldap_basedn	可选	LDAP 设定：basedn	ou=people,dc=mydomain,dc=com	—
ldap_filter	可选	LDAP 设定：filter	(objectClass=person)	LDAP 进行搜索时会用到的过滤器
ldap_uid	可选	LDAP 设定：uid	uid	搜索显示的属性信息，以逗号隔开各个属性，比如 uid,cn,email
ldap_scope	可选	LDAP 设定：搜索层级	2	分为 3 个层级：0-LDAP_SCOPE_BASE、1-LDAP_SCOPE_ONELEVEL、2-LDAP_SCOPE_SUBTREE
self_registration	可选	用户注册开关	on	默认会开放用户注册，若关闭用户注册，则只能通过管理员用户注册，不过认证方式为 LDAP 时不能也无法进行用户注册
token_expiration	可选	token 有效期	30	时间单位为分钟，默认值是 30 分钟
project_creation_restriction	可选	项目创建限制everyone/adminonly	everyone	若将该设定项设定为 adminonly，则只能通过管理员用户进行项目创建

下面介绍一些安装注意事项。

必选类型设定项的特点是需要在设定文件中设定，生效方式是在修改后重新执行 install.sh 命令重新安装 Harbor。而可选类型设定项的设定则不需要执行 install.sh 命令来重新安装 Harbor，通过页面即可设定，如 SMTP 相关的设定。需要注意的是，可选类型设定项初次若通过 harbor.cfg 文件进行设定，之后再修改设定文件则不再生效，需要通过页面进行设定。

db_auth 是特别需要确定清楚的设定项，最好在开始的时候确定是使用 LDAP 还是直接使用 Harbor 的本地数据库，一旦确定之后管理员用户之外的用户就无法再对其进行修改了。并且在升级的时候也无法变更认证方式，一旦有混合认证方式的需求或修改认证方式的需求，使用者可能需要手动进行用户的迁移。

虽然 Harbor 具有很多自定义设定项，但如果没有特别的需求，修改 hostname 和密码即可完成安装。修改 hostname 和密码的代码如下。

```
[root@liumiao harbor]# egrep 'hostname|liumiaopw' harbor.cfg
#The IP address or hostname to access admin UI and registry service.
hostname = 192.168.163.128
harbor_admin_password = liumiaopw
db_password = liumiaopw
clair_db_password = liumiaopw
[root@liumiao harbor]#
```

然后直接执行 sh install.sh 命令即可安装 Harbor。

```
[root@liumiao harbor]# sh install.sh
```

```
[Step 0]: checking installation environment ...
...
[Step 1]: loading Harbor images ...
...
[Step 2]: preparing environment ...
...
[Step 3]: checking existing instance of Harbor ...
...
[Step 4]: starting Harbor ...
...
✔ ----Harbor has been installed and started successfully.----

Now you should be able to visit the admin portal at http://192.168.163.128.
For more details, please visit https://github.com/vmware/harbor .

[root@liumiao harbor]#
```

20.1.3 Nexus

Nexus 作为镜像私库管理工具之一，在包的管理和 Docker 镜像管理的私有仓库管理场景中十分常用。一般将 OSS 版的 Nexus 作为基础镜像即可满足普通项目需求，其特性信息如表 20-7 所示。

表 20-7 Nexus 特性信息

开源/闭源	开源	提供者	Sonatype
License 类别	EPL-1.0	开发语言	Java、JavaScript
更新频度	平均每年更新数次	更新机制	—

另外，Nexus 也可以提供二进制制品服务，其主要功能特点如下所示。

- 提供官方镜像，安装更为简单。
- 具有易用的用户界面。
- 可以用来管理 Docker 镜像。
- 可以用来管理 NPM 和 Bower。
- 可以用来管理 NuGet 仓库以支持.Net 开发。
- 支持在线浏览。

使用 Nexus 进行二进制制品管理的方法将在 21.2 节进行展开，这里以 3.2.1 版本的 Nexus 为例，介绍使用 Nexus 进行镜像私库操作的方法。

1. Docker 版本

这里使用的 Docker 版本为 17.03.0-ce，但是实际使用中并不仅限于此版本。

```
[root@liumiaocn ~]# docker version
Client:
 Version:       17.03.0-ce
 API version:   1.26
 Go version:    go1.7.5
 Git commit:    3a232c8
 Built:         Tue Feb 28 08:10:07 2017
 OS/Arch:       linux/amd64

Server:
 Version:       17.03.0-ce
 API version:   1.26 (minimum version 1.12)
 Go version:    go1.7.5
 Git commit:    3a232c8
 Built:         Tue Feb 28 08:10:07 2017
 OS/Arch:       linux/amd64
 Experimental: false
[root@liumiaocn ~]#
```

2. 下载 Nexus 镜像

使用 docker pull 命令下载 Nexus 镜像，也可以直接下载官方 OSS 版的 Nexus 3.2.1 的镜像。

```
[root@liumiaocn ~]# docker pull liumiaocn/nexus
Using default tag: latest
latest: Pulling from liumiaocn/nexus
Digest: sha256:b93f9a6bba2b35ada33c324cd06bd2c732fc1bed352df186af1a013e228af8d8
Status: Image is up to date for liumiaocn/nexus:latest
[root@liumiaocn ~]#
```

3. 启动并确认 Nexus 相关信息

使用 docker run 命令即可启动 Nexus 服务。

```
[root@liumiaocn ~]# docker run -d -p 8081:8081 -p 8082:8082 -p 8083:8083 --name
nexus liumiaocn/nexus
222abae47fcf9d32c821bff6426edd03f6757a3dd4cbe07517dada5d800e173f
[root@liumiaocn ~]#
```

Nexus 相关信息如下。

- Nexus UI 端口：8081。
- 私有仓库端口：8082。
- 代理仓库端口：8083。
- 服务访问的 URL：http://192.168.32.123:8081/。
- 默认登录用户名：admin。

● 默认登录用户密码：admin123。

4. 创建 Hosted 仓库

创建一个 Hosted 仓库作为本地镜像私库。Nexus 支持的镜像私库类型主要有 Hosted、Proxy、Group 这 3 种，它们的具体含义如表 20-8 所示。

表 20-8　Nexus 支持的镜像私库类型的详细说明

镜像私库类型	详　细　说　明
Hosted	本地存储，提供本地镜像私库的相关功能
Proxy	提供代理其他镜像私库的功能
Group	组合方式，可以组合多个镜像私库为一个地址提供服务

创建的 Hosted 仓库具体设定信息如表 20-9 所示。

表 20-9　Hosted 仓库具体设定信息

项　　目	设　定　信　息
类型	docker（hosted）
Name	docker-repo-private
HTTP Port	8082
blob store	docker-repo-private
deployment policy	Allow redeploy

5. 创建 Proxy 仓库

创建一个 Proxy 仓库，其具体设定信息如表 20-10 所示。

表 20-10　Proxy 仓库具体设定信息

项　　目	设　定　信　息
类型	docker（proxy）
name	docker-repo-proxy
location of the remote repository being proxied	https://registry-1.docker.io
docker Index	Use Docker Hub
blob store	docker-repo-proxy

6. 创建 Group 仓库

创建一个 Group 仓库，其具体设定信息如表 20-11 所示。注意 member repositories 的设定，需要将前面创建的 Hosted 仓库及 Proxy 仓库都设定进去，这样可以通过统一的方式进行访问。

表 20-11　Group 仓库具体设定信息

项　　目	设 定 信 息
类型	docker（group）
name	docker-repo-group
HTTP Port	8083
blob store	docker-repo-group
member repositories	docker-repo-private、docker-repo-proxy

7. Docker 设定

Docker 的镜像私库可以使用 HTTP、HTTPS、Nexus 3 方式予以支持，本书采用 HTTP 方式。首先需要设定 Docker，在 Docker 启动前设定如表 20-12 所示的信息是必要的。

表 20-12　Docker 启动前的设定信息

项　　目	设 定 信 息
设定对象文件	/etc/docker/daemon.json
设定内容	insecure-registries

Docker 启动前的设定详细内容如下。

```
[root@liumiaocn ~]# cat /etc/docker/daemon.json
{
  "insecure-registries": [
    "192.168.32.123:8082",
    "192.168.32.123:8083"
  ],
  "disable-legacy-registry": true
}
[root@liumiaocn ~]#
```

8. 重启 Docker

在采用 Systemd 方式的 Linux 系统时，可使用 systemctl 命令重启 Docker，具体命令如下所示。

```
[root@liumiaocn docker]# systemctl restart docker
[root@liumiaocn docker]#
```

9. 启动 Nexus

随着 Docker 的重启，也需要启动 Nexus 容器，详细操作如下。

```
[root@liumiaocn docker]# docker start nexus
nexus
[root@liumiaocn docker]#
```

10. docker login

为了进行结果确认，需要先执行 docker login 操作，docker login 默认方式访问命令如表 20-13 所示。

表 20-13　docker login 默认方式访问命令

项　　目	详　细　说　明
Private 仓库	访问命令为 docker login -u admin -p admin123 192.168.32.123:8082
Proxy 仓库	访问命令为 docker login -u admin -p admin123 192.168.32.123:8083

```
[root@liumiaocn ~]# docker login -u admin -p admin123 192.168.32.123:8082
Login Succeeded
[root@liumiaocn ~]# docker login -u admin -p admin123 192.168.32.123:8083
Login Succeeded
[root@liumiaocn ~]#
```

11. Proxy 仓库确认

从远程镜像仓库拉取镜像，然后判断该镜像是否存在于 Proxy 仓库中。

```
[root@liumiaocn ~]# docker pull 192.168.32.123:8083/alpine:3.5
...
[root@liumiaocn docker]#
```

检查 Proxy 仓库，发现拉取的镜像已经保存在 Proxy 仓库中了。

12. Private 仓库确认

首先对镜像情况进行确认。

```
[root@liumiaocn ~]# docker images
REPOSITORY          TAG         IMAGE ID        CREATED         SIZE
busybox             latest      00f017a8c2a6    2 days ago      1.11 MB
liumiaocn/maven     latest      833b66f10ce6    5 days ago      160 MB
liumiaocn/nexus     latest      932d715eb7e1    5 days ago      460 MB
liumiaocn/gitlab    latest      2462fb291203    5 days ago      1.21 GB
liumiaocn/jenkins   latest      6668ecd39e4f    5 days ago      293 MB
[root@liumiaocn ~]#
```

然后对 busybox 镜像创建标签。

```
[root@liumiaocn ~]# docker tag busybox 192.168.32.123:8082/busybox:latest
[root@liumiaocn ~]# docker images
REPOSITORY                        TAG       IMAGE ID        CREATED         SIZE
192.168.32.123:8082/busybox       latest    00f017a8c2a6    2 days ago      1.11 MB
busybox                           latest    00f017a8c2a6    2 days ago      1.11 MB
liumiaocn/maven                   latest    833b66f10ce6    5 days ago      160 MB
liumiaocn/nexus                   latest    932d715eb7e1    5 days ago      460 MB
```

```
liumiaocn/gitlab                  latest      2462fb291203    5 days ago      1.21 GB
liumiaocn/jenkins                 latest      6668ecd39e4f    5 days ago      293 MB
[root@liumiaocn ~]#
```

接着推送 busybox 镜像到镜像私库中。

```
[root@liumiaocn ~]# docker push 192.168.32.123:8082/busybox:latest
The push refers to a repository [192.168.32.123:8082/busybox]
c0de73ac9968: Pushed
latest: digest: sha256:68effe31a4ae8312e47f54bec52d1fc925908009ce7e6f734e1b
54a4169081c5 size: 527
[root@liumiaocn ~]#
```

busybox 镜像已经被正常推送到 Private 仓库中了。因为在验证是否能够从此 Private 仓库中下载镜像时，本地已有 busybox 的镜像，所以，为了更好地说明 docker pull 命令是从 Private 仓库中下载的镜像，先使用 docker rmi 命令将本地 busybox 的镜像删除，然后使用 docker images 命令确认 busybox 的镜像确实已经被删除了。

```
[root@liumiaocn ~]# docker rmi busybox
Untagged: busybox:latest
Untagged: busybox@sha256:32f093055929dbc23dec4d03e09dfe971f5973a9ca5cf059cbfb
644c206aa83f
[root@liumiaocn ~]# docker rmi 192.168.32.123:8082/busybox
Untagged: 192.168.32.123:8082/busybox:latest
Untagged: 192.168.32.123:8082/busybox@sha256:68effe31a4ae8312e47f54bec52d1fc
925908009ce7e6f734e1b54a4169081c5
Deleted: sha256:00f017a8c2a6e1fe2ffd05c281f27d069d2a99323a8cd514dd35f228ba26d2ff
Deleted: sha256:c0de73ac99683640bc8f8de5cda9e0e2fc97fe53d78c9fd60ea69b31303efbc9
[root@liumiaocn ~]# docker images
REPOSITORY           TAG           IMAGE ID        CREATED         SIZE
liumiaocn/maven      latest        833b66f10ce6    5 days ago      160 MB
liumiaocn/nexus      latest        932d715eb7e1    5 days ago      460 MB
liumiaocn/gitlab     latest        2462fb291203    5 days ago      1.21 GB
liumiaocn/jenkins    latest        6668ecd39e4f    5 days ago      293 MB
[root@liumiaocn ~]#
```

使用 docker pull 命令从 Private 仓库中下载该镜像，可以发现下载速度明显快了很多。

```
[root@liumiaocn ~]# docker pull 192.168.32.123:8082/busybox
Using default tag: latest
latest: Pulling from busybox
04176c8b224a: Pull complete
Digest: sha256:68effe31a4ae8312e47f54bec52d1fc925908009ce7e6f734e1b54a4169081c5
Status: Downloaded newer image for 192.168.32.123:8082/busybox:latest
[root@liumiaocn ~]# docker images
REPOSITORY                        TAG      IMAGE ID        CREATED        SIZE
192.168.32.123:8082/busybox       latest   00f017a8c2a6    2 days ago     1.11 MB
liumiaocn/maven                   latest   833b66f10ce6    5 days ago     160 MB
```

```
liumiaocn/nexus            latest        932d715eb7e1      5 days ago   460 MB
liumiaocn/gitlab           latest        2462fb291203      5 days ago   1.21 GB
liumiaocn/jenkins          latest        6668ecd39e4f      5 days ago   293 MB
[root@liumiaocn ~]#
```

20.2　详细介绍：Harbor

在安装了 Harbor 之后，就可以使用 Harbor 来完成普通镜像私库的相关操作了。

1. docker login

登录 Docker 的时候指定在 docker.service 中设定的 IP。

```
[root@liumiao ~]# docker login 192.168.163.128
Username (admin): admin
Password:
Login Succeeded
[root@liumiao ~]#
```

2. pull busybox

在本地拉取一个 busybox 镜像，用于之后向 Harbor 推送镜像。

```
[root@liumiao ~]# docker pull busybox
Using default tag: latest
latest: Pulling from library/busybox
Digest: sha256:cb63aa0641a885f54de20f61d152187419e8f6b159ed11a251a09d115fdff9bd
Status: Image is up to date for busybox:latest
[root@liumiao ~]#
```

3. 为镜像设置标签

Harbor 会默认创建一个 library 项目，在这里我们为 busybox 镜像设置标签，以便后续进行推送镜像操作。

```
[root@liumiao ~]# docker tag busybox 192.168.163.128/library/busybox:latest
[root@liumiao ~]#
```

4. 推送镜像到镜像私库中

使用 docker push 命令将指定的镜像推送到 Harbor 镜像私库中，具体命令如下。

```
[root@liumiao ~]# docker push 192.168.163.128/library/busybox:latest
The push refers to a repository [192.168.163.128/library/busybox]
f9d9e4e6e2f0: Pushed
latest: digest: sha256:19fca0f4a812d0ba4ad89a4c345ce660ecc7c14c1ce9a9c12ac
```

```
9db1ca62b4602 size: 527
[root@liumiao ~]#
```

5. 在 Harbor 上确认结果

从 Harbor 的 UI 上可以看到，library 项目中已经有推送的 busybox 镜像了，如图 20-1 所示。

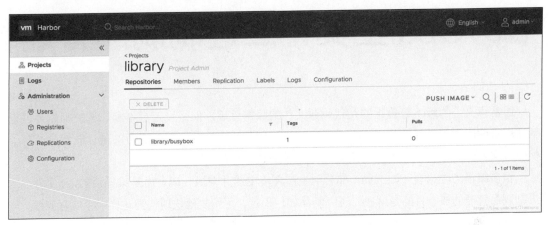

图 20-1　library 项目中的 busybox 镜像信息

6. 拉取镜像

使用 docker pull 命令也可以拉取刚刚推送到 Harbor 镜像私库中的镜像。

```
[root@liumiao ~]# docker pull 192.168.163.128/library/busybox:latest
latest: Pulling from library/busybox
Digest: sha256:19fca0f4a812d0ba4ad89a4c345ce660ecc7c14c1ce9a9c12ac9db1ca62b4602
Status: Image is up to date for 192.168.163.128/library/busybox:latest
[root@liumiao ~]#
```

这样镜像的推送和拉取操作就完成了。在 1.7 版本之后的 Harbor 中还提供了 retag 等便利操作，可以根据实际使用需要安装对应的版本。

第 21 章
DevOps 工具：二进制制品管理

通常意义上的版本管理指的是代码源文件的版本管理，但是设定脚本和二进制制品等也包括在广义的版本管理的范畴之内。在进行二进制制品管理之前，需要思考的是：既然已经有了代码源文件的版本管理，为何还需要进行二进制制品管理呢？

很多编译型的语言（如 Java）部署至生产环境中的并非源代码，而是编译后的 jar 文件，二进制制品管理的核心目的是解决二进制制品如何稳定、可重复地快速构建这样一个实际问题。

二进制制品是由源代码生成的，由源代码生成二进制制品的过程中存在哪些复杂性要素？只有了解了这些，才能保证二进制制品实现稳定、可重复的构建，二进制制品管理的复杂性要素如图 21-1 所示。

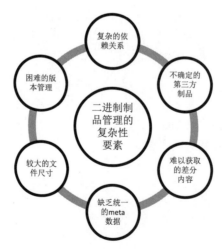

图 21-1　二进制制品管理的复杂性要素

下面分别介绍二进制制品的复杂性要素。

1. 复杂的依赖关系

对依赖关系进行管理是二进制制品管理中的重要内容之一，由于依赖关系层次可能较深，依赖关系彼此交错的可能性也存在，多个制品可能是同一制品的不同版本，平台的依赖关系也可能需要进行多重管理，这些都使得源代码与最终生成的制品之间的关系变得非常复杂。

2．不确定的第三方制品

第三方制品种类繁多，管理起来非常复杂，而且第三方制品本身也存在依赖性的管理问题。使用了错误版本的第三方制品在编译阶段往往不容易被发现，在运行阶段则更加难以对其进行快速排查。

3．难以获取的差分内容

二进制文件往往是编译文件的聚合，由二进制文件反推其所使用的代码文件版本和代码修改具体信息一般来说比较困难，目前还不存在一种跨语言的通用解决方案。通过在项目中使用 Manifest 文件，可以从使用 Java 编译的 jar 文件中看出当前文件所使用到的代码文件的版本信息，但是很少有项目把 Release Note 级别的代码修改信息也加入其中。在运行阶段，二进制制品和能够保存的信息往往不多，当前版本相对于其之前版本的修改内容往往是故障排查时使用最多的信息，而这些信息很难直接从二进制文件中获得。

4．缺乏统一的 meta 数据

由二进制制品直接确认其内容信息非常困难，目前基本不存在统一的跨语言和跨平台的通用实践。例如，C 语言在 UNIX 系统上使用 CC 编译器编译的二进制文件和在 Windows 上生成的可执行文件，这两种文件的格式是完全不同的。在 UNIX 系统中，结合编译选项，往往可以在可执行文件中加入 meta 数据，然后通过诸如 strings 之类的命令进行二进制制品内容的确认，尽管如此还是缺乏统一的管理，也很少有项目在这方面进行实践，这就导致了二进制制品内容的确认非常复杂。

5．较大的文件尺寸

一行代码的改动或者一个选项的修正，涉及的源代码管理都非常简单。但是对于二进制制品来说则需要生成一个占用较大内存的文件，无论是进行版本管理还是进行部署，这种占用较大内存的文件都会带来很大的不便，比如需要更多的存储和带宽，以及需要更长的部署时间等。

6．困难的版本管理

由于代码和编译选项等细微的变化都会唯一地对应某一个二进制文件版本，并且二进制文件中可能包含不同的第三方依赖或由操作系统设定所带来的变化，这些都导致了对于二进制制品进行版本管理非常困难。

综上所述，单纯对代码进行版本管理是无法取代二进制制品管理的。只有综合考虑上面这些要素之后，由代码生成二进制制品的过程才能不需要任何人工干预、稳定且可重复操作，并且当二进制制品生成的时间可以满足业务对于部署速度的要求之时，才可以考虑使用代码源文件的版本管理完全取代二进制制品管理。

21.1 常用工具介绍

本章主要介绍 Apache Archiva、Artifactory 和 Nexus 这 3 种制品管理相关工具。

21.1.1 Apache Archiva

Apache Archiva 是一款基于 Apache License 的开源软件，用于在企业范围内管理构建的制品，可以与 Maven、Ant、Continuum 等进行很好的协作，其特性信息如表 21-1 所示。

表 21-1　Apache Archiva 特性信息

开源/闭源	开源	提供者	Apache Software Foundation
License 类别	Apache License 2.0	开发语言	Java、JavaScript
更新频度	—	更新机制	—

Apache Archiva 的主要功能特点如下。

- 支持远端的仓库代理。
- 提供安全访问控制。
- 支持制品的存储和浏览。
- 提供对制品的索引操作。
- 可以获取使用说明。

Apache Archiva 的安装和使用方法如下。

- Apache Archiva 能够以 war 方式与 Tomcat 等应用服务器结合使用。
- Apache Archiva 能够以单机版本的方式使用，几乎不需要进行设定，直接运行即可。

21.1.2 Artifactory

Artifactory 是目前较为流行的制品管理工具之一，它拥有强大的企业级特性和细粒度的管线控制功能，并且具有易用的用户界面，拥有很多企业级客户，其特性信息如表 21-2 所示。

表 21-2　Artifactory 特性信息

开源/闭源	开源		提供者	JFrog
License 类别	提供商业版本和 OSS 版本		开发语言	Java
运行平台	可运行于 Windows、Linux、macOS 等多种操作系统上			
硬件资源	根据开发者的数量不同对硬件资源的需求不同，小于 20 个开发者的配置建议为 4 核 CPU+ 4GB 内存			
软件资源	需要 JDK 的支持		REST API 支持	提供 REST API 进行持续集成
更新频度	平均每年更新数次		更新机制	—

Artifactory 的安装和使用方法如下。

步骤 1：下载 Artifactory 镜像。

使用命令为：docker pull mattgruter/artifactory

步骤 2：运行 Artifactory 镜像。

使用命令为：docker run -p 8080:8080 mattgruter/artifactory

步骤 3：通过 UI 开始使用。

访问地址为 http://宿主机器 IP:8080。

21.2　详细介绍：Nexus

二进制制品管理操作大多很类似，虽然 Nexus 可以用来创建镜像私库，但 Nexus 在实际工作中的使用更多还是作为 Maven 私库。本节使用 Nexus 创建 Maven 私库，此 Maven 私库包括项目本身的二进制依赖仓库，以及与中央库进行关联的代理仓库，这两个仓库通过统一的访问接口进行操作。

启动 Nexus 服务之后，就可以登录 Nexus 进行 Maven 私库的创建了。Nexus 与 Maven 相关的仓库类型主要有 Hosted、Proxy、Group 这 3 种，它们的详细说明如表 21-3 所示。

表 21-3　Nexus 与 Maven 相关的仓库类型的详细说明

仓 库 类 型	详 细 说 明
Hosted	本地存储，一般用于管理项目内部的依赖关系
Proxy	提供代理其他仓库的功能
Group	组合方式，可以组合多个仓库为一个地址提供服务

21.2.1　环境设定：Maven 私库搭建

假定项目中有如下管理规范：在 Maven 的 pom.xml 文件中的 version 标签内定义的以-SNAPSHOT 结尾的镜像需要统一在 Snapshot 仓库中进行管理，而不以-SNAPSHOT 结尾的镜像需要统一在

Release 仓库中进行管理，并且还需要创建 Proxy 仓库和 Group 仓库。

1. 创建 blob store

在创建各仓库之前，建议为每个仓库创建 blob store。

2. 创建 Snapshot 仓库

首先，执行操作：打开 Server administration and configuration 菜单，选中左侧的 Administration 子菜单下的 Repository，选中 Repositories 菜单，然后选择类型 maven2（hosted）。除如表 21-4 所示的项目外，其余项目可使用默认设定。

表 21-4　Snapshot 仓库设定信息

项　　目	设 定 信 息
name	maven-snapshots
version policy	snapshot
deployment policy	allow redeploy
blob store	maven-snapshots

3. 创建 Release 仓库

创建 Release 仓库需要设定的项目如表 21-5 所示。

表 21-5　Release 仓库设定信息

项　　目	设 定 信 息
类型	maven2（hosted）
name	maven-releases
deployment policy	allow redeploy
blob store	maven-releases

4. 创建 Proxy 仓库

创建 Proxy 仓库，除 default 项目以外的项目设定信息如表 21-6 所示。

表 21-6　Proxy 仓库设定信息

项　　目	设 定 信 息
类型	maven2（proxy）
name	maven-central
location of the remote repository being proxied	https://repo1.maven.org/maven2
blob store	maven-central
maximum component age	1440

5. 创建 Group 仓库

为提供统一的 URL 管理，按照如表 21-7 所示的内容创建 Group 仓库。

表 21-7　Group 仓库设定信息

项　　目	设 定 信 息
类型	maven2（group）
name	maven-group
blob store	maven-central
member repositories	maven-snapshots、maven-releases、maven-central

其中使用 Nexus 的 Maven 私库。

在 Nexus 中按照上述设定创建以上仓库之后，就可以使用 Maven 与这些仓库进行关联，并进行 Maven 私库的构建了。

21.2.2　私库使用：准备与设定 Maven

准备 Maven 环境如下。

```
[root@liumiaocn ~]# which mvn
/usr/local/maven/apache-maven-3.3.9/bin/mvn
[root@liumiaocn ~]# mvn --version
Apache Maven 3.3.9 (bb52d8502b132ec0a5a3f4c09453c07478323dc5; 2015-11-10T11:41:
47-05:00)
Maven home: /usr/local/maven/apache-maven-3.3.9
Java version: 1.8.0_121, vendor: Oracle Corporation
Java home: /usr/local/java/jdk1.8.0_121/jre
Default locale: en_US, platform encoding: UTF-8
OS name: "linux", version: "3.10.0-327.el7.x86_64", arch: "amd64", family: "unix"
[root@liumiaocn ~]#
```

然后，将 Maven 与创建仓库进行关联，这样开发环境与私有仓库就进行了关联。

```
[root@liumiaocn .m2]# pwd
/root/.m2
[root@liumiaocn .m2]# cat cat settings.xml
cat: cat: No such file or directory
<?xml version="1.0" encoding="UTF-8"?>
<settings xmlns="http://maven.apache.org/SETTINGS/1.1.0"
  xmlns:xsi="http://www.w3.org/2001/XMLSchema-instance"
  xsi:schemaLocation="http://maven.apache.org/SETTINGS/1.1.0 http://maven.
apache.org/xsd/settings-1.1.0.xsd">

  <servers>
    <server>
```

```
    <id>nexus-snapshots</id>
    <username>admin</username>
    <password>admin123</password>
  </server>
  <server>
    <id>nexus-releases</id>
    <username>admin</username>
    <password>admin123</password>
  </server>
</servers>

<mirrors>
  <mirror>
    <id>central</id>
    <name>central</name>
    <url>http://192.168.32.123:8081/repository/maven-group/</url>
    <mirrorOf>*</mirrorOf>
  </mirror>
</mirrors>

</settings>
[root@liumiaocn .m2]#
```

21.2.3　私库使用：设定项目的 pom 文件

至此，Maven 环境已经准备就绪，而在项目中为了使用私有仓库，还需要修改项目的 Maven 设定文件，添加如下设定信息。

```
[root@liumiaocn discoveryservice]# cp pom.xml pom.xml.bak
[root@liumiaocn discoveryservice]# vi pom.xml
[root@liumiaocn demo-repo-snapshot]# diff pom.xml pom.xml.bak
49,54d48
<   <repositories>
<     <repository>
<       <id>maven-group</id>
<       <url>http://192.168.32.123:8081/repository/maven-group</url>
<     </repository>
<   </repositories>
56,65d49
<     <distributionManagement>
<       <snapshotRepository>
<         <id>maven-snapshots</id>
<         <url>http://192.168.32.123:8081/repository/maven-snapshots/</url>
<       </snapshotRepository>
<       <repository>
```

```
<        <id>maven-releases</id>
<        <url>http://192.168.32.123:8081/repository/maven-releases/</url>
<     </repository>
<   </distributionManagement>
[root@liumiaocn demo-repo-snapshot]#
```

　　本示例中使用的是 Maven 的 Spring Boot 的一个项目，在实际情况下使用 Maven 正常执行项目即可，重要的是将相关的仓库设定添加进去。

21.2.4　私库使用：执行 maven 操作

　　执行 mvn install 等命令，从如下日志信息中可以看到是通过镜像私库进行下载的，这是因为在 pom.xml 中设定了镜像私库的路径，同时 Nexus 正常提供服务。

```
[root@liumiaocn demo-repo-snapshot]# mvn install
[INFO] Scanning for projects...
Downloading: http://192.168.32.123:8081/repository/maven-group/org/springframework/
boot/spring-boot-starter-parent/1.5.2.RELEASE/spring-boot-starter-parent-1.5.2.
RELEASE.pom
...
[INFO]
[INFO] ------------------------------------------------------------------------
[INFO] Building demo-repo-snapshot 0.0.1-SNAPSHOT
[INFO] ------------------------------------------------------------------------
Downloading: http://192.168.32.123:8081/repository/maven-group/org/springframework/
boot/spring-boot-maven-plugin/1.5.2.RELEASE/spring-boot-maven-plugin-1.5.2.
RELEASE.pom
...
-------------------------------------------------------------
 T E S T S
-------------------------------------------------------------
07:03:51.413 [main] DEBUG org.springframework.test.context.junit4.
SpringJUnit4ClassRunner - SpringJUnit4ClassRunner constructor called with [class
com.example.DemoRepoSnapshotApplicationTests]
...
...
Downloaded: http://192.168.32.123:8081/repository/maven-group/commons-codec/
commons-codec/1.6/commons-codec-1.6.jar (228 KB at 7.3 KB/sec)
[INFO] Installing /root/demo-repo-snapshot/target/demo-repo-snapshot-0.0.1-
SNAPSHOT.jar to /root/.m2/repository/com/example/demo-repo-snapshot/0.0.1-
SNAPSHOT/demo-repo-snapshot-0.0.1-SNAPSHOT.jar
[INFO] Installing /root/demo-repo-snapshot/pom.xml to /root/.m2/repository/com/
example/demo-repo-snapshot/0.0.1-SNAPSHOT/demo-repo-snapshot-0.0.1-SNAPSHOT.pom
[INFO] ------------------------------------------------------------------------
[INFO] BUILD SUCCESS
```

```
[INFO] -------------------------------------------------------------------------
[INFO] Total time: 19:59 min
...
[root@liumiaocn demo-repo-snapshot]#
```

此时通过 Nexus 的 UI 也可以看到，此 Spring Boot 项目所需要的全部依赖都已经在 Proxy 仓库的 maven-central 中进行了管理。然后使用编译生成的 jar 包启动 Spring Boot，Spring Boot 能够正常工作。

21.3 实践经验总结

下面总结一些具体的实践经验。

1. 实践经验：统一管理二进制包

这里所说的二进制包，不仅包括能够在中央仓库中进行管理的二进制包，同时包括第三方构建的二进制包，还有项目本身的二进制包，对这些二进制包的管理要做到无遗漏地统一管理。

2. 实践经验：加强制品的安全访问

明确用户对制品的访问规则，同时提供对制品操作的审计功能以增强安全性。

3. 实践经验：过期的二进制包管理

对于过期的二进制包要进行管理，保证可追踪的同时使其不至臃肿，比如在对二进制包进行整体归档和备份的基础上，对过期的二进制包进行定期清理。

4. 实践经验：使用数字签名增强安全性

对制品提供数字签名，增强二进制包管理的安全性。

5. 实践经验：结合项目发布特点进行仓库设计

根据项目情况进行仓库设计，比如结合 Maven 的特点将 Snapshot 和 Release 分离，分别创建 Snapshot 和 Release 的 Hosted 类型仓库，其中要结合项目对于 Snapshot 和 Release 二进制包的管理策略进行操作。

6. 实践经验：对仓库数据进行隔离

考虑到仓库的数据量可能会非常大，因此将不同的仓库数据进行分离会大大提高仓库在数据的备份和恢复等操作上的效率，同时降低对备份存储的需求。结合各工具不同的特点进行操作，比如在 Nexus 中可以为每个仓库创建一个 blob store，这样其数据会在/nexus-data 目录下被分别进行管理。

第 22 章
DevOps 实践中的安全机制

在 DevOps 落地实践的过程中，应该如何保证安全？本章将从当前安全状况调查解读开始介绍，同时介绍 DevOps 落地实践中应该遵循的原则。

22.1 安全调查现状

Kaspersky Lab 对多个国家上千家公司进行了安全相关的调查，安全问题调查结果如表 22-1 所示。从调查结果中可以发现，安全风险无处不在，企业为此付出了巨大的代价。

表 22-1　安全问题调查结果

序号	调 查 结 果
1	90%的业务曾发生过安全事故，而且高达 46%的业务由于内部或外部的安全问题丢失过敏感数据
2	大型企业平均要为每个安全漏洞付出$551 000 的直接成本，而对于中小型企业来说，这个成本是$38 000
3	大型企业平均要为每个安全漏洞付出额外的$69 000 的间接成本，而对于中小型企业来说，这个成本是$8000

风险无处不在，漏洞影响巨大，安全漏洞主要的三种影响如表 22-2 所示。

表 22-2　安全漏洞主要的三种影响

序号	影　　响
1	对公司信用的影响
2	因安全漏洞产生的额外费用及人员培训的费用
3	关键业务不能提供服务或提供错误服务导致的额外保险等费用

安全漏洞有很多类型，其中企业修复成本最高的三种安全漏洞类型如表 22-3 所示。

表 22-3　企业修复成本最高的三种安全漏洞类型

序号	漏 洞 类 型
1	可以被病毒等利用来获取网络关键信息的安全漏洞

续表

序 号	漏 洞 类 型
2	整合第三方业务服务引入的安全漏洞
3	与网络设定相关或容易被黑客攻击的安全漏洞

当数据变得越来越敏感和重要时，可能带来数据丢失的安全漏洞则会受到更加广泛地关注。表 22-4 列出的三类行为严重威胁着企业的数据安全。

表 22-4　严重威胁企业数据安全的行为类型

序 号	行 为 类 型
1	恶意软件攻击
2	钓鱼式攻击
3	内部员工导致的敏感数据泄露

安全在 DevOps 实践中是非常容易被忽视的环节。几乎所有人都认为安全非常重要，但是安全控制应该从哪些方面着手？有哪些原则需要遵守？随着 DevOps 持续集成和持续部署的加快，安全机制如何才能跟上节奏？这些都是我们在 DevOps 落地实践中需要考虑的问题。

22.2　设计安全机制的整体策略

在设计安全机制的时候，需要综合各种因素，这样才能保证安全机制真正落于实处。

策略一：以终为始，分析被攻击的价值所在。

系统可能被攻击的点太多，如果不能圈定重点防范的内容，而是全面、系统地铺开防御，可能会出现花费很多时间和费用却得不到期待的效果的情况，这就需要我们在设计安全机制的时候，站在攻击者的角度，思考为什么要攻击这个系统，然后制定应对措施。图 22-1 列出了一些常见的被攻击价值自测问题，用于分析系统会被攻击的价值所在，企业可以在此基础上进行更有针对性的防护。

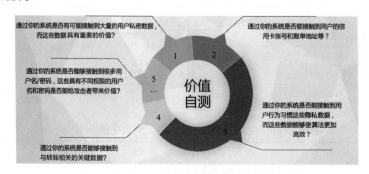

图 22-1　被攻击价值自测问题

策略二：以客户为中心的安全策略。

创建安全策略的角度如表 22-5 所示。

表 22-5　创建安全策略的角度

序号	角　　度	安　全　策　略
1	安全专家	保护企业资产的防护策略
2	业务专家	满足客户需求以增加收入的安全策略

　　由于安全专家与业务专家着眼点不同，这导致他们在决策上会产生很大的分歧和摩擦。安全专家更看重防守，但是这样制定的安全策略在支持 DevOps 快速响应客户需求、推动敏捷实践和持续创新落地方面则会显得步履蹒跚。而更看重价值的业务专家往往对一些必须要注意的安全事项会选择无视。

　　秉持以客户为中心的理念，安全专家可以采取一些简单的策略，对安全和价值两者进行权衡，在保证安全的同时满足业务创新的敏捷性需求。

策略三：安全策略的左移。

　　在传统方式下，开发团队、运维团队、安全团队各司其职，保证 IT 业务的整体实现，他们各自的具体职责如表 22-6 所示。

表 22-6　不同团队的具体职责

团　　队	职　　责
开发团队	负责应用软件的开发和价值的交付
运维团队	保证服务的可用性和连续性
安全团队	负责安全保障

　　在这种构成方式之下，开发团队、运维团队、安全团队各有各的 KPI，且职能相互独立，目标也不同，有时甚至会产生对立和冲突。另外，软件往往在交付到生产环境之前才会进行安全相关的确认，而安全事件的应对越晚付出的成本越高。根据相关研究显示，产品在上线或者运维阶段解决安全问题的成本往往远高于在设计阶段解决安全问题的成本。不同阶段解决安全问题的成本如表 22-7 所示。

表 22-7　不同阶段解决安全问题的成本

阶　　段	解决安全问题的成本
上线阶段	是设计阶段解决安全问题成本的 4～5 倍
运维阶段	达到甚至超出设计阶段解决安全问题成本的 100 倍

　　在进行 DevOps 实践时，将需要确认的安全因素尽早融入各个阶段才是最佳做法。不同阶段常见的安全策略如表 22-8 所示。

表 22-8　不同阶段常见的安全策略

阶　　段	安　全　策　略
需求阶段	合规性安全需求
开发阶段	代码静态分析、脆弱性检测
测试阶段	安全相关的测试内容
运维阶段	合规性和安全相关的监控

尽可能早地引入安全策略，这样才能使安全问题不会拖慢 DevOps 实践的节奏。

策略四：安全策略与工具的融合。

在策略三中，我们意识到了安全策略需要提前融入各个阶段，而相关工具在其中也扮演着重要的角色。工具自动化地保障了安全需求在进行 DevOps 落地实践时被满足，不同阶段使用的融合工具如表 22-9 所示。

表 22-9　不同阶段使用的融合工具

阶　　段	融　合　工　具
需求阶段	Anchore
开发阶段	SonarQube、Findbugs、Fortify
测试阶段	Robot、Selenium、UFT
运维阶段	ClamAV、Anchore、Clair

"工欲善其事，必先利其器。"融合开发、运维、安全是一项非常繁重的工作，引入合适的工具能够做到事半功倍，使各个阶段更加顺畅。

策略五：持续评估 CI/CD 的安全状况。

持续集成和持续部署加快了软件交付的速度，但是自动化机制处理不得当可能会带来很多安全隐患，所以持续评估 CI/CD 的安全状况以便持续改进非常重要。

策略六：创建适合 DevOps 的安全标准。

复杂的安全报告不是为了让人不知所措，而是为了帮助人们做出决策，而生成安全报告的安全标准更应该如此。我们在策略三中提出了安全策略应该融入软件生命周期的各个阶段，所以针对不同阶段和不同角色，安全标准的侧重点也应该有所不同。不同阶段的安全标准侧重点如表 22-10 所示。

表 22-10　不同阶段的安全标准侧重点

阶　　段	安全标准侧重点
需求阶段	整体性的相关业务资源及与企业资产安全相关的内容

续表

阶　　段	安全标准侧重点
开发阶段	代码的漏洞或缺陷
测试阶段	系统功能的正确性和与安全相关的测试内容
运维阶段	基础设施和配置方面存在的缺陷和漏洞

策略七：主动监控而不是被动应对。

如果先于攻击者发现安全漏洞并将其修复，而不是在遭到攻击之后被动应对，则能避免很多损失。主动监控安全问题，尽早发现可能会被攻击者或者对手利用的缺陷，能为企业带来极大的好处。

所以强化以上各个策略，融合安全和自动化于 DevOps 实践之中，在持续集成和持续部署中尽早发现可能存在的隐患，主动监控、快速反馈、主动应对，对企业会很有帮助。

策略八：自我攻击和验证。

依据 DevOps 环境一致性原则，部署环境应尽可能地与生产环境相似，可以在部署环境中验证可能的各种攻击手段，先于攻击者对自己的系统进行攻击和验证，以发现可能存在的问题，这样可以降低大部分潜在的简单外部攻击造成的影响。

策略九：安全的持续评估与安全规则固化。

应对安全问题是一个长期过程，是企业在持续学习过程中应该不断保持的状态，同时更应该不断提升安全等级以保证业务不间断。通过不断地对安全情况进行评估，确定出需要强化的安全事项，不断将这些事项固化成最佳实践，然后进行标准化工作，最后自动化地整合到整体流程之中，以保证安全机制不断增强和持续改进。

策略十：对整个软件生命周期的安全策略进行综合考量和设计。

从软件的需求阶段到设计、开发及测试阶段，再到开始提供服务的运维阶段，都应该对安全策略进行综合考量和设计，不同的阶段侧重点也会有所不同，如图 22-2 所示。

- 需求阶段：尽早明确合规性安全需求的内容而不是在部署之前才进行确认，往往此阶段会侧重于整体性的相关业务资源及与企业资产安全相关的内容。
- 设计、开发阶段：侧重于代码的漏洞或者缺陷。
- 测试阶段：对系统功能的正确性和与安全相关的内容进行测试，比如对问题端口进行扫描等。
- 运维阶段：对基础设施和配置方面是否存在缺陷和漏洞进行监控。

图 22-2　软件生命周期各阶段的安全策略综合考量和设计侧重点

22.3　与安全工具的融合

合理利用工具可以对代码安全进行提升，可以通过在不同的阶段与不同的工具进行融合，实现安全问题极早发现和解决的目的。在开发阶段引入 SonarQube 或者 Brakeman 等脆弱性分析工具，对代码进行静态扫描，根据提示信息可以对安全上有隐患的代码进行修正，以减少代码中潜在的安全问题。同时可以通过对规则进行调整来达到不断改进安全机制的目的。另外，与静态分析工具进行融合，也可以在代码层级尽早发现安全问题，如图 22-3 所示。

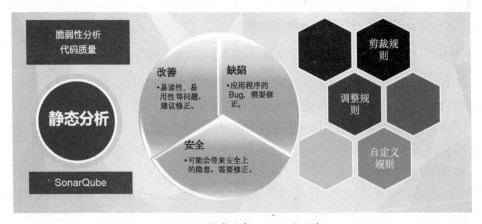

图 22-3　静态分析工具融合方式

随着容器化的推进，容器越来越多地在项目中被应用和实践，但是容器本身是否安全也是一个常见问题，在代码层次的安全得到保障之后，交付到生产环境中的应用如果是以容器形式进行部署的，镜像本身的安全也需要得到保障，此时可以通过使用 Clair 等用于镜像安全漏洞扫描的工具来部署安全保障。图 22-4 是使用 Clair 工具进行镜像安全漏洞扫描的示例。

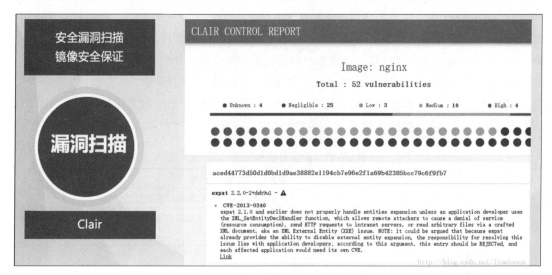

图 22-4　使用 Clair 工具进行镜像安全漏洞扫描的示例

恶意软件或者木马也有可能对系统造成很大的伤害，这是在运维阶段需要监控的事情。通过对恶意软件或木马进行扫描，保证系统处于一种稳定状态。通过与 ClamAV 等工具进行融合，则能在运维阶段使系统摆脱木马等的侵害，如图 22-5 所示。

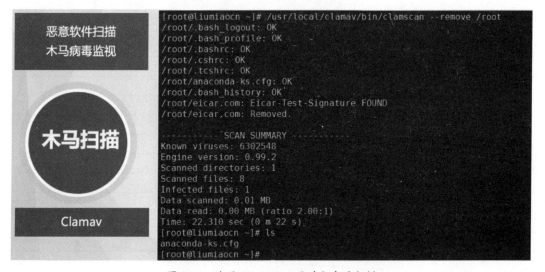

图 22-5　使用 ClamAV 工具进行木马扫描

22.4　持续评估和改善

与安全相关的评估和改善需要持续进行，不断地对项目当前的状态进行确认，从而发现需要改善的点，建议聚焦如下两点。

- 对外：展开价值分析自测与评估，确认外部攻击可能的落点，做好重点防守。
- 对内：确保流水线自身是安全的，不要让流水线成为安全的黑洞。

可以分别对以上两点进行评估，相关评估需要确认的重点罗列如下。

通过分析和总结，将外部攻击可能的落点整理成价值分析和自测问题列表，如表 22-11 所示，然后根据这个列表持续进行评估，并在此基础上进行改善。

表 22-11　价值分析和自测问题列表

序号	价值分析和自测问题
1	通过你的系统是否有可能接触到大量的用户私密数据，而这些数据具有重要的价值
2	通过你的系统是否能够接触到很多用户名/密码，这些具有不同权限的用户名/密码是否能给攻击者带来价值
3	通过你的系统是否能接触到用户的信用卡账号和账单地址等
4	通过你的系统是否能接触到用户行为习惯这些隐私数据，而这些数据能够使算法更加高效
5	通过你的系统是否能够接触到与转账相关的关键数据
6	……

同样，对内也需要对安全隐患可能出现的落点进行总结，并在此基础上进行改善。流水线往往是 DevOps 实践中持续集成和持续部署的基础组织部分，流水线自身是否安全可以根据如表 22-12 所示的内容进行分析评估及改善。

表 22-12　流水线安全评估自测问题列表

序号	流水线安全评估自测问题
1	开发者能否看到其他项目的敏感信息
2	各种用户的权限是否清晰，是否存在越权的风险
3	密码信息是否使用明文形式进行存储
4	匿名用户是否会取得较大的权限，比如可以执行所有项目的脚本
5	构建机制是否容易或者可能被攻击
6	开发者是否可以轻易地删除其他项目的一些信息
7	是否使用了一些其他的不安全的服务或机制进行 CI/CD
8	是否存在上传脚本等自定义机制引入的不安全因素
9	与安全相关的基线管理是否融入了 CI/CD 之中

22.5　实践案例分析

安全问题无处不在，即使像推特（Twitter）这样光芒四射的互联网公司，也不曾逃脱安全问题的侵扰。由于用户快速增长，在安全机制没有得到很好设计的情况下，推特也曾出现过非常严重的安全事件。

在推特的持续改进中，就包括通过自动化工具来解决安全问题，在公司级别使用 Brakeman 进行静态代码安全性解析并将其集成到系统的构建过程中后，Brakeman 降低了 60%的系统脆弱性问题，从中可以看出将安全集成到每日工作和 DevOps 工具中的重要性和高效性。

安全问题是一个几乎所有人口头上都非常重视，但是在实践中往往会选择无视的话题，在本章中 Kaspersky Lab 的调查结果也证明了这一点，安全问题不容忽视。在企业规模不断扩大的同时，软件开发速度和用户都在不断增长，随着 DevOps 持续集成和持续部署的加快，建立适合企业自身的安全机制，以跟上快速的发展节奏是非常重要且非常有必要的。

第23章
基于微服务和容器化的
高可用架构

高可用架构面临着诸多不确定性因素带来的影响和挑战，如何才能突破困境，使复杂的系统能保持业务不间断，成为企业不得不面对的问题。基于微服务和容器化的高可用架构得到了越来越多的关注，容器技术提供了良好的横向扩/缩容与自愈能力，微服务通过将复杂的系统进行解耦从而使得业务功能增加和修改变得更加容易，而 DevOps 则在基于容器化的微服务技术实践中起到了重要的桥梁和纽带作用。在实践中，可结合微服务、Kubernetes、DevOps 这三驾马车来进行微服务的容器化探索之路。

23.1　高可用架构设计

高可用架构面临着诸多挑战，在复杂而又充满着不确定性因素的现实环境中，这些挑战都可能对服务连续性带来巨大的影响，如图 23-1 所示。

图 23-1　服务连续性的影响因素

除了天灾和人为操作失误等不确定性因素，从整体的角度来说，现在企业级的高可用架构已经变得越来越复杂，我们往往需要在多种操作系统并存、各种软硬件结合、多种开发语言并用、新旧系统共存的条件下进行高可用架构设计，加上无时不在的变更、动态横向需求的不断增加、速度和稳定性同时需要被满足等问题，这些都使得高可用架构的设计变得越来越困难。如图 23-2 所示，这就是高可用架构面临的挑战。

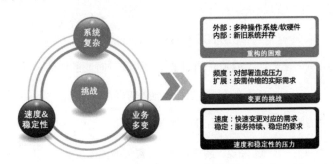

图 23-2　高可用架构面临的挑战

1. 目标与指标

"物有本末，事有终始，知所先后，则近道矣。"了解设计的目标，以终为始很关键。良好的系统解耦、扩展性、可维护性等都很重要，但是服务的稳定性和连续性则更为重要。

衡量架构的高可用性也有很多指标，比如 MTTF、MTTR、RPO、RTO。根据 MTTF 和 MTTR 可以计算出系统能够正常使用的时间，除此之外，RPO 和 RTO 能够分别从时间和数据两个角度验证高可用系统容灾备份在数据冗余和业务恢复方面的能力。图 23-3 展示了高可用架构的目标和相关要素。

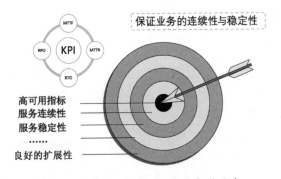

图 23-3　高可用架构的目标和相关要素

2. 高可用性指标

衡量一个系统是否高可用，可以依据如表 23-1 所示的内容。

表 23-1　高可用性衡量指标

指　　标	说　　明	含　　义	备　　注
MTBF	Mean Time Between Failure	平均故障间隔时间	越长越好
MTTR	Mean Time To Repair	平均修复时间	越短越好
MTTF	Mean Time To Failure	平均无故障时间	越长越好

表 23-1 中的 3 个指标的关系其实非常简单，如下所示。

$$MTBF = MTTF + MTTR$$

而系统可用性比率正是平均无故障时间和平均故障间隔时间的比值，计算方式如下所示。

$$系统可用性比率 = MTTF/MTBF$$

系统高可用性级别的具体含义如表 23-2 所示。

表 23-2　系统高可用性级别的具体含义

级　　别	系统可用性比率	最可能的服务不可用时间	备 注 说 明
2 个 9	99%	87.6 小时	高可用性的入门阶段，属于基本可用
3 个 9	99.9%	8.76 小时	具有较高的可用性
4 个 9	99.99%	52.56 分	具有自动恢复能力的高可用性
5 个 9	99.999%	5.256 分	具有极高的可用性
6 个 9	99.9999%	31.536 秒	具有超高的可用性
……	……	……	……

为了实现系统的高可用，在容灾设计上至少需要从 RTO 和 RPO 两个角度进行考虑，以确保故障出现时业务和数据能够按照设计的标准进行恢复，RTO 和 RPO 的详细信息如表 23-3 所示。

表 23-3　RTO 和 RPO 的详细信息

指　　标	详 细 信 息	备　　注
RTO	Recovery Time Objective	业务恢复指标，理想值为 0
RPO	Recovery Point Objective	数据恢复指标，理想值为 0

根据 GB/T 20988-2007《信息安全技术　信息系统灾难恢复规范》，RTO、RPO 与灾难恢复能力等级的关系如表 23-4 所示。

表 23-4　RTO、RPO 与灾难恢复能力等级的关系

灾难恢复能力等级	RTO	RPO
1	2 天以上	1～7 天
2	24 小时以上	1～7 天
3	12 小时以上	数小时至 1 天

续表

灾难恢复能力等级	RTO	RPO
4	数小时至 2 天	数小时至 1 天
5	数分钟至 2 天	0～30 分钟
6	数分钟	0

3．高可用性设计的策略

保证整体架构的高可用性，有很多策略和手段，比如：

- 冗余。
- 服务多重化。
- 节点多重化。
- 两地三中心。

23.2　Kubernetes+微服务+DevOps 的实践思路

Kubernetes 作为容器化编排的常用工具，为容器化实践提供了有效支撑；承载需求的微服务应用程序以容器化的方式实现，使得开发者可以更多地关注于业务开发；DevOps 则能保证持续部署与交付能够更顺畅地实施。

23.2.1　整体原则

在具体的实践中，Kubernetes、微服务、DevOps 这三驾马车各司其职，使得容器化的微服务落地更加顺畅，三驾马车的高可用架构的整体要素和原则如图 23-4 所示。

图 23-4　三驾马车的高可用架构的整体要素和原则

1. 高可用的 Kubernetes

Kubernetes 在容器化的微服务落地过程中起到了基础平台的作用。Kubernetes 提供基础平台，对运行于其上的容器化微服务提供服务自愈及负载增大时的动态横向调整，同时使用消除单点的冗余策略保证 etcd 和 Master 的高可用性。

2. 微服务

对运行于 Kubernetes 之上的微服务在设计上进行解耦，使其功能简单化和独立化，与外部交流轻量化，尽量无状态，以保证横向扩展方便，并可进行独立部署和回滚，而不至于对其他服务造成太大的影响。

3. DevOps

微服务在设计和实践中所遵循的原则很多已经与 DevOps 实践有所重合，而设计良好的微服务以容器化的形式存在，结合自动化工具以及持续集成和持续交付的最佳实践，能使得架构从设计完成到交付生产环境的整个过程变得更加快捷和流畅。

23.2.2 多层级的高可用性

高可用架构中需要考虑如下 3 种层次的高可用性。

- 应用层级的高可用性。
- Kubernetes 自身的高可用性。
- 业务需求激增下的高可用性。

多层级的高可用架构考虑要素如图 23-5 所示。

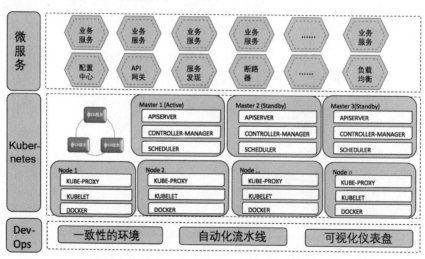

图 23-5　多层级的高可用架构考虑要素

下面分别对上面所说的 3 种高可用性展开介绍。

1．应用层级的高可用性

容器化的微服务在 Kubernetes 上运行，依靠 KubernetesRC、deployment、DaemonSet 等机制来保证服务的高可用性。依靠这些机制，Kubernetes 平台本身会监控运行在其上的应用的副本数量，多了删，少了补。

2．Kubernetes 自身的高可用性

依靠冗余策略来消除单点以保证 etcd 和 Master 无论何时都可用，从而保证平台自身的高可用性。

etcd 是 CoreOS 的开源项目，用于提供可靠的键值数据存储，而 Kubernetes 用于保存数据。使用 etcd 集群提供的稳定的服务可以保证 Kubernetes 的 API 服务能够正常访问 etcd 服务。

同样，Kubernetes 的 Master 通过 API 服务与 etcd 进行交互，提供统一的 API，使用 Scheduler 进行资源调度，使用 Controller-Manager 进行资源管理。一旦 Master 不可用，就会造成较大的影响，所以可以采用多个备用 Master，一旦某一个 Master 不可用便随时切换至另一个备用 Master，这样能降低或近似消除 Master 的单点故障，从而使得 Kubernetes 基础平台更加可靠。

3．业务需求激增下的高可用性

严格来说，横向扩展并不是一个高可用架构的必备功能，但是考虑到动态变化对资源需求变化及资源有效利用的影响，比如访问量突然增大而资源没有及时进行调整，这时就会使得原本可以正常访问的网站变得缓慢无比，而在这种情况下则需要横向扩展。

在容器化的方式下，横向扩展变得非常容易。Kubernetes 能够在整体上进行资源的协调和分配，从而达到横向扩展的目的。此外，实现按需扩容则需要结合监控。

实时可靠的监控对高可用系统来说非常重要，通过判断监控中采集到的指标数据是否达到了动态调整的阈值，从而进行横向扩展，当然这些都需要建立在监控数据准确的基础上。

23.2.3　专注于业务开发的微服务

通过 Kubernetes 提供的基础平台服务，可以实现服务的多重控制，而微服务可以专注于实现业务价值。

微服务跟传统的 SOA 非常相似，抛开概念之争，让我们重新思考传统企业那种超重的单一应用会带来哪些问题。经年累月之后，这种本来就很庞大的系统最终会形成一个谁也不敢轻易去碰的多米诺骨牌：修改成本巨大，扩展困难。在实施大型项目的过程中，很多开发人员都有过修改一行代码，判断其影响就要耗费数天的经历，这其实主要是因为系统过于复杂，但如果是边界清晰的小规模的模块或服务，则会非常容易进行判断。

微服务会尽可能地使模块或服务的功能简单化、小型化，为其划定明确的功能边界，降低其与其他模块的耦合程度，通过规范化的、轻量的 REST API 进行交互。服务的独立可置换部署使得部分对整体的影响较小，即使出现问题也能限定影响范围。这种方式其实在传统的 SOA 方式的架构设计中我们也会经常考虑，只是在推行 DevOps 之前，部署的独立化这些要素没有被覆盖，另外与微服务的"微"相比，模块或服务显得更大、更重了一些。

目前也有很多开源框架可以使微服务落地时更加快捷，比如 Spring Cloud 提供的很多开箱即用的功能：服务注册、API 网关、负载均衡、配置中心等，开发人员只需要专注于业务功能的实现即可，这样大大提高了开发效率。

23.2.4 保驾护航的 DevOps

在容器化的微服务实践中，有很多问题需要关注，比如，微服务的解耦带来了部署频度和提升自动化程度的要求，开发、测试与生产环境的差异会导致很多问题，还有安全和管理方面的问题，以及随着业务的扩展如何进行弹性扩容等，DevOps 可以为解决这些问题提供很多工具、方法和实践经验。

1. DevOps 促进微服务的持续部署与持续交付

虽然微服务使模块或服务有了清晰的边界和可控的影响范围，但微服务也会带来一些新的问题，微服务在设计上将业务功能解耦，拆解成可独立部署的小型单元，但是随着服务的增多，其在部署上又会产生很多问题。DevOps 工具链带来的部署效率提升能很好地解决微服务数量增多带来的一系列问题，其中开发团队选择熟悉的工具建立流水线则能起到更好的效果。

根据 2017 年 DORA 发布的 DevOps 研究报告显示，被赋予了更多权利、能够自主选择工具的开发团队表现更好，所以在实践中应该让团队成员使用他们熟悉的工具自定义流水线来进行持续集成和持续交付。提交代码并进行代码检查、自动化构建及各种测试、使用同一种机制进行部署等，可定制的流水线使得这一切变得可靠、安全和快速。在 DevOps 的助力下，微服务的持续交付变得更加有条不紊。

2. 环境的一致性

环境的一致性指的是开发环境、测试环境、生产环境的一致性，其详细说明如表 23-5 所示。

表 23-5 环境一致性说明

内　容	详　细　说　明
开发环境一致性	保证一致的开发环境，确保所有成员在一致的环境下进行开发，避免因各种版本不兼容导致的返工

续表

内　容	详　细　说　明
测试环境一致性	一致的测试环境可以减少因环境问题带来的非缺陷性沟通时间，同时降低缺陷延后出现的可能性
生产环境一致性	确保准生产环境能够得到类似生产环境的测试要素，同时避免因软硬件变动导致的各种问题

在实践中，应当结合具体情况，使用自动化工具和流程保证开发、测试与生产环境的一致性，避免因环境不一致导致的各种问题。

3．安全

我们一直都在强调安全的重要性，尤其是对于高可用架构来说，所以我们在保证环境一致性的同时还要保证安全，比如镜像的安全。早在 2015 年的一次调查中，研究人员就曾发现用于取样的 Docker Hub 上有 30%～40% 的镜像存在安全问题。安全对任何产品来说都非常重要，比如著名的 HeartBleed 漏洞就曾经给很多忽视安全问题的企业带来了很大的影响。如果所有的架构都是高可用的，但同时忽视了镜像安全，对镜像中类似 HeartBleed 漏洞那样脆弱性的 CVE 没有应对措施，那么可能会出现非常严重的问题，所以应该尽早将安全策略引入高可用架构的设计和开发中，做到有问题早发现、早治疗，比如，可以使用 Anchore 或 CoreOS 的 Clair 工具，它们都能很容易地对镜像进行扫描。

4．可视化

通过对软件开发全生命周期的 KPI 进行管理和可视化管控，可以从构建到测试、从开发到部署、从构建频度到成功率再到运维监控，更加有效地掌握整体情况。在实际的 DevOps 落地实践中，通过有效的可视化打通那堵看不见的"墙"。

这些可视的 KPI 不仅能使流程更加透明，还能使运维监控可以更直接地为按需横向扩展的高可用性的设计提供非常有效的触发判断机制。

5．弹性扩容策略与动态实施方式

在 DevOps 实践中通过可视化的监控为扩容提供了条件，可以更加清楚地了解到什么时候应该触发扩容，弹性扩容整体策略如表 23-6 所示。

表 23-6　弹性扩容整体策略

项　目	策　略
微服务	容器化微服务为弹性扩容提供基础条件，在容器化的基础上可以对微服务进行优化和解耦，尽量除去或者减少对横向扩展会产生不利影响的要素，比如有状态的服务设计
DevOps	保障扩容的安全及有退路。强化实时监控业务和系统资源的功能，确保问题发生之前有可能的途径事先做出部分判断。保证运维操作的可回滚性，保证问题发生之后可以迅速恢复正常的服务

续表

项　目	策　略
Kubernetes	使用 Kubernetes 可以非常容易地对无状态服务进行横向扩展，而对有状态服务也有类似 DaemonSet 的机制进行支持。通过设定的扩容策略，在监控数据达到触发条件时，进行动态弹性扩容

在弹性扩容整体策略确定之后，动态实施就会非常简单，如表 23-7 所示，简单的几个步骤即可完成弹性扩容的动态实施。

表 23-7　弹性扩容的动态实施

步　骤	详　细　内　容
1	需要根据现状设定系统和业务等的指标，并在此基础上定义扩容策略，比如每秒交易量达到多少笔或资源数量达到多少时进行横向扩展
2	采集业务日志及系统日志
3	进行计算和监视，以确认自动横向扩展的触发时机，并生成扩容指令

容器化的微服务利用 Kubernetes 平台提供的基础能力，使得微服务能够专注于业务开发，而 DevOps 定制化的流水线则能保证微服务的交付更加快速和安全，同时结合 DevOps 的可视化实践和透明化实践，能保证动态弹性扩容机制的实现，使得基于容器化的微服务的整体架构具有更高的可用性。

DevOps 实践并非只能在容器化和微服务等新技术架构中开展，根据 DORA 的报告和数据显示，DevOps 几乎可以对全行业的实践起到正向的推动作用，各个行业都可以将 DevOps 作为一项基础能力。DevOps 不仅是通过工具链的融合来实现持续集成与持续部署的，它还包括安全、文化和流程的改善以及新技术融入等方面，是一个长期实践的过程，其中最为重要的是，在这个过程中企业能够得到什么以及 DevOps 如何与企业目标相结合从而促进企业的发展。